胜利油田特高含水期提高采收率技术
高温高盐油田化学驱提高采收率技术

驱油剂加合增效基础研究进展

Basic Research Progress on the Synergistic Effect of Chemicals in Enhanced Oil Recovery

孙焕泉 李振泉 曹绪龙
宋新旺 王红艳 石 静 编著

科学出版社
北 京

内 容 简 介

针对单一驱油剂难以满足胜利油田高温高盐苛刻油藏化学驱的要求，本书提出了驱油剂加合增效理论，以充分发挥各类驱油剂或驱油体系的技术优势，设计出多元组合式化学驱油体系，获得最佳的加合增效效果和驱油效果。本书论述了化学驱油过程中的物理化学现象，以耐温抗盐驱油剂、驱油体系为基础，阐述了驱油化学剂与原油之间的作用机制、驱油化学剂之间的相互作用机制、驱油化学剂与油藏岩石之间的相互作用机制和驱油化学剂在多孔介质中的渗流机制研究进展，另外还介绍了加合增效在驱油体系设计与矿场实施中的应用。

本书可作为高等院校石油工程专业学生的教材，也可供油田开发、油田化学和提高采收率研究的科学工作者、工程技术人员、管理人员参考。

图书在版编目(CIP)数据

驱油剂加合增效基础研究进展=Basic Research Progress on the Synergistic Effect of Chemicals in Enhanced Oil Recovery /孙焕泉等编著—北京：科学出版社，2016. 9

ISBN 978-7-03-047359-2

Ⅰ.①驱… Ⅱ.①孙… Ⅲ.①化学驱油-驱油剂-研究 Ⅳ.①TE357.46

中国版本图书馆 CIP 数据核字（2016）第 029835 号

责任编辑：耿建业 刘翠娜/责任校对：郭瑞芝

责任印制：张 倩/封面设计：无极书装

科学出版社出版

北京东黄城根北街 16 号

邮政编码：100717

http://www.sciencep.com

北京通州皇家印刷厂印刷

科学出版社发行 各地新华书店经销

*

2016 年 9 月第 一 版 开本：720×1000 1/16

2016 年 9 月第一次印刷 印张：21 1/2 插页：8

字数：422 000

定价：168.00 元

（如有印装质量问题，我社负责调换）

前　言

针对胜利油田高温高盐油藏提高采收率的难题，现有驱油剂和驱油体系难以适应苛刻的油藏条件，需要通过理论上的突破解决耐温抗盐驱油剂研制领域的关键问题，指导新型耐温抗盐驱油剂和驱油体系的设计。“十一五”以来，胜利油田化学驱科技人员从微观机理入手，开展驱油剂与原油、驱油剂之间、驱油剂与岩石之间的相互作用及驱油剂在多孔介质中的渗流机制研究，阐明加合增效的途径与条件，提出驱油剂加合增效理论，指导研发了非均相复合驱、强化聚合物驱、乳液表面活性剂驱和低张力泡沫驱等新型驱油体系，创新形成了多元、多相、组合式驱油方法，扩大了化学驱的应用范围。

全书共八章，第一章为驱油剂加合增效导论，第二章为驱油过程中的物理化学现象，第三章为化学驱油剂及驱油体系，第四章为驱油剂与原油的相互作用，第五章为驱油剂间相互作用，第六章为驱油剂在油藏岩石上的吸附，第七章为驱油体系在多孔介质中的渗流，第八章为加合增效在化学驱油体系设计中的应用。本书内容涉及基础理论研究、配方设计、矿场应用，在编写过程中力求做到系统性、科学性、先进性和实用性的统一，是一本专业性强、涉及学科多并具有强烈胜利油田特色的科技书籍。

全书由孙焕泉、李振泉、曹绪龙、宋新旺、王红艳、石静统筹、统稿和审定，马宝东、单联涛、郭淑凤、王丽娟、刘煜、于群、仉莉、康元勇等参与了部分内容的编写、校对，在编著过程中得到了胜利油田及勘探开发研究院领导的大力支持，本书是胜利油田化学驱广大科技工作者集体智慧的结晶，在此向他们表示衷心的感谢！同时也向在本书编写过程中提供支持与帮助的同志表示谢意。

由于时间仓促，书中难免存在疏漏和不当之处，敬请广大读者批评指正。

作　者

2016年4月

目　录

绪　论

随着三次采油规模的不断扩大，化学驱优质资源越来越少，聚合物驱转后续水驱单元不断增多，对油田三次采油持续稳定发展极为不利。针对制约三次采油技术发展的瓶颈，为有效利用现有资源和聚合物驱后进一步提高采收率，我们开展了驱油剂加合增效理论研究。

从驱油剂加合增效理论的提出到现在，先后开展了基础理论研究、驱油体系设计、数值模拟研究和方案研究，提出了“油剂相似富集、阴非加合增效、聚表抑制分离”的二元复合驱致效机理，实现了二元复合驱油技术的工业化应用；认识了非均相复合驱油体系“液流转向、变形通过、均衡驱替、调洗协同”的渗流机制和驱油机理，实现了聚驱后油藏非均相复合驱油技术的推广应用。

驱油剂加合增效理论内涵是：以耐温抗盐驱油剂为中心，以驱油剂的设计作为配方设计的基础，以驱油化学剂与原油之间的作用机制、驱油化学剂之间的相互作用机制、驱油化学剂与油藏岩石之间的相互作用机制和驱油化学剂在多孔介质中的渗流机制作为化学驱配方体系的设计原则，开展能够充分发挥各类驱油剂或驱油体系技术优势的多元组合式化学驱油体系设计，获得最佳的加合增效效果和驱油效果。

胜利油田化学驱资源丰富，但油藏温度高、矿化度高、二价离子含量高、非均质性强，实施化学驱难度大。“十一五”以来，以驱油剂加合增效理论为指导，持续创新形成了高温高盐油藏二元复合驱、泡沫复合驱、非均相复合驱等技术系列，截至 2015 年年底，累积产油 5700 万 t，累积增油 2705 万 t，有力地支撑了胜利油田的稳定发展。

第一章　驱油剂加合增效导论

化学驱是在注入水中添加化学剂，改善流体及储层的物理及化学性质，提高驱油效率和波及性能，从而提高原油采收率的采油方法。胜利油田适合化学驱的地质资源丰富，但油藏温度高、地层水矿化度高、原油黏度高、储层非均质性严重，化学驱条件非常苛刻，给胜利油田实施化学驱带来了挑战，为此，需要发展适应胜利高温高盐油藏的化学驱理论以指导矿场实践。

第一节　化学驱涉及的重要概念

一、原油采收率

原油采收率是采出地下原油原始储量的百分数，即采出的原油量与原始地质储量的比值。采收率是一个油田的油藏地质、流体性质和相应的开采措施的综合指标。原油采收率定义为

$$E_R = \frac{N_R}{N} \tag{1-1}$$

式中，E_R 为原油采收率；N_R 为采出储量；N 为地质储量。

对于水驱油，由于

$$N_R = A_V h_V \phi S_{oi} - A_V h_V \phi S_{or} \tag{1-2}$$

$$N = A_0 h_0 \phi S_{oi} \tag{1-3}$$

可得

$$N_R = \frac{A_V h_V \phi S_{oi} - A_V h_V \phi S_{or}}{A_0 h_0 \phi S_{oi}} = \frac{A_V h_V}{A_0 h_0} \frac{S_{oi} - S_{or}}{S_{oi}} = E_V E_D \tag{1-4}$$

式中，A_0、h_0 分别为油层的原始面积和厚度；A_V、h_V 分别为水波及油层的面积和厚度；ϕ 为油层的孔隙度；S_{oi}、S_{or} 分别为原始含油饱和度和剩余油饱和度；E_V 为波及系数（也称波及效率）；E_D 为洗油效率。

从式（1-4）可以看出，对水驱油（包括其他驱油剂驱油），采收率与波及系数和洗油效率有如下关系：

$$采油率=波及系数\times洗油效率 \tag{1-5}$$

因此提高原油采收率的两条重要途径就是扩大波及系数和提高洗油效率。

二、扩大波及系数

波及系数（E_V）是指驱油剂在油藏中波及孔隙体积面积的百分数。E_V 可以分解为纵向波及系数和横向波及系数的乘积：

$$E_V = E_A E_I \tag{1-6}$$

式中，E_A 为驱油剂波及的面积与注入井和采出井之间控制的含油面积之比；E_I 为驱油剂在垂向上波及的厚度与油层总厚度之比。

影响波及系数的因素主要有以下几方面。

（一）油层非均质性

油层的非均质性可以分为垂直剖面上、平面上的非均质。前两种统称为宏观非均质即油层岩石宏观物性参数（孔、渗）的非均质性。

油层渗透率在垂直剖面上的非均质性将导致油层水淹厚度上的不均一。因注入水沿不同渗透率层段推进速度快慢各异，当渗透率级差增大时，常常出现明显的单层突进，高渗透层见水早，造成水淹厚度小，波及效率低。

渗透率在平面上的各向非均质性，会导致平面上水线推进的不均匀，使有的水井过早见水和水淹。

（二）储层中驱替相与被驱替相之间流动的差异

流体在多孔介质中的流动能力可以表示为

$$\lambda = \frac{k_L}{\mu_L} \tag{1-7}$$

式中，λ为流体的流度；k_L 为流体的有效渗透率，$10^{-3}\mu m^2$；μ_L 为流体的黏度，mPa·s。

驱替相和被驱替相间的流度关系用流度比表示。水驱时，

$$M = \frac{\lambda_w}{\lambda_o} = \frac{k_{rw}}{k_{ro}}\frac{\mu_o}{\mu_w} \tag{1-8}$$

式中，M 为水驱油时的流度比；λ_o 为油的流度；λ_w 为水的流度；k_{ro} 为油的相对渗透率；k_{rw} 为水的相对渗透率；μ_o 为油的黏度；μ_w 为水的黏度。

当水的流动能力小于原油的流动能力时，即 $M<1$，驱替是在有利的情况下进行，则波及系数高；反之，当 $M>1$，即水的流动力能力大于原油的流动能力时，驱替是在不利的情况下进行的，这时，将发生“指进”现象。

为了提高扩大波及系数，目前重要的方法有两条，一是使用聚合物提高驱油体系黏度，改善水油流度比；二是应用调剖堵水的方法封堵高渗透孔道，迫使驱

油体系进入含油较高的低渗透地层，这两种方法都可以达到提高驱油体系波及系数的目的。

三、提高洗油效率

洗油效率与毛管数（N_c）有着直接关系，增加毛管数，就能提高洗油效率。而降低油水界面张力则是增加毛管数的主要途径。毛管数与界面张力的关系见式（1-9）：

$$N_c = \upsilon\mu_w / \delta_{wo} \tag{1-9}$$

式中，N_c 为毛管数；υ 为驱替速度，m/s；μ_w 为驱替液黏度，mPa・s；δ_{wo} 为原油/驱油体系界面张力，mN/m。

N_c越大，残余油饱和度越小，驱油效率越高。在注水开发后期，N_c一般在 10^{-7}～10^{-6}，N_c增加将显著提高原油采收率，理想状态下 N_c增至 10^{-2}时，原油采收率可达 100%。

由式（1-9）可知，提高驱替液黏度、驱替速度及降低原油 / 驱油体系界面张力均可使毛管数升高。但依靠提高驱替液黏度和驱替速度不可能使毛管数实现数量级的升高。可以通过大幅度降低原油/驱油体系界面张力，使油水界面张力降低 4 个数量级，从而使毛管数升高 4 个数量级。水驱时，油水间界面张力在 1.0×10^{1}mN/m 范围，当把油水界面张力降低至 1.0×10^{-2}mN/m 以下时，即可使毛管数升高 4 个数量级，从而大幅度提高洗油效率。

目前降低驱油体系与原油间界面张力主要有两种办法，一是在驱油体系中加入表面活性剂，降低油水界面张力；二是在驱油体系中加入碱，碱可与原油中的酸性物质生成石油酸皂，也可使油水界面张力降低至 1.0×10^{-2}mN/m 以下。但是由于碱易与地层及地层水中的二价金属离子反应而带来较高的碱耗，同时生成的产物易在水井和油井以及生产系统结垢，这些问题使得碱在驱油中的使用受到很大限制。

油水界面张力通常为 20～30mN/m，理想的表面活性剂可使界面张力降至 10^{-4}～10^{-3}mN/m，从而大大降低或消除地层的毛细管作用，减少了剥离原油所需的黏附功，提高了洗油效率。有两种依靠外加表面活性剂的驱油体系可以使原油/驱油体系界面张力降低至 1.0×10^{-2}mN/m 以下。表面活性剂质量分数高于 2%的称为浓体系；表面活性剂质量分数低于 2%的称为稀体系，由于稀体系的表面活性剂用量少，经济投入低，日益受到人们的重视。

第二节　驱油剂加合增效的提出

一、化学驱提高采收率

提高采收率（EOR）的定义为除了一次采油和保持地层能量开采石油方法之外的其他任何能增加油井产量，提高油藏最终采收率的采油方法。国内 EOR 方法可通常分为四大类，即化学驱、气体混相驱、热力采油和微生物采油。EOR 方法的细分类见图 1.1。

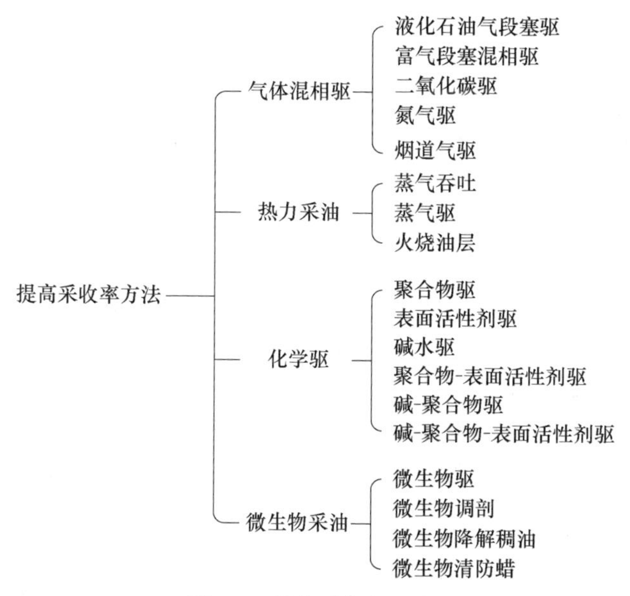

图 1.1　提高采收率分类图

EOR 方法的一个显著特点是注入的流体改变了油藏岩石和（或）流体性质，提高了油藏的最终采收率。其中，向油层中注入化学剂来改变驱替相性质、驱替相与原油的界面性质来提高原油采出程度的方法就是化学驱。通常包括聚合物驱、表面活性剂驱（胶束/聚合物驱、乳状液驱、活性水驱）、碱水驱以及两种化学剂（聚合物、表面活性剂/聚合物二元复合驱）或三种化学剂（表面活性剂/聚合物三元复合驱）的复合驱方法。

（一）聚合物驱

聚合物驱实际上是一种将水溶性聚合物加入水中来增加水相黏度、改善流度比的方法。美国有时将这种方法称为改善水驱采收率（IOR），没有列入提高采收率的方法，而俄罗斯等国家，有时则将这种方法称为流体转向技术。我国及大部分西方国家都将聚合物驱列为三次采油的化学驱方法。其驱油机理主要是提高水相黏度，改善流度比、提高聚合物溶液在油藏中的微观和宏观波及体积，克服和消除驱替相在油层中的指进现象，从而达到提高原油采出程度。目前广泛使用的聚合物有部分水解聚丙烯酰胺、黄原胶，以及近几年研制和开发的缔合聚合物。

部分水解聚丙烯酰胺聚合物对地层水中的含盐量特别是二价的 Ca^{2+}、Mg^{2+} 含量及油层温度十分敏感。随着矿化度和油层温度的增加，聚合物溶液的表观黏度急剧下降。此外，部分水解聚丙烯酰胺还存在着化学降解、剪切降解等问题。这些都是对聚合物驱非常不利的因素。

（二）表面活性剂驱

表面活性剂提高采收率方法还可以再分为胶束驱、乳状液驱及低界面张力的活性水驱。其中，活性水驱由于表面活性剂的用量相对较低而正得到广泛关注。

（三）碱水驱

碱水驱是 20 世纪 20 年代提出的驱油方法。其主要驱油机理是碱剂与原油中的有机酸反应，生成了具有表面活性的石油酸皂，降低了碱水与原油的界面张力。此外，由于碱水的特殊作用，还可使油层岩石润湿性发生反转、使原油与地层水产生乳化，同时还由于碱水在油层的流动过程中产生乳化夹带作用、聚并、硬膜溶解等作用，因此可以最终提高原油采收率。显然，原油中有机酸的含量、地层水二价阳离子含量，是影响和决定碱水驱成功与否的重要条件和关键因素。

（四）复合驱

单一的聚合物驱、碱水驱及表面活性剂驱各有优缺点，在配伍的条件下，将它们混合或联合使用，在功能和作用机理上优势互补，达到最佳驱油效果的方法。复合驱包括碱水/聚合物驱二元复合驱、表面活性剂/聚合物二元复合驱和碱水/表面活性剂/聚合物三元复合驱。

（五）泡沫驱

泡沫驱：泡沫驱是利用泡沫在孔隙介质中的贾敏效应，增加驱替相流动阻力，达到稳定驱替前沿和提高油层波及体积的方法。

（六）非均相复合驱

由低浓度表面活性剂、聚合物和具有黏弹性且在多孔介质中可运移的黏弹性颗粒驱油剂（PPG）组成的驱油体系，其中PPG在水中不能完全溶解，在水中为非均一相。

二、驱油剂加合增效的必要性

部分水解聚丙烯酰胺聚合物对地层水中的含盐量特别是二价的 Ca^{2+}、Mg^{2+} 含量及油层温度十分敏感。随着矿化度和油层温度的增加，聚合物溶液的表观黏度急剧下降。此外，部分水解聚丙烯酰胺还存在着化学降解、剪切降解等问题。这些都是对聚合物驱非常不利的因素。

作为一种优良的驱油剂，聚合物具有价格低廉、技术成熟稳定、驱油效果明显的优点（Li and Cao，2000），迄今为止，还没有一种驱油剂能够取代它的位置；但同时，由于其自身结构、性能特点决定了其在高温高盐油藏、聚合物驱后油藏和苛刻条件油藏中应用的局限性。

在长期的研究和实践中，我们发现，作为一种稳定、优良的驱油剂，把聚合物与其他一些化学驱油剂复配应用，可以在保留聚合物优点的同时，进一步发挥增效作用，不但能提高、增强聚合物的驱油能力，还能扩大聚合物的使用范畴，使之具有耐温抗盐能力和更好的地层条件适应性。如以聚合物和表面活性剂为主的复合驱油体系，既可提高波及系数，又可大幅度提高驱油效率，胜利、大庆的现场实验都证实了复合驱是提高采收率的一种有效的技术手段；聚合物+交联剂形成的交联聚合物体系，在提高黏度和波及系数的同时，还可提高聚合物的耐温抗盐能力，在大庆、胜利、河南、大港等油田也相继开展了现场实验，取得了一定的降水增油效果；利用 N_2、天然气或其他气体与泡沫剂及聚合物混合形成泡沫的强化泡沫驱改善了普通泡沫稳定性差的缺点：泡沫黏度随着孔隙介质渗透率的增大而增大，即渗透率越高泡沫封堵能力越强，泡沫剂作为优良的活性剂还具有良好的洗油能力，而且泡沫剂遇水稳定、遇油破灭的特性增加了驱替的选择性，使泡沫剂在油藏中均匀推进，从而大幅度降低残余油饱和度，提高采收率。

随着三次采油规模的不断扩大，剩余资源条件越来越差，具体表现在温度和矿化度更高，油藏非均质更严重，原油黏度高，因此必须寻求改善波及能力更强、洗油能力更好的驱油体系。大量的矿场实践表明，就胜利油田化学驱而言，由于非均质严重，原油黏度高，因此聚合物必不可少。但大量的研究和现场实践证明，聚合物的耐温抗盐能力有局限性，调整非均质能力有限且无提高洗油效率能力，因此单一聚合物提高采收率幅度和应用范围有限。通过在聚合物中加入合适化学驱油剂的复合式驱油方法，能够产生超加合作用，增强体系的耐温抗盐能力，不但使体系的阻力因子、界面活性大幅度提高，还可以进一步通过提高驱油效果扩大驱油体系的应用范围。

在长期的研究实践中，针对三采发展现状存在的问题，胜利油田已经形成了一些聚合物加合增效驱油体系：即聚合物+表面活性剂的二元复合驱油体系，聚合物+交联剂的有机交联聚合物驱油体系，聚合物+泡沫剂的强化泡沫驱油体系，这些体系设计的目的就是针对目前比较突出的聚合物驱后、高温高盐及边水、大孔道油藏进一步提高采收率问题，来满足油田增加可采储量，长期稳产和增产的需要。

近年来，国内外研究者们普遍认识到，加强对驱油剂致效机理、驱油剂相互作用机理的研究，不但使驱油体系的研究更具针对性、目的性，减少不同区块条件下研究工作量大、重复操作多的问题，还可得到更好的驱油效果。

三、驱油剂加合增效的内涵

针对胜利油田Ⅲ类高温高盐油藏、Ⅳ类大孔道油藏和聚合物驱后油藏提高采收率的难题，现有驱油用化学剂难以适应苛刻的油藏条件，需要通过理论上的突破解决耐温抗盐驱油剂研制领域的关键问题，指导新型耐温抗盐驱油剂和驱油体系的定向设计。胜利三采科技人员从微观机理入手，开展驱油剂与原油、驱油剂之间、驱油剂与岩石之间的相互作用及驱油剂在多孔介质中的渗流机制研究，阐明加合增效的途径与条件，提出了驱油剂加合增效理论，指导研发了非均相复合驱、强化聚合物驱、乳液表面活性剂驱、低张力泡沫驱等新型驱油体系，创新形成了多元多相组合式驱油方法，扩大了化学驱的应用范围。

驱油剂加合增效是以耐温抗盐驱油剂为中心，以驱油剂的设计与合成作为配方设计的两大基础，以驱油化学剂与原油之间的作用机制、驱油化学剂之间的相互作用机制、驱油化学剂与油藏岩石之间的相互作用机制和驱油化学剂在多孔介质中的渗流机制作为化学驱配方体系的设计原则，开展能够充分发挥各类驱油剂或驱油体系技术优势的多元组合式化学驱油体系设计，获得最佳的加合增效效果和驱油效果。

第三节　影响驱油剂加合增效的因素

一、储层非均质性

地层有两种不均质，即宏观不均质性与微观不均质性。前者用渗透率变异系数表示，后者用孔喉大小分布曲线、孔喉比、孔喉配位数、孔喉表面粗糙度等表示。地层越不均质，采收率越低。

二、地层表面的润湿性

润湿是指液体在分子力作用下在固体表面的流散现象。在固体表面上滴一滴液体，液滴可能沿固体表面散开，如图 1.2（a）所示，也可能以液滴形状存在于固体表面，如图 1.2（b）所示。前者称为液体润湿固体表面，后者称为液体不润湿固体表面。

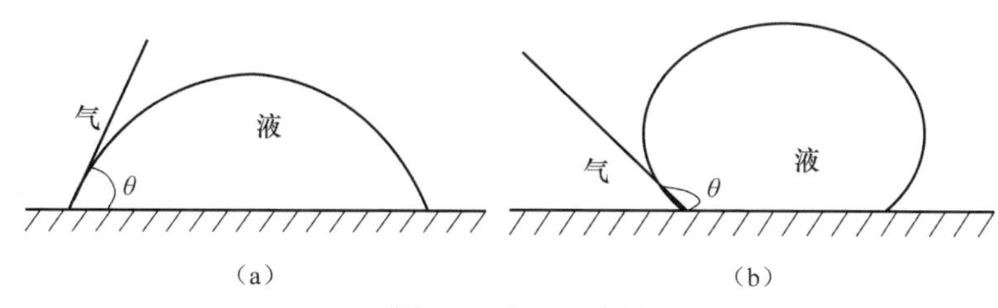

图 1.2　润湿示意图

讨论润湿现象时，总是指三相体系：第一相为固体，第二相为液体，第三相为气体或另一种液体。说明某种液体润湿固体与否，总是相对另一相气体（液体）而言的。如果某一相液体能润湿固相，则另一相就不润湿固相。表示润湿程度的参数为接触角和附着功。

如图所示，通过液-液-固（或气-液-固）三相交点作液-液（或液-气）界面的切线，切线与固-液界面之间的夹角称为接触角，用 θ 表示。油-水-岩石系统的润湿性分为以下几种情况：①当 $\theta<90°$ 时，水可以润湿岩石，岩石亲水性好，称为水润湿；②当 $\theta=90°$ 时，油、水润湿岩石的能力相当，岩石既不亲水，也不亲油，称为中性润湿；③当 $\theta>90°$ 时，油可以润湿岩石，岩石亲油性好，称为油润湿。

某一流体润湿固体表面是各相界面张力相互作用的结果。在三相体中，在三相周界点产生了三种界面张力，当三种界面张力达到平衡时，有杨氏（Young）方程表示其关系：

$$\gamma_{so} = \gamma_{sw} + \gamma_{ow}\cos\theta$$

式中，γ_{so} 为固-油界面张力；γ_{sw} 为固-水界面张力；γ_{ow} 为油-水界面张力。

衡量润湿性大小的另一个指标是附着功或黏附功，是指在非湿相中，将单位面积的湿相从固体界面拉开所做的功。在这一过程中，做功的能量转化为固体表面能的增加。接触角与黏附功具有以下关系：

$$W = \gamma_{sw}(1+\cos\theta)$$

由上式可见，接触角越小，附着功越大，即湿相流体对固体的润湿程度越好，反之亦然。因此，可以用附着功判断岩石润湿性的好坏。对于油、水、岩石三相体系，当附着功大于油水界面张力时，岩石亲水；当附着功小于油水界面张力时，岩石亲油；当附着功等于油水界面张力时，岩石为中性润湿。尽管油-固或水-固界面的表面张力无法直接测量，但是附着功却能通过测定油-水界面张力和接触角来计算。

三、油层润湿性分类

油层润湿性是指：当存在另一种不混相的流体时，一种流体在固体表面扩展或黏附的趋势。在岩石-原油-盐水系统中，岩石油或对水有一种偏向，根据岩石与地层流体的接触关系，油层润湿性分为油润湿、水润湿和中性润湿三类。润湿相倾向于占据储层岩石的较小孔隙和较大孔隙表面，而非润湿相主要占据较大孔隙的孤岛区。当岩石既不强烈偏向油也不强烈偏向水时，这一系统称为中性润湿系统。

还有另一种润湿性，即分润湿性，也就是说，岩石的不同部位具有不同的润湿偏向性。分润湿性也称不均匀的、斑点状的润湿性，Salathiel 把混合润湿作为分润湿性的一种特殊类型。在具有混合润湿性的岩石中，油湿表面通过较大孔隙形成连续的油湿流道，较小孔隙仍为水湿并不含油。尚需指出，混合润湿性与分润湿性之间的主要区别在于，后一种润湿性既不是指油湿表面的具体位置，也不是指连续的油湿流道。

现在研究结果表明，碳酸盐类油藏大部分为油湿，砂岩类油藏水湿和油湿分布差不多。根据孔隙介质内润湿性是否具有均质性，还可将油藏润湿性分为均匀润湿和非均质润湿两大类。

四、流度比

流度是一种流体通过孔隙介质能力的量度。它的数值等于流体的有效渗透率除以黏度，以 λ 表示。

流度比是指驱油时驱动液流度对被驱动液流度的比值，以 M 表示。

若驱动液是水，被驱动液是油，则水油流度比可表示为

$$M_{\mathrm{wo}}=\frac{\lambda_{\mathrm{w}}}{\lambda_{\mathrm{o}}}=\frac{k_{\mathrm{w}}/\mu}{k_{\mathrm{o}}/\mu}=\frac{k_{\mathrm{rw}}\mu_{\mathrm{o}}}{k_{\mathrm{ro}}\mu_{\mathrm{w}}} \tag{1-10}$$

式中，M_{wo} 为水油流度比；λ_{w}、λ_{o} 分别为水和油的流度；k_{w}、k_{o} 分别为水和油的有效渗透率；k_{rw}、k_{ro} 分别为水和油的相对渗透率；μ_{w}、μ_{o} 分别为水和油的黏度。

从式（1-10）可以看出，要减小水油流度比，有如下途径：①减小 k_{rw}；②增加 k_{ro}；③减小 μ_{o}；④增加 μ_{w}。

五、毛管数

毛管数是一个无因次的准数，由下式定义：

$$N_{\mathrm{C}}=\frac{\mu_{\mathrm{d}}V_{\mathrm{d}}}{\sigma} \tag{1-11}$$

式中，N_{C} 为毛管数；μ_{d} 为驱动流体的黏度；V_{d} 为驱动流体的驱动速度；σ 为油与驱动流体之间的界面张力。

要增大毛管数，有如下途径：①减小σ；②增加μ_d；③提高V_d。

六、布井

不同的布井方式有不同的波及系数，在相同的布井方式中，不同的井距也有不同的波及系数，在布井方式相同时，井距越小，波及系数越大，因此采收率越高。

第二章　驱油过程中的物理化学现象

第一节　体 相 溶 液

利用表面活性剂提高原油采收率最早出现在 20 世纪 30 年代初，1961 年，Holbrook 的专利提出用脂肪酸皂、烷基磺酸盐等表面活性剂进行驱油。室内研究表明，这些溶液降低了界面张力，提高了采收率。后续的大量研究表明，各种盐类与表面活性剂联合使用可更大程度地降低界面张力并抑制表面活性剂在油层中的吸附。这些技术都显示了降低界面张力对提高原油采收率的重要性。为了获得低界面张力体系，首先必须了解表面活性剂体相溶液的物化性能。

一、临界胶束浓度

从表面活性剂溶液的表面张力等温线可知，当表面活性剂浓度逐渐增加，表面张力迅速下降。但到某一点时，其表面张力不随浓度改变。这点所对应的浓度，称为该表面活性剂的临界胶束浓度（cmc）。在研究该溶液的其他物理性质（电导率、密度、散射光强度等）时，也会在此点发生改变，为此也可用其他方法去确定 cmc。通常离子型表面活性剂的 cmc 在 10^{-3}～10^{-2}mol/L；非离子表面活性剂 cmc 在 10^{-4}mol/L 以下。为此各种表面活性剂单独应用时，所使用的浓度一定超过相应的 cmc，且表面活性剂 cmc 越小，说明其活性越大。从分子水平去理解，cmc 表示表面活性剂在溶液表面的吸附已达到饱和，同时在溶液内部胶束开始大量形成。在 cmc 后继续加入表面活性剂，此时仅胶束个数增加，而表面张力不再有变化。

具有长链的疏水基在 cmc 以下，以单分子状态吸附在溶液表面，使界面能减小，体系得以稳定；在 cmc 以上，由于溶液表面上的定向吸附达到饱和值，表面活性剂离子从单个无序状态向有一定规则的所谓胶束转变，这是一个界面自由能减小的过程。

胶束的大小为 0.002～0.01μm，小于可见光的波长，所以胶束溶液是透明的。离子型表面活性剂的聚集数不受亲水基种类的影响，n=50～60。相反，非离子表面活性剂的 cmc 极低，而聚集数却很大，如月桂醇聚氧乙烯醚的胶束在 22～50℃时，聚集数为 400，这是由于亲水基间没有离子性电荷的相斥作用。

（一）影响 cmc 的各种因素

结构因素：疏水基长度与 cmc 的关系为

$$\lg \mathrm{cmc} = A - Bn \tag{2-1}$$

式中，A、B 为常数；n 为疏水基的碳数。

疏水基引入双键或支链，一般会引起 cmc 变大。

亲水基的种类对离子型表面活性剂影响不大，而非离子型表面活性剂则随着碳链变长，cmc 变大。

电解质及反离子：电解质加入表面活性剂溶液中，就与离子型表面活性剂产生同离子效应，中和一部分电荷，还将减少水化率，使 cmc 下降，如式（2-2）所示：

$$\lg \mathrm{cmc} = A - B\lg c_0 \tag{2-2}$$

式中，c_0 为盐浓度。

电解质对非离子型表面活性剂的 cmc 亦有影响，但相比之下要小得多。反离子浓度增加，促使表面电位降低，cmc 亦随之降低。两性活性剂随着无机强电解质的加入，其 cmc 降低（Liu et al.，2013）。

长链有机物：添加有机化合物几乎对所有表面活性剂的 cmc 都产生影响。如醇、酰胺能吸附于胶束的外层，这样可减少胶束化所需的功，并减少离子头在胶束中的斥力，有利于 cmc 的降低。链越长则影响越大，直到与表面活性剂疏水基相当时，影响最大。同时，长链极性有机物的直链结构对 cmc 的影响较支链结构为大。此外，尿素、二甲基甲酰胺等能提高亲水基的水化作用，增加表面活性剂在水中的溶解度，使其不易形成胶束，从而使 cmc 增大。

温度与压力：温度对 cmc 的影响较小，离子型表面活性剂一般随着温度升高，cmc 变大。

（二）双电层结构

Stern 在 1924 年提出双电子层理论，即内层紧靠荷电表面整齐地排列着一层反离子，称为固定层；外层为扩散层，即反离子一面受静电作用向界面靠近，一面又受热运动的扩散影响向介质中扩散，因此离界面处的反离子密度由近及远逐渐变小。扩散层又称为 Gouy-Chapman 层。固定层与扩散层相接触的面称为滑动面，而滑动面处电位与溶液内部电位之差，称为 ξ 电位（Manne et al.，1994）。

二、γ_{cmc} 和 PC_{20}

表面活性剂降低溶液表面张力的特性包括两个方面，即降低表面张力的能力和效率。降低表面张力的能力是指表面活性剂能把溶剂的表面张力降到的最低值，即表面活性剂浓度达到cmc时的表面张力γ_{cmc}。γ_{cmc}值越低，其降低表面张力的能力就越强。而降低表面张力的效率常以Rosen的观点，将其用表面活性剂使水表面张力降低到20mN/m时，所需浓度的负对数，用PC_{20}参数表示。也可用cmc的倒数来表示。

表面活性剂降低水表面张力的能力和效率，两者关系不一定是一致的，即效率高者其能力不一定强。例如，对于表面活性剂同系物，随着疏水基碳原子数的增加，cmc下降，其效率增加，但降低表面张力的能力基本不变。两者的差异，主要取决于表面活性剂的分子结构。

三、表面活性剂的溶解度

表面活性剂分子结构不同，则所需的溶剂不同。若亲水基团亲水能力大于疏水基团疏水能力，则较易溶于极性溶剂。反之，则易溶于有机溶剂。对于水溶性表面活性剂，其溶解度与一般常见化合物有所不同。另外，离子表面活性剂和非离子表面活性剂溶解度亦有很大差别。

（一）Krafft点

离子表面活性剂溶解度随温度改变有一个共同点，在低温时，溶解度随温度升高缓慢增加；当温度达到某一定值之后，溶解度会突然增加。这种现象称为Krafft现象，此转变温度称为Krafft温度，此时的溶解度为表面活性剂的cmc。

解释这种现象的原因是：离子表面活性剂溶液的温度超过Krafft点时，溶解的表面活性剂浓度已达到cmc，溶解出的单体表面活性剂分子能形成胶束，为此，其溶解度将大大增加。上述现象可知，单独使用离子表面活性剂时其温度一定要超过Krafft点。

（二）浊点

非离子表面活性剂在水中的溶解度，随着温度的升高而下降。非离子表面活性剂在较低温度时其水溶液呈透明状，往往在升高温度过程中，在某一温度时突然变得浑浊，则表面活性剂析出，溶液分层。此突然变浑浊时的温度称为浊点，简称C.P.点。这种现象也可以从非离子表面活性剂分子的结构去分析。例如，聚氧乙烯型非离子表面活性剂溶于水是聚氧乙烯链中的氧原子与水分子形成氢键所致。随着温度升高，分子运动加快，氢键被削弱。当温度继续升到一定值时，氢键被破坏，表面活性剂分子从溶液中析出，使溶液突然变浑浊。研究表明，该现象受浓度影响很小。例如，Triton X-100的溶液浓度从0.25%增加到10%时，其浊点仅从64℃升高到66℃。浊点的大小与聚氧乙烯型非离子型表面活性剂的结构及环境因素有关。

1. 亲水基结构

非离子型表面活性剂中乙氧基含量增加，浊点升高，但并非存在线性关系；乙氧基数相同时，减小表面活性剂相对分子质量、增长乙氧基链长的分布以及疏水基支链化、乙氧基移向表面活性剂分子链中央、末端羟基被甲氧基取代、亲水基与疏水基间的醚键被酯键取代等，都会使浊点降低。

2. 疏水基结构

在相同乙氧基数时，疏水基碳原子数越多，浊点越低。疏水基对浊点的影响还表现在支链、环状、位置等结构因素上，其浊点值按如下关系递减：3 环＞单链＞单环＞1 支链的单环＞3 支链＞2 支链。

3. 浓度

浊点一般是随着浓度的增加而变大，但也有少数例外，如辛基酚聚氧乙烯醚的浓度为 0.03%～5%时，浊点为 48～50℃，而浓度为 0.10%～0.15%时，浊点在 100℃以上。

4. 电解质

一般来说，电解质的加入可减弱水分子与氧乙烯基的缔合，有利于水分子的脱离而导致胶束聚集数增加和浊点降低，但加入盐酸反而使浊点升高。

5. 有机及高分子添加剂

常用的有异丙醇、丁基二甘醇、二噁烷、聚乙二醇等，对浊点没有明显影响。水溶性增长剂如尿素、二甲基甲酰胺、对甲苯磺酸等能使浊点显著提高。通过加入合适的阴离子表面活性剂（如十二烷基苯磺酸钠）可与聚氧乙烯型非离子型表面活性剂形成混合胶束，可提高浊点，对拓宽其使用温度范围极有帮助。

四、表面活性剂的乳化

（一）乳液的鉴别

1. 稀释法

O/W 型乳状液可与水相混溶，W/O 型乳状液可与油相混溶。将乳状液滴入水中，观察能否扩散即可鉴别。

2. 染色法

利用油溶性染料和水溶性染料加入乳状液中，观察是分散相还是连续相。

3. 电导法

O/W 型乳状液能导电，W/O 型乳状液不导电。

4. 荧光法

有机物在紫外线照射下呈现荧光，如果全部呈现荧光，则属于 W/O 型乳状液。

5. 滤纸润湿法

如滴在纸上的液体能快速铺展，留下一小滴油，则属于 O/W 型乳状液。如不能展开，则属于 W/O 型乳状液。

一般来说，水相体积小于总乳液的 26%即为 W/O 型，26%～74%的为 O/W 型或 W/O 型，大于 74%的为 O/W 型。

（二）乳液的稳定性

1. 降低界面张力

不同的分散相需要不同的乳化剂，往往复合型乳化剂具有更理想的乳化效果。

2. 界面膜

为增加膜的刚性和弹性，并使其具有一定的机械强度，可加入辅助剂如脂肪醇、脂肪酸及其他表面活性剂，以形成复合的刚性保护膜。例如，离子型表面活性剂可和高钙醇形成复合乳化剂。

3. 高分子分散剂

其分散和形成界面膜的能力很强，可提高介质的黏度，还可在乳液粒子表面形成高分子膜。黏度的增加可阻止粒子间的相互凝聚，高分子膜则使界面膜更加坚牢和具有韧性。

4. 小分子分散剂

亲水性固体有炭黑、松香、石油树脂马来酸酐改性物等具有较好的分散乳化作用。

（三）乳化剂的选择

HLB 的概念最早由 Griffin（格里芬）提出，Atlas 化学工业公司首先在工业生产中以 HLB 来分选表面活性剂。根据 Griffin 的分类方法，亲水性表面活性剂 HLB 值高，亲油性表面活性剂 HLB 值低，HLB 值的取值范围为 1～40，其中非离子表面活性剂的 HLB 值范围为 1～20。

Griffin 最早提出计算非离子表面活性剂 HLB 值的经验公式：

$$\mathrm{HLB}=20M_{\mathrm{H}}/M \tag{2-3}$$

式中，M_{H} 为亲水基部分的相对分子质量；M 为总的相对分子质量。

非离子表面活性剂，特别是聚氧乙烯醚型表面活性剂，具有 HLB 可调和、油水相混溶性好、不易分解等优点，常常用作乳化剂。按上式估算的如非离子的聚氧乙烯醚型 HLB，其范围为 0～20。

Griffin 发现，有些类型的非离子型表面活性剂 HLB 值可以从其分子结构特征计算出来。对于只以环氧乙烷单元作亲水基的表面活性剂，或脂肪族环氧乙烷聚合产物，可用式（2-4）来计算 HLB 值：

$$\mathrm{HLB}=E/5 \tag{2-4}$$

式中，E 为环氧乙烷的质量百分数。

对于多元醇脂肪酸酯，Griffin 提出用式（2-5）来计算 HLB 值：

$$\mathrm{HLB}=(E+P)/5 \tag{2-5}$$

式中，P 为多元醇的质量百分数。

Davies 提出了另一种用集团数（group number）来计算 HLB 值的方法，即 HLB 值可以看成是分子中各种组成集团贡献的总和：

$$\mathrm{HLB}=\text{亲水基团数}+\text{亲油基团数}-7 \tag{2-6}$$

五、表面活性剂的增溶

表面活性剂在水乳液中形成胶束后，能使不溶或微溶于水的有机物的溶解性显著增大，使乳液呈透明，这种作用称为增溶。

（一）增溶机理

根据紫外光谱、核磁共振谱、电子自旋共振谱等可以研究增溶胶束的结构及其变化。单态模型认为增溶物存在于胶束之中，被增溶物可通过四种方式增溶。

（1）胶束表面溶解：如甘油、高分子物质、蔗糖等被增溶物可吸附于表面活性剂的表面区域，其增溶量较小。

（2）非极性分子在胶束内部溶解：非极性分子，如苯、液体石蜡等可被增溶在胶束内部，增溶量随表面活性剂浓度增高而增加。

（3）在表面活性剂间增溶：极性分子，如脂肪醇、脂肪酸、胺等可增溶在表面活性剂分子之间。

（4）在聚氧乙烯链间增溶：被增溶物包藏于胶束外层的聚氧乙烯链内，如苯、苯酚即以这种方式增溶于聚氧乙烯型非离子型表面活性剂。

（二）影响增溶的因素

1. 增溶剂的结构与性质

在同系的表面活性剂中，随着烃链长度的增加，增溶能力增大。

当增溶剂为非离子型表面活性剂时，被增溶物包裹于其中，聚氧乙烯链中。聚氧乙烯链长对增溶作用的影响要较烃链长度的大。

烃链具有支化结构时，因位阻效应使增溶量降低。

阳离子表面活性剂形成的胶束比阴离子表面活性剂疏松，故增溶能力大于相同烃链的阴离子表面活性剂。

增溶量的大小顺序为：非离子＞阳离子＞阴离子。

2. 被增溶物的结构与性质

结晶状固体比液体的增溶量小。脂肪烃、烷基芳烃的链越长，则被增溶量越小。烃基不饱和或环化均可使增溶量增加，但缩合芳烃因相对分子质量大而增溶量减小。

极性混合物的增溶量比非极性物的小。一般被增溶物的极性越小，烃链越长，增溶量越小。

3. 电解质

加入电解质可使表面活性剂的 cmc 降低，胶束数量增多，对烃类的增溶能力增强，但不利于极性有机物的增溶。

4. 有机添加剂

在表面活性剂溶液中加入烃类等非极性有机化合物，可使胶束增大而提高极性物的增溶量。如果加入的是极性有机物，则使烃类的增溶量增大。

5. 温度

温度可影响胶束性质以及被增溶物在胶束的溶解度。

第二节　油 水 界 面

一、表面活性剂在油/水界面上的聚集

（一）阴离子表面活性剂在油/水界面上的聚集

十二烷基磺酸钠在不同链长烷烃/水界面吸附的活性参数如图 2.1 和表 2.1 所示。显然，随油相碳氢链长增加，cmc 和 IFT_{cmc} 均呈增大趋势。但十二烷基磺酸钠在不同油相/水界面上的聚集行为不尽相同：对于直链烷烃，碳氢链越长，十二烷基磺酸钠在界面上的饱和吸附量越小，饱和吸附时分子在界面上占据的面积越大；对于具有相同碳原子数的正己烷、环己烷和苯而言，油相为苯时，cmc 和 IFT_{cmc} 值最小，分子在界面上占据的面积最大。

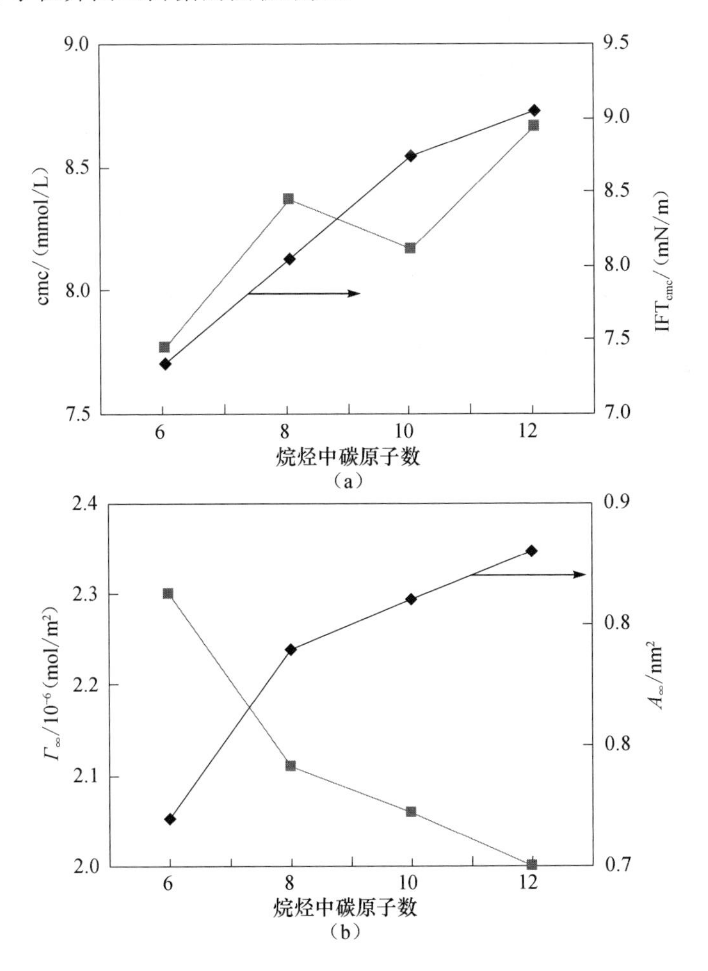

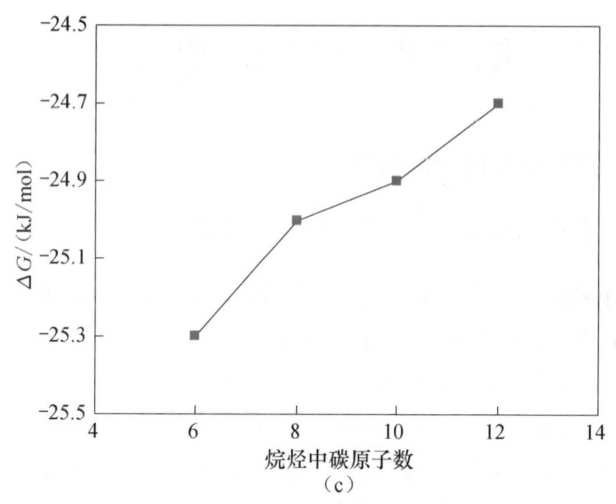

图 2.1　十二烷基磺酸钠在油/水界面吸附的参数随油相烷烃碳原子数的变化

表 2.1　十二烷基磺酸钠在油/水界面吸附的数据（40℃）

油相	正己烷	正辛烷	正癸烷	十二烷	环己烷	苯	空气
Cmc/（mmol/L）	7.8	8.4	8.2	8.7	7.4	6.1	9.7
IFT_{cmc}/（mN/m）	7.4	8.1	8.8	9.1	5.6	5.0	41
$\Gamma_\infty/10^{-6}$/（mol/m^2）	2.30	2.11	2.06	2.00	2.38	2.41	4.45
A_∞/nm^2	0.72	0.79	0.81	0.83	0.698	0.689	0.391
ΔG_m/（kJ/mol）	−25.3	−25.0	−24.9	−24.7	−25.6	−26.6	−24.1

AOT（2-乙基-己基琥珀酸酯磺酸钠）是一种双烃链的表面活性剂。图 2.2 示出了 AOT 水溶液与异辛烷的界面张力等温线。由图可以得出 AOT 的 cmc 值约为 2.8×10^{-3}mol/L，与我们用表面张力方法测得的结果一致（Luan et al., 2002）。

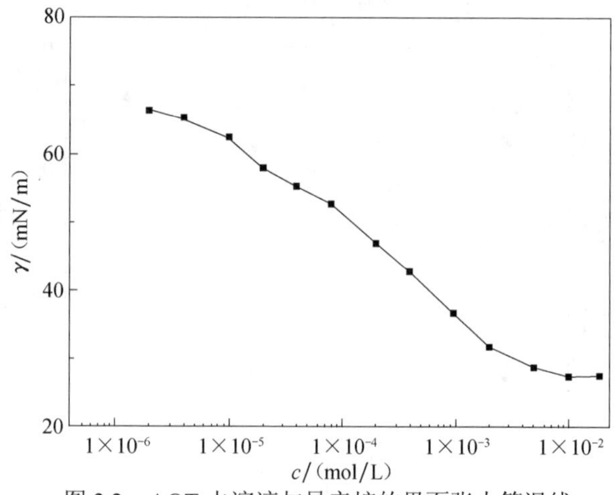

图 2.2　AOT 水溶液与异辛烷的界面张力等温线

（二）非离子表面活性剂在油/水界面上的聚集

Triton X-100（TX-100）是一种常用的非离子表面活性剂。图 2.3 示出了正庚烷/ TX-100 水溶液界面张力等温线，显然，TX-100 降低水的界面张力的能力和效率均高于 AOT。

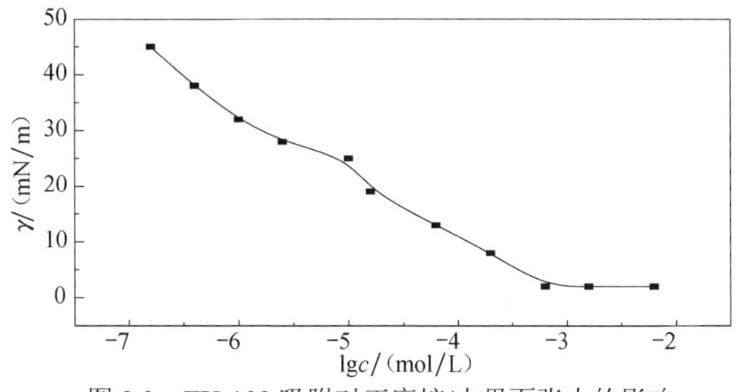

图 2.3　TX-100 吸附对正庚烷/水界面张力的影响

以正庚烷：甲苯=7：3 模拟油作为轻相，分别配制不同浓度的 OX 水溶液作为重相。采用吊环法测量其界面张力。绘制界面张力随 OX 浓度的变化曲线，得到最低界面张力值 γ_{min} 及曲线的斜率，结果如图 2.4 所示。可取其界面张力-浓度曲线的斜率 k 表示效率，最低界面张力值 γ_{min} 表示效能，$|k|$ 越大，其降低界面张力的效率越高；γ_{min} 越小，其降低界面张力的能力越强。OX-10、OX-15、OX-20 和 OX-25 对应的 γ-c 曲线斜率的绝对值分别为 10、11、19.3 和 19.4，说明降低油水界面张力的效率依次增强；随着 OX 系列非离子表面活性剂浓度增加，界面张力由纯水与油相的 43.2mN/m 逐渐降低，OX-10、OX-15、OX-20 和 OX-25 可分别降至 10.3mN/m、8.2mN/m、7.3mN/m 和 7.2mN/m，说明氧乙烯基团数大于 20 后，降低界面张力的能力变化不大。

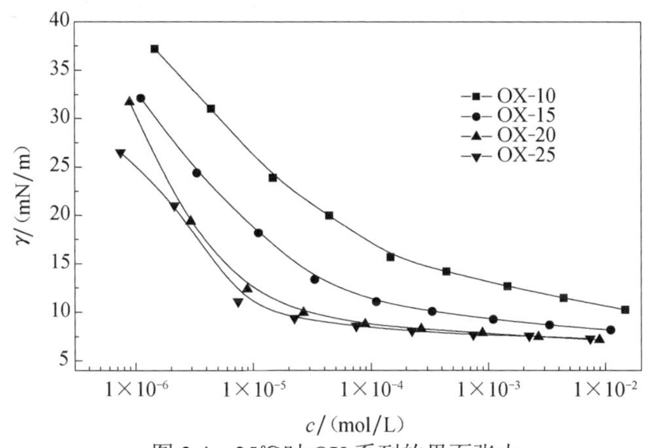

图 2.4　25℃时 OX 系列的界面张力

（三）阳离子表面活性剂在油/水界面上的聚集

阳离子表面活性剂十六烷基三甲基溴化铵（CTAB）水溶液/石蜡界面张力随CTAB浓度的变化如图2.5所示。由此可见，CTAB的吸附可使油水界面张力降至5mN/m，而且CTAB水溶液/石蜡界面张力随其浓度的变化与表面张力等温线相似，但由此得出的cmc值稍小（由表面张力等温线得出cmc=9.6mmol/L）。根据表（界）面张力等温线结果，计算CTAB在不同界面上的吸附量，其吸附等温线如图2.6所示，相关参数的计算结果为：在油/水界面上，Γ^{∞}（o）=2.54mol/m^2，b（o）=189.9m^3/mol；在气/液界面上，吸附量Γ^{∞}（a）=3.12μmol/m^2，b（a）=68.6m^3/mol。

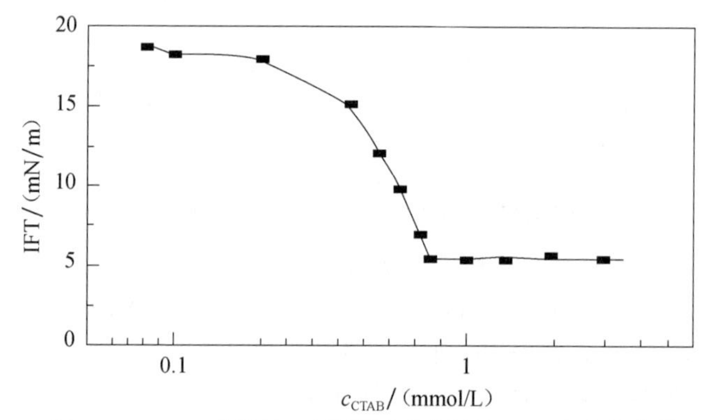

图2.5　CTAB水溶液/石蜡界面张力随CTAB浓度的变化

由图2.6给出的吸附等温线可以看出，当CTAB浓度较低时，不管在油/水界面还是气/液界面的吸附量都迅速增大，并最终出现一个吸附平台，说明表面活性剂的吸附达到了饱和。比较而言，CTAB在油/水界面比在气/液界面可以更快地达到吸附平台，其吸附系数b也大于在气/液界面，说明CTAB更易于在油/水界面的吸附；但气/液界面的饱和吸附量Γ^{∞}值高于油/水界面，这是油相和气相的性质不同所致。

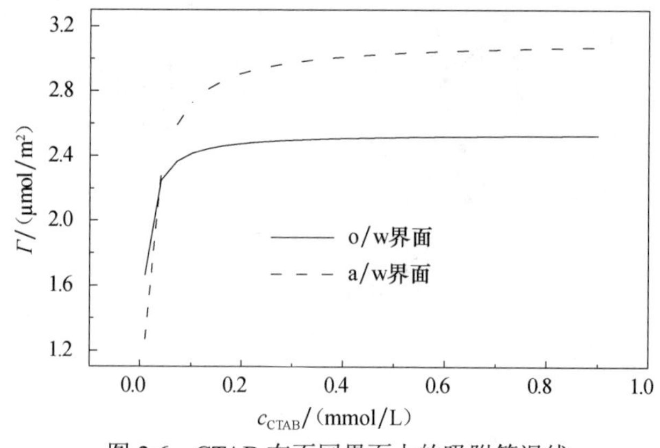

图2.6　CTAB在不同界面上的吸附等温线

二、油/水界面张力的影响因素

（一）表面活性剂分子量

表面活性剂分子量对油/水界面张力的影响很大，Wilson 等研究了 Pyronate 50、Saponate、Alconate 80、Bryton 430 等表面活性剂对界面张力的影响，他们发现，只有 Saponate 一种可产生超低界面张力，其分子量为 397，将其他表面活性剂混合，若平均分子量接近 400，则亦可具有高界面活性。

（二）表面活性剂浓度

一般情况下，界面张力随表面活性剂浓度的升高，先升后降。因在研究中使用的石油磺酸盐等混合表面活性剂含有油溶部分和水溶部分，在低的表面活性剂浓度下，水溶部分保持在水中，而油溶部分保持在油中。在油/水界面两者都能被吸附。当表面活性剂浓度增加时，油溶部分和水溶部分的浓度都增加，界面张力降低。在特定浓度下，水溶部分开始形成胶束，此时，界面张力最低。在大于该临界浓度时，油溶部分保持在胶束中，从而降低了 cmc 值，使单个表面活性剂的浓度减少，界面张力升高。有人认为石油磺酸盐的宽当量分布导致了超低界面张力的产生。另外，表面活性剂体系与原油间的界面张力很不稳定，时间效应很明显，这是一种普遍现象（And et al.，2000；Alami et al.，2002）。这样，浓度不同的表面活性剂体系或不同种类的表面活性剂体系很难进行比较，所以要作出动态界面张力曲线。很多研究都表明，使用复合表面活性剂的效果要优于单一表面活性剂，尤其是亲油性和亲水性的表面活性剂复配在一起，界面性能将大为改善（潘斌林，2014）。张路等认为，界面张力的降低，归根到底是两亲分子取代界面溶剂分子的结果。界面上富集的两亲分子越多，两亲分子与油相分子和水相分子间的作用力越接近相等且其绝对值越大，则界面张力就可能越低。不同结构的表面活性剂有不同的亲水或亲油性质，只有在水相和油相均有一定溶解度的表面活性剂，才有可能在界面上富集，从而大大降低界面张力。表面活性剂在油相中的分配与油相性质有关，对于正构烷烃系列而言，同一表面活性剂在油相中的分配随烷烃碳数的增大而增大。因此，对某一特定盐度、一定浓度的表面活性剂溶液进行正构烷烃系列扫描，会发现界面张力在某一烷烃碳数时达到最低。表面活性剂的亲水性强，最低值出现在低烷烃碳数；表面活性剂的亲油性强，则最低值出现在高烷烃碳数。

值得一提的是，在很宽的表面活性剂浓度范围内，存在两个超低界面张力区域，在低浓度区形成两相，即油相和水相，因在界面形成了饱和单层，所以产生了超低界面张力。而在高浓度区，中间相微乳液与过剩的油相和水相相平衡。所以，有两种使用方法，一种是应用大孔隙小体积的高浓度表面活性剂体系，另一种是应用小孔隙大体积的低浓度表面活性剂体系。根据我国的油田和原油的性质，适于使用低浓度表面活性剂体系。

（三）电解质

一般认为，超低界面张力的最小值产生在特定的含盐度或特定的表面活性剂浓度范围内。电解质对界面张力的影响很大，在没有电解质存在的情况下，各种表面活性剂与任何烃都不能产生超低界面张力，加入电解质则可使界面张力下降几个数量级。ASP 三元复合体系的超低界面张力通常出现在一个适中的含盐量范围，这已被很多事实证明。解释产生此现象的部分原因归结为胶束半径。盐的增加，使更多的表面活性剂参与形成胶束，导致胶束半径增加，界面张力降低。吴文样等通过等值界面张力图，研究了 B-100 复合体系的界面张力，在较宽的矿化度范围内，观察到了超低界面张力，发现从低浓度到高浓度，时间效应先降后升，并在最佳含盐度时存在最小值。康万利等的研究表明，对于某种特定的烷烃，有一最佳含盐度与之相对应，烷烃的分子量越大，该最佳含盐度越高。使用光散射、渗透压、表面张力、染料增溶和其他不同技术的研究表明，体系超低界面张力与水相开始形成胶束相对应，并且，表面活性剂的分配系数接近于 1。在低含盐度下，大多数表面活性剂分子在盐水相中，而在高含盐度下，多数表面活性剂分子在油相中。因此，含盐度增加时，表面活性剂分子逐渐由水相进入油相，在特定的含盐度下，在水相和油相中的表面活性剂浓度相等，从而使得表面活性剂的分配系数等于 1。

无论存在表面活性剂与否，增加碱体系的离子强度（Na^+），最低界面张力向低 pH 方向移动，且低界面张力范围加宽。说明该体系中，混合胶束的形成控制着低界面张力的产生，若是分配系数起主要作用，那么离子强度的降低，将导致比较多的表面活性剂进入水相，需要的解离酸较少，将导致最低值产生在较低的 pH 处。当 pH 保持恒定时，随离子强度增加，界面张力经历最低值（Salager and Mongan，1979）。在界面张力降到最低值时，平衡 pH 的对数与离子强度呈直线关系。随 pH 增加，解离酸和外加表面活性剂（B-100）的复合体并没有进入油相。解离酸的加入可以降低表面活性剂的 cmc。对 B-105 体系的研究表明，长碳链表面活性剂被分配到了油相中混合胶束和分配系数可同时控制界面张力的降低，但是在不同体系，作用的强弱可能不同。复合体系中电解质阳离子主要是钠离子，大部分研究使用了 NaCl，一般认为阴离子对界面张力没有多大影响。由双电层理论可知，NaCl 加入离子型表面活性剂溶液中，压缩了扩散双电层，使界面层的有效电荷减少，即减弱了亲水头离子间的排斥力，使表面活性剂离子排列得更为紧密，同时破坏了亲水基周围的水化膜，增强其疏水性，两种作用都使表面活性剂易于在界面层吸附。当 NaCl 浓度继续增大时，大部分表面活性剂进入油相，油水界面吸附失去平衡，导致了界面张力的回升。在特定含盐度下，在水相和油相中的表面活性剂的浓度相等，这时的界面张力达到最低值（Salager and Mongan，1979）。电解质对非离子表面活性剂的影响不大，主要是对疏水基的“盐析”作用，而不是对亲水基的作用。张路等认为，氯化钠有促进表面活性剂从水相向油相分配的作用，还可增大离子型表面活性剂从溶液内部扩散到界面的速率以及压缩双电层使表面活性剂在界面层中排列更加紧密。在特定离子强度下界面上的表面活性剂浓度达到最大，界面张力降至最低（Zhang et al.，2013）。此外，界面张力的降低不仅与界面上表面活性物质的浓度有关，当界面上表面活性物质不止一种时，还与其种类和比值有关。低离子强度下界面上表面活性剂的浓度随时间缓慢增大，在一个较低表面活性剂浓度下即达平衡，平衡时表面活性剂浓度随离子强度增加而增大；高离子强度下，随时间延长，表面活性剂在界面上不断聚集，在某一时刻浓度达到最大值，然后有所下降，最终外加表面活性剂在油相、水相和界面三者之间达到平衡。表面活性剂在界面上聚集的过程中出现这种“吸附脱附位垒”，可能是动态界面张力曲线上出现凹形的原因。此外，两种外加表面活性剂在溶液中的传质速度不同，可能导致界面上两种表面活性剂浓度的比值随时间而变化，对界面张力可能产生一定的影响（Rao et al.，1968）。

（四）原油

原油的成分是极其复杂的，为了使此问题得到简化，可根据原油的等效烷烃碳数概念，用一种或几种纯烷烃来代替某种原油来研究它与表面活性剂水溶液的界面性质。首先，制备随烷烃碳数逐步增加能给出单一的低界面张力的一系列表面活性剂溶液，之后用原油与每个表面活性剂溶液进行界面张力的测试，找出与该原油给出最低界面张力表面活性剂溶液相对应的那个烷烃即为该原油的烷烃碳数。一般原油的烷烃碳数为2～90，石油中除主要含有多种直链烷烃和环烷烃外，还含有酸性组分、沥青质、胶质、高熔点石蜡、黏土等活性组分。这些活性组分的存在，是原油乳化和产生超低界面张力的原因之一。酸性组分已有许多人研究过，他们认为酸性组分与碱反应生成的石油酸皂可以与外加的表面活性剂起协同作用产生超低界面张力。但由于世界原油有近80%以原油乳状液存在，所以，对原油天然乳化剂的研究较多，天然乳化剂以沥青质和胶质为主。沥青质是指石油中不溶于小分子正构烷烃，而溶于苯的物质。它是石油中分子量最大，极性较强的非烃组分。沥青质是形成原油乳状液的主要因素。胶质是原油中最不确定的一个组分，其组成因原油性质及分离方法的不同而不同。因为胶质对稳定原油分散体系起重要作用，研究者开始注意到胶质与沥青质的相互作用对乳状液稳定性的影响。可以预见，沥青质和胶质可能对界面张力有影响，它们可能通过对外加表面活性剂的作用影响界面张力、相态和驱油效率。使用分离过沥青质和胶质的原油，进行各种性能（界面张力、相态、驱油效率）的测试，与空白实验进行比较，就可知道沥青质和胶质在驱油过程中所起的作用。对二元混合烃的研究表明，虽然某烃能与某表面活性剂给出超低界面张力，如果用另外一种烷烃来稀释该烃，此化合物将不再给出超低界面张力。所以即使原油中存在产生最低界面张力的物质，但我们不能指望该原油能给出超低界面张力。如果两种烃能单独与某种特定的表面活性剂体系产生超低界面张力，它们混合后，依然能给出超低界面张力（Liu et al.，2011）。

三、油/水界面黏弹性

宋新旺等研究了 2-甲基-2-（1-庚基辛基）苯磺酸钠、辛基苯磺酸钠和十六烷基苯磺酸钠在正辛烷/水界面上的扩张黏弹性质，考察了链长变化和疏水基支链化对分子界面行为的影响。得出了一些有意义的规律。例如，疏水链长增加导致分子间相互作用增强，弹性增大；疏水支链在界面上可能由于缠绕和变形产生界面慢弛豫过程，导致较高的扩张模量等。这里介绍其他几种表面活性剂在水/油界面聚集导致界面黏弹性的变化规律（Sun et al.，2011；Song et al.，2012；Song et al.，2013）。

（一）羟基取代烷基苯磺酸钠水溶液/正癸烷界面扩张模量的时间依赖性

不同浓度羟基取代烷基苯磺酸钠水溶液（$C_{10}C_{10}OHphSO_3Na$）在正癸烷/水界面的扩张模量随平衡时间的变化趋势如图 2.7 所示。由此可以看出，$C_{10}C_{10}OHphSO_3Na$ 溶液的界面扩张性质与表面相似。不过，长时间平衡后，$C_{10}C_{10}OHphSO_3Na$ 的界面扩张模量明显低于表面扩张模量，这可能是由于油分子插入界面上的表面活性剂分子之间，削弱了分子间相互作用造成的。另外，界面长期老化后，扩张模量有所降低，可能与表面活性剂分子在油/水两相重新分配影响界面聚集体结构有关。

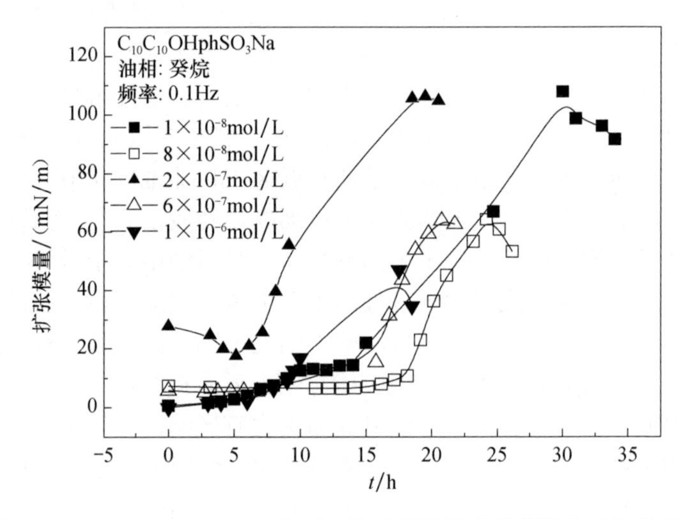

图 2.7　$C_{10}C_{10}OHphSO_3Na$ 在正癸烷/水界面的扩张模量与时间的关系

（二）CTAB 在石蜡/水界面上的扩张流变性

1. 振荡频率的影响

振荡频率ω对体系扩张模量和相角的影响如图 2.8 所示，可以看出，随扩张频率增加，其扩张模量$|\varepsilon|$逐渐增大，而相角 $\tan\theta$ 逐渐减小。对黏弹性界面吸附膜而言，表面活性剂分子在体相和界面之间的扩散交换是界面弛豫行为的主要驱动力。在极低的振荡频率下，表面活性剂有足够的时间进行界面与体相之间的扩散交换，以消除由于界面面积变化引起的界面张力梯度；当振荡频率增加时，与界面面积的快速变化相比，界面张力的恢复就显得比较慢，产生较高的界面张力梯度，因此，扩张模量值随着振荡频率的增加而增大。

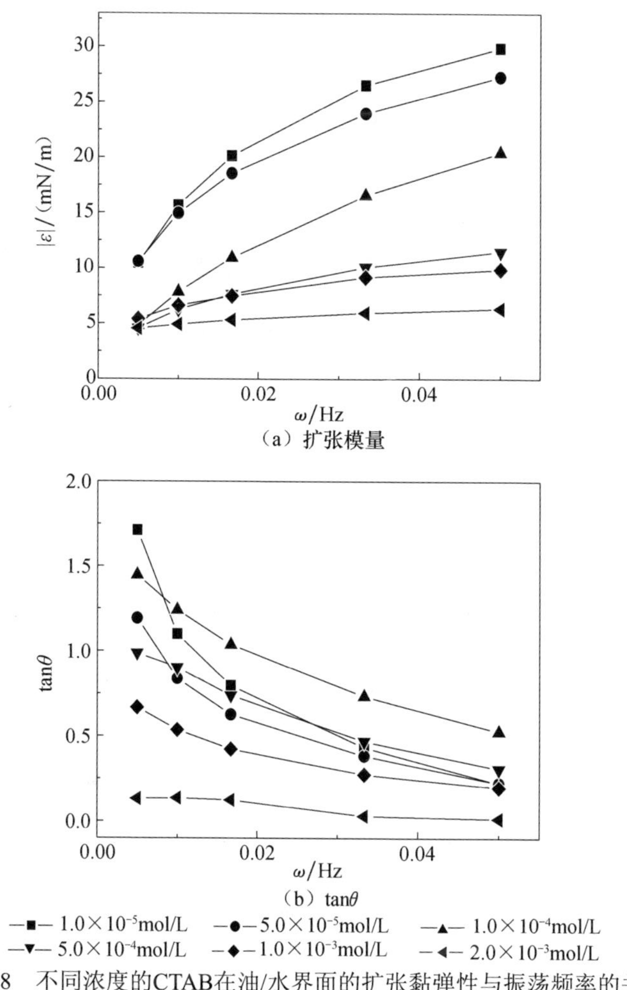

图2.8　不同浓度的CTAB在油/水界面的扩张黏弹性与振荡频率的关系

关于振荡频率的影响有两种极限情况，即振荡频率为零或为无穷大。对第一种情况，当界面面积发生变化时，界面张力的变化为零，因此界面扩张模量等于零；对第二种情况，当界面面积发生变化时，由于表面活性剂分子在体系与界面之间的扩散交换太慢，因此，界面膜的性质与不溶性单层膜类似，这种膜是完全弹性膜，其扩张模量等于 Gibbs 弹性 ε_G。

2. CTAB 浓度的影响

界面扩张黏弹性与 CTAB 浓度的关系如图 2.9 所示，这些结果表明：扩张模量$|\varepsilon|$随 CTAB 浓度增加而单调降低，而随 CTAB 浓度增加，相角 $\tan\theta$ 先略有增加，然后开始下降到接近于零。

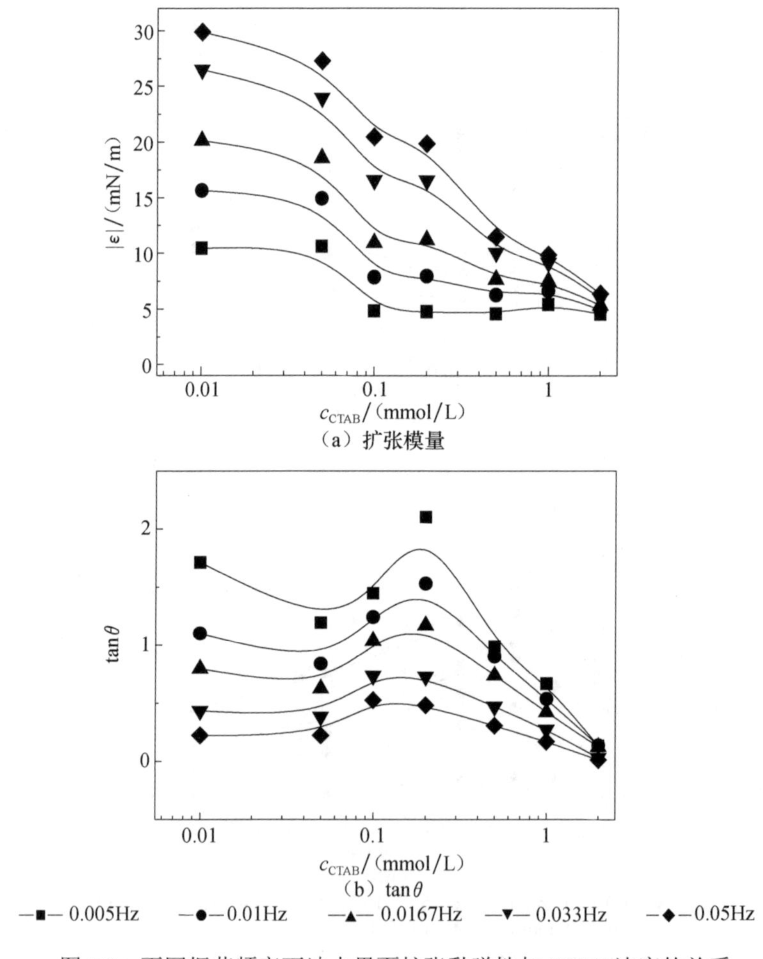

图 2.9　不同振荡频率下油水界面扩张黏弹性与 CTAB 浓度的关系

一般而言，表面活性剂体相浓度的增大对界面扩张性质有两方面的影响：一方面增大了表面活性剂的界面浓度，另一方面也增大了从体相向界面扩散补充活性剂分子的能力。界面浓度的增大会导致界面形变时更高的界面张力梯度，因此膜的弹性增大；而活性剂分子从体相向界面的扩散补充则降低了界面张力的梯度，会导致扩张模量的降低。

在实验的 CTAB 浓度范围内，未观察到扩张模量随浓度增加而上升的阶段。当 CTAB 浓度大于其 cmc（9.2×10^{-4}mol/L）时，在界面上的吸附达到饱和，当界面面积发生改变时，CTAB 分子在界面的吸附/脱附行为同时进行，因此吸附膜的表现与纯弹性膜类似，其相角 $\tan\theta$ 约等于零。

大量的关于表面活性剂在不同界面上构象的研究表明，在油/水界面上，由于油分子与表面活性剂分子之间很强的疏水相互作用，表面活性剂分子可在油/水界面上采取更为直立的方式，而在气/液界面上由于空气分子与表面活性剂分子间相互作用较弱，所以表面活性剂分子的构象变得更加无序。可以推测，当油/水界面受到压缩或扩张时，只会发生表面活性剂分子在体相和界面上的扩散交换行为，而在气/液界面上，则除了这种扩散交换，还存在表面活性剂分子有序度改变即分子取向的改变，也就是说体系的弛豫行为更强，所以 CTAB 在油/水界面的扩张模量小于在气/液界面的，CTAB 在油/水界面和气/液界面吸附层的区别可以用示意图 2.10 来说明。

3. 胜利 B1-2 水溶液/煤油界面扩张流变性

表面活性剂 B1-2 水溶液/煤油界面黏弹性如图 2.11 所示。可以看出，随溶液浓度增大，表面活性剂 B1-2 体系的扩张模量呈现先增加再降低的趋势。溶液浓度为 100mg/L 时，扩张模量达到最大值 53.4mN/m，即此时膜的弹性最大。可认为，当 B1-2 溶液浓度较低时，界面浓度的增加对弹性和强度的影响占主导地位，增加体相中表面活性剂浓度使得表面上表面活性剂分子的浓度增大，能够增加表面张力梯度，从而增加体系的表面扩张模量，膜的弹性和强度随浓度增大而增大；当溶液浓度达到 100mg/L 时，界面上吸附已接近饱和，膜弹性和强度达到最大；当溶液浓度继续增大时，体相表面活性剂浓度的增加，使得表面活性剂分子从体相向新生成界面的扩散补充则降低了界面张力的梯度，导致扩张模量的降低，因此膜弹性和强度明显降低。

4. 胜利石油磺酸盐/原油界面扩张流变性

以胜利石油磺酸盐 9-80C 水溶液作为水相，以原油作为油相，考察了两体系间黏弹性随时间的变化，结果如图 2.12 所示。显然，当浓度改变时体系与原油的扩张模量变化很小，并且随时间增长变化也很小。对于表面活性剂与原油体系，

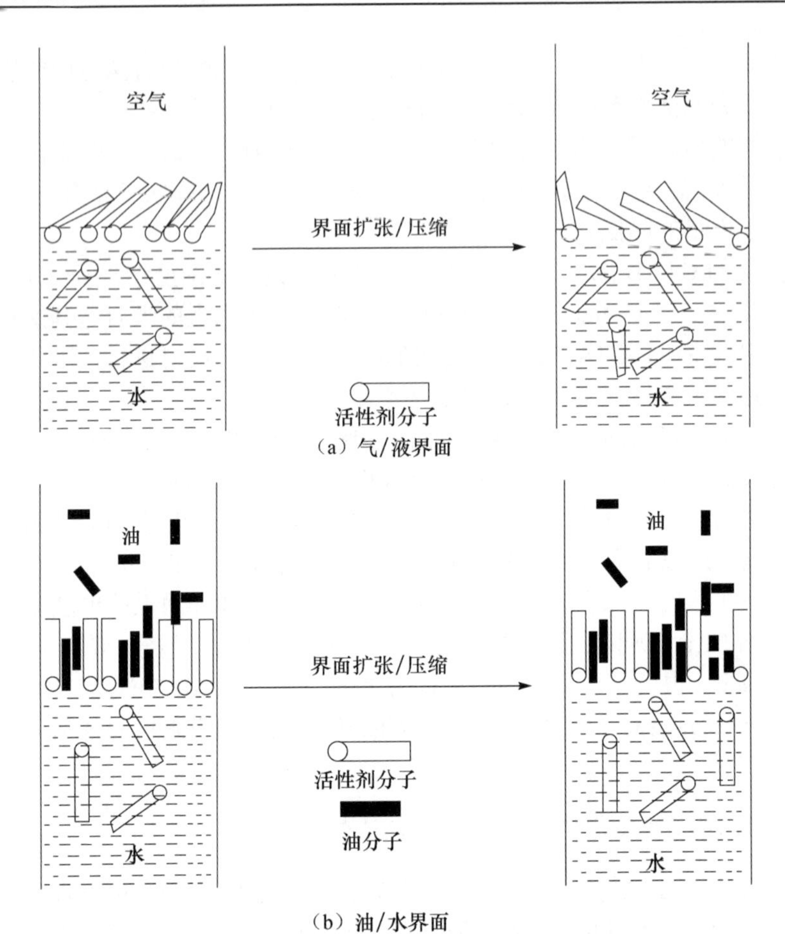

图 2.10　不同界面表面活性剂吸附层在受到扩张或压缩时的变化

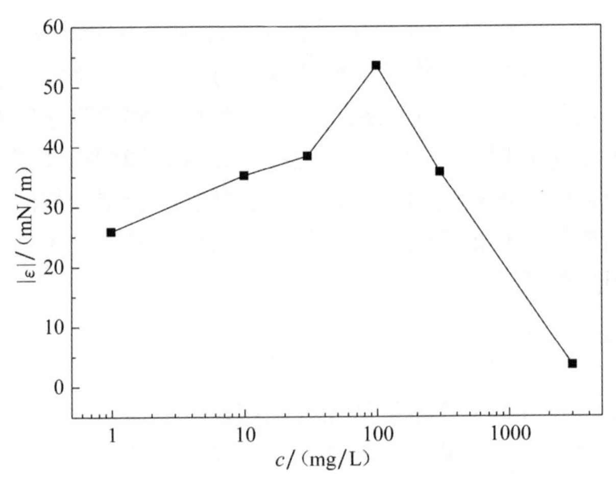

图 2.11　B1-2/煤油界面扩张模量随其浓度的变化（30℃）

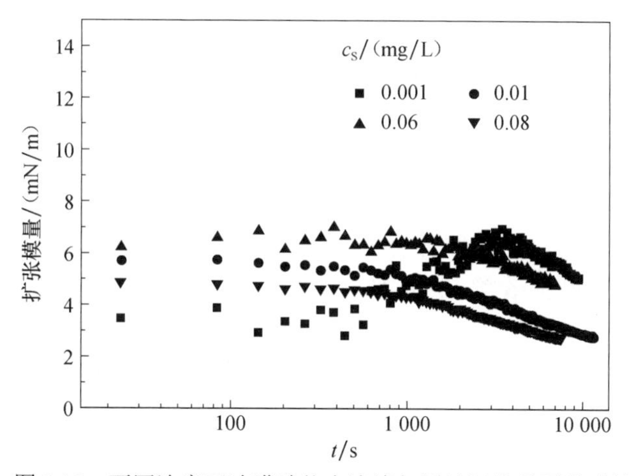

图 2.12　不同浓度石油磺酸盐水溶液与原油间的界面黏弹性

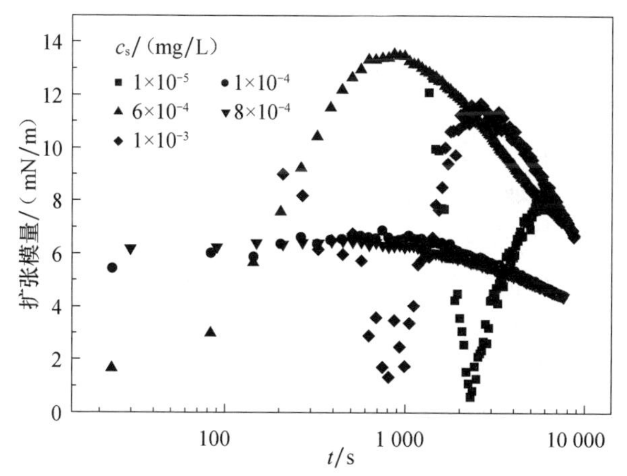

图 2.13　不同石油磺酸盐浓度时聚合物/石油磺酸盐混合体系与原油的界面黏弹性

扩张模量始终低于 8mN/m，并且相角基本上都为负值，也就是说体系的扩张黏性基本上为零。当表面活性剂浓度增加到 0.1mg/L 时，无法测出体系的黏弹性信息。

固定聚合物 SNF 浓度为 1.2×10^{-3}mg/L，不同浓度石油磺酸盐 9-80C 体系的黏弹性如图 2.13 所示。由此可以看出，表面活性剂浓度的变化对 SNF/9-80C 体系与原油黏弹性的影响非常明显。但是随浓度增加，体系扩张模量的变化没有表现出一定的变化规律。这可能是因为当聚合物和表面活性剂浓度比较低时，两者在油水界面的分布更加复杂。

第三节　固 液 界 面

一、表面活性剂在固/液界面的聚集

表面活性剂在地层中吸附会降低驱油段塞中表面活性剂的浓度，破坏所筛选的驱油配方，影响驱油效率。因此研究表面活性剂在固/液界面的聚集行为对指导其在油田开发中的应用具有重要意义。

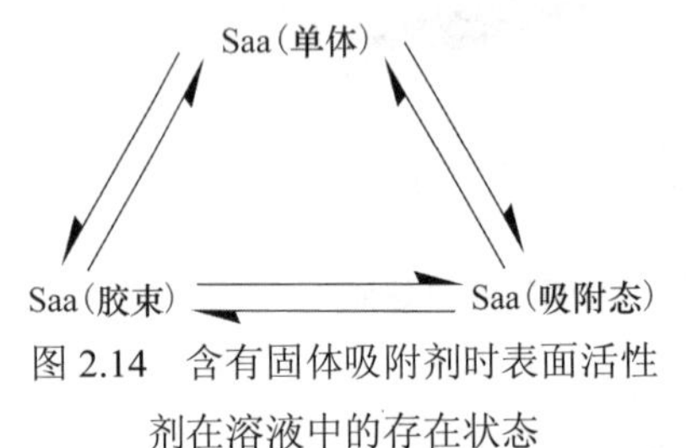

图 2.14　含有固体吸附剂时表面活性剂在溶液中的存在状态

由于表面活性剂的化学结构是各式各样的，固体吸附剂的表面结构亦非常复杂，以及溶剂的影响，而且，含有固体吸附剂时表面活性剂在溶液中的存在状态也并非单一，而是存在几种平衡（图 2.14），所以清楚地认识表面活性剂在固/液界面上的聚集机理存在一定困难。在浓度不大的水溶液中，一般认为表面活性剂以单体形式（离子或分子）吸附于固体表面上。吸附可能以下述一些方式进行：①离子交换吸附——吸附于固体表面的反离子被同电性的表面活性离子所取代；②离子对吸附——表面活性离子吸附于具有相反电荷的、未被反离子所占据的固体表面位置上；③氢键形成吸附——表面活性剂单体与固体表面极性基团形成氢键而吸附；④π电子极化吸附——表面活性剂分子中含有富于电子的芳香核时，与固体表面的强正电性位置相互吸引而发生吸附；⑤London 引力（色散力）吸附——此种吸附一般总是随表面活性剂的分子大小而变化，而且在任何场合均会发生，亦即在其他所有吸附类型中皆存在，可作为其他吸附的补充；⑥憎水作用吸附——表面活性剂亲油基在水介质中易于相互联结形成“憎水键（hydrophobic bonding）”与逃离水的趋势随浓度增大到一定程度时，有可能与已吸附于表面的其他表面活性剂分子聚集而吸附，或即以聚集状态吸附于表面。

表面活性剂在固/液界面上的聚集常用其吸附等温线（在一定温度时吸附量与溶液浓度之间的平衡关系）表征。自吸附等温线的分析，可以了解固体表面吸附表面活性剂的程度，即表面活性剂在固体表面上的浓度，从而可以研究表面性质如何随吸附变化的情形。自吸附等温线亦可了解吸附量与表面活性剂溶液浓度的变化关系，进而比较不同表面活性剂的吸附效率和所能达到的最大吸附速度，提供吸附分子（或离子）在表面上所处状态的线索，使我们对表面活性剂的吸附改变固体表面性质的规律有进一步的认识。对于三次采油而言，通过吸附等温线的分析，可以了解表面活性剂的吸附损失，进而为驱油体系配方完善提供指导。

图 2.15 示出了阴离子表面活性剂在不同固体表面上的吸附。显然，十二烷基

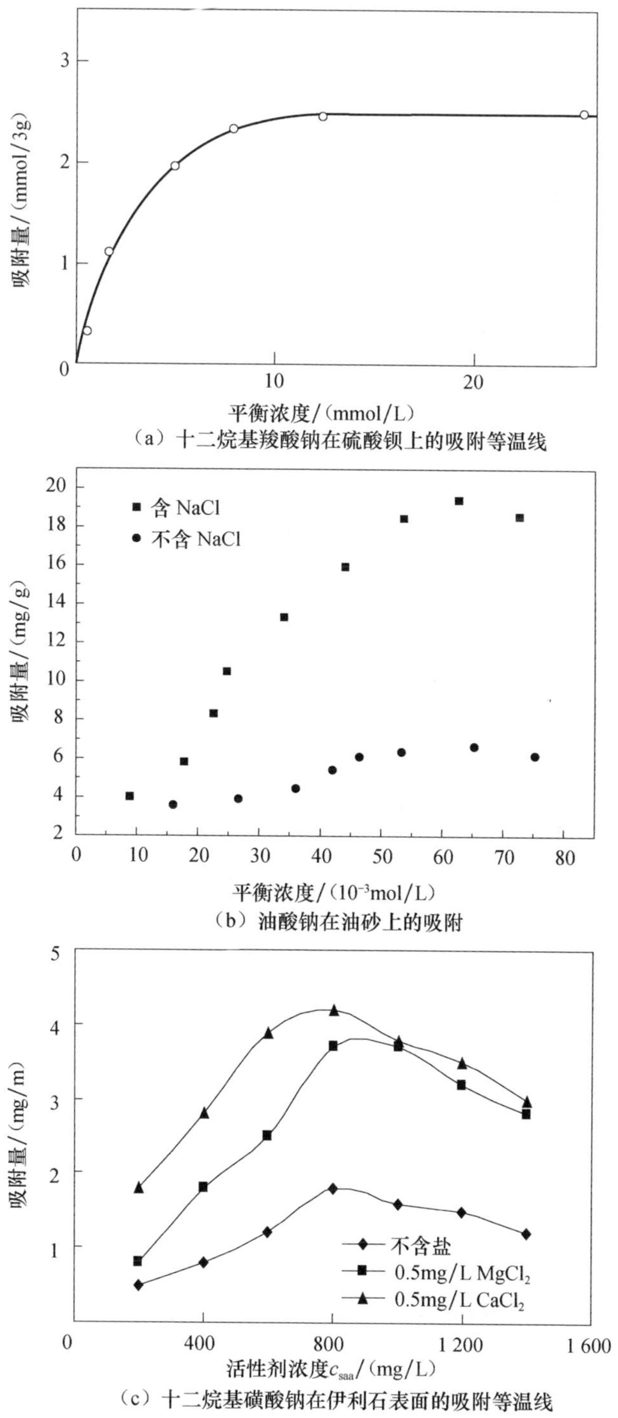

（a）十二烷基羧酸钠在硫酸钡上的吸附等温线

（b）油酸钠在油砂上的吸附

（c）十二烷基磺酸钠在伊利石表面的吸附等温线

图 2.15　阴离子表面活性剂在不同固体表面上的吸附

羧酸钠在硫酸钡上的吸附等温线属 Langmuir 型吸附，而十二烷基磺酸钠在伊利石表面的吸附和油酸钠在油砂上的吸附，无论存在无机盐与否，其吸附等温线均出现极大值现象。可以推测，十二烷基羧酸钠可能以单分子形式吸附于硫酸钡表面上，而十二烷基磺酸钠和油酸钠则可能以聚集体形式吸附在固体表面。

图 2.16 示出了不同表面活性剂的吸附等温线，可以看出，阳离子表面活性剂极易在带负电荷的氧化铝表面上吸附，而阴离子表面活性剂的吸附量很低，但油酸钠在高岭土上的吸附性质不同于十二烷基硫酸钠。其中一个原因可能是：油酸钠分子的羧基可与高岭土表面的羟基发生氢键作用，此氢键作用随温度升高而减弱，因此，油酸钠在高岭土上的吸附量随温度升高而减小。

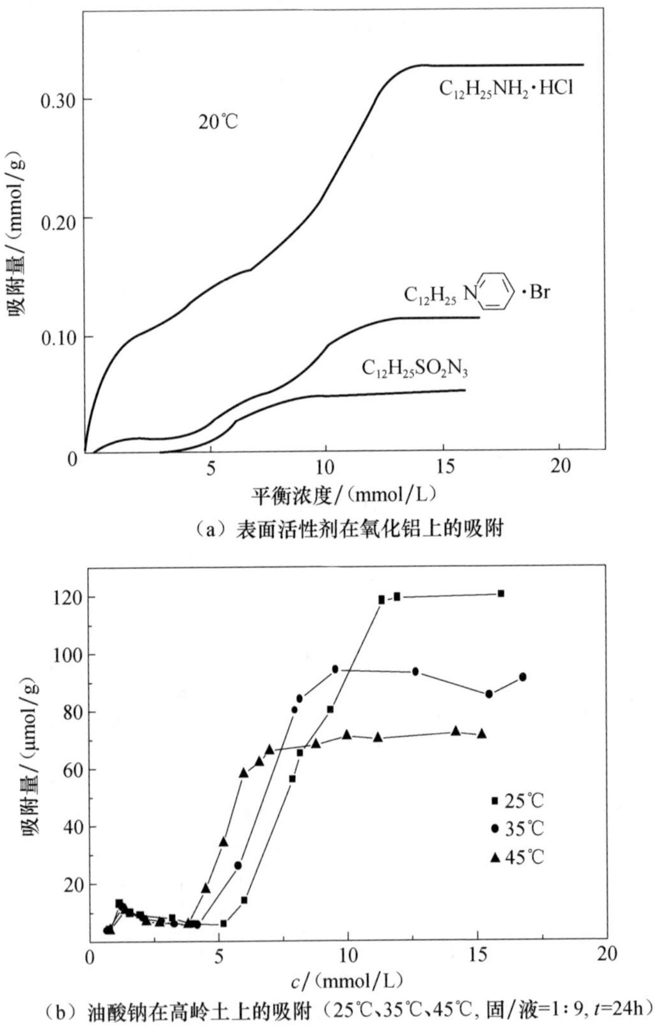

(a) 表面活性剂在氧化铝上的吸附

(b) 油酸钠在高岭土上的吸附（25℃、35℃、45℃, 固/液=1∶9, t=24h）

图 2.16　不同表面活性剂的吸附等温线

二、油藏润湿性

油藏润湿性是一个较为复杂的问题，是岩石、原油与水三者相互作用的综合表现形式，对其认识经历了从强水湿到目前对其复杂性共识的发展过程。针对油藏润湿性改变的机理和其对采收率影响的研究表明，流体对岩石的润湿顺序、原油组分、有无水膜存在、岩石矿物类型、孔隙结构、盐水化学性质、温度、pH等都可能影响油藏润湿性。并且，在油藏开发过程中，由于钻井液、驱替液或其他提高采收率介质的引入，又会使油藏的润湿性发生进一步的改变，增加了油藏润湿性问题的复杂性。

油藏润湿性研究包括润湿性表征方法、润湿性改变机理、润湿性对采收率的影响、改变润湿性提高采收率技术等方面。以下分别对这些问题进行概述。

（一）润湿性表征方法

润湿性的测定方法有多种，大体上可分为三类：①定量测定方法，包括接触角测量法、Amott 法、USBM 法、自动渗吸法和 NMR 张弛法；②定性测定方法，包括 Cryo-SEM 法、Wilhelmy 动力板法、微孔膜测定法和相对渗透率曲线法；③油藏润湿性现场测定法，包括在位润湿性的测定和常规井中润湿性的测定。

接触角法、Amott 法、USBM 法是比较常用的三种定量测量润湿性的方式。接触角法是测量磨光矿物上原油和盐水润湿性的最为直观、简单的方法，用于纯净流体和人造岩心时也是最好的方法。Amott 法和 USBM 法可测量岩心的平均润湿性，测量原态或复态岩心的润湿性时优于接触角法；在接近中性润湿时 USBM 法比 Amott 法敏感，但对于分润湿性和混合润湿性的系统，USBM 法无法测定而 Amott 法却比较敏感。Amott 和 USBM 润湿性指数方法（改进型 USBM 法），集中了二者的优点。自动渗吸法作为 Amott 法和 USBM 法的备选方法，可以确定用 Amott 法和 USBM 法不能确定的系统。NMR 是近几年来提出的简单、快速的定量测定润湿性的方法，可以测定分润湿性。

1. 接触角测量法

接触角测量法主要用于纯净流体和人造岩心系统润湿性的测定。测量接触角的方法有倾板法、圆筒法、液滴法、张力测量法、垂杆法、固滴法及 Washburn 方法，这些方法适用于无表面活性剂吸附或脱附的纯净流体。石油工业常用的是液滴法、改进型液滴法和固滴法。

在液滴法和改进型液滴法测定储油层岩石的润湿性时，一般用石英矿片模拟砂岩油层，方解石矿片模拟碳酸盐岩油层，测量油在水存在下与固体表面所成角度。液滴法应用一个简单抛光的矿物晶体片；而改进型液滴法是应用两个互相平行的矿物晶体片。固滴法是在一细的毛管端部形成一原油滴，使它与平坦的矿物表面接触，液滴置放在矿物表面上，毛管力扩张和收缩油滴体积，再测量水前进接触角和水后退接触角。

接触角测量法的优点是简单、直观。但在测量中也出现一些问题。首先是滞后现象，引起接触角滞后的三种可能原因是表面粗糙度，表面非均质性及分子级别的表面渗吸。Marrow 认为，粗糙度和孔隙的几何形态将影响油-水-固体接触线，并能改变视接触角。一般而言，表面粗糙将减小水湿岩石的视接触角，而增大油湿岩石的视接触角。其次，接触角法未能考虑岩石表面的非均质性，而是在一个单一的矿物晶体上测量的，显然岩石含有许多不同的组分，且原油中重质表面活性剂对砂岩和黏土润湿性的影响不同，从而可造成局部不均匀的润湿性。最后，无法直接取得数据，以说明在油藏岩石上是否存在永久性黏附的有机物质膜，这些有机膜只有进行其他的润湿性测量才能测得。

2. Amott 法

该方法是以提出者的姓命名的方法，它的基本依据是润湿流体一般将自动渗吸进入岩心，驱替非润湿流体，结合渗吸和强制驱替来测量岩心的平均润湿性，在实验测定中可使用油藏岩心和流体。将岩心浸入盐水中，离心达到残余油饱和度，再把岩心浸没在油中，测量原油自动渗吸后驱替出水的体积，然后在油中用离心法处理岩心，直到达到束缚水饱和度，测量被驱替出水的总体积，包括自动渗吸驱替出的体积；再把岩心浸没在盐水中，测量盐水自动渗吸后驱替出油的体积及离心法处理后测得的总的油体积。实验结果可用油驱替比和水驱替比两种方法表达。如果岩心偏向水湿，有正的水驱替比和零油驱替比，对于中性岩石二者的比值均为零。

Amott-harvey 相对驱替指数，也称为改进的 Amott 法。这一方法在实验测定前的岩心准备中增加了一个步骤，即岩心首先在盐水中，然后在原油中用离心法进行处理，降低至束缚水饱和度。

Amott-harvey 相对驱替指数 I 等于水驱替比减去油驱替比。一般地，$+0.3 \leqslant I \leqslant +1$ 时为水湿，$-0.3 \leqslant I \leqslant +0.3$ 时为中性润湿，$-1 \leqslant I \leqslant -0.3$ 时为油湿，完全水湿时指数为+1，完全油湿时指数为-1。

Amott 法适合于测量岩心的平均润湿性，测量结果比较接近油藏的实际情况，但在接近中性润湿时不敏感。当接触角在 60°～120°时，并非任何流体都将自动驱替另一种流体。另外，超过后即不发生自动渗吸的极限接触角取决于岩心的初始饱和度。

岩心的初始饱和度直接影响岩心润湿性的测定，McCaffery 和 Morrow 以已知接触角测定了纯净流体自动渗吸进入人造特氟隆岩心的情况，发现辛醚（$\theta=49°$）不渗吸进入干岩心，但能渗吸进入原始辛醚饱和度为 30%的岩心。如果岩心已经含有某种流体，用辛醚时应划归水湿；如果岩心原来是干的，应划归中性润湿。

3. 美国矿业局润湿性指数

Donaldson 等于 1969 年提出用 USBM 实验测量岩心的平均润湿性。该方法的原理是通过做功使一种流体驱替另一种流体，润湿流体从岩心中驱替非润湿流体所需要的功要小于相反驱替所需要的功。已经证明，所需要的功正比于毛管压力曲线下面对应的面积。这样，通过离心求得吸入和驱替毛细管压力曲线，并用曲线下的面积之比的对数 $W=\lg(A_1/A_2)$ 即润湿指数来表示孔隙介质的润湿性。式中的 A_1 和 A_2 分别是油驱和盐水驱油曲线下面的面积。当 W 大于零时岩心为水湿，当 W 小于零时岩心为油湿。润湿性指数接近于零表明岩心具有中性润湿性。W 的绝对值越大，润湿性偏向越大。

USBM 法的主要优点在于它能快速地测定，并且在接近中性润湿性时非常敏感；缺点是只能用岩心塞测量。另外，USBM 法不能确定一个系统是否属于分润湿性和混合润湿性，而 Amott 法此时是敏感的。

Sharma 和 Wunderlich 建立了一种改进型 USBM 法，可以同时计算 Amott 和 USBM 润湿性指数。它包括五个步骤：初期油驱，盐水自动渗吸，盐水驱，油自动渗吸和油驱。盐水驱和油驱曲线下的面积用于计算 USBM 指数，而自动渗吸和总的水驱和油驱体积用于计算 Amott 指数。该法的优点是考虑了零毛管压力时发生的饱和度的变化，因而改善了 USBM 的分辨率；同时也计算了 Amott 指数，并可确定一个系统为不均匀润湿。

4. 自动渗吸法

该方法的主要依据是自吸速度和自吸量的关系，由于在自动渗吸中毛管压力是驱动力，自吸曲线下的面积与相应于自动渗吸表面自由能下降的驱替功密切相关，从标定自吸曲线可以得到拟自吸毛管压力曲线，以曲线下相对面积为基础而得到的润湿性指数 W_r，定义为相对拟吸吮功。W_r 可以确定 Amott 测试和 USBM 测试不能确定的系统润湿性。

自动渗吸法是测定润湿性的一种有用的方法。对于一个系统，Amott 润湿指数 I_w 相当高时，用自动渗吸法可测定其润湿性。Morrow 等测定了水驱 ST-86 原油及精制油自吸曲线，通过自吸及注水采收率计算而得到的 I_w 都接近 1，但它们的自吸曲线却有明显的差别。Ma 等计算了 ST-86 原油系统的 W_r 为 0.75，而精制油系统 W_r 大于 0.9。这样 W_r 可以定量区分两系统的润湿性，而 I_w 则不能。

5. 核磁共振张弛法

NMR 法依据润湿和非润湿表面分子间引力对分子运动影响的程度不同，通过观测表面上流体分子的动态行为来测定液/固体系的润湿性。NMR 自旋：晶格张弛时间可以测量核自旋系统随分子热运动的能量改变速率，流体分子动态行为强烈影响张弛时间，即

$$1/T_1 = A(r)[J_1(w_0)+J_2(w_0)] \tag{2-7}$$

式中，J_i（w_0）为平均定向函数的傅里叶转换，已知分散系数越小，NMR 张弛速率越大。由于流体与固体间的分子间力的作用，固体表面流体的分散系数远小于体系内的流体。润湿表面比非润湿表面有更强的作用力，会引起分散系数更大的降低，因此，流体分子在润湿表面的张弛速率要大于非润湿表面。根据流体分子的 NMR 张弛速率就可判断体系的润湿性。一般以水的中子的自旋：晶格纵张弛时间 T_1 为测量依据。Brown 和 Fatt 最早提出用 NMR 张弛法测定多孔介质的分润湿性。他们测量每一个系统中水的中子自旋：晶格纵张弛时间 T_1，得出水湿体系的张弛速率要快于油湿体系。Saraf 等运用此方法观察到了相似的结果，但 Wiliam 和 Fung 通过 H_2O 和 D_2O 张弛时间的测定却观察到相反的现象，他们认为这可能是玻璃珠表面的甲基影响了中子张弛时间。多数地层油湿表面都有甲基存在，因此 Wiliam 和 Fung 认为中子的张弛时间不适合于油湿多孔介质润湿性的表征。Hsu 和 Li 测量了多孔介质中 H_2O 和 D_2O 的 T_1 和 $T_{1\rho}$（在旋转框架中氘核自旋：晶格纵张弛时间），发现影响 T_1 的不是甲基而是玻璃制作过程中残留的磁性不纯物质，$T_{1\rho}$ 不受其影响，但 $T_{1\rho}$ 的灵敏度要低于 T_1。如果表面无不纯的磁性物质，水湿介质中的 T_1 和 $T_{1\rho}$ 要小于油湿介质。不同岩心的孔隙度和孔隙大小的分布不同，即使都是水湿或油湿的岩心，也可能有不同的 NMR 值。应用 NMR 张弛法测定岩心的润湿性时，必须测定岩心完全水湿和完全油湿时的 NMR 值作为原态岩心的参考点。因此，该方法的准确度极大地依赖于表面的处理。Howard 和 Spinler 应用核磁共振法对白垩层的润湿性进行定性的测定，他们通过非线性优化技术得到的张弛时间，可以清晰区分孔隙内水和碳氢相，张弛时间的变化可以指示孔隙内的润湿性。

NMR 法简单、快速，克服了传统的 Amott 和 USBM 法费时和难度大的缺点，还可以非常灵敏地从油湿表面区分出水湿表面，可用于分润湿性的测定。

6. 低温电子扫描法

Cryo-SEM 法是通过观察油藏岩石不同孔隙和不同矿物上的油和水的微观分布情况，进而判断其润湿性的一种方法。Sutanto 等最早应用 Cryo-SEM 法研究孔隙内油和水的分布，后来也应用该方法结合孔壁的几何形态和矿物形态，在孔隙尺度下表征矿物的润湿性，并推断中性润湿性的成因。

研究的系统包括多孔介质模型和油藏岩心。实验工作分为两步，第一步是样品的准备，通过离心驱替使样品饱和度分别为残余油饱和度（S_{or}）和束缚水饱和

度（S_{wi}），然后将样品快速冷冻，镀金（或铬、碳）。第二步为实验测定，利用次级电子图像选择感兴趣的区域，通过反散射电子图像来区分矿物相、油相和水相，用 X 射线图进行元素分析以证实每一相，硫为油相指示剂，氯为水相指示剂。通过 Cryo-SEM 可以观察到无黏土情况下水以薄膜形式覆盖在矿物表面，而油以液滴的形式存在于孔隙中心，此岩心为水湿；现象相反则为油湿。含有黏土时可以观察高岭石的油湿行为和伊利石及长石等的水湿行为，由此可以解释岩石的中性润湿性的成因。

Cryo-SEM 法的优点是可以分辨原始多孔介质的矿物组成，同时可以研究不同参数（孔隙矿物形态、几何形态、表面化学性等）对润湿性的在位影响。尤其是能对油-盐水-岩石系统进行微观研究，从而更好地理解中性润湿性的成因，为解释某些油层岩石的宏观表现。此方法的缺点是它要求样品中的流体处于凝固状态并且只能给出润湿的静态情况。

Cryo-SEM 法可以与其他的成像技术结合来研究润湿性和流体分布，如结合 Cryo-SEM 和核磁共振获得孔隙尺度的润湿信息。

7. 动力板法

阿莫科公司研究中心 1866 年开发了一种新的润湿性测定技术——Wilhelmy 动力板法。该方法测得的是黏附力，可将这种力直接与油层其他力作比较，使油藏润湿性以力的形式反映出来。实验测定中用地层油代表油相，地层水代表水相，用模拟矿物片代表固相，测量矿物片通过油水界面时的前进黏附力和后退黏附力，二者之和大于零者为亲水，小于零者为亲油，二者符号相反为混合润湿性。通过黏附力和界面张力求得接触角，非常适合于接触角滞后情形的研究。通过动力板法可以证实在一个平的、均相的、干净的表面只存在一个接触角，它是测定小接触角的最可靠方法。

阿莫科公司推荐将此法、Amott 法和相对渗透率曲线法并列为主要的 3 种常规方法，用于岩石润湿性的综合鉴定，使润湿性测得的结果更客观、更真实。

8. 相对渗透率法

利用相对渗透率测定油藏润湿性的方法很多，概括起来主要有以下三种。第一种以 Craig 得出的经验法则为基础，可区分强水湿和强油湿岩心。第二种是油水相对渗透率和油气相对渗透率联合鉴定法，是阿莫科公司研究中心推荐的方法，将油水相对渗透率曲线和油气相对渗透率曲线的两条油相线画在同一张图上，如果两条油相线重合（或非常接近重合），则岩样亲油；如果油相线不重合，则岩样亲水。第三种是相对渗透率曲线回线鉴定法，相对渗透率曲线的形态与流体的微观分布状态有很大关系，而流体饱和次序的改变所形成的润湿滞后会影响流体的微观分布，使驱替相对渗透率曲线和吸入相对渗透率曲线在形态上产生很大差异。如果油相回线分开，而水相回线重合，岩样是亲水的；反之，如果油相回线重合，而水相回线分开，则岩样是亲油的。

相对渗透率法是许多定性方法的基础，但是它们仅适用于区分强水湿和强油湿岩心，润湿性的小变化用这些方法很难检测出来。

9. 毛管压力曲线法

Calhuon 早在 1907 年就提出，可用完整的毛管压力曲线测量岩心的润湿性。最初用孔隙板法测量毛管压力曲线，即正、负毛管压力情况下的完全的排泄和渗吸曲线。后来用微孔膜技术，即用微孔膜代替孔隙板测量毛管压力，使测量时间和岩心长度大为减小。此法准确、可靠，到目前为止是唯一能给出完整毛管压力曲线的方法，实验结果已表明，在驱替毛管压力测量中用微孔膜代替孔隙板，可使实验时间大为减少。

总之，接触角法、Amott 法、USBM 法是比较常用的三种定量测量润湿性的方式。接触角法是测量磨光矿物上原油和盐水润湿性的最为直观、简单的方法，用于纯净流体和人造岩心时也是最好的方法。Amott 法和 USBM 法可测量岩心的平均润湿性，测量原态或复态岩心的润湿性时优于接触角法；在接近中性润湿时 USBM 法比 Amott 法敏感，但对于分润湿性和混合润湿性的系统，USBM 法无法测定而 Amott 法却比较敏感。NMR 是近几年来提出的简单、快速的定量测定润湿性的方法，可以测定分润湿性。

（二）润湿性改变机理

1. 油藏形成过程中的润湿性演变

在油藏成藏之前，与储层岩石接触的是地层水，原始地层岩石的表面化学性质决定了其多为亲水性。随后油气运移至储层，原油中具有一定极性和两亲性的物质与地层盐水共存，在地层温度和压力的作用下，这些物质可以穿过岩石表面的水膜，在范德华力、静电、酸碱等各种相互作用方式下，使储层岩石表面的润湿性发生演变。这种润湿性演变过程经过漫长的地质年代，逐渐形成了特定油藏的不同润湿性，包括均质和非均质润湿以及从水湿、中性润湿到油湿的多种润湿情况。

原油中的极性物和两亲性物质大多是含有杂原子的物质，如含有 O 原子的酚类、石油酸类等酸性物质、含 N 的胺类、N 杂环化合物等碱性物质，以及从溶解性角度区分的胶质、沥青质等重组分。作为原油体系中极性和分子量最大的组分，胶质和沥青质与固体表面的相互作用一直是石油化学领域的重要课题。在油田化学领域中的油藏润湿性研究中，考察这些物质在储层岩石表面的吸附对润湿性的影响也具有重要意义。由于在实验室中研究储层润湿性问题最常用的方法是将清洗后的岩心再用原油和盐水老化处理以恢复其原始润湿性，此过程也需要对原油组分改变岩石表面润湿性的机理具有充分的理解。

储层岩石表面吸附极性化合物后，或在原油中的两亲性物质的沉积作用下，其原始的强水湿性会发生变化。研究表明，沥青质是原油中极性最强的组分，其中含有大量分子结构中存在杂原子的极性化合物；此外，沥青质结构中的这些极性化合物的分子结构中通常也含有一定量的烷烃链段，使沥青质也具有一定的两亲性和表面活性。因此，沥青质是石油组分中改变储层岩石表面润湿性的主要成分。石油中的两亲性物质与岩石表面在原油/盐水/岩石三相体系中相互作用的机理包括如图 2.17 所示的下述几种。

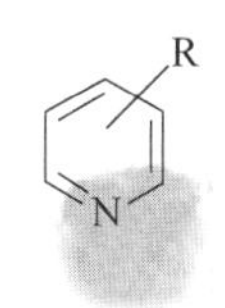

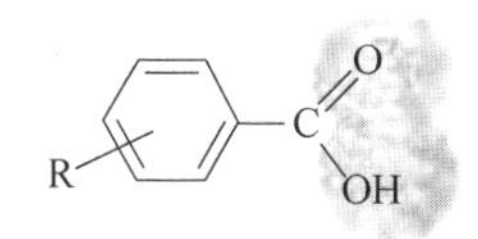

（a）极性相互作用

（b）溶剂效应下的表面沉积

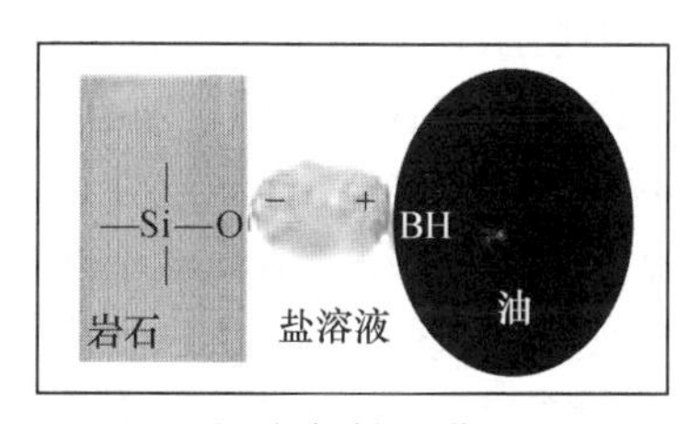

（c）酸 / 碱相互作用

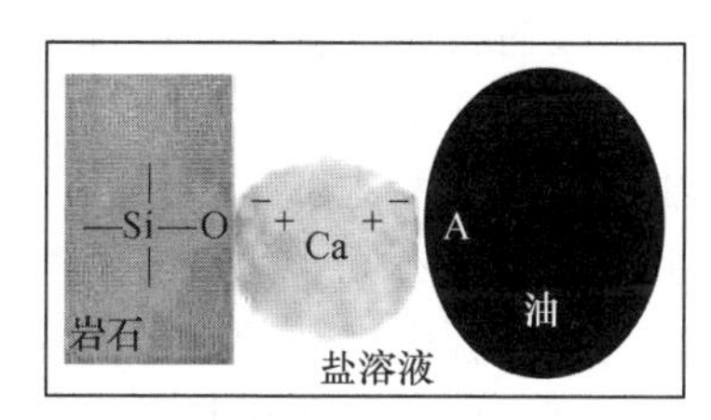

（d）离子键的桥接

图 2.17　石油两亲物质与岩石表面相互作用机理

（a）极性相互作用：当岩石表面的水膜不存在时，沥青质的极性部分可与岩石表面的极性位直接发生极性相互作用。

（b）溶剂效应下的表面沉积：当原油的芳性或极性发生变化时，沥青质以胶团形式自原油体系中析出而沉降在岩石表面；以及沥青质分子在水相环境中由于疏水力的作用而使其与岩石之间相互作用增强。

（c）酸碱相互作用：当水存在时，岩石表面存在净电荷，同时沥青质中的可电离基团也会变为荷电基团，与岩石表面的相反电荷区域发生电子转移相互作用，即 Lewis 酸碱相互作用。

（d）离子键的桥接：当盐水中含有二价以上的离子时，原油组分和岩石表面的相互作用情况进一步复杂化。以二价的 Ca^{2+}为例，它可屏蔽原油和岩石之间的酸碱相互作用，也可在原油极性组分与岩石表面之间形成离子桥。前一种作用可阻碍润湿性转变，而后一种作用能够增强原油组分和岩石之间的相互作用强度，加快润湿性的转变。

原油组分在岩石表面的吸附和沉积是原油-盐水-岩石三者相互作用的结果，由于原油组分和岩石表面化学性质的复杂性，不同产地的原油老化后的岩心润湿性也存在差异，并且老化过程受到岩石表面水膜存在与否及其中水溶性阳离子组分的影响，因此在对特定油藏的润湿性进行研究时，应尽量模拟该油藏的油、水、岩石条件，并在地层温度和压力条件下进行老化，以尽可能地恢复并考察原始油藏润湿性状态。

2. 油藏开发过程中的润湿性变化

油藏开发过程中，由于钻井液、驱替流体等外界物质进入储层中原本由原油-盐水-岩石经长期地质条件作用形成的平衡体系，储层岩石的润湿性会发生相应的变化，并且使油、水在孔隙介质中重新分配，并在油藏开发过程中对开发效果产生重要影响。因而考察油藏开发过程中油藏润湿性的变化，对正确认识油藏条件，设计提高采收率化学驱体系及预测开发效果均具有重要意义。

润湿性改变研究较多的开发过程主要包括水驱和表面活性剂驱。

油藏在长期水驱开发过程中，由于注入水与地层水化学组成的差别，原油-盐水-岩石之间形成的化学平衡状态被破坏，而导致物质在各相之间的重新分配，使油藏润湿性发生变化。油田开发实践中对现场取得的岩样进行润湿性评价也证明了油藏在不同含水期润湿性指数的上升，表明水驱开发可使油藏亲水性增强。在此过程中，值得注意的是地层水环境的改变导致原油组分从岩石表面的剥离，有室内实验和矿场验证数据表明，低矿化度的水注入储层后，由于多价金属离子浓度的降低，使原油中的重组分通过离子桥在岩石表面的吸附作用减弱而剥离，使岩石的原有水湿性表面露出，从而使储层岩石的润湿性整体上向水湿方向转变。基于此机理提出的低矿化度水驱在某些条件下已取得了良好的提高采收率效果，但该过程的动力学特征和影响因素仍有待进一步深入研究。

在表面活性剂驱过程中，表面活性剂溶液注入后，由于表面活性剂分子在固/液界面的吸附或其他机理，原本处于油湿状态的油藏润湿性也可显著地向水湿方向转变，以显著提高储层吸水排油能力，提高采收率。在此过程中，表面活性剂类型对于润湿性转变能力具有决定性的作用。研究证明对于某些特定油藏，离子型表面活性剂具有优越的润湿性调控能力。Austad 等的研究发现对于油湿性灰岩储层，阳离子表面活性剂比阴离子表面活性剂具有更好的润湿性转变能力，Salehi 等的自吸实验结果显示同样的结论，并提出了两种不同离子性质的表面活性剂改变润湿性的机理，其示意图如图 2.18 所示。

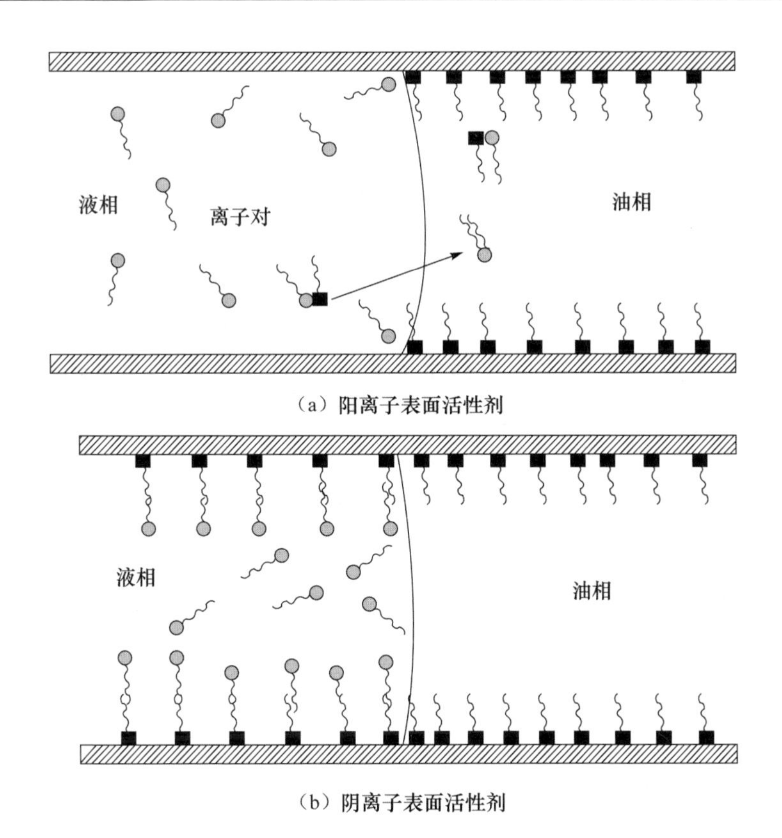

图 2.18　不同离子性质的表面活性剂改变润湿性机理

原油中的酸性物质带有负电性，通过离子桥等作用吸附在岩石表面，阳离子表面活性剂可与这些物质的分子在静电力的作用下形成离子对，并以此形式从岩石表面剥离，同时由于离子对的疏水基指向水相，因而在水相中，离子对可在疏水力的作用下增强其稳定性并容易进入油相，因而当阳离子表面活性剂溶液处理过油湿的岩石表面后，由于原油中的酸性两亲分子的剥离而使岩石的原始水湿表面暴露出来使其水湿性增强；而阴离子表面活性剂改变润湿性的机理则是在溶液环境中表面活性剂分子的疏水链与石油两亲分子的疏水基团相互作用，表面活性剂分子的单层膜覆盖了岩石表面的石油两亲分子，并且表面活性剂分子的亲水基指向水相中，从而使岩石表面润湿性变为水湿。两种不同类型的表面活性剂改变润湿性机理的不同决定了其改变润湿性能力的高低，阳离子表面活性剂与石油两亲分子的作用方式是比较强的静电力相互作用，而阴离子表面活性剂则是在疏水力和与石油两亲分子之间的范德华力作用下而在岩石表面的石油两亲分子层上发生吸附，因而阳离子具有较高的改变润湿性能力。同时，根据此机理的推断，具有双头基和双疏水链的双子表面活性剂应具有更好的润湿性改变能力。

（三）润湿性和水驱采收率的关系

润湿性对采收率的研究很早就已见报道，并且一直是油藏开发中长期存在争论的问题之一。由于油藏的润湿性决定了储层中油、水相对分布情况及毛管力的大小和方向，并影响油、水相对渗透率，因此对水驱采收率具有重要影响。早期观点认为强水湿油藏水驱采收率最高，中间润湿性的次之，油湿性油藏最低。然而，大量开发实践和室内实验数据均表明，中间润湿性油藏的采收率往往高于强水湿和强油湿油藏。Morrow（1990）对多次室内水驱实验的结果进行归纳总结后发现，弱水湿岩心具有最高的水驱采收率；鄢捷年（1998）关联了贝雷岩心的 Amott 润湿性指数与水驱采收率的关系发现，当 Amott 指数在 0.2 左右时，采收率最高；Lorenz 等对多块岩心采用有机氯硅烷进行处理，以得到不同润湿性的岩心，并进行离心水驱油实验，总结剩余油饱和度与岩心的 USBM 指数之间的关系如图 2.19 所示。

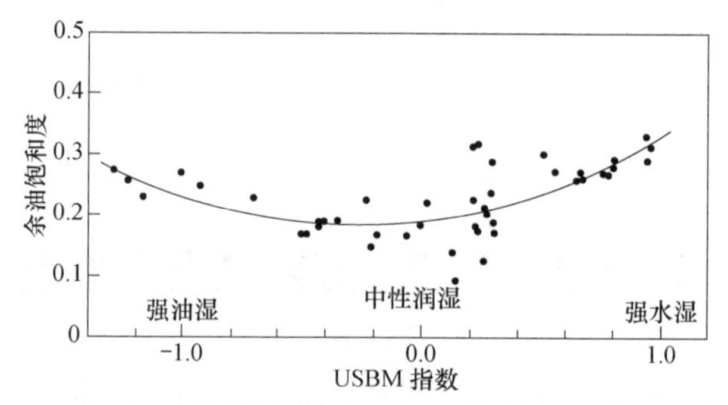

图 2.19　不同润湿性岩心水驱后的剩余油饱和度

由图中数据可见，剩余油饱和度最低的岩心其润湿性在 USBM 指数为 0～0.2 的弱水湿范围内。

目前润湿性和采收率关系的研究多针对岩心的宏观平均润湿性进行，对于相同润湿性指数，但存在不同混合润湿情况的岩心，以及针对不同性质的原油进行的研究尚较少见。

（四）表面活性剂对润湿性的调控

表面活性剂是一种具有亲水头基和疏水链的两亲性分子。研究表明，表面活性剂具有在岩石表面发生吸附或与岩石表面的组分发生相互作用，改变油藏润湿性的能力。然而，表面活性剂的种类繁多，结构与性能各异。不同表面活性剂体系与储层岩石表面接触后，与吸附沉积在岩石表面的石油组分及岩石表面的相互作用机理也各不相同。目前，针对裂隙性碳酸盐岩油藏，普遍认为采用表面活性剂使油藏润湿性向水湿性方向转变，能够提高岩层自发吸入水的能力，可排驱出更多的油，达到更高的采收率。Austad 等考察了不同类型的表面活性剂对碳酸盐岩油藏的润湿性改变性能，发现阳离子表面活性剂比阴离子表面活性剂具有更好的润湿性改变能力。对这种现象进行分析后提出的假说认为阳离子表面活性剂改变润湿性的机理为阳离子表面活性剂与吸附在岩石表面的酸性石油组分形成离子对剥离，露出原始水湿表面；而阴离子表面活性剂的疏水尾链可在疏水力的作用下与岩石表面的石油组分发生相互作用而在岩石表面形成单分子吸附层，由于阴离子表面活性剂的亲水基处于单分子层与水接触的界面，因此岩石表面润湿性向水湿方向发生转变。由于疏水力的作用强度小于离子之间的相互作用，因此阳离子表面活性剂改变岩石表面润湿性的能力比阴离子表面活性剂高。Salehi 等在砂岩岩心中的自吸实验验证了这一机理的合理性。

（五）改变润湿性提高采收率

润湿性与采收率之间的关系研究表明，弱水湿油藏的水驱采收率最高，因此提出了将油藏润湿性调控为弱水湿提高采收率的技术思路。

具有润湿性调控能力的物质大多具有一定的两亲性，能够优先在固-液界面发生吸附，并且与岩石表面在油藏成藏过程中沉积的原油两亲分子发生相互作用，使岩石表面润湿性由油湿向水湿方向转变。魏发林等（2003）采用聚醚类润湿性反转剂处理基质岩层，润湿反转剂体系作为基质岩层的优先润湿相，使毛管孔隙的亲水能力加强，在后续水驱条件下可发生自吸，通过润湿反转剂注入和水驱过程的交替进行，不断增强润湿反转剂在孔隙介质中的作用范围，使岩层自吸排油的深度不断扩大，从而提高介质中原油流向裂隙的速度，以控制产出液含水率，提高原油采收率。

然而，目前对润湿性改变的机理尚未完全明确，根据实验现象提出的机理尚需进一步验证，油藏开发过程中润湿性对采收率的贡献有待于深入的理论分析。此外，降低界面张力和改变润湿性两种措施对提高采收率的研究目前处于单独进行研究的状态，两者的协同效应对提高采收率的效果目前研究较少。

综上所述，针对油藏润湿性表征方法的研究，可为改变润湿性机理和润湿性调控提高采收率的实验研究提供可供参考的润湿性指标，润湿性改变机理研究可为岩心老化以获得特定润湿性的岩心及用于调控油藏润湿性的表面活性剂的筛选及分子设计，而关联采收率与界面张力和润湿性的关系，可为调控润湿性提高采收率技术提供理论支持及技术指导。

第四节　在多孔介质中的渗流

一、化学剂驱油一维单相渗流模型

（一）数学模型

为了研究化学剂在一维岩心上的流动，确定化学剂溶液在不同时刻、不同位置的浓度分布情况，首先建立了化学剂一维单相渗流模型。

基于如下假设建立化学剂单相渗流模型：①考虑单相流动，而化学剂溶于水中；②流体和岩石均可压缩，流体流动服从达西定律；③模型忽略重力，但考虑扩散、吸附等作用。

设压力为 p，化学剂的浓度为 C，

$$
\begin{cases}
\dfrac{k}{\mu\phi c_t}\dfrac{\partial^2 p}{\partial x^2}=\dfrac{\partial p}{\partial t} \\
D\phi\dfrac{\partial^2 C}{\partial x^2}-\dfrac{\partial}{\partial x}(Cv_{\mathrm{w}})=\dfrac{\partial}{\partial t}(\phi C)+\dfrac{\partial[\Gamma\rho_{\mathrm{R}}(1-\phi)]}{\partial t} \\
p\big|_{t=0}=p_0 \\
\dfrac{Ak}{\mu}\dfrac{\partial p}{\partial x}\Big|_{x=0}=Q_1 \\
\dfrac{Ak}{\mu}\dfrac{\partial p}{\partial x}\Big|_{x=L}=Q_2 \\
C\big|_{t=0}=C^0 \\
C\big|_{x=0}=C_0+D\dfrac{\partial C}{\partial x} \\
\dfrac{\partial C}{\partial x}\Big|_{x=L}=0
\end{cases}
\tag{2-8}
$$

式中，$\Gamma=\dfrac{aC}{1+bC}$ a 为表征离子交换与吸附量大小的参数，g/cm，b 为吸附常数，mg/cm^3；$v_{\mathrm{w}}=-\dfrac{k}{\mu}\dfrac{\partial p}{\partial x}$。

（二）数值解法

求解压力时，采用隐格式，对空间导数采用中心差分，时间导数采用向前差分，边界条件采用中心差分处理；求解浓度时，将非线性相线性化，空间导数均

采用中心差分（包括边界条件），时间导数采用向前差分；最后均形成易于求解的三对角形方程组。

令 $a=\dfrac{k}{\mu\phi c_t}$，对于压力方程有

$$a\frac{p_{i+1}^{n+1}-2p_i^{n+1}+p_{i-1}^{n+1}}{\Delta x^2}=\frac{p_i^{n+1}-p_i^n}{\Delta t} \tag{2-9}$$

其内边界：

$$\frac{Ak}{\mu}\frac{p_2^{n+1}-p_0^{n+1}}{2\Delta x}=Q_1 \tag{2-10}$$

其外边界：

$$\frac{Ak}{\mu}\frac{p_{N+1}^{n+1}-p_{N-1}^{n+1}}{2\Delta x}=Q_2 \tag{2-11}$$

整理可以得到关于压力的三对角方程组如下：

$$\begin{cases}2a\Delta tp_2^{n+1}-(2a\Delta t+\Delta x^2)p_1^{n+1}=-\Delta x^2p_1^n+a\Delta tQ_1\\ a\Delta tp_{i+1}^{n+1}-(2a\Delta t+\Delta x^2)p_i^{n+1}+a\Delta tp_{i-1}^{n+1}=-\Delta x^2p_i^n \qquad (i=2,\cdots,N-2)\\ -(2a\Delta t+\Delta x^2)p_{N-1}^{n+1}+2a\Delta tp_{N-2}^{n+1}=-\Delta x^2p_{N-1}^n-a\Delta tQ_2\end{cases} \tag{2-12}$$

对于浓度方程有

$$\text{左端}=D\phi\frac{\partial^2C}{\partial x^2}+\frac{k}{\mu}\frac{\partial p}{\partial x}\frac{\partial C}{\partial x}+C\frac{k}{\mu}\frac{\partial^2p}{\partial x^2}=D\phi\frac{\partial^2C}{\partial x^2}+\frac{k}{\mu}\frac{\partial p}{\partial x}\frac{\partial C}{\partial x}+\phi c_t\frac{\partial p}{\partial t}C \tag{2-13}$$

差分形式为

$$D\phi\frac{C_{i+1}^{n+1}-2C_i^{n+1}+C_{i-1}^{n+1}}{\Delta x^2}+\frac{k}{\mu}\frac{p_{i+1}^{n+1}-p_{i-1}^{n+1}}{2\Delta x}\frac{C_{i+1}^{n+1}-C_{i-1}^{n+1}}{2\Delta x}+\phi c_t\frac{p_i^{n+1}-p_i^n}{\Delta t}C_i^n \tag{2-14}$$

$$\begin{aligned}\text{右端}&=\frac{\partial}{\partial t}(\phi C)+\frac{\partial[\Gamma\rho_{\mathrm{R}}(1-\phi)]}{\partial t}\\&=\left(\phi c_fC-\rho_{\mathrm{R}}\phi c_f\frac{aC}{1+bC}\right)\frac{\partial p}{\partial t}+\left[\phi+\frac{a\rho_{\mathrm{R}}(1-\phi)}{(1+bC)^2}\right]\frac{\partial C}{\partial t}\end{aligned} \tag{2-15}$$

写成差分形式：

$$\left(\phi c_fC_i^n-\rho_{\mathrm{R}}\phi c_f\frac{aC_i^n}{1+bC_i^n}\right)\frac{p_i^{n+1}-p_i^n}{\Delta t}+\left[\phi+\frac{a\rho_{\mathrm{R}}(1-\phi)}{(1+bC_i^n)^2}\right]\frac{C_i^{n+1}-C_i^n}{\Delta t} \tag{2-16}$$

其内边界：

$$C_0^{n+1}=C_0+\frac{C_2^{n+1}-C_0^{n+1}}{2\Delta x} \tag{2-17}$$

其外边界：

$$\frac{C_N^{n+1}-C_{N-2}^{n+1}}{2\Delta x}=0 \tag{2-18}$$

整理可以得到关于浓度的三对角方程组如下：

$$\left\{\begin{aligned}
&\left[\frac{2\Delta x+2D}{2\Delta x+D}\phi D+\frac{2\Delta x}{2\Delta x+D}\frac{k}{4\mu}(p_2^{n+1}-p_0^{n+1})\right]C_2^{n+1}\\
&-\left[2\phi D+\frac{\Delta x^2}{\Delta t}\phi+\frac{\Delta x^2}{\Delta t}\frac{a\rho_{\mathrm{R}}(1-\phi)}{\Delta t(1+bC_1^n)^2}-\phi C_{\mathrm{t}}\frac{\Delta x^2}{\Delta t}(p_1^{n+1}-p_1^n)\right]C_1^{n+1}\\
&=\phi c_f C_1^n\frac{\Delta x^2}{\Delta t}\left(1-\frac{a\rho_{\mathrm{R}}}{1+bC_1^n}\right)(p_i^{n+1}-p_i^n)-\left[\phi+\frac{a\rho_{\mathrm{R}}(1-\phi)}{(1+bC_1^n)^2}\right]\frac{\Delta x^2}{\Delta t}C_1^n\\
&\quad-\left[\phi D-\frac{k}{4\mu}(p_2^{n+1}-p_0^{n+1})\right]\frac{2\Delta xC_0}{2\Delta x+D}\\
&\quad\left[\phi D+\frac{k}{4\mu}(p_{i+1}^{n+1}-p_{i-1}^{n+1})\right]C_{i+1}^{n+1}\\
&\quad-\left[2\phi D-\frac{\Delta x^2}{\Delta t}\phi+\frac{\Delta x^2}{\Delta t}\frac{a\rho_{\mathrm{R}}(1-\phi)}{(1+bC_1^n)^2}-\phi C_{\mathrm{t}}\frac{\Delta x^2}{\Delta t}(p_i^{n+1}-p_i^n)\right]C_i^{n+1}\quad(i=2,\cdots,N-2)\\
&\quad+\left[\phi D-\frac{k}{4\mu}(p_{i+1}^{n+1}-p_{i-1}^{n+1})\right]C_{i-1}^{n+1}=\phi c_f C_i^n\frac{\Delta x^2}{\Delta t}\left(1-\frac{a\rho_{\mathrm{R}}}{1+bC_i^n}\right)(p_i^{n+1}-p_i^n)\\
&\quad-\left[\phi+\frac{a\rho_{\mathrm{R}}(1-\phi)}{(1+bC_i^n)^2}\right]\frac{\Delta x^2}{\Delta t}C_i^n\\
&\quad-\left[2\phi D+\frac{\Delta x^2}{\Delta t}\phi+\frac{\Delta x^2}{\Delta t}\frac{a\rho_{\mathrm{R}}(1-\phi)}{(1+bC_N^n)^2}-\phi C_{\mathrm{t}}\frac{\Delta x^2}{\Delta t}(p_N^{n+1}-p_N^n)\right]C_N^{n+1}+2\phi DC_{N-1}^{n+1}\\
&=\phi c_f C_N^n\frac{\Delta x^2}{\Delta t}\left(1-\frac{a\rho_{\mathrm{R}}}{1+bC_N^n}\right)(p_i^{n+1}-p_i^n)-\left[\phi+\frac{a\rho_{\mathrm{R}}(1-\phi)}{(1+bC_N^n)^2}\right]\frac{\Delta x^2}{\Delta t}C_N^n
\end{aligned}\right. \tag{2-19}$$

二、化学剂驱油一维两相渗流模型

在一维单相渗流模型基础上，为了研究一维岩心上化学剂驱油物理模拟试验对比各种因素下化学剂驱油效果，建立了一维两相渗流模型。

（一）基本假设

（1）化学剂驱为等温驱替过程。

（2）多相渗流满足广义达西定律，弥散遵循广义 Fick 定律。

（3）流体由油水两相和四个拟组分组成，原油为黑油，油相中只有油组分，水相中含有水、化学剂两个组分。

（4）由于化学剂为水溶性的，且为稀溶液，可以忽略它们的存在对水溶液质量守恒的影响，因此油组分的渗流方程与油相渗流方程完全相同，水组分的渗流方程与水相渗流方程完全相同；数学方程无需引入组分质量分数，可以直接使用质量浓度。

（5）油水相对渗透率关系不随水相中组分的变化而变化。

（6）化学剂溶液只降低水相渗透率，忽略地心引力的影响。

（二）化学剂基本渗流微分方程

1. 渗流方程

油组分（油相）：

$$\frac{\partial}{\partial x}\frac{kk_{\mathrm{ro}}}{\mu_{\mathrm{o}}}\frac{\partial p}{\partial x}=\frac{\partial}{\partial t}\left(\frac{\phi S_{\mathrm{o}}}{B_{\mathrm{o}}}\right) \tag{2-20}$$

淡水组分（水相）：

$$\frac{\partial}{\partial x}\frac{kk_{\mathrm{rw}}}{\mu_{\mathrm{wp}}}\frac{\partial p}{\partial x}=\frac{\partial}{\partial t}\left(\frac{\phi S_{\mathrm{w}}}{B_{\mathrm{w}}}\right) \tag{2-21}$$

组分对流扩散方程：

$$\frac{\partial}{\partial x}\left(D\phi S_{\mathrm{w}}\frac{\partial C}{\partial x}\right)-\frac{\partial C}{\partial x}(v_{\mathrm{w}}C)+q_{\mathrm{vw}}\rho_{\mathrm{w}}C=\frac{\partial(\phi S_{\mathrm{w}}C)}{\partial t}+\frac{\partial(\rho_{\mathrm{R}}\Gamma)}{\partial t} \tag{2-22}$$

式中，D 为化学剂的扩散系数；C 为化学剂的体积浓度；v_{w} 为渗流速度，$v_{\mathrm{w}}=-\dfrac{kk_{\mathrm{rw}}}{\mu_{\mathrm{wp}}}\dfrac{\partial p}{\partial x}$；$\Gamma$ 为化学剂的吸附质量分数；ρ_{R} 为岩石密度；μ_{wp} 为化学剂水溶液的黏度。

等温吸附方程：

$$\Gamma=\frac{aC}{1+bC} \tag{2-23}$$

式中，a，b 为实验确定系数。

2. 辅助方程

$$S_{\mathrm{o}}+S_{\mathrm{w}}=1 \tag{2-24}$$

初始条件：

$p|_{t=0}=p_0$

$S_{\mathrm{w}}(x,t)|_{t=0}=S_{\mathrm{wc}}$

$C(x,t)|_{t=0}=C^0$

边界条件：

输入端条件：

$$Q(x,t)\big|_{x=0}=Q_1$$

定注入量条件：

$$C(x,t)\big|_{x=0}=C_0+D\frac{\partial C}{\partial x}$$

采出端边界条件：

$$Q\ (x,t)\big|_{x=L}=Q_2$$

定产液量条件：

$$\frac{\partial C}{\partial x}\Big|_{x=L}=0$$

3. 模型求解

1）求压力

（1）对于油方程，差分格式为

$$右端=\frac{1}{\Delta x^2}\left[\left(\frac{kk_{\text{ro}}}{\mu_{\text{o}}}\right)_{i+\frac{1}{2}}(p_{i+1}-p_i)-\left(\frac{kk_{\text{ro}}}{\mu_{\text{o}}}\right)_{i-\frac{1}{2}}(p_i-p_{i-1})\right]+q_{\text{voi}} \tag{2-25}$$

$$左端=\frac{\partial}{\partial t}(\phi s_{\text{o}})=\phi\frac{\partial s_{\text{o}}}{\partial t}+s_{\text{o}}\frac{\partial \phi}{\partial t}=\phi\frac{\partial s_{\text{o}}}{\partial t}+\phi c_f s_{\text{o}}\frac{\partial p}{\partial t} \tag{2-26}$$

写成差分形式：

$$\phi\frac{s_{\text{o}}^{n+1}-s_{\text{o}}^{n}}{\Delta t}+\phi c_f s_{\text{o}}^{n}\frac{p_i^{n+1}-p_i^{n}}{\Delta t} \tag{2-27}$$

所以得到差分方程：

$$\frac{1}{\Delta x^2}\left[\left(\frac{kk_{\text{ro}}}{\mu_{\text{o}}}\right)^n_{i+\frac{1}{2}}\left(p_{i+1}^{n+1}-p_i^{n+1}\right)-\left(\frac{kk_{\text{ro}}}{\mu_{\text{o}}}\right)^n_{i-\frac{1}{2}}\left(p_i^{n+1}-p_{i-1}^{n+1}\right)\right]+q_{\text{voi}}^{n+1}=\phi\frac{s_{\text{oi}}^{n+1}-s_{\text{oi}}^{n}}{\Delta t}+\phi c_f s_{\text{oi}}^{n}\frac{p_i^{n+1}-p_i^{n}}{\Delta t} \tag{2-28}$$

（2）同样对于水方程：

$$\frac{1}{\Delta x^2}\left[\left(\frac{kk_{\text{rw}}}{\mu_{\text{wp}}}\right)^n_{i+\frac{1}{2}}\left(p_{i+1}^{n+1}-p_i^{n+1}\right)-\left(\frac{kk_{\text{rw}}}{\mu_{\text{wp}}}\right)^n_{i-\frac{1}{2}}\left(p_i^{n+1}-p_{i-1}^{n+1}\right)\right]+q_{\text{vwi}}^{n+1}=\phi\frac{s_{\text{wi}}^{n+1}-s_{\text{wi}}^{n}}{\Delta t}+\phi c_f s_{\text{wi}}^{n}\frac{p_i^{n+1}-p_i^{n}}{\Delta t} \tag{2-29}$$

令 $\lambda=\frac{kk_{\text{ro}}}{\mu_{\text{o}}}+\frac{kk_{\text{rw}}}{\mu_{\text{wp}}}$，$\alpha=\phi c_f\frac{\Delta x^2}{\Delta t}$，将油方程与水方程相加后，整理得到：

$$\lambda_{i+\frac{1}{2}}^{n} p_{i+1}^{n+1} - \left(\lambda_{i-\frac{1}{2}}^{n} + \lambda_{i+\frac{1}{2}}^{n} + \alpha\right) p_{i}^{n+1} + \lambda_{i-\frac{1}{2}}^{n} p_{i+1}^{n+1} = -\alpha p_{i}^{n} - \left(q_{\mathrm{vwi}}^{n+1} + q_{\mathrm{voi}}^{n+1}\right)\Delta x^{2} \tag{2-30}$$

内边界：

$$\frac{Ak}{\mu}\frac{p_2 - p_0}{2\Delta x} = Q_1 \tag{2-31}$$

外边界：

$$\frac{Ak}{\mu}\frac{p_N - p_{N-2}}{2\Delta x} = Q_2 \tag{2-32}$$

饱和度的显示计算格式：

$$s_{\mathrm{wi}}^{n+1} = s_{\mathrm{wi}}^{n} + \frac{\Delta t}{\phi \Delta x^2}\left[\left(\frac{kk_{\mathrm{rw}}}{\mu_{\mathrm{wp}}}\right)_{i+\frac{1}{2}}\left(p_{i+1}^{n+1} - p_{i}^{n+1}\right) - \left(\frac{kk_{\mathrm{rw}}}{\mu_{\mathrm{wp}}}\right)_{i-\frac{1}{2}}^{n}\left(p_{i}^{n+1} - p_{i-1}^{n+1}\right) - \frac{\phi c_f s_{\mathrm{wi}}^{n}\Delta x^2}{\Delta t}\left(p_{i}^{n+1} - p_{i}^{n}\right)\right] \tag{2-33}$$

$$s_{\mathrm{oi}}^{n+1} = 1 - s_{\mathrm{wi}}^{n+1} \tag{2-34}$$

2）求浓度（$q_{\mathrm{vw}} = 0$）

$$\text{左端} = \frac{\partial}{\partial x}\left(D s_{\mathrm{w}} \phi \frac{\partial C}{\partial x}\right) + C\frac{\partial}{\partial x}\left(\frac{kk_{\mathrm{rw}}}{\mu_{\mathrm{wp}}}\frac{\partial p}{\partial x}\right) + \frac{kk_{\mathrm{rw}}}{\mu_{\mathrm{wp}}}\frac{\partial p}{\partial x}\frac{\partial C}{\partial x}$$

$$= \frac{\partial}{\partial x}\left(D s_{\mathrm{w}} \phi \frac{\partial C}{\partial x}\right) + C\frac{\partial (s_{\mathrm{w}}\phi)}{\partial t} + \frac{kk_{\mathrm{rw}}}{\mu_{\mathrm{wp}}}\frac{\partial p}{\partial x}\frac{\partial C}{\partial x} \tag{2-35}$$

$$\text{右端} = C\frac{\partial (s_{\mathrm{w}}\phi)}{\partial t} + s_{\mathrm{w}}\phi\frac{\partial C}{\partial t} + \varGamma\frac{\partial[\rho_{\mathrm{R}}(1-\phi)]}{\partial t} + \rho_{\mathrm{R}}(1-\phi)\frac{\partial \varGamma}{\partial t}$$

$$= C\frac{\partial (s_{\mathrm{w}}\phi)}{\partial t} + s_{\mathrm{w}}\phi\frac{\partial C}{\partial t} - \varGamma\rho_{\mathrm{R}}\phi c_f\frac{\partial p}{\partial t} + \rho_{\mathrm{R}}(1-\phi)\frac{\partial \varGamma}{\partial C}\frac{\partial C}{\partial t} \tag{2-36}$$

于是原方程可化为

$$\frac{\partial}{\partial x}\left(D_i s_{\mathrm{w}}\phi\frac{\partial C_1}{\partial x}\right) + \frac{kk_{\mathrm{rw}}}{\mu_{\mathrm{wp}}}\frac{\partial p}{\partial x}\frac{\partial C_1}{\partial x} = s_{\mathrm{w}}\phi\frac{\partial C}{\partial t} - \varGamma\rho_{\mathrm{R}}\phi c_f\frac{\partial p}{\partial t} + \rho_{\mathrm{R}}(1-\phi)\frac{\partial \varGamma}{\partial C}\frac{\partial C}{\partial t} \tag{2-37}$$

写成差分形式：

$$\frac{1}{\Delta x^2}\left[\left(D s_{\mathrm{w}}\phi\right)_{i+\frac{1}{2}}^{n+1}\left(C_{i+1}^{n+1} - C_{i}^{n+1}\right) - \left(D s_{\mathrm{w}}\phi\right)_{i-\frac{1}{2}}^{n+1}\left(C_{i}^{n+1} - C_{i-1}^{n+1}\right)\right] + \left(\frac{kk_{\mathrm{rw}}}{\mu_{\mathrm{wp}}}\right)_{i}^{n+1}\frac{p_{i+1}^{n+1} - p_{i-1}^{n+1}}{2\Delta x}\frac{C_{i+1}^{n+1} - C_{i-1}^{n+1}}{2\Delta x}$$

$$= s_{\mathrm{wt}}^{n+1}\phi\frac{C_{i}^{n+1} - C_{i}^{n}}{\Delta t} - \frac{aC_{i}^{n}}{1 + bC_{i}^{n}}\rho_{\mathrm{R}}\phi c_f\frac{p_{i}^{n+1} - p_{i}^{n}}{\Delta t} + \frac{q\rho_{\mathrm{R}}(1-\phi)}{(1 + bC_{i}^{n})^2}\frac{C_{i}^{n+1} - C_{i}^{n}}{\Delta t} \tag{2-38}$$

令：

$$\text{Tx1} = \frac{s_{\text{wi}}^{n+1}\phi}{\Delta t}, \qquad \text{Tx2} = \frac{1}{4\Delta x^2}\left(\frac{kk_{\text{rw}}}{\mu_{\text{wp}}}\right)^{n+1}\left(p_{i+1}^{n+1} - p_i^{n+1}\right)$$

$$\text{Tx3} = \frac{a\rho_{\text{R}}(1-\phi)}{(1+bC_i^n)^2\Delta t}, \text{Tx4} = \frac{1}{\Delta x^2}\left(Ds_{\text{w}}\phi\right)_{i+\frac{1}{2}}^{n+1}, \text{Tx5} = \frac{1}{\Delta x^2}\left(Ds_{\text{w}}\phi\right)_{i-\frac{1}{2}}^{n+1}$$

将原格式整理得到：

$$\begin{aligned}(Tx_2 + Tx_4)C_{i+1}^{n+1} - (Tx_1 + Tx_3 + Tx_4 + Tx_5)C_i^{n+1} + (Tx_5 - Tx_2)C_{i-1}^{n+1} \\ = -\left(Tx_1 + Tx_3 + \frac{a}{1+bC_i^n}\rho_{\text{R}}\phi c_f \frac{p_i^{n+1} - p_i^n}{\Delta t}\right)C_i^n\end{aligned} \tag{2-39}$$

内边界：

$$C_0^{n+1} = C_0 + \frac{C_2^{n+1} - C_0^{n+1}}{2\Delta x} \tag{2-40}$$

外边界：

$$\frac{C_N^{n+1} - C_{N-2}^{n+1}}{2\Delta x} = 0 \tag{2-41}$$

三、活性剂驱油两维两相渗流模型

在一维两相渗流模型基础上，为了研究平面模型上化学剂驱油物理模拟试验，建立了二维两相模型，对比各种因素下化学剂驱油效果。

数学模型为

$$\begin{cases}\dfrac{\partial}{\partial x}\left(\dfrac{kk_{\text{ro}}}{\mu_{\text{o}}}\dfrac{\partial p}{\partial x}\right) + \dfrac{\partial}{\partial y}\left(\dfrac{kk_{\text{ro}}}{\mu_{\text{o}}}\dfrac{\partial p}{\partial y}\right) + q_{\text{vo}} = \dfrac{\partial}{\partial t}(\phi s_{\text{o}}) \\ \dfrac{\partial}{\partial x}\left(\dfrac{kk_{\text{rw}}}{\mu_{\text{w}}}\dfrac{\partial p}{\partial x}\right) + \dfrac{\partial}{\partial y}\left(\dfrac{kk_{\text{rw}}}{\mu_{\text{w}}}\dfrac{\partial p}{\partial y}\right) + q_{\text{vw}} = \dfrac{\partial}{\partial t}(\phi s_{\text{w}}) \\ \dfrac{\partial}{\partial x}\left(Ds_{\text{w}}\phi\dfrac{\partial C}{\partial x}\right) + \dfrac{\partial}{\partial y}\left(Ds_{\text{w}}\phi\dfrac{\partial C}{\partial y}\right) - \dfrac{\partial}{\partial x}(Cv_{\text{wx}}) - \dfrac{\partial}{\partial y}(Cv_{\text{wy}}) + q_{\text{vw}}\rho_{\text{w}}C \\ = \dfrac{\partial}{\partial t}(Cs_{\text{w}}\phi) + \dfrac{\partial\left[\Gamma\rho_{\text{R}}(1-\phi)\right]}{\partial t} \\ p\big|_{t=0} = p_0 \\ \left.\dfrac{\partial p}{\partial n}\right|_{\Omega} = 0 \\ s_{\text{o}} + s_{\text{w}} = 1 \\ s_{\text{w}}\big|_{t=0} = s_{\text{wc}}\end{cases} \tag{2-42}$$

式中，q_{vo}、q_{vw} 在采出端与注入端不为 0，其他均取 0。

差分格式：

$$\frac{1}{\Delta x^2}\left[\left(\frac{kk_{\mathrm{ro}}}{\mu_{\mathrm{o}}}\right)^n_{i+\frac{1}{2},j}(p^{n+1}_{(i+1)j}-p^{n+1}_{ij})-\left(\frac{kk_{\mathrm{ro}}}{\mu_{\mathrm{o}}}\right)^n_{i-\frac{1}{2},j}(p^{n+1}_{ij}-p^{n+1}_{(i-1)j})\right]+\frac{1}{\Delta y^2}\left[\left(\frac{kk_{\mathrm{ro}}}{\mu_{\mathrm{o}}}\right)^n_{i,j+\frac{1}{2}}(p^{n+1}_{i(j+1)}-p^{n+1}_{ij})\right.$$

$$\left.-\left(\frac{kk_{\mathrm{ro}}}{\mu_{\mathrm{o}}}\right)^n_{i,j-\frac{1}{2}}(p^{n+1}_{ij}-p^{n+1}_{i(j-1)})\right]+q^{n+1}_{\mathrm{vo}ij}=\phi\frac{s^{n+1}_{\mathrm{o}ij}-s^n_{\mathrm{o}ij}}{\Delta t}+\phi c_f s^n_{\mathrm{o}ij}\frac{p^{n+1}_{ij}-p^n_{ij}}{\Delta t} \tag{2-43}$$

$$\frac{1}{\Delta x^2}\left[\left(\frac{kk_{\mathrm{rw}}}{\mu_{\mathrm{w}}}\right)^n_{i+\frac{1}{2},j}(p^{n+1}_{(i+1)j}-p^{n+1}_{ij})-\left(\frac{kk_{\mathrm{rw}}}{\mu_{\mathrm{w}}}\right)^n_{i-\frac{1}{2},j}(p^{n+1}_{ij}-p^{n+1}_{(i-1)j})\right]+\frac{1}{\Delta y^2}\left[\left(\frac{kk_{\mathrm{rw}}}{\mu_{\mathrm{w}}}\right)^n_{i,j+\frac{1}{2}}(p^{n+1}_{i(j+1)}-p^{n+1}_{ij})\right.$$

$$\left.-\left(\frac{kk_{\mathrm{rw}}}{\mu_{\mathrm{w}}}\right)^n_{i,j-\frac{1}{2}}(p^{n+1}_{ij}-p^{n+1}_{i(j-1)})\right]+q^{n+1}_{\mathrm{vw}ij}=\phi\frac{s^{n+1}_{\mathrm{w}ij}-s^n_{\mathrm{w}ij}}{\Delta t}+\phi c_f s^n_{\mathrm{w}ij}\frac{p^{n+1}_{ij}-p^n_{ij}}{\Delta t} \tag{2-44}$$

令$\lambda=\frac{kk_{\mathrm{ro}}}{\mu_{\mathrm{o}}}+\frac{kk_{\mathrm{rw}}}{\mu_{\mathrm{w}}}$，将油方程［式(2-43)］与水方程［式(2-44)］相加得到：

$$\frac{1}{\Delta x^2}\lambda_{i+\frac{1}{2}}p^{n+1}_{(i+1)j}+\frac{1}{\Delta x^2}\lambda_{i-\frac{1}{2}}p^{n+1}_{(i-1)j}-\left[\frac{1}{\Delta x^2}\left(\lambda_{i+\frac{1}{2}}+\lambda_{i-\frac{1}{2},j}\right)+\frac{1}{\Delta y^2}\left(\lambda_{i,j+\frac{1}{2}}+\lambda_{i,j-\frac{1}{2}}\right)+\frac{\phi c_f}{\Delta t}\right] \tag{2-45}$$

$$p^{n+1}_{ij}+\frac{1}{\Delta y^2}\lambda_{i,j+\frac{1}{2}}p^{n+1}_{i(j+1)}+\frac{1}{\Delta y^2}\lambda_{i,j-\frac{1}{2}}p^{n+1}_{i(j-1)}=-\frac{\phi c_f}{\Delta t}p^n_{ij}-(q^{n+1}_{\mathrm{vo}ij}+q^{n+1}_{\mathrm{vw}ij}) \tag{2-46}$$

浓度：

$$\begin{aligned}\text{左端}&=\frac{\partial}{\partial x}\left(Ds_{\mathrm{w}}\phi\frac{\partial C}{\partial x}\right)+\frac{\partial}{\partial y}\left(Ds_{\mathrm{w}}\phi\frac{\partial C}{\partial y}\right)-C\left(\frac{\partial v_{\mathrm{wx}}}{\partial x}+\frac{\partial v_{\mathrm{wy}}}{\partial y}\right)-v_{\mathrm{wx}}\frac{\partial C}{\partial x}-v_{\mathrm{wy}}\frac{\partial C}{\partial y}\\&=\frac{\partial}{\partial x}\left(Ds_{\mathrm{w}}\phi\frac{\partial C}{\partial x}\right)+\frac{\partial}{\partial y}\left(Ds_{\mathrm{w}}\phi\frac{\partial C}{\partial y}\right)+C\frac{\partial}{\partial t}(\phi s_{\mathrm{w}})+\frac{kk_{\mathrm{rw}}}{\mu_{\mathrm{w}}}\frac{\partial p}{\partial x}\frac{\partial C}{\partial x}+\frac{kk_{\mathrm{rw}}}{\mu_{\mathrm{w}}}\frac{\partial p}{\partial y}\frac{\partial C}{\partial y}\end{aligned} \tag{2-47}$$

$$\text{右端}=C\frac{\partial}{\partial t}(s_{\mathrm{w}}\phi)+s_{\mathrm{w}}\phi\frac{\partial C}{\partial t}+\varGamma\frac{\partial[\rho_{\mathrm{R}}(1-\phi)]}{\partial t}+\rho_{\mathrm{R}}(1-\phi)\frac{\partial\varGamma}{\partial t} \tag{2-48}$$

于是原方程可以化为

$$\begin{aligned}&\frac{\partial}{\partial x}\left(Ds_{\mathrm{w}}\phi\frac{\partial C}{\partial x}\right)+\frac{\partial}{\partial y}\left(Ds_{\mathrm{w}}\phi\frac{\partial C}{\partial y}\right)+\frac{kk_{\mathrm{rw}}}{\mu_{\mathrm{w}}}\frac{\partial p}{\partial x}\frac{\partial C}{\partial x}+\frac{kk_{\mathrm{rw}}}{\mu_{\mathrm{w}}}\frac{\partial p}{\partial y}\frac{\partial C}{\partial y}\\&=s_{\mathrm{w}}\phi\frac{\partial C}{\partial t}+\varGamma\frac{\partial[\rho_{\mathrm{R}}(1-\phi)]}{\partial t}+\rho_{\mathrm{R}}(1-\phi)\frac{\partial\varGamma}{\partial t}\end{aligned} \tag{2-49}$$

写成差分格式：

$$\frac{1}{\Delta x^2}\left[\left(Ds_{\mathrm{w}}\phi\right)_{i+\frac{1}{2},j}^{n+1}\left(C_{(i-1)j}^{n+1}-C_{ij}^{n+1}\right)-\left(Ds_{\mathrm{w}}\phi\right)_{i+\frac{1}{2},j}^{n+1}\left(C_{ij}^{n+1}-C_{(i-1)j}^{n+1}\right)\right]+\left(\frac{kk_{\mathrm{rw}}}{\mu_{\mathrm{w}}}\right)_{i,j}^{n+1}\frac{p_{(i+1)j}^{n+1}-p_{(i-1)j}^{n+1}}{2\Delta x}\frac{C_{(i+1)j}^{n+1}-C_{(i-1)j}^{n+1}}{2\Delta x}$$

$$\frac{1}{\Delta y^2}\left[\left(Ds_{\mathrm{w}}\phi\right)_{i,j+\frac{1}{2}}^{n+1}\left(C_{i(j+1)}^{n+1}-C_{ij}^{n+1}\right)-\left(Ds_{\mathrm{w}}\phi\right)_{i,j+\frac{1}{2}}^{n+1}\left(C_{ij}^{n+1}-C_{i(j-1)}^{n+1}\right)\right]+\left(\frac{kk_{\mathrm{rw}}}{\mu_{\mathrm{w}}}\right)_{i,j}^{n+1}\frac{p_{i(j+1)}^{n+1}-p_{i(j-1)}^{n+1}}{2\Delta y}\frac{C_{i(j+1)}^{n+1}-C_{i(j-1)}^{n+1}}{2\Delta y}$$

$$=s_{\mathrm{wi},j}^{n+1}\phi\frac{C_{ij}^{n+1}-C_{ij}^{n}}{\Delta t}-\frac{aC_{ij}^{n}}{1+bC_{ij}^{n}}\rho_{\mathrm{R}}\phi c_f\frac{p_{ij}^{n+1}-p_{ij}^{n}}{\Delta t}+\frac{a\rho_{\mathrm{R}}(1-\phi)}{(1+bC_{ij}^{n})^2}\frac{C_{ij}^{n+1}-C_{ij}^{n}}{\Delta t} \tag{2-50}$$

四、三维四相化学驱数学模型

（一）一般描述

SLCHEM 是一个等温的、微可压缩的三维化学驱组分模型。在这个模拟器中，要对 2～14 种物质组分求解物质平衡方程。

SLCHEM 采用改进的 IMPES 解法。首先，隐式求解压力方程，得到水相压力，其他相的压力通过两相的毛管压力计算得到。然后隐式求解浓度方程得到物质组分的浓度。相浓度和饱和度通过闪蒸计算得到。

模拟器的数学模型推导的基本假设如下所述。

（1）油藏条件是恒温的。

（2）固体相不能流动。

（3）流体和岩石是微可压缩的。

（4）对于非牛顿流动，表观黏度用于达西方程。

（5）在孔隙介质中多相流动的弥散服从 Fick 定律。

（6）物质混合体积变化为零。

（7）油藏压力不影响液体相的特性。

表面活性剂和聚合物被处理成没有分子质量分布的单剂。

（二）质量守恒方程

对于第 k 个组分，它的质量守恒方程是

$$\frac{\partial(\phi\tilde{C}_k)}{\partial t}+\frac{\partial}{\partial x}\sum_{l=1}^{N_p}\left[C_{kl}u_{xl}-\phi S_l\left(K_{xxkl}\frac{\partial C_{kl}}{\partial x}+K_{xykl}\frac{\partial C_{kl}}{\partial y}+K_{xzkl}\frac{\partial C_{kl}}{\partial z}\right)\right]+$$
$$\frac{\partial}{\partial y}\sum_{l=1}^{N_p}\left[C_{kl}u_{yl}-\phi S_l\left(K_{yxkl}\frac{\partial C_{kl}}{\partial x}+K_{yykl}\frac{\partial C_{kl}}{\partial y}+K_{yzkl}\frac{\partial C_{kl}}{\partial z}\right)\right]+$$
$$\frac{\partial}{\partial z}\sum_{l=1}^{N_r}\left[C_{kl}u_{zl}-\phi S_l\left(K_{zxkl}\frac{\partial C_{kl}}{\partial x}+K_{zykl}\frac{\partial C_{kl}}{\partial y}+K_{zzkl}\frac{\partial C_{kl}}{\partial z}\right)\right]=R_k \tag{2-51}$$

$$k=1,\ 2,\cdots,\ N_{\mathrm{c}}$$

式中，第 k 个组分的总浓度由下式给出：

$$\tilde{C}_k=\left(1-\sum_{k=1}^{N_c}\hat{C}_k\right)C_k+\hat{C}_k \tag{2-52}$$

由式（2-51）可以解 $\tilde{C}_k$：

$$\begin{aligned}\tilde{C}_{kijk}^n=\tilde{C}_{kijk}^n+\frac{\Delta t}{\phi}\Bigg\{&\frac{1}{\Delta X_i}\left[\sum_{l=1}^{N_p}(C_{kli}u_{xli}-C_{kli-1}u_{xli-1})^n+(N_{xi+y_2})_k^n-\left(N_{xi-\frac{1}{2}}\right)_k^n\right]+\\&\frac{1}{\Delta y_j}\left[\sum_{l=1}^{N_p}(C_{klj}u_{ylj}-C_{klj-1}u_{ylj-1})^n+\left(N_{yj+\frac{1}{2}}\right)_k^n-\left(N_{yj-\frac{1}{2}}\right)_k^n\right]+\\&\frac{1}{\Delta z_k}\left[\sum_{l=1}^{N_p}(C_{klk}u_{zlk}-C_{klk-1}u_{zlk-1})^n+\left(N_{zk+\frac{1}{2}}\right)_k^n-\left(N_{zk-\frac{1}{2}}\right)_k^n\right]\Bigg\}+R_k\end{aligned} \tag{2-53}$$

式（2-53）的弥散项是

$$\begin{aligned}\left(N_{x\left(i+\frac{1}{2}\right)}\right)_k=\sum_{l=1}^{N_p}\Bigg\{&\left(\frac{\Delta x_i}{2}u_{xl}-\phi S_lK_{xxkl}\right)_i\frac{(C_{kl(i+1)}-C_{kli})}{\frac{\Delta x_{i+1}}{2}+\Delta x_i}-\left(\phi S_lK_{xykl}\right)_i\\&\frac{C_{kli(j+1)}-C_{kli(j-1)}}{\frac{\Delta y_{j+1}+\Delta y_{j-1}}{2}+\Delta y_j}-(\phi S_lK_{xzkl})_i\frac{C_{kli(k+1)}-C_{kli(k-1)}}{\frac{\Delta z_{k+1}+\Delta z_{k-1}}{2}+\Delta z_k}\Bigg\}\end{aligned} \tag{2-54}$$

$$\begin{aligned}\left(N_{x\left(i-\frac{1}{2}\right)}\right)_k=\sum_{l=1}^{N_p}\Bigg\{&\left(\frac{\Delta x_i}{2}u_{xl}-\phi S_lK_{xxkl}\right)_{(i-1)}\frac{(C_{kli}-C_{kl(i-1)})}{\frac{\Delta x_i+\Delta x_{i-1}}{2}}-(\phi S_lK_{xykl})_{(i-1)}\\&\frac{C_{kl(i-1)(j+1)}-C_{kl(i-1)(j-1)}}{\frac{\Delta y_{j+1}+\Delta y_{j-1}}{2}+\Delta y_j}-(\phi S_lK_{xzkl})_{(i-1)}\frac{C_{kl(i-1)(k+1)}-C_{kl(i-1)(k-1)}}{\frac{\Delta z_{k+1}+\Delta z_{k-1}}{2}+\Delta z_k}\Bigg\}\end{aligned} \tag{2-55}$$

y 方向和 z 方向有类似的表达式。扩散张量 $\boldsymbol{K}$ 的元素是

$$K_{xxkl}=\frac{D_{kl}}{\tau}+\frac{\alpha_{Ll}}{\phi S_l}\frac{u_{xl}^2}{|u_l|}+\frac{\alpha_{Tl}}{\phi S_l}\frac{u_{yl}^2}{|u_l|}+\frac{\alpha_{Tl}}{\phi S_l}\frac{u_{zl}^2}{|u_l|} \tag{2-56}$$

$$K_{yykl}=\frac{D_{kl}}{\tau}+\frac{\alpha_{Ll}}{\phi S_l}\frac{u_{yl}^2}{|u_l|}+\frac{\alpha_{Tl}}{\phi S_l}\frac{u_{xl}^2}{|u_l|}+\frac{\alpha_{Tl}}{\phi S_l}\frac{u_{zl}^2}{|u_l|} \tag{2-57}$$

$$K_{zzkl}=\frac{D_{kl}}{\tau}+\frac{\alpha_{Ll}}{\phi S_l}\frac{u_{zl}^2}{|u_l|}+\frac{\alpha_{Tl}}{\phi S_l}\frac{u_{xl}^2}{|u_l|}+\frac{\alpha_{Tl}}{\phi S_l}\frac{u_{yl}^2}{|u_l|} \tag{2-58}$$

$$K_{xykl}=K_{yxkl}=\frac{\alpha_{Ll}-\alpha_{Tl}}{\phi S_l}\frac{u_{xl}u_{yl}}{|u_l|} \tag{2-59}$$

$$K_{xzkl}=K_{zxkl}=\frac{\alpha_{Ll}-\alpha_{Tl}}{\phi S_l}\frac{u_{xl}u_{zl}}{|u_l|} \tag{2-60}$$

$$K_{yzkl}=K_{zykl}=\frac{\alpha_{Ll}-\alpha_{Tl}}{\phi S_l}\frac{u_{yl}u_{zl}}{|u_l|} \tag{2-61}$$

$$|u_l|=\sqrt{u_{xl}^2+u_{yl}^2+u_{zl}^2} \tag{2-62}$$

式中，D_{kl}、τ、α_{Ll}、α_{Tl} 是常数。

$$\vec{\boldsymbol{u}}_l=-\overline{\overline{\boldsymbol{K}}}\lambda_{rl}(\vec{\nabla}P_l-\gamma_l D) \tag{2-63}$$

式中

$$\lambda_{rl}=\frac{K_{rl}}{\mu_l} \tag{2-64}$$

$$\overline{\overline{\boldsymbol{K}}}=\begin{pmatrix} T_x & & \\ & T_y & \\ & & T_z \end{pmatrix} \tag{2-65}$$

$$T_{xi}=\frac{2}{\dfrac{\Delta x_{i+1}}{K_{i+1}}+\dfrac{\Delta x_i}{K_i}} \tag{2-66}$$

$$T_{yj}=\frac{2}{\dfrac{\Delta y_{j+1}}{K_{j+1}}+\dfrac{\Delta y_j}{K_j}} \tag{2-67}$$

$$T_{zk}=\frac{2}{\dfrac{\Delta z_{k+1}}{K_{k+1}}+\dfrac{\Delta z_k}{K_k}} \tag{2-68}$$

（三）压力方程

将总的物质平衡方程式（2-51）中的所有的占体积的组分求和便得到：

$$\phi C_t\frac{\partial P}{\partial t}+\frac{\partial}{\partial x}\sum_{l=1}^{N_p}\left[u_{kl}\sum_{k=1}^{N_c}(1+C_k^0\Delta P)\ C_{kl}\right]+\frac{\partial}{\partial y}\sum_{l=1}^{N_p}\left[u_{yl}\sum_{k=1}^{N_c}(1+C_k^0\Delta P)\ C_{kl}\right]+$$

$$\frac{\partial}{\partial z}\sum_{l=1}^{N_r}\left[u_{zl}\sum_{k=1}^{N_c}(1+C_k^0\Delta P)\ \ C_{kl}\right]=\sum_{k=1}^{N_c}R_k \tag{2-69}$$

$$\Delta P=P_l-P_1 \tag{2-70}$$

$$C_{\mathrm{t}}=C_{\mathrm{r}}+\sum_{k=1}^{N_c}C_k^0\tilde{C}_k \tag{2-71}$$

式中，C_{r}为孔隙的压缩性；C_k^0为组分 k 的压缩因子。

应用毛管压力的定义，有

$$P_{cl'l}=P_{l'}-P_l \tag{2-72}$$

将式（2-72）代入式（2-69），便得到未知量是水相压力的压力方程：

$$\phi C_{\mathrm{t}}\frac{\partial P}{\partial t}+\vec{\nabla}\overline{\overline{\boldsymbol{K}}}\lambda_{rtc}\vec{\nabla}P_1=-\vec{\nabla}\sum_{l=1}^{N_p}\overline{\overline{\boldsymbol{K}}}\lambda_{rlc}\vec{\nabla}D+\vec{\nabla}\sum_{l=2}^{N_p}\overline{\overline{\boldsymbol{K}}}\lambda_{rlc}\vec{\nabla}P_{cl'l}+\sum_{k=1}^{N_c}R_k \tag{2-73}$$

式中

$$\lambda_{rlc}=\lambda_{rl}\sum_{k=1}^{N_c}(1+C_k^0\Delta P)C_{kl} \tag{2-74}$$

$$\lambda_{rtc}=\sum_{l=1}^{N_p}\lambda_{rlc} \tag{2-75}$$

（四）初始条件

所谓初始条件就是给出零时间 Nc 个变量在每个网格块上的解，这 N 个变量是：水相压力（P_1）和（N_c-1）个组分的总浓度（C_k）。

因为初始油藏的流体是稳定的，所以只需要给出一点的水相压力，其他点用下式计算：

$$(P_l)_k=(P_l)_{k-1}+r_l\Delta D \tag{2-76}$$

（五）边界条件

1. 不流动边界的边界条件

对于物质平衡方程，不流动边界的边界条件是

$$\vec{n}\bullet\vec{u}_l=0 \tag{2-77}$$

$$\vec{n}\bullet\overline{\overline{\boldsymbol{K}}}_{kl}\bullet\vec{\nabla}C_{kl}=0 \tag{2-78}$$

对于压力方程，不流动边界的边界条件是设置传导性等于 0。

2. 内流动边界的边界条件

对于注入井，需要给出 Q_l 和 C_{kl}：

$$l=1,\ 2,\ \cdots,\ N_p$$
$$k=1,\ 2,\ \cdots,\ N_c$$

对于采出井，需要给定采液速度或流动压力。

（六）约束性关系

对于孔隙介质中的多相多组分流动，有下列约束性关系。

1. 饱和度约束关系

$$\sum_{l=1}^{N_p} S_l = 1 \tag{2-79}$$

2. 相浓度约束

$$\sum_{k=1}^{N_c} C_{kl} = 1, \qquad l = 1,\ 2,\ \cdots,\ N_p \tag{2-80}$$

3. 总浓度定义

$$C_k = \sum_{l=1}^{N_p} C_{kl} S_l, \quad k = 1,\ 2,\ \cdots,\ N_c \tag{2-81}$$

（七）井模型

在 SLCHEM 软件中，一个网格块上可以定义多口井。对于注入井或采出井，能够规定它的流动速率或者井底流动压力。

对于井所在的网格块（i，j，k），毛管力是忽略不计的。井模型的定义如下：

$$(Q)_{ijk}^{n+1} = \sum (Q)_{ijk}^{n+1} = \sum_{l=1}^{N_p} (\mathrm{PI}_l)_{ijk}^{n+1} \left[(P_{wf})_{ijk}^{n} - (P_l)_{ijk}^{n} \right] \tag{2-82}$$

流动系数 PI 由下式给出：

$$(\mathrm{PI})_{ijk}^{n} = \frac{\sqrt{K_x K_y}\, \Delta Z_k (\lambda_{rT})_{ijk}^{N}}{0.0252 \left[\ln\left(\dfrac{r_0}{r_\mathrm{w}} \right)_{ijk} + S_{ijk} \right]} \tag{2-83}$$

等价半径 r_0 用下式计算：

$$(r_0)_{ijk}=0.28\left[\frac{\left(\frac{k_x}{k_y}\right)_{ijk}^{1/2}\Delta y_j^2+\left(\frac{k_y}{k_x}\right)_{ijk}^{1/2}\Delta x_i^2}{\left(\frac{k_x}{k_y}\right)_{ijk}^{1/4}+\left(\frac{k_y}{k_x}\right)_{ijk}^{1/4}}\right]^{1/2} \tag{2-84}$$

井的井底流压$(P_{wf})_{ijk}$由下式给出：

$$(P_{wf})_{ijk}^n=(P_{wf})_{ij(k-1)}^n+\gamma_k^{\bar{n}} \tag{2-85}$$

式中

$$\gamma_k^{\bar{n}}=\gamma_k^n\frac{\Delta Z_{k-1}}{2}+\gamma_{k-1}^n\frac{\Delta Z_{k-1}}{2} \tag{2-86}$$

$$\gamma_k^n=\frac{\sum_{l=1}^{N_p}(\gamma_l)_{ijk}^n(\lambda_{rl})_{ijk}^n}{(\lambda_{rT})_{ijk}^n} \tag{2-87}$$

$$(\lambda_{rT})_{ijk}^n=\sum_{l=1}^{N_p}(\lambda_{rl})_{ijk}^n \tag{2-88}$$

对于注入井，如果给定了总的相注入速度$(Q_{jl})_{ij}$，则分配到层的注入速度是

$$(Q_l)_{ijk}^n=(Q_{jl})_{ij}^n\frac{\sum_{l=1}^{N_p}(\mathrm{PI}_l)_{ijk}^n}{\sum_{k=1}^{N_z}\sum_{l=1}^{N_p}(\mathrm{PI}_l)_{ijk}^n} \tag{2-89}$$

对于网格块 *ijk*，总注入速度是

$$Q_{ijk}^n=\sum_{l=1}^{N_p}(Q_l)_{ijk}^n \tag{2-90}$$

如果给定顶层的井底流入压力，则用方程式（2-82）计算。对于采出井，如果给定了井底压力，方程式（2-82）用于计算总的产出速度。相的产出用下式计算：

$$(Q_l)_{ijk}^{n+1}=Q_{ijk}^{n+1}\frac{(\lambda_l)_{ijk}^n}{\sum_{l=1}^{N_p}(\lambda_l)_{ijk}^n} \tag{2-91}$$

如果给定总的产出速度，每层的产出速度用下式计算：

$$(Q_j)_{ijk}^{n+1}=(Q_j)_{ij}^{n+1}\frac{\sum_{l=1}^{N_p}(\mathrm{PI}_l)_{ijk}^n}{\sum_{k=1}^{N_z}\sum_{l=1}^{N_p}(\mathrm{PI}_l)_{ijk}^n} \tag{2-92}$$

各相的产出速度由下式计算：

$$(Q_l)_{ijk}^{n+1} = (Q_j)_{ijk}^{n+1} \frac{(\lambda_l)_{ijk}^n}{\sum_{l=1}^{N_p} (\lambda_l)_{ijk}^n} \tag{2-93}$$

（八）自动时间步长的选择

当选择变步长控制方式时，每一个时间步模拟计算结束后，都要重新计算下一个时间步的时间步长：

$$\Delta t^{n+1} = \Delta t^n \frac{\Delta C_{\mathrm{lim}}}{\Delta C} \tag{2-94}$$

式中

$$\Delta C = \max \left| \Delta C_i \right| \tag{2-95}$$

新的时间步长 Δt^{n+1} 应当受到约束：

$$\Delta t_{\mathrm{min}} \leqslant \Delta t^{n+1} \leqslant \Delta t_{\mathrm{max}}$$

选择 Δt_{min} 和 Δt_{max} 有一个经验法则：

$$\Delta t_{\mathrm{min}} = 0.01C \tag{2-96}$$

$$\Delta t_{\mathrm{max}} = 0.25C \tag{2-97}$$

式中

$$C = \frac{Q \Delta t}{\phi V_b} \tag{2-98}$$

第五节　聚合物模型

一、零剪切速率的黏度

聚合物溶于水后，能使水溶液的黏度大幅度地增加，这是通过大量试验观察到的事实。如何计算水溶液的黏度，水溶液的黏度与聚合物的浓度有什么关系，这是最重要的问题。

国外 Word 和 Martin 等经过长期研究，1981 年给出一个计算聚合物溶液在零剪切速率时的黏度的数学模型。此后逐个数学模型长期被作为经典公式应用了几十年。这个公式是

$$\mu_0 = \mu_{\mathrm{w}} [1 + (A_{\mathrm{P1}} C_{4l} + A_{\mathrm{P2}} C_{4l}^2 + A_{\mathrm{P3}} C_{4l}^3) C_{\mathrm{sep}}^{\mathrm{sp}}] \tag{2-99}$$

式中，μ_0 为聚合物溶液在零剪切速率时的黏度；μ_{w} 不水的黏度；C_{4l} 为聚合物的浓度；C_{sep} 为有效含盐量；A_{P1}、A_{P2}、A_{P3} 为从试验室大量试验得到参数；sp 为在

双对数坐标中 μ_0 与 C_{sep} 关系直线的斜率。

其中

$$C_{sep}=\frac{C_5+(\beta_P-1)C_6}{C_1};\tag{2-100}$$

式中，C_5 为阴离子的浓度；C_6 为二阶阳离子的浓度；C_1 为水的总浓度；β_P 为参数。

数学模型式（2-101）应用起来实际上是很复杂的事情。对于不同的油藏和聚合物，需要首先得到 A_{P1}、A_{P2}、A_{P3}、S_P 这 4 个参数。为了得到它们，需要做大量的物理试验，再进行复杂的回归计算，才能得到它们的近似值。这个过程的工作量是很庞大的。

我国国内对于聚合物溶液，能够比较方便地通过试验，得到一条“黏浓曲线”，即聚合物溶液的黏度随聚合物浓度变化的关系曲线（图 2.20）（Cao et al.，2004）。

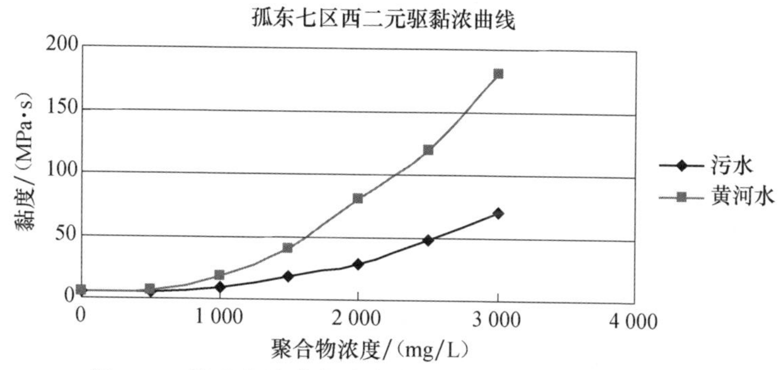

图 2.20　聚合物溶液的黏度随聚合物浓度变化的关系曲线

黏浓曲线在式（2-101）中无法使用。也就是说在我国国内，化学驱数值模拟软件中实际上无法用式（2-102）作为计算聚合物黏度的数学模型。

为了方便而准确地计算聚合物溶液的黏度，SLCHEM 软件直接应用实验室的黏浓曲线，根据聚合物的浓度去插值计算，即将聚合物溶液黏度计算的数学模型确定为

$$\mu_0=f(C_A,C_P,C_{se})\tag{2-101}$$

或

$$\mu_0=f(C_P,C_{se})\tag{2-102}$$

式中，C_A 为碱的浓度；C_P 为聚合物的浓度；C_{se} 为有效含盐量。式（2-101）和式（2-102）分别对应于有碱和无碱的情形。

对于网格系统中的每一个网格块，在每一个时间步，根据实验室测试的黏浓曲线（或等值图），回归求得黏度公式中的参数 C_A、C_P、C_{se} 等，然后用 C_A、C_P、C_{se}（或 C_P、C_{se}）的值去插值计算水相的黏度。这样计算黏度的方法有两个好处，

一是适合中国油田实验室的情况，能够直接使用实验室的试验数据，无需借用参数；二是计算量小，计算结果稳定，准确度也高。

二、剪切速率

聚合物溶液的黏度在流动时会受到剪切的影响而降低。剪切速率对黏度的影响用 Meter 方程来计算。

$$\mu_{\mathrm{p}} = \mu_{\alpha} + \frac{\mu_0 - \mu_{\mathrm{w}}}{1 + \left(\frac{\dot{\gamma}}{\dot{\gamma}_{1/2}}\right)^{\rho_\alpha - 1}} \tag{2-103}$$

式中，μ_0 为零剪切速率时的聚合物溶液的黏度；μ_{w} 为水的黏度；$\dot{\gamma}$ 为剪切速率；$\dot{\gamma}_{1/2}$ 为黏度为 $\frac{\mu_\infty + \mu_{\mathrm{w}}}{2}$ 时的剪切速率，μ_∞ 为剪切速率无穷大时的聚合物溶液的黏度；ρ_α 为参数。

用式（2-103）来计算聚合物溶液的剪切后黏度是一个很复杂的过程。因为在孔隙介质中流动的流体，剪切速率的计算是很复杂的。

根据流变学，牛顿流体的剪切可以表示成下面的模型。

$$\tau = \mu\dot{\gamma} \tag{2-104}$$

式中，τ 为剪切应力；$\dot{\gamma}$ 为剪切速率；μ 为黏度。

而非牛顿流体就要用另外的方程表示：

$$\tau = k\dot{\gamma}^n = \mu(\dot{\gamma})\dot{\gamma} \tag{2-105}$$

式中

$$\mu(\dot{\gamma}) = k\dot{\gamma}^{n-1} \tag{2-106}$$

其中，n 为幂指数。

在毛管壁上的剪切速率用式（2-107）表示：

$$\dot{\gamma} = \frac{4\overline{V}}{R} \tag{2-107}$$

式中，$\overline{V}$ 为平均速度；R 为管子的半径。

我们可以用方程式（2-107）来估算孔隙介质中流动的剪切速率，写为

$$\dot{\gamma}_{\mathrm{eq}} = \frac{4\overline{V}}{R_{\mathrm{eq}}} \tag{2-108}$$

因为

$$\overline{V}=\frac{q}{A\phi} \tag{2-109}$$

$$R_{\mathrm{eq}}=\sqrt{\frac{8k}{\phi}} \tag{2-110}$$

所以

$$\dot{\gamma}=\frac{4q}{A\sqrt{8k\phi}} \tag{2-111}$$

式中，q 为达西速率；A 为流动方向的面积；k 为渗透率；ϕ 为孔隙度。

按照式（2-101）计算剪切速率也不合适，因为 q 和 A 都不易计算。

在 SLCHEM 软件中，计算剪切速率的方程有以下两个可供选择。

$$\dot{\gamma}=\left(\frac{1+3n'}{4n'}\right)^{\frac{n'}{n'-1}}\frac{4\left|\overrightarrow{\boldsymbol{u}_l}\right|}{\sqrt{8\overline{K}}K_{rl}\phi S_{\mathrm{e}}} \tag{2-112}$$

和

$$\dot{\gamma}=\frac{\dot{\gamma}_{\mathrm{c}}\left|\overrightarrow{\boldsymbol{u}_l}\right|}{\sqrt{\overline{K}K_{rl}\phi S_{\mathrm{e}}}} \tag{2-113}$$

式中，$\overrightarrow{u_l}$ 为相速度；$\overline{K}$ 为渗透率；K_{rl} 为相对渗透率；ϕ 为孔隙度；S_{e} 为相饱和度；n' 为指明离开牛顿流体特性程度的幂律指数，取值范围为 0～1；$\dot{\gamma}_{\mathrm{c}}$ 为输入的一个参数。

其中

$$\overline{K}=\sqrt{\frac{1}{K_x}\left(\frac{u_{xl}}{\left|u_l\right|}\right)^2+\frac{1}{K_y}\left(\frac{U_{yl}}{\left|u_l\right|}\right)^2+\frac{1}{K_z}\left(\frac{u_{zl}}{\left|u_l\right|}\right)^2} \tag{2-114}$$

如果能给定 n' 的值，用式（2-112）计算 $\dot{\gamma}$ 的值，否则需输入参数 $\dot{\gamma}_c$，用式（2-113）计算 $\dot{\gamma}$。

$\dot{\gamma}$ 计算后，用式（2-103）计算 μ_{p}，其中的指数 P_{α} 能够通过实验数据数学回归得到。

三、渗透率降低

聚合物溶液所到之处，造成介质的渗透率降低。这里有三个原因，一是盐水的黏度增加了，二是聚合物分子的吸附减小了有效渗透率，三是由于在孔隙结构中的捕集作用。

聚合物溶液在孔隙介质中的阻力因子 R_F 定义为水和聚合物溶液的流度比：

$$R_F = \frac{\lambda_w}{\lambda_p} = \left(\frac{k_w}{k_p}\right)\left(\frac{\mu_p}{\mu_w}\right) \tag{2-115}$$

渗透率降低因子定义为

$$R_k = \frac{k_w}{k_p} \tag{2-116}$$

式中，k_w 为盐水的有效渗透率；k_p 为聚合物溶液的有效渗透率。

在 SLCHEM 软件中，渗透率降低因子 R_k，用式（2-116）计算：

$$R_k = 1 + \frac{(R_{k\max} - 1)b_{rk}C_{4l}}{1 + b_{rk}C_{4l}} \tag{2-117}$$

式中，b_{rk} 为常数；C_{4l} 为聚合物的浓度。

$$R_{k\max} = \left[1 - \frac{C_{rk}(\mu)^{\frac{1}{3}}}{\left(\frac{\sqrt{K_x K_g}}{\phi}\right)^{\frac{1}{2}}}\right]^{-4} \tag{2-118}$$

$$\mu = \lim_{\substack{C_{4l}\to 0\\ \lambda\to 0}}\left(\frac{\mu_p - \mu_w}{\mu_p C_{4l}}\right) = A_{p1}C_{sep}^{sp} \tag{2-119}$$

式中，C_{rR} 为常数。

渗透率降低作用在渗透介质中是持续存在的，甚至在聚合物段塞经过之后也还存在。这个作用称为残余阻力因子，它定义为

$$R_{RF} = \frac{\text{聚合物注前的盐合物流度}}{\text{聚合物注后的盐水的流度}}$$

因为渗透率降低因子对于聚合物浓度和矿化度都是不可逆的，所以残余阻力因子 R_{RF}，与渗透率下降因子 R_k 相同，即

$$R_{RF} = R_k \tag{2-120}$$

四、不可及孔隙体积

实验室的试验证明，有一部分孔隙空间聚合物是进不去的。这部分孔隙空间被称为不可及孔隙体积。

对于聚合物的流动，$\phi_p \leqslant \phi$。

令

$$F_{P,\mathrm{eff}}=\frac{\phi_P}{\phi} \tag{2-121}$$

不可及孔隙体积在聚合物通过期间起作用。

五、聚合物吸附

目前描述聚合物吸附的模型通用的是 Lamgmuir 公式，这个模型认为吸附量是由聚合物浓度和矿化度两个因素决定的。

$$\hat{C}_4=\frac{a_4C_{4l}}{1+b_4C_{4l}} \tag{2-122}$$

式中

$$a_4=a_{41}+a_{42}C_{\mathrm{sep}} \tag{2-123}$$

式中，a_{41}、a_{42}、b_4 为实验室提供的参数。

聚合物的吸附过程是不可逆的。

第六节　表面活性剂模型

一、界面张力计算

界面张力变化是表面活性剂注入油藏后的最重要的特性，因此界面张力计算是化学驱数值模拟软件中十分重要的问题。

对于界面张力的计算，国外普遍采用 Hirasaki 模型：

界面张力模型式（2-124）～式（2-126）源于美国 Texas 大学的 UTCHEM 软件，这是建立在微乳相理论的基础上的。用式（2-124）～式（2-126）计算界面张力需要输入 6 个参数 G_{11}、G_{12}、G_{13}、G_{21}、G_{22}、G_{23}，要得到这 6 个参数，需要做大量的界面张力随相浓度变化的试验测量，再经过复杂的数学回归。中国国内油田不能做这样的试验，因而无法通过试验得到这 6 个参数。如果要用上述模型计算界面张力，便要借用国外油田的参数，在模拟计算过程中进行拟合修改。另外，式（2-124）～式（2-126）计算界面张力不稳定，数值常出现跳跃性变化（Miguel and Gama，1997）。

$$\lg\sigma_{\mathrm{WM}}=\begin{cases}\lg F_\sigma+\lg\sigma_{\mathrm{WO}}\left(1-\dfrac{C_{13}}{C_{33}}\right)+\left(G_{12}+\dfrac{G_{11}}{G_{13}+1}\right)\left(\dfrac{C_{13}}{C_{33}}\right) & \left(当\dfrac{C_{13}}{C_{33}}<1\right)\\ \lg F_\sigma+G_{12}+\dfrac{G_{11}}{G_{13}\left(\dfrac{C_{13}}{C_{33}}\right)+1} & \left(当\dfrac{C_{13}}{C_{33}}>1\right)\end{cases} \tag{2-124}$$

$$\lg\sigma_{\mathrm{OM}}=\begin{cases}\lg F_\sigma+\lg\sigma_{\mathrm{WO}}\left(1-\dfrac{C_{23}}{C_{33}}\right)+\left(G_{22}+\dfrac{G_{21}}{G_{23}+1}\right)\left(\dfrac{C_{23}}{C_{33}}\right) & \left(当\dfrac{C_{23}}{C_{33}}<1\right)\\ \lg F_\sigma+G_{22}+\dfrac{G_{21}}{G_{23}\left(\dfrac{C_{23}}{C_{33}}\right)+1} & \left(当\dfrac{C_{23}}{C_{33}}>1\right)\end{cases} \tag{2-125}$$

$$F_\sigma=\frac{1-\mathrm{e}^{C_{\mathrm{RMS}}}}{1-\mathrm{e}^{-\sqrt{2}}} \tag{2-126}$$

国内油田比较成熟的试验是测出界面张力随表面活性剂浓度变化，界面张力是表面活性剂浓度的函数，另外，它还是含盐量的函数，即

$$\sigma=f(C_{\mathrm{s}},C_{\mathrm{se}}) \tag{2-127}$$

如果有碱注入，碱的浓度也会对界面张力产生影响，即界面张力是碱浓度、表面活性剂浓度和含盐量的函数：

$$\sigma=f(C_{\mathrm{A}},C_{\mathrm{s}},C_{\mathrm{se}}) \tag{2-128}$$

式中，C_{A}为碱的浓度；C_{s}为表面活性剂的浓度；C_{se}为含盐量。

在 SLCHEM 软件中，计算界面张力的方法是直接应用实验室提供的界面张力变化曲线或等值图进行一元或二元值，计算出σ的值，然后再根据含盐量作校正计算。

二、毛管数和毛管欠饱和度

1. 毛管数的定义和计算

$$N_{cl}=\frac{\mu l\left|\vec{\boldsymbol{u}}_l\right|}{\sigma_l}=\beta\frac{\sqrt{\left(k_x\dfrac{\partial\phi_l}{\partial x}\right)^2+\left(k_y\dfrac{\partial\phi_l}{\partial y}\right)^2+\left(k_z\dfrac{\partial\phi_l}{\partial z}\right)^2}}{\sigma_l} \tag{2-129}$$

式中，β为常数；σ_l为界面张力；ϕ_l为l相的势。

2. 毛管欠饱和度的计算

$$S_{rl}=S_{rlw}T_{l1}[\lg(N_{cl})+T_{l2}] \tag{2-130}$$

式中，T_{l1}、T_{l2}为常数；S_{rlw}为低毛管数时的残余饱和度。

三、相对渗透率模型

在水驱的情况下，相对渗透率仅仅是相饱和度的函数；而在化学驱中，相对渗透率是相饱和度和毛管数的函数。

在 SLCHEM 软件中，相对渗透率的计算用下面的公式：

$$K_{rl}=K_{rl}^{0}S_{nl} \tag{2-131}$$

式中

$$S_{nl}=\frac{S_l-S_{rl}}{1-\sum_{l}S_{rl}} \tag{2-132}$$

$$K_{rl}^{0}=K_{rew}^{0}+\left(\frac{S_{rl'w}-S_{rl'}}{S_{rl'w}-S_{rl'c}}\right)(K_{rlc}^{0}-K_{rlw}^{0}) \quad (l'\neq l) \tag{2-133}$$

式中，S_l 为 l 相饱和度；S_{rl} 为 l 相残余饱和度；S_{rlw} 为高界面张力时的 l 相的残余饱和度；K_{rlw}^{0} 为高界面张力时的 l 相的相对渗透率的端点；S_{rlc} 为低界面张力时的 l 相的残余饱和度；K_{rlc}^{0} 为低界面张力时的 l 相的相对渗透率的端点。

残余饱和度 S_{rl} 的值在 S_{rlcw} 和 S_{rlww} 之间，即

$$S_{rlc}\leqslant S_{rl}\leqslant S_{rlw}$$

四、毛管压力模型

化学驱的毛管压力是界面张力、渗透率、孔隙度和饱和度的函数：

$$P_{cll'}=C_{pc}\sqrt{\frac{\varphi}{K_a}}\frac{\sigma_{ll'}}{\sigma_{\mathrm{wo}}}(1-S_{nl})^{n_{pc}} \tag{2-134}$$

式中

$$S_{nl}=\frac{S_l-S_{rl}}{1-\sum_{l}S_{rl}} \tag{2-135}$$

$$K_a=\sqrt{K_xK_y} \tag{2-136}$$

式中，C_{pc}、n_{pc} 均为参数；σ_{wo} 为油水相的界面张力。

五、相黏度计算

化学剂注入后，相黏度用下列公式计算：

$$\mu_l=C_{1l}\mu_{\mathrm{p}}\exp\left[\alpha_1(C_{2l}+C_{3l})\right]+C_{2l}\mu_2\exp\left[\alpha_2(C_{1l}+C_{3l})\right]+C_{3l}\alpha_3\exp\left[\alpha_4C_{1l}+\alpha_5C_{2l}\right] \tag{2-137}$$

式中，C_{1l} 为水组分的相浓度；C_{2l} 为油组分的相浓度；C_{3l} 为表面活性剂组分的相浓度；μ_{p} 为聚合物溶液的黏度；μ_2 为油的黏度；α_1、α_2、α_3、α_4、α_5 均为参数。

六、表面活性剂吸附

一般，表面活性剂吸附用 Langmuir 方法计算，并且吸附量是表面活性剂浓度和含盐量的函数：

$$\overline{C_3}=\frac{a_3 C_{3l}}{1+b_3 C_{3l}} \tag{2-138}$$

式中

$$a_3=a_{31}+a_{32}C_{sl} \tag{2-139}$$

式中，a_{31}、a_{32}、b_3 为输入的参数

表面活性剂的吸附对于含盐量是可逆的，但对于表面活性剂的浓度来说是不可逆的。

用 Langmuir 吸附方程计算吸附量存在下列问题：①吸附参数 a_{31}、a_{32} 和 b_3 在国内的实验室无法通过试验提供，只能借用国外油田的参数；②借用的参数使计算结果与实验室做出的吸附曲线不能吻合，参数修改非常困难；③实验室测试的吸附曲线在计算中使用不上。

根据吸附曲线，SLCHEM 软件将表面活性剂吸附的数学模型修改为

$$\overline{C_3}^*=f(C_3) \tag{2-140}$$

$$\overline{C_3}=f_2(\overline{C_3}^*,C_{se}) \tag{2-141}$$

对于吸附曲线，将横轴单位换算成体积分数，吸附量单位也换算成体积分数。软件中根据表面活性剂的浓度 C_3，插值计算出吸附浓度 $\overline{C_3}^*$，再根据含盐量进行校正，计算出 $\overline{C_3}$。

七、离子交换

离子交换是化学驱中一个重要的物理化学现象。当有碱注入时，离子交换反应是与其他许多化学反应一起考虑的。在没有碱注入时，离子交换反应成为主要的化学反应。碱注入的离子交换反应在第六章叙述，本章只讨论无碱的情形。

阳离子以 3 种形式存在：①液体中的自由离子；②吸附在岩石（黏土）表面；③吸附于表面活性剂上。

对于离子交换，作以下 3 种假设：①油考虑为非离子，不介入离子交换；②自由离子只在水相中；③吸附在表面活性剂（无论是流动的还是吸附在岩石上的）上的阳离子的比例是相同的。

关于离子交换，必须通过试验测试，给出黏土的离子交换能力 Q_v、黏土的离子交换常数 β^c 和表面活性剂的离子交换常数 β^s 这 3 个参数。

在岩石上的离子交换方程是

$$\frac{\left(\overline{C_7^*}\right)^2}{\overline{C_6^*}}=\beta^{c*}Q_v^*\frac{\left(C_7^{0*}\right)^2}{C_6^{0*}} \tag{2-142}$$

在表面活性剂上的离子交换方程是

$$\frac{(C_{7s}^{*})^2}{C_{6s}^{*}} = \beta^{s*}\frac{(C_7^{0*})^2}{C_6^{0*}} \tag{2-143}$$

式中，0 为自由离子；Q_v 为表示吸附离子；6 为钙；7 为钠；*为每单位水的浓度。

关于物质平衡和电平衡，又有下面的方程：

$$Q_v^* = \overline{C_7^*} + \overline{C_6^*} \tag{2-144}$$

$$C_5^* = C_7^{0*} + C_6^{0*} \tag{2-145}$$

$$\tilde{C}_3^* = C_{7s}^* + C_{6s}^* \tag{2-146}$$

$$\tilde{C}_6^* = C_6^{0*} + C_{6s}^* = \overline{C_6^*} \tag{2-147}$$

式（2-142）～式（2-147）共有 6 个方程，要求解的 6 个未知量是 C_6^{0*}、C_7^{0*}、$\overline{C_6^*}$、$\overline{C_7^*}$、C_{6s}^*、C_{7s}^*。

将方程式（2-144）代入式（2-142）解出 $\overline{C_6^*}$：

$$\overline{C_6^*} = \frac{1}{2}\left(2Q_v^* + B - \sqrt{B^2 + 4Q_v^* B}\right) \tag{2-148}$$

式中

$$B = \beta^{c*} Q_v^* \frac{(C_7^{0*})^2}{C_6^{0*}} \tag{2-149}$$

将方程式（2-148）代入式（2-143）解出 C_{6s}^*：

$$C_{6s}^* = \frac{1}{2}\left(2\tilde{C}_3^* + D - \sqrt{D^2 + 4\tilde{C}_3^* D}\right) \tag{2-150}$$

式中

$$D = \beta^{s*} \tilde{C}_3^* \frac{(C_7^{0*})^2}{C_6^{0*}} \tag{2-151}$$

用方程式（2-150）定义一个零数值函数：

$$F(C_6^{0*}) = C_6^{0*} + C_{6s}^* + \overline{C}_6^* - \tilde{C}_6^* \tag{2-152}$$

那么下列步骤便可用于求解离子交换方程。

（1）选择 n 时间阶段的 C_6^{0*} 作为初值。

（2）用式（2-145）计算 C_7^{0*}。

（3）用式（2-148）计算 $\overline{C}_6^*$。

（4）用式（2-150）计算 C_{6s}^*。

（5）用式（2-152）计算 $F(C_6^{0*})$。

（6）计算函数 $F(C_6^{0*})$ 的导数。

（7）用牛顿-拉弗森迭代方法计算 n+1 时间阶段的 C_6^{0*}。

（8）如果 $F(C_6^{**})$ 小于 ε，则停止迭代，并转到步骤（9），否则返回到步骤（2）继续迭代。

（9）分别用方程式（2-146）～式（2-150）计算其余的未知量$\overline{C}_7^*$，C_7^{0*}和C_{7s}^*。

第七节　碱　模　型

一、碱的作用

碱（NaOH 或 Na_2CO_3）注入地层后，必定出现许多化学反应。这些化学反应包括水相反应、溶解沉淀反应、离子交换反应、吸附反应等。特别地，如果原油中包含石油酸（HA_o）组分，碱与石油酸反应会原地产生表面活性剂。因此，某种意义上，碱驱又可称为特殊的表面活性剂驱。

对于碱作用后的地质化学模型，将作如下假设。

（1）热力学反应在介质的每一点都能局部达到平衡。

（2）所有反应剂的活性系数都是 1，所以摩尔浓度能够代替反应平衡计算中的活动性。

（3）原油中的石油酸作为一种单独的拟组分 HA，HA 高度溶于油，部分溶于水，在油、水中的分配系数是常数。

（4）油藏是等温的，忽略由于温度变化产生的化学反应。

（5）化学反应中产生的压力和体积变化忽略不计。

（6）不久许水相的超饱和度。

（7）固体是绝对稳定的。

（8）由于沉淀、溶解和离子交换反应产生的孔隙度和渗透率的变化忽略不计。

（9）化学反应非常快，反应的同时马上达到平衡。

二、物质元素和化学剂

一种化学剂（离子）可以从属于一种或几种物质元素（组分）。一种物质元素（组分）能够包容多种化学剂（离子）。

在化学驱过程中，与化学反应有关的物质元素（组分）有：H、Na、Ca、CO_3、HA。与化学反应有关的化学剂（离子）有：H^+、Na^+、Ca^{2+}、CO_3^{2-}、HA_o、H_2O、HCO_3^-、H_2CO_3、$Ca(HCO_3)^+$、OH^-、$Ca(OH)^+$、HA_w、A^-、$CaCO_3$、$Ca(OH)_2$、$\overline{H}^+$、$\overline{Na}^+$、$\overline{Ca}^{2+}$、$\overline{\overline{Na}}^+$、$\overline{\overline{Ca}}^{2+}$。其中，$HA_o$ 为溶于油的石油酸；HA_w 为溶于水的石油酸；A^-为地下产生的表面活性剂。一些不重要的化学剂和一些不重要的化学反应是被忽略的。物质的元素和化学剂的关系见表 2.2。

表 2.2 各元素和化学剂关系表

			H	Na	Ca	CO_3	HA
水相里的化学剂	1	H^+	1				
	2	Na^+		1			
	3	Ca^{2+}			1		
	4	CO_3^{2-}				1	
	5	HA_o	1				1
	6	H_2O	2				
	7	HCO_{2-}	1			1	
	8	H_2CO_3	2			1	
	9	$Ca(HCO_3)^+$	1		1	1	
	10	OH^-	1				
	11	$Ca(OH)^+$	1		1		
	12	A^-					
	13	HA_w	1				1
固体化学剂	1	$CaCO_3$			1	1	
	2	$Ca(OH)_2$	2		1		
吸附在岩石上的阳离子	1	$\overline{H}^+$	1				
	2	$\overline{Na}^+$		1			
	3	$\overline{Ca}^{2+}$			1		
吸附在表面活性剂上的阳离子	1	$\overline{\overline{Na}}^+$		1			
	2	$\overline{\overline{Ca}}^{2+}$			1		

三、化学反应

（一）油-碱反应

拟组分石油酸分配在油相里的部分为 HA_o，分配在水相里的部分为 HA_w，只有水相里的石油酸与碱反应能产生表面活性剂 A^-。

这些反应平衡的方程是

$$HA_o \xrightleftharpoons{K_D} HA_w \tag{2-153}$$

$$K_D = \frac{[HA_w]}{[HA_o]} \tag{2-154}$$

$$HA_w \xrightleftharpoons{K_a} H^+ + A^- \tag{2-155}$$

$$K_a = \frac{[H^+][A^-]}{[HA_w]} \tag{2-156}$$

式中，常数 K_D 和 K_a 是通过试验得到的。

（二）水相反应

主要的水相反应有

$$H^+ + CO_3^{2-} \xrightleftharpoons{K_{eq1}} HCO_3^- \tag{2-157}$$

$$K_{eq1} = \frac{[HCO_3^-]}{[H+][CO_3^{2-}]} \tag{2-158}$$

$$2H^+ + CO_3^{2-} \xrightleftharpoons{Keq2} H_2CO_3 \tag{2-159}$$

$$K_{eq2} = \frac{[H_2CO_3]}{[H^+]^2[CO_3^{2-}]} \tag{2-160}$$

$$Ca^{2+} + H^+ + CO_3^{2-} \xrightleftharpoons{K_{eq3}} Ca(HCO_3)^+ \tag{2-161}$$

$$K_{eq3} = \frac{[Ca(HCO_3)^+]}{[Ca^{2+}][CO_3^{2-}][H^+]} \tag{2-162}$$

$$H_2O \xrightleftharpoons{K_{eq4}} H^+ + OH^- \tag{2-163}$$

$$K_{eq4} = [H^+][OH^-] \tag{2-164}$$

$$Ca^{2+} + H_2O \xrightleftharpoons{K_{eq5}} Ca\ (OH)^+ + H^+ \tag{2-165}$$

$$K_{eq5} = \frac{[Ca(OH)^+][H^+]}{[Ca^{2+}]} \tag{2-166}$$

式中，$K_{eq1} \sim K_{eq5}$ 均为化学平衡常数。

（三）溶解沉淀反应

$$CaCO_3 \xrightleftharpoons{K_{S1}} Ca^{2+} + CO_3^{2-} \tag{2-167}$$

$$K_{S1} = [Ca^{2+}][CO_3^{2-}] \tag{2-168}$$

$$Ca(OH)_2 \xrightleftharpoons{K_{S2}} Ca^{2+} + 2OH^- \tag{2-169}$$

$$K_{S2} = [Ca^{2+}][H^+]^2 \tag{2-170}$$

式中，K_{S1}、K_{S2} 均为平衡常数。

（四）黏土上的离子交换反应

$$2\overline{Na^+} + Ca^{2+} \xrightleftharpoons{K_{ex1}} 2Na^+ + \overline{Ca^{2+}} \tag{2-171}$$

$$K_{ex1} = \frac{\left[\overline{Ca^{2+}}\right]\left[Na^+\right]^2}{\left[Ca^{2+}\right]\left[\overline{Na^+}\right]^2} \tag{2-172}$$

$$\overline{H^+} + Na^+ + OH^- \xrightleftharpoons{K_{ex2}} \overline{Na} + H_2O \tag{2-173}$$

$$K_{ex2} = \frac{\left[Na^+\right]\left[\overline{H^+}\right]}{\left[\overline{Na^+}\right]\left[H^+\right]} \tag{2-174}$$

式中，K_{ex1}、K_{ex2}均为平衡常数。

（五）表面活性剂上的离子交换反应

$$2\overline{\overline{Na^+}} + Ca^{2+} \xrightleftharpoons{K_{exs}} 2Na^+ + \overline{\overline{Ca^{2+}}} \tag{2-175}$$

$$K_{exs} = \frac{\left[\overline{\overline{Ca^{2+}}}\right][Na^+]^2}{[Ca^{2+}]\left[\overline{\overline{Na^+}}\right]^2} \tag{2-176}$$

式中，K_{exs}为平衡常数。

四、化学反应平衡的数学模型

假设化学反应系统中共有N_1个液体化学剂，N_2个固体化学剂，N_3个吸附于岩石的离子，N_4个吸附于表面活性剂上的离子。这些化学剂（离子）组成N个物质元素（组分）。

令C_i^T表示N个物质元素中的第i个元素的浓度，i=1，…，N；C_j表示第j个液体化学剂的浓度，j=1，…，N_1；$\hat{C}_k$表示第k个固体化学剂的浓度，k=1，…，N_2；$\overline{C}_l$表示第l个岩石吸附离子的浓度，l=1，…，N_3；$\overline{\overline{C_m}}$表示第$m$个表面活性剂吸附离子的浓度，$m$=1，…，$N_4$；其中，$i$=1，…，$N$；$j$=1，…，$N_1$；$k$=1，…，$N_2$；$l$=1，…，$N_3$；$m$=1，…，$N_4$。

压力方程组和浓度方程组求解之后，C_i^T是已知的。现在的问题是根据C_i^T的值求解（$N_1+N_2+N_3+N_4$）个化学剂的浓度。

（一）物质平衡方程

根据表2.1中的关系，能够写出N个物质平衡方程：

$$C_1+2C_6+C_7+2C_8+C_9+C_{10}+C_{11}+C_{13}+2\hat{C}_2+\hat{C}_1=C_1^T \tag{2-177}$$

$$C_2+\overline{C_2}+\overline{\overline{C_1}}=C_2^T \tag{2-178}$$

$$C_{31}+C_9+C_{11}+\hat{C}_1+\hat{C}_2+\overline{C_3}+\overline{\overline{C_2}}=C_3^T \tag{2-179}$$

$$C_4+C_7+C_8+C_9+\hat{C}_1=C_4^T \tag{2-180}$$

$$C_5+C_{12}+C_{13}=C_5^T \tag{2-181}$$

系统的电平衡又可以写出一个方程：

$$C_1+C_2+2C_3-2C_4-C_7+C_9-C_{10}+C_{11}-C_{12}+\overline{C}_1+\overline{C}_2+2\overline{C}_3+\overline{\overline{C_1}}+2\overline{\overline{C_2}}=0 \tag{2-182}$$

方程式（2-182）～式（2-181）可以统一写成：

$$\sum_{i=1}^{N_1}h_{ni}C_i+\sum_{j=1}^{N_2}g_{nj}\hat{C}_j+\sum_{k=1}^{N_3}f_{nk}\overline{C}_k+\sum_{l=1}^{N_4}e_{nl}\overline{\overline{C_l}}=C_n^T \quad (n=1,2,3\cdots,N+1) \tag{2-183}$$

式中

$$C_{N+1}^T=0 \tag{2-184}$$

（二）水反应方程

在第六节第三部分节讨论的水反应方程可以写成：

$$C_{N+1+i}=K_{\mathrm{eq}i}\coprod_{j=1}^{N}C_j^{W_{ij}} \tag{2-185}$$

式中

$$i=1,2,\cdots,N_1-(N-1) \tag{2-186}$$

（三）溶度积方程

在第六节第三部分讨论的溶解沉淀方程平衡可以写成：

$$K_{\mathrm{s}i}=\coprod_{j=1}^{N}C_j^{V_{ij}} \tag{2-187}$$

式中

$$i=1,2,\cdots,N_2$$

（四）离子交换方程

在第六节第三部分讨论的离子交换方程可以写成：

$$K_{\mathrm{ex}i}=\coprod_{j=1}^{N}C_j^{W_{ij}}\coprod_{k=1}^{N_3}\overline{C}_k^{x_{ij}} \tag{2-188}$$

式中

$$i = 1, 2, \cdots, N_3 - 1$$

和

$$K_{\text{exs}} = \prod_{j=1}^{N} C_{ij}^{y_{ij}} \prod_{k=1}^{N_4} \overline{\overline{C_k^{p_{ij}}}} \tag{2-189}$$

$$Q_{\text{V}} = \sum_{i=1}^{N_3} \overline{Z}_i \overline{C}_i \tag{2-190}$$

$$C_{\text{A}^-} + C_{\text{S}} = \sum_{i=1}^{N_4} \overline{\overline{Z_i C_i}} \tag{2-191}$$

式中，C_{A^-}为产生的表面活性剂的浓度；C_{S}为注入的表面活性剂的浓度。

式（2-7）～式（2-13）共有（N_1+N_2+N_3+N_4）个方程，求解（N_1+ N_2+ N_3+ N_4）个未知量。它们是一组非线性方程组，可以用牛顿-拉弗森迭代法求解。

五、pH 的效应

在碱驱过程中，氢氧根离子（OH^-）减少了水相中氢离子（H^+）的浓度，因而形成了高 pH。试验证明，高 pH 会对表面活性剂和聚合物的吸附产生影响。下面是表面活性剂吸附的计算公式：

$$C_{3\text{ADS}} = \begin{cases} C_{3\text{ADS}}^0 (\text{如果pH} \leqslant \text{pHC}) \\ C_{3\text{ADS}}^0 \left(1 - \dfrac{\text{pH} - \text{pHC}}{\text{pHT} - \text{pHC}}\right) (\text{如果pHC} \leqslant \text{pH} < \text{pHT}) \\ 0\ (\text{如果pH} \geqslant \text{pHT}) \end{cases} \tag{2-192}$$

式中，$C_{3\text{ADS}}^0$为正常的吸附浓度；pHC、pHT 为试验测出的参数，pHC＜pHT 。

对于聚合物吸附，具有相同的公式：

$$C_{4\text{ADS}} = \begin{cases} C_{4\text{ADS}}^0 (\text{如果pH} \leqslant \text{pHC}) \\ C_{4\text{ADS}}^0 \left(1 - \dfrac{\text{pH} - \text{pHC}}{\text{pHT} - \text{pHC}}\right) (\text{如果pHC} \leqslant \text{pH} < \text{pHT}) \\ 0 (\text{如果pH} \geqslant \text{pHT}) \end{cases} \tag{2-193}$$

式（2-192）和式（2-193）表明，高 pH 能够降低表面活性剂和聚合物在岩石上的吸附。

本章符号说明

a_3—表面活性剂吸附参数

a_4—聚合物吸附参数

a_{31}—表面活性剂吸附参数
a_{32}—表面活性剂吸附参数
a_{41}—聚合物吸附参数
a_{42}—聚合物吸附参数
A_{P1}—聚合物黏度参数
A_{P2}—聚合物黏度参数
A_{P3}—聚合物黏度参数
b_{rk}—渗透率下降参数
b_3—表面活性剂吸附参数
b_4—聚合物吸附参数
c_f—孔隙压缩比
C_{pc}—毛管压力参数
C_{rk}—渗透率下降参数
C_t—总压缩性
$\tilde{C}_k$—组分 k 的总浓度
C_k^0—组分 k 的压缩性
$\hat{C}_k$—组分 k 的吸附浓度
C_{kl}—组分 k 在 l 相中的浓度
C_{se}—有效含盐量
C_{sep}—聚合物有效含盐量
C_T—示踪剂的总浓度
C_{Tl}—示踪剂在 l 相中的浓度
$\bar{C}_3$—岩石上吸附的表面活性剂的浓度
$\tilde{C}_3^*$—用水浓度标准化的表面活性剂的总浓度
C_5^*—用水浓度标准化的氯的浓度
$\bar{C}_6$—岩石上吸附的钙镁离子的浓度
$\bar{C}_6^*$—用水浓度标准化的钙镁离子的浓度
$\tilde{C}_6^*$—用水浓度标准化的钙镁离子的总浓度
C_6^{0*}—用水的总浓度标准化的自由钙镁离子的浓度
C_{6s}^*—用水的总浓度标准化的吸附在表面活性剂上的钙镁离子浓度
$\bar{C}_7$—岩石上吸附的钠离子浓度
$\bar{C}_7^*$—用水的总浓度标准化的钠离子浓度

C_7^{0*}—用水总浓度标准化的自由钠离子的浓度

C_{7s}^*—用水的总浓度标准化的吸附在表面活性剂上的钠离子的浓度

ΔC_I——一个时间步第 i 个网格块上的浓度变化

$\Delta C_{\lim}$—浓度变化极限

D—距基准面的深度

D_s—示踪剂的滞后因子

G_{11}—界面张力参数

G_{12}—界面张力参数

G_{13}—界面张力参数

G_{21}—界面张力参数

G_{22}—界面张力参数

G_{23}—界面张力参数

$\overline{\overline{K}}$—绝对渗透率张量

K_p—关于聚合物溶液的相对渗透率

K_{rl}—l 相的相对渗透率

K_{rlc}^0—高毛管数时的 l 相的相对渗透率端点

K_{rlw}^0—低毛管数时的 l 相的相对渗透率端点

K_w—盐水的相对渗透率

K_x—x 方向上的渗透率

K_y—y 方向上的渗透率

K_z—z 方向上的渗透率

K_{xxkl}—在 l 相中组分 k 在弥散张量中的对角元素

K_{yykl}—在 l 相中组分 k 在弥散张量中的对角元素

K_{zzkl}—在 l 相中组分 k 在弥散张量中的对角元素

K_{xykl}—在 l 相中组分 k 在弥散张量中的非对角元素

K_{xzkl}—在 l 相中组分 k 在弥散张量中的非对角元素

K_{yxkl}—在 l 相中组分 k 在弥散张量中的非对角元素

K_{yzkl}—在 l 相中组分 k 在弥散张量中的非对角元素

K_{zxkl}—在 l 相中组分 k 在弥散张量中的非对角元素

K_{zykl}—在 l 相中组分 k 在弥散张量中的非对角元素

$\overline{\overline{K}}_{kl}$—$l$ 相中组分 k 的弥散张量

NBL—总的网格块数

N_c—总的组分数目
N_p—相数
n_{pc}—毛管压力指数
N_{cl}—l 相的毛管数
$P_{cl'l}$—l' 和 l 相间的毛管压力
P_l—l 相压力
P_{wf}—井流动压力
P_2—聚合物黏度剪切速率计算的指数
Q_J—总的注入/采出速率
Q_{Jl}—l 相的注入/采出速率
Q_l—l 相的注入/采出速率
Q_V—阳离子交换能力
Q_K—径汇相
r_w—井的半径
R_K—渗透率下降因子，或径汇项
S_l—l 相饱和度
S_{nl}—标准化的 l 相饱和度
S_p—聚合物黏度计算参数
S_{rl}—l 相的残余饱和度
S_{rlc}—高毛管数时 l 相的残余饱和度
S_{rlw}—低毛管数时 l 相的残余饱和度
t—时间
T_{11}—毛管欠饱和度参数
T_{12}—毛管欠饱和度参数
T_{21}—毛管欠饱和度参数
T_{22}—毛管欠饱和度参数
$\bar{\boldsymbol{u}}_l$—l 相的总流量
u_l—l 相的总流量
u_{xl}—x 方向 l 相的流量
u_{yl}—y 方向 l 相的流量
u_{zl}—z 方向 l 相的流量
α_L—长方向上的弥散性
α_{Ll}—l 相在长方向上的弥散性

α_T—短方向上的弥散性

α_{Tl}—l 相在短方向上的弥散性

α_1—相黏度参数

α_2—相黏度参数

α_3—相黏度参数

α_4—相黏度参数

α_5—相黏度参数

β^c—岩石的阳离子交换常数

β^{c*}—用总的水浓度标准化的岩石的阳离子交换常数

β^s—表面活性剂的阳离子交换常数

β^{s*}—用总的水浓度标准化的表面活性剂的阳离子交换常数

γ_c—等价剪切方程中的系数

$\gamma_{1/2}$—当聚合物黏度等于零剪切黏度二分之一时的剪切速率

γ_1—l 相的比重

$\bar{\gamma}_1$—l 相的平均比重

Δx_i—x 方向上的网格步长

$\vec{\nabla}$—梯度算子

λ—放射性示踪剂的放射性衰减因子

λ_{rl}—l 相的相对流动性

λ_{rT}—总的相对流动性

λ_P—聚合物溶液的流动性

λ_W—盐水的流动性

μ_g—凝胶溶液的黏度

μ_1—l 相的黏度

μ_0—零剪切时聚合物黏度

μ_p—聚合物溶液的黏度

μ_w—水黏度

μ_o—油黏度

μ_∞—剪切速率无穷大时聚合物溶液的黏度

μ_1—水相黏度

μ_2—油相黏度

ρ_k—组分 k 的密度

ρ_{kl}—在 l 相中组分 k 的密度

ρ_l—l 相的密度

ρ_R—岩石的密度

σ—界面张力

τ—弯曲系数

ϕ—孔隙度

ϕ_p—关于聚合物溶液的有效孔隙度

$\boldsymbol{\Phi}$—势

第三章　化学驱油剂及驱油体系

第一节　化学驱油剂

一、驱油用聚合物

用于聚合物驱的聚合物应满足下述条件：水溶性好、增黏能力强、注入性好、热稳定性好、抗剪切降解能力好、抗盐性较好、生物稳定性较好、对油层和环境无污染、来源广、易于运输、价格便宜等。能够满足这些条件的聚合物大致可分为三类：合成高分子化合物、天然高分子化合物、天然高分子改性化合物。它们的代表产品分别为部分水解聚丙烯酰胺、黄胞胶、羧甲基纤维素和羟乙基纤维素。目前应用最广的是部分水解聚丙烯酰胺。

（一）部分水解聚丙烯酰胺

部分水解聚丙烯酰胺（HPAM）属于阴离子型聚合物，它可以通过丙烯酰胺单体与丙烯酸钠单体共聚得到，也可以通过聚丙烯酰胺聚合物的水解得到，目前工业上应用最为广泛的生产工艺为后一种，即先通过丙烯酰胺单体均聚，然后通过在聚合物体系中加碱水解的方式得到HPAM产品。该类型聚合物原料便宜易得，生产工艺成熟，制备的聚合物分子量高、溶解性好，因此HPAM是目前国内各大油田化学驱应用最为广泛的聚合物产品（李静等，2014）。

（1）
$$\sim\overset{H_2}{C}-\overset{H}{C}(C{=}O)(NH_2)-\overset{H_2}{C}-\overset{H}{C}(C{=}O)(N_2H)\sim \xrightarrow[\text{化学反应}]{\text{碱}} \sim\overset{H_2}{C}-\overset{H}{C}(C{=}O)(NH_2)-\overset{H_2}{C}-\overset{H}{C}(C{=}O)(O^-\,Na^+)\sim \quad \text{(HPAM)}$$

（2）
$$n(H_2C{=}CH)(C{=}O)(NH_2)+m(H_2C{=}CH)(C{=}O)(O^-\,Na^+)+ \xrightarrow{\text{共聚}}$$

虽然该类型聚合物具有很多优点，但由于该类型聚合物分子结构上含有大量的酰胺基（—$CONH_2$），高温条件下很容易水解生成羧酸基（—COO^-），当溶液中羧酸基含量较大时，容易与 Ca^{2+}或 Mg^{2+}等二价离子络合生成沉淀造成溶液黏度大幅度降低，同时由于—COO^-含量的增加，当溶液中一价阳离子浓度增大时，分子链卷曲严重，也造成黏度的大幅度损失，所以该类型聚合物在高温高盐条件下黏度损失严重（曹绪龙等，2005）。

（二）疏水缔合型聚合物

疏水缔合水溶性耐温抗盐聚合物已成为当今高分子材料科学研究的新热点之一，它是指在聚合物亲水性大分子链上带有少量疏水基团的一类水溶性聚合物，其溶液特性与一般聚合物溶液大相径庭（Zhu et al.，2013）。在水溶液中，此类聚合物的疏水基团由于疏水作用而发生聚集，使大分子链产生分子内和分子间缔合（郭兰磊，2013）。在稀溶液中（$C<C^*$）大分子主要以分子内缔合的形式存在，使大分子链发生卷曲，流体力学体积减小，特性黏数（η）降低。当聚合物浓度高于某一临界浓度（$C>C^*$）后，大分子链通过疏水缔合作用聚集，形成以分子间缔合为主的超分子结构——动态物理交联网络，流体力学体积增大，溶液黏度大幅度升高，如图 3.1 所示。小分子电解质的加入和升高温度均可增加溶剂的极性，使疏水缔合作用增强。在高剪切作用下，疏水缔合形成的动态物理交联网络被破坏，溶液黏度下降，剪切作用降低或消除后大分子链间的物理交联重新形成，黏度又将恢复，一般不发生高相对分子质量的 HPAM 聚合物在高剪切速率下的不可逆机械降解。这些特殊的性质使得水溶性疏水缔合物可望在许多领域得到应用，如作为石油三次采油的驱油剂、化妆品和涂料的增黏剂、水处理剂、摩擦减阻剂、流度控制剂等。

虽然该类型聚合物具有较强的增黏性能，尤其是当聚合物浓度大于其临界缔合浓度之后，其表观黏度远高于常规 HPAM 聚合物的表观黏度，但该类型聚合物在应用过程中也存在一些问题。例如，该类型聚合物的溶解性一般较差，常温条件下，2h 一般不能完全溶解；该类型聚合物室内驱油试验发现，其高的表观黏度并没有表现出明显优越的驱油效果，并且该类型聚合物在岩心中的注入压力较常规 HPAM 高，注入性相对较差，所以关于该类型聚合物是否真正满足高温高盐油藏条件，其应用性能是否真正由于常规 HPAM 聚合物，其微观驱油机理是否与常规 HPAM 相同等问题仍然存在一些争议，有待深入研究。

（三）两性离子聚合物

两性离子聚合物（polyampholyte）是在聚合物分子链上同时引入阳离子和阴离子基团共聚物。其中阴离子基团为羧酸、磺酸基，阳离子基团为叔胺、季铵盐。只含有一种电荷的聚电解质，分子链内的静电作用仅为静电斥力，而对于两性高分子，静电作用既可以为排斥力，也可以为吸引力，取决于溶液的 pH。在强酸性或强碱性溶液中，高聚物链上存在大量静电荷，分子链扩展，其溶液行为与阳离子或阴离子聚电解质相似，而在淡水中、等电点时，两性高分子的分子链收缩。在淡水中，由于聚合物分子内的阴、阳离子基团相互吸引，致使聚合物分子发生卷曲。在盐水中，由于盐水对聚合物分子内的阴、阳离子基团相互吸引力的削弱或屏蔽，致使聚合物分子比在淡水中更舒展，宏观上表现为聚合物在盐水中的黏度升高或黏度下降幅度小，两性聚合物满足大分子净电荷为零或分子链上正负电荷基团数目相等时，可使聚合物在不同矿化度盐水中的分子舒展状况变化不大，因而黏度的变化也较小，表现出抗盐的性能。含丙烯酰胺的两性聚合物溶液随着老化时间延长，阴离子度（水解度）不断增大，分子链上正负电荷基团数目出现不相等，分子链的卷曲程度随矿化度增大而增大，溶液黏度大大下降，抗盐性能逐步消失。更值得重视的是，两性聚合物的阳离子基团可能会造成聚合物在地层中的吸附量大幅度增大，聚合物大量吸附在近井地带，严重影响三次采油效率，增大三次采油成本。所以，两性聚合物的抗温抗盐应用是有条件的，并不能完全适用于油田三次采油领域。

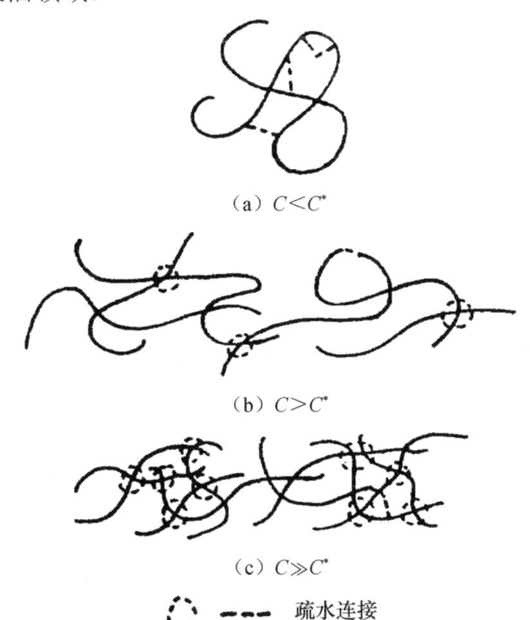

图 3.1　疏水缔合聚合物在溶液中聚集形态的示意图

C 为聚合物溶度；C^*为聚合物临界缔合浓度

（四）HPAM 弱凝胶

交联聚合物驱油技术是在聚合物驱和凝胶堵水技术基础上发展起来的一种新

兴驱油技术，并因其用量很低、提高采收率明显、适应性强等特点而成为提高原油采收率的有效手段之一，可用于不同矿化度的油藏环境。20 世纪 80 年代中期，Smith 等就提出了胶态分散凝胶（colloidal dispersion gel，CDG），CDG 就是用低浓度的 HPAM 溶液和柠檬酸铝交联的流动体系。20 世纪 90 年代以来，国内的研究者在此基础上又提出了交联聚合物溶液（linked polymer solution，LPS）的概念。LPS 体系除具有增黏、抗盐能力，在条件合适的渗流过程中还具有封堵较大孔道的特殊能力和使深入地层的液流改向的能力。

HPAM 分子中可参与交联的官能团为酰胺基和羧基，因此凡能与酰胺基和羧基进行反应的化合物，都可能作为交联剂使用。交联剂又可以分为螯合型交联剂和共价键交联剂。螯合型交联剂主要是采用 Cr（Ⅲ）、Al（Ⅲ）、Zr（Ⅳ）等金属与适当的螯合剂形成的水溶性金属螯合物。共价键型交联剂包括低分子醛类（甲醛、乙二醛和戊二醛）、低聚酚醛树脂等，其耐盐能力较好。低浓度交联聚合物技术，可以解决聚合物驱技术中所存在的聚合物用量高，耐温抗盐性能差的问题，成为 EOR 技术领域中一个新的技术发展方向。

虽然交联聚合物溶液具有良好的耐温抗盐性能，并已在现场试验应用，但目前有关该体系的基础理论研究还有待进一步深入。体系的交联度及其分布的控制、结构形态控制则是这一技术能否广泛应用的关键。

（五）梳型聚合物

梳型聚合物的研制思路是在高分子的侧链同时带亲油基团和亲水基团，由于亲油基团和亲水基团的相互排斥，使得分子内和分子间的卷曲、缠结减少，高分子链在水溶液中排列成梳子形状。这将增大聚合物分子链的刚性和分子结构的规整性，使聚合物分子链的卷曲困难，分子链旋转的水力学半径增大，增黏抗盐能力得到很大提高。目前，已有类似梳形聚合物的粉剂样品合成报道。性能评价实验表明，此聚合物在盐水中的增稠能力比目前国内外超高相对分子质量聚丙烯酰胺在盐水中的增稠能力提高 50%以上，溶解性及过滤因子均达到油田三次采油用聚合物的要求，合成成本与聚丙烯酰胺相近，工业产品在北京恒聚油田化学剂有限公司生产，形成 40kt/a 的生产能力，产品代号为 KYPAM。该产品在大庆油田采油六厂、大庆油田采油五厂、胜利油田胜利采油厂和胜利油田孤岛采油厂的聚合物驱，大庆油田采油四厂和新疆克拉玛依油田的三元复合驱及华北油田蒙古林的深部调驱得到应用，取得比较好的应用效果。

虽然该类聚合物较常规的部分水解聚丙烯酰胺表现出较好的增黏和耐盐性，但该类聚合物主要组分还是丙烯酰胺，所以在高温条件下聚合物溶液仍然存在高温水解严重、高温降解等问题。

（六）黄胞胶

黄胞胶（xanthan gum）是由淀粉经黄单孢杆菌发酵代谢而成的多糖，其分子结构如图 3.2 所示。

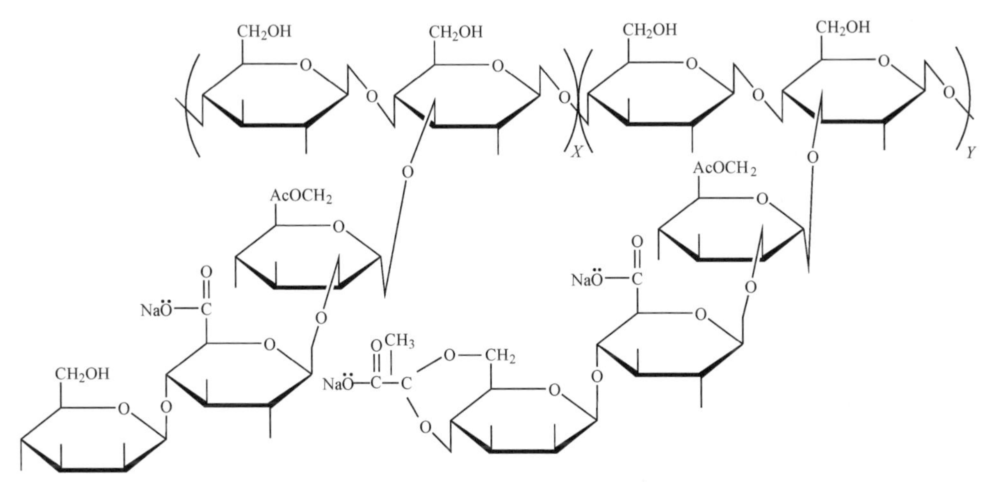

图 3.2　黄胞胶分子结构图

黄胞胶是一种生物聚合物，相对分子质量为 2×10^6，有的高达 15×10^6。其分子由 D-葡萄糖、D-甘露糖、D-葡萄糖醛酸、乙酸和丙酮酸组成，它的一级结构由 β-(1-4) 键连接的 D-葡萄糖基主链与三糖单位的侧链组成，其侧链由 D-甘露糖和 D-葡萄糖醛酸交替连接，三糖侧链末端的 D-甘露糖残基上以缩醛的形式带有丙酮酸，整个黄胞胶分子带阴离子。其高级结构是侧链和主链间通过氢链维系形成双螺旋和多重螺旋。在水溶液中黄胞胶分子中带电荷的三糖侧链绕主链骨架反向缠绕，形成类似棒状的刚性结构。如果水中盐的浓度增加，链间的静电排斥作用减小，刚性结构更稳定，这就是黄胞胶抗盐性的原因。当其受到剪切作用时，分子构象由棒状结构变为无规线团结构，溶液黏度降低；当剪切力取消后，分子结构重新回到棒状结构，黏度恢复到原始状态（刘坤等，2003）。

黄胞胶与合成聚合物聚丙烯酰胺相比，其抗盐性能好，可以在矿化度为 170 000mg/L 的盐水条件下使用；抗剪切性能好，从溶液配制到注入地层的高剪切流速区，溶液黏度不会因剪切而降低；吸附损耗量较小，可以减小溶液的损失；但耐温性能和注入性较差，容易受细菌的影响，价格较贵。

二、驱油用表面活性剂

表面活性剂驱油技术能提高驱油效率，从而大幅度提高油田开发的最终采收率，是三次采油中最具吸引力的技术之一。自 20 世纪 60 年代以来，表面活性剂驱油技术发展很快，已从最初的低张力表面活性剂溶液体系发展到微乳液及三元复合驱体系。表面活性剂驱油技术的发展使得有关驱油用表面活性剂一直是较为活跃的研究领域。

由于原油组成的复杂性及地层水离子组成的多变性，只能根据油水性质和复合驱对表面活性剂的要求，根据表面活性剂与原油的构效关系，大致勾画出驱油用表面活性剂的几个特点。

（1）由于原油成分复杂，表面活性剂的疏水基应复杂、多样，往往需要不同碳链的组合，以达到在油水界面最大密度排列。

（2）根据相似相溶原理，表面活性剂的疏水基以碳氢链较合适。原油中含芳烃物质较多时，选择亲油基带苯环的表面活性剂对降低油水界面张力有利。

（3）对于地层水矿化度高的油藏，要求表面活性剂抗盐能力强，且具有一定的抗二价阳离子的能力，选择支链结构的磺酸盐表面活性剂或非离子表面活性剂较适宜。

（4）在单一结构的表面活性剂不能满足驱油对表面活性剂的全面要求时，可采用表面活性剂之间的复配来实现这一目的，可采用同系物之间的复配或不同类表面活性剂的复配（如阴离子与非离子表面活性剂），还可以考虑加入助表面活性剂（如醇类）来改善体系的性能，但表面活性剂复配时需注意不能因表面活性剂性质差异太大而造成体系在油藏中驱替时产生严重的色谱分离现象。

驱油用表面活性剂分类有许多方式，但最常见的是按离子类型进行，即表面活性剂溶于水时，凡能电离成带电的基团称为离子表面活性剂。反之，溶解后，不能电离的称为非离子表面活性剂。

（一）阴离子型表面活性剂

表面活性剂中产量最大的一类，其分子溶于水发生电离后，与亲油基相连的亲水基是带负电荷的表面活性剂。由于它所带的电荷正好与阳离子表面活性剂相反，一般两者不能混合使用，否则会产生沉淀，失去表面活性；但它能和非离子表面活性剂或两性表面活性剂配合使用。目前，用于驱油的阴离子表面活性剂品种很多，按阴离子的化学结构可分为羧酸盐、磺酸盐、硫酸酯盐和磷酸酯盐四大类。

1. 石油羧酸盐

石油羧酸盐是由石油馏分经高温氧化，再经皂化、萃取分离制得的产物。石油羧酸盐属饱和烃氧化裂解产物，组成复杂，主要含有烷基羧酸盐及芳基羧酸盐。生产石油羧酸盐的主要原料为常四线及减二线馏分，以气相氧化或液相氧化法生产。气相氧化工艺以空气中的氧为氧化剂，在325℃下，以油酸镉为催化剂氧化，氧/烃物质的量比为 2.20，水/烃物质的量比为 25～50。反应产物用 NaOH 皂化后，除去油相，得到石油羧酸盐产品，有效物含量为 10%左右。液相氧化工艺是在气相氧化工艺基础上发展起来的新方法，采用液相氧化剂在 180℃下进行反应，石油羧酸盐的收率可以提高至 20%。

研究表明石油羧酸盐是一种重要的辅助表面活性剂，与合成烷基苯磺酸盐一起使用具有很好的协同效应，可以增加表面活性剂体系的稳定性、抗稀释性和与碱的配伍性。但是羧酸盐易与二价阳离子形成沉淀物，在岩石上的吸附损失大，不适宜在高矿化度地层条件下使用，这是羧酸盐用作驱油剂的主要缺点。

2. 石油磺酸盐

石油磺酸盐是用三氧化硫、发烟硫酸或硫酸磺化高沸点石油馏分而得到的混合物，中和后得到的石油磺酸盐也就是这样的混合物。

石油磺酸按处理石油所得不同颜色产物分为“绿酸（green acid）”和“赤褐酸（皂）（mahogany soap）”；前者所得磺酸钠易溶于水而不易溶于油。“绿酸”不易提纯，加工麻烦，工业用途有限；“赤褐”酸皂则在油系统中显示出优良的表面活性而受到重视，也很难找到同等性能与价格的代用品，在市场上供不应求，以致还用其他方法生产“合成石油磺酸盐”，以应所需；故一般石油磺酸盐即指后者。

石油磺酸盐的主要成分是复杂的、有稠环（芳环和烷环）的烷基苯（萘）磺酸盐，其典型的烷基芳基稠环结构为

0.9　$C_{19.2}H_{39.4}$　　0.9　$C_{19.2}H_{39.4}$

85%　＋　15%

石油磺酸盐其余的部分则为脂肪烃及烷烃的磺化物和氧化物，实际应用的石油磺酸盐大部分是油溶性的，其平均相对分子质量为 400～580。

近年来，大量的石油磺酸盐应用于提高原油采收率。

3. 烷基苯磺酸盐

合成烷基苯磺酸盐是一种结构清楚、性质稳定，能够实现大规模工业化生产的三次采油用剂，合成烷基苯磺酸盐的原料按碳链组成不同分为轻烷基苯（碳数为 C_8～C_{13}）和重烷基苯（碳数为 C_{13} 以上）。目前研究表明，烷基碳数为 C_{13}～C_{26} 的重烷基苯磺酸盐作为主剂可以与我国大多数油田的原油形成超低界面张力体系，成为重要的驱油用表面活性剂。

重烷基苯是生产重烷基苯磺酸盐的主要原料。以原油为原料生产重烷基苯较为流行的方法（UOP 法）是以煤油为原料，通过加氢脱去不饱和物质，再脱氢制

成α-烯烃，然后与苯进行烷基化的生产烷基苯工艺。烷基苯磺酸盐的常规合成工艺过程为：磺化-（分酸）-中和。磺化反应主要有三种方法：发烟硫酸法、三氧化硫法和氯磺酸法。采用发烟硫酸磺化合成磺酸盐时需要分酸过程。经磺化反应得到的烷基苯磺酸呈酸性，需用碱进行中和，一般采用烧碱 NaOH 进行中和，得到的产品为烷基苯磺酸钠。最近美国 OTC 公司开发了一种合成烷基苯磺酸盐的新方法，该法采用烯烃、苯、烷基苯等为原料，采取烷基化、磺化一步到位的工艺合成系列烷基苯磺酸盐，将烯烃先磺化，烯烃磺酸在 140℃左右用弱酸作催化剂与苯反应合成，合成工艺如下：

$$CH_3(CH_2)_{n+m}CH{=}CH_2+SO_3 \longrightarrow CH_3(CH_2)_nCH{=}CH(CH)_mSO_3H+ \text{C}_6\text{H}_6$$

$$\longrightarrow CH_3(CH_2)_n\underset{\displaystyle C_6H_5}{\underset{|}{C}}H(CH)_{m+1}SO_3H$$

该工艺合成不使用传统方法合成时采用氟化氢等强酸催化剂，生成烷基苯磺酸盐，其磺酸基是连接在烷基上而不是苯环上。

重烷基苯磺酸盐在驱油方面已得到应用。国外生产的烷基苯磺酸盐代表性的产品有 ORS-41、B-100（均以重烷基苯磺酸盐为主剂与其他助表面活性剂复配而成），这两种表面活性剂都已应用于复合驱矿场试验，其中 ORS-41 用于大庆油田三元复合驱矿场试验，取得了提高石油采收率 20%的综合指标。国内生产的烷基苯磺酸盐有 1SY、SY-1、MS 系列等，1SY 产品性能基本满足大庆油田复合驱对表面活性剂的要求，大庆油田生产的烷基苯磺酸盐现已进入矿场试验。烷基苯磺酸盐目前存在的问题是对不同油水的适应性，尤其是改善其在高矿化度条件下（二价氧离子含量较高时）的界面活性（Zhang et al.，2013）。

4. α-烯烃磺酸盐

α-烯烃磺酸盐是一类优良的表面活性剂，α-烯烃磺化产物主要成分是链烯基磺酸盐（$R{-}CH{=}CH{+}CH_2{)}_nSO_3Na$）和羟基链烷磺酸盐 $\underset{\displaystyle OH}{\underset{|}{RCH}}{+}CH_2{)}_nSO_3Na$，还有少量的二磺化物即二磺酸盐，这样的一种阴离子混合物，称为α-烯烃磺酸盐（alpha olefin sulfonate，AOS），通常也称 AOS。

AOS 的最低表面张力不如烷基苯磺酸盐 LAS，但与烷基磺酸盐 AS 接近，是良好的表面活性剂，具有很好的水溶性、配伍性、快速起泡性和抗硬水性能。C_{14}、C_{16}、C_{18} 的 AOS 具有良好的降低界面张力的性质，以 C_{18} 最优，低碳数 AOS 比高碳数 AOS 具有更好的润湿力。AOS 的溶解度随碳数增加而降低，界面活性随碳数增加而增强，以 C_{15}～C_{18} 最好，内烯烃 AOS 和羟基烷磺酸含量高时也影响界面活性。去污力以 C_{14}～C_{16} 最好，而且在硬度较高的水中仍有较好的去污力。起泡性以 C_{12}～C_{14} 最好。润湿性能以 C_{12}AOS 最强。生物降解性比直链烷基苯磺酸盐好，可完全生物降解。

选择烯基磺酸盐型的结构作为驱油主剂，是因为在阴离子型活性剂中，唯独有烯基磺酸盐型（AOS）和脂肪醇聚氧乙烯醚硫酸盐型（AES）（Schweighofer et al., 1997），对钙镁离子不但不敏感，反而其生成的钙镁盐又是很好的活性剂，界面活性较好，有利于油田进行三次采油。而其他类型阴离子活性剂对钙镁离子都有不同程度的敏感性。另外，烯基磺酸盐的合成原料可来源于原油的组分。用蜡油进行裂解可得到 80%左右的α-烯烃，原料充足。且裂解烯烃及磺化制取烯基磺酸盐的工艺简单，价格低廉。石油勘探开发研究院采用平均碳数为 C_{15} 的α-烯烃合成的α-烯烃磺酸盐具有良好的界面活性，能在一定碱浓度范围内与原油形成 10^{-2}mN/m 数量级的界面张力，该烯烃磺酸盐与烷基苯磺酸盐复配后，能使孤岛油水形成超低界面张力。Sanz 采用长碳链的烯烃磺酸盐和石油磺酸盐复配，配制的无醇胶束溶液配方，具有高的增溶比及驱油效率，在 80℃时用体积浓度 3.0%的表面活性剂，13%孔隙体积的段塞驱油，可获得 94%的最终采收率，当段塞尺寸降低至 3% PV（油层孔隙体积）时，原油采收率仍达 80%。

但α-烯烃磺酸盐存在的主要问题是：难以获得纯度较高的原料；合成反应中副反应多，产品中活性物组分难以得到控制，单剂性能有待进一步提高。

5. 木质素磺酸盐

木质素是自然界唯一能提供可再生芳基化合物的非石油资源，是存在于种子植物中的一类芳香族化合物的总称，是一类结构复杂的天然高分子化合物。工业上的木质素通常来自造纸工业碱法或亚硫酸盐造纸法的纸浆废液，得到的是碱木质素或木质素磺酸盐。木质素磺酸盐的结构极其复杂，但构成木质素分子的基本单元是苯丙烷。此外，木质素分子中还含有芳环、酚羟基、羧基、羰基等反应能力较强的官能团，能够与不同的化合物作用生成改性物质，拓宽应用领域。

木质素磺酸盐有较强的亲水基，缺乏长链亲油基，因而单独使用效果不佳，但因来源广、价格低廉，成为人们开展改性研究的焦点。改性研究主要集中在增加木质素的亲油基方面，包括对碱木质素进行烷基化，再用高磺酸钠及高锰酸钾进行氧化，以及利用醚化或取代反应，在木质素磺酸盐分子内引入烷基等，这些方法得到的改性产品都能使目标原油样品与驱替液间的界面张力达到 10^{-2}mN/m 或以下。

木质素磺酸盐分子中有较多的亲水基团，亲油性较弱。为提高其亲油性，可用脂肪胺通过 Mannich 反应在其分子中引入长链烷基：

$$CH_3O\text{-}C_6H_2(OH)(CH(SO_3Na)CH_2CHO) + CH_2O + H_2N-R \xrightarrow{OH^-} CH_3O\text{-}C_6H(OH)(CH(SO_3Na)CH_2CHO)\text{-}CH_2NH-R$$

脂肪胺可用十二胺、十六胺或十八胺。在脂肪胺用量均为木质素磺酸盐质量20%的条件下进行胺烷基化反应，十二胺的胺烷基化产物的表面活性最好。

在揭示了木质素磺酸盐的分子构型、活性基团及分子量等特性对界面物化性能及应用性能影响规律的基础上，采用化学改性方法和物理改性有望改变木质素磺酸盐的活性基团、分子构型及分子量分布，可以大幅度地提高其界面性能，制成性能较好、价格低廉的表面活性剂。近 10 年来我国对木质素改性的研究不少，取得了一定的进展，但改性木质素磺酸盐得到较好应用的报道却不多。

（二）阳离子型表面活性剂

从化学结构来看，阳离子表面活性剂和其他表面活性剂一样，也是由亲水基和疏水基所组成的，其疏水基结构及疏水基和亲水基的连接方式与阴离子表面活性剂也很相似，但溶于水时，其亲水基呈现正电荷，故有阳性皂之称。亲水基主要为碱性氮原子，也有磷、硫、碘等。阳离子表面活性剂中，大部分是含氮的有机化合物，即有机胺的衍生物。

常用的阳离子表面活性剂多为季铵盐，即铵的四个氢原子皆被有机基团所取代，成为 $R_1R_2N^+R_3R_4$。四个 R 基中，有一个（有时两个）为长碳氢链，其余 R 基的碳原子数大多是一个（$R{=}CH_3$），如

$$C_nH_{2n+1}N^+(CH_3)_3 \cdot X^- \qquad (X = Cl、Br)$$

式中，n 为 8～16。

季铵盐和一般胺盐的区别在于，它是强碱，无论在酸性还是碱性溶液中均能溶解，并解离为带正电荷的脂肪链阳离子。季铵盐在阳离子表面活性剂中占有重要的地位。

阳离子型表面活性剂常见的有下列几种。

季铵盐型表面活性剂：

在表面活性剂分子中引入不同类型的特性基团，使表面活性剂具有多功能的性质，是目前表面活性剂发展的一种趋势。以 N-直链烷基-N-羟乙基乙二胺为原料合成的表面活性剂，可以引入多种官能团，因而具有较好的综合性能。

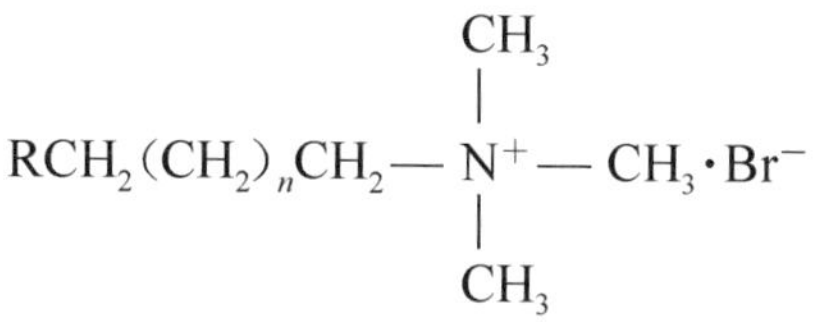

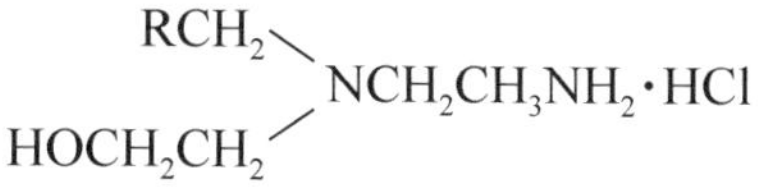

$$RCH_2(CH_2)_nCH_2-\overset{\displaystyle CH_3}{\underset{\displaystyle CH_3}{N^+}}-CH_3\cdot Br^-$$

$$\begin{matrix} RCH_2 \diagdown \\ \quad NCH_2CH_2NH_2\cdot HCl \\ HOCH_2CH_2 \diagup \end{matrix}$$

复合型季铵盐阳离子表面活性剂：

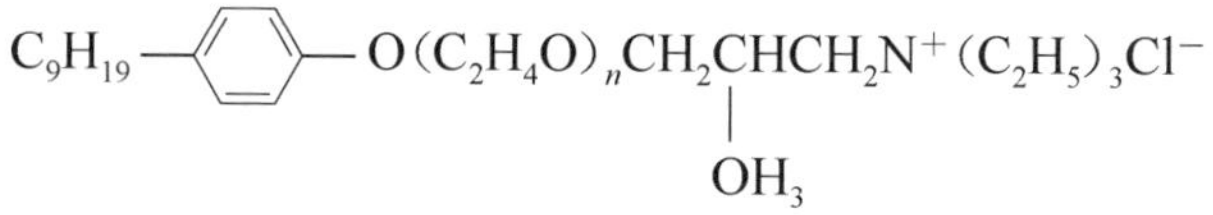

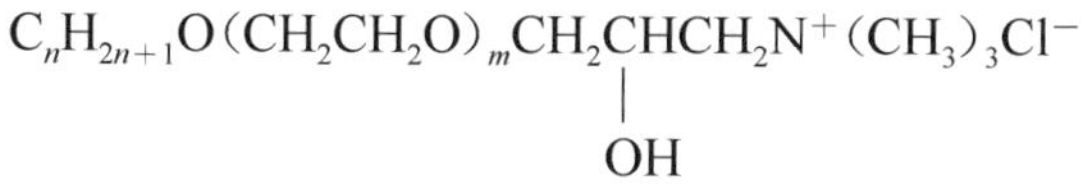

$$C_9H_{19}-\langle\bigcirc\rangle-O(C_2H_4O)_nCH_2\underset{\displaystyle OH_3}{CH}CH_2N^+(C_2H_5)_3Cl^-$$

$$C_nH_{2n+1}O(CH_2CH_2O)_mCH_2\underset{\displaystyle OH}{CH}CH_2N^+(CH_3)_3Cl^-$$

多羟基烷基季铵盐：

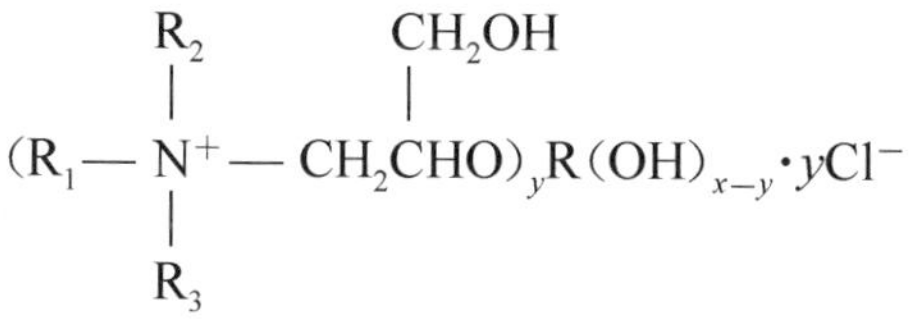

$$(R_1-\overset{\displaystyle R_2}{\underset{\displaystyle R_3}{N^+}}-CH_2\overset{\displaystyle CH_2OH}{CH}O)_yR(OH)_{x-y}\cdot yCl^-$$

松香系列表面活性剂：

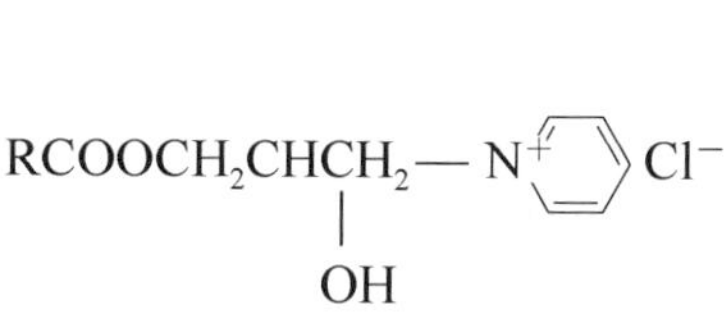

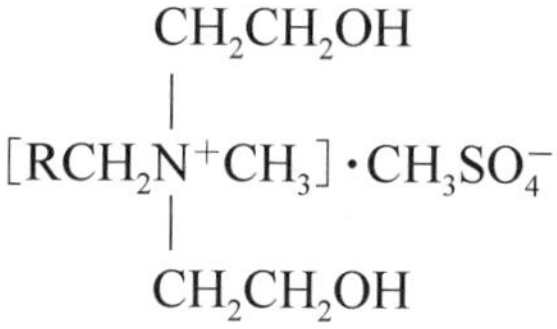

$$RCOOCH_2\underset{\displaystyle OH}{CH}CH_2-N^+\langle\bigcirc\rangle\ Cl^- \qquad [RCH_2\overset{\displaystyle CH_2CH_2OH}{\underset{\displaystyle CH_2CH_2OH}{N^+}}CH_3]\cdot CH_3SO_4^-$$

式中，R—的主要结构为

$$H_3C,\ CH_3,\ CH_3,\ CH_3\ CH_2^-$$

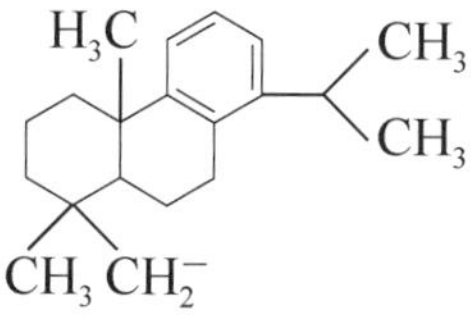

目前阳离子表面活性剂应用较多的是季铵盐。季铵盐型表面活性剂用作驱油剂的相关研究较少，中国石油大学（华东）姚国玉等（2003）对季铵盐型表面活性剂的吸附特征和驱油机理进行了探索。从季铵盐型表面活性剂在固体表面吸附量的研究可知，季铵盐型表面活性剂在驱油过程中的药耗是很大的，这是不利的一方面；但是，季铵盐型表面活性剂在地层表面吸附后可引起润湿性和带电性相应的变化，这些变化可以对提高采收率带来好的影响，这是有利的一方面（董林芳等，2013）。这些都说明，应全面评价由表面活性剂吸附带来的影响。在用阳离子型表面活性剂驱油时，发现能在一定程度上提高采收率。用十二烷基三甲基氯

化铵、十六烷基三甲基溴化铵、十八烷基三甲基氯化铵在亲油岩心和亲水岩心中做了驱油实验。浓度在600mg/L时，采收率增值为5%～6%，而且十八烷基三甲基氯化铵的驱油效果最好。这说明，吸附会改变岩石表面的性质，有利于驱油。用季铵盐型阳离子表面活性剂驱油时，存在至少三种作用机理：低界面张力机理，润湿反转机理和表面电性转变机理（零电位机理）。无论是亲水地层还是亲油地层，季铵盐型阳离子表面活性剂驱油均存在这三种作用机理，而且效果可观。

（三）两性表面活性剂

两性表面活性剂指表面活性剂分子结构中含有两种不同性质的亲水基团。两性表面活性剂根据亲水基团的不同可分为阴离子-非离子型表面活性剂和阴离子-阳离子型表面活性剂。

1. 阴离子-非离子型表面活性剂

目前，最常用的驱油表面活性剂为非离子型和阴离子型。而非离子-阴离子型表面活性剂在一个分子上具有两种不同性质的亲水基团（即非离子基团和阴离子基团），其耐盐性好，且兼具非离子型和阴离子型表面活性剂的优点。既可以避免非离子表面活性剂界面活性较差、抗岩石吸附能力差的缺点，又可以避免阴离子型表面活性剂耐盐性差的缺陷。阴离子-非离子型表面活性剂因其能电离出阴离子，经常划属阴离子型表面活性剂。

按阴离子基团的不同，非离子-阴离子型表面活性剂可分成如下几类。

非离子-磷酸酯盐型：

通式为：$R—O\!\left(CH_2CH_2O\right)_n PO_3M_2$。其中R是烷基或烷苯基，总碳数8～18；$n$为氧乙烯聚合度，其值为1～20；M为一价金属阳离子或铵离子。下同。

非离子-硫酸酯盐型：

通式为：$R—O\!\left(CH_2CH_2O\right)_n SO_3M$。

非离子-羧酸盐型：

通式为：$R—O\!\left(CH_2CH_2O\right)_n CH_2COOM$。

非离子-磺酸盐型：

通式为：$R—O\!\left(CH_2CH_2O\right)_n R'SO_3M$。（其中R′碳数一般在1～6范围内）

许多研究者对上述各类表面活性剂合成、性能及应用做了研究。他们认为上述各表面活性剂都具有优异的耐盐能力，且随氧乙烯数的增加耐盐能力增强，其中非离子-磺酸盐表面活性剂的耐盐能力最强。另外，美国专利介绍，烃基胺醚磺酸盐（如十四烷基甲胺聚氧乙烯丙烷磺酸钠、十六烷基胺聚氧乙烯（2）丙烷磺酸钠）的水溶液，适用于开采原生水含盐量或二价金属离子浓度高的油藏，可单独作驱替液或当做辅助表面活性剂连同主剂作为驱替液。

目前国外已工业化生产的烷基酚聚氧乙烯醚的后续产品有：壬基酚聚氧乙烯醚磷酸酯、烷基酚聚氧乙烯硫酸盐、壬基酚聚氧乙烯醚磺基琥珀酸半脂二钠盐、烷基酚-甲醛聚合物聚氧乙烯醚硫酸盐等。已进行合成及应用研究的产品有：烷基酚聚氧乙烯醚羟基磺酸盐、2-磺基-4-烷基苯基聚氧乙烯醚磺酸盐、2-磺基-4-烷基苯基聚氧乙烯醚、烷基苯基聚氧乙烯醚磺酸盐等。其中烷基苯基聚氧乙烯醚磺酸盐、2-磺基-4-烷基苯基聚氧乙烯醚的应用研究非常活跃，但目前尚未见到有关工业化生产的报道。

烷基酚聚氧乙烯醚磺酸盐是一类性能优良的表面活性剂，其主要性能如下所述。

（1）具有良好的水溶性，其 Krafft 点为 0℃。

（2）具有良好的助溶性，能同时增加其他物质在水中的溶解度和溶解速度，能与多种化合物（表面活性剂）配合使用。如在十二烷基苯磺酸钠中加入 5%壬基酚聚氧乙烯磺酸盐，则其浊点可将至 0℃。

（3）能显著降低油水之间的界面张力。加入 1%界面张力即可由 5.2×10^{-2}mN/m 降至（3～4）$\times10^{-3}$mN/m。

（4）具有良好的热稳定性和水解稳定性。

（5）具有良好的耐盐性。

（6）具有良好的润湿性、润滑性、乳化性等。

在强化采油中，烷基酚聚氧乙烯醚磺酸盐作为驱油剂可以单独使用，也可以和其他化合物配合使用。烷基酚聚氧乙烯醚磺酸钠可用于高含盐量（Na^+、Cl^-、Ca^{2+}、Mg^{2+}）高温地下油藏的三次采油。烷基酚聚氧乙烯醚磺酸盐还可作为助表面活性剂，可以与石油磺酸盐、烷基苯磺酸盐、改性木质素磺酸盐等复配使用，改进其驱油效果。烷基酚聚氧乙烯醚磺酸盐与烷基苯磺酸盐混合使用，可通过改进地下岩层（含酸溶性组分）的渗透性来提高石油采收率。与烷基酚聚氧乙烯醚同时使用可用于含盐度非常高的水矿层，也可用于渗透性变化大的岩层进行三次采油。据国外专利报道，三元复合驱配方中加入烷基酚聚氧乙烯醚磺酸盐后油水界面张力能降低至 10^{-4}mN/m 数量级，而体系抗 Ca^{2+}、Mg^{2+}能力达到 2000mg/L。一种三元复合驱配方采用烷基酚聚氧乙烯醚磺酸盐和石油磺酸盐复配的表面活性剂体系，驱替液注入 Berea 砂岩层，可使原油采收率达到 94.2%，比水驱提高采收率 30%以上。

非离子-阴离子型表面活性剂由于合成成本高，目前还难以大规模生产用作驱油剂。

2. 阴离子-阳离子型表面活性剂

阴离子-阳离子型表面活性剂是在同一分子中既含有阴离子亲水基又含有阳

离子亲水基的表面活性剂。其中阳离子大多是铵盐和季铵盐，阴离子主要为羧酸盐、磺酸盐、硫酸酯盐、磷酸酯盐。

阴离子-阳离子两性表面活性剂有以下两种分类方法。

按阴离子亲水基可分为羧酸型（$—COOM$）、硫酸酯型（$—OSO_3M$）、磺酸型（$—SO_3M$）和磷酸酯型［$—OPO(OM)_2$］。

按整体化学结构分类如下所述。

（1）甜菜碱型：

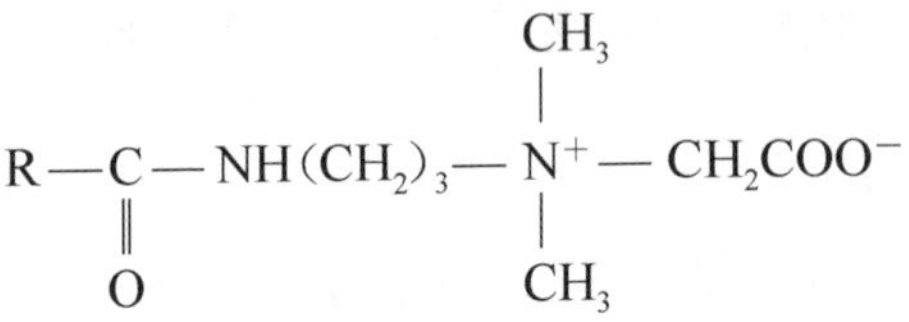

$$R—C(=O)—NH(CH_2)_3—N^+(CH_3)_2—CH_2COO^-$$

烷基酰胺甜菜碱型

$$R—N^+(CH_3)_2—CH_2CH(OH)—CH_2SO_3^-$$

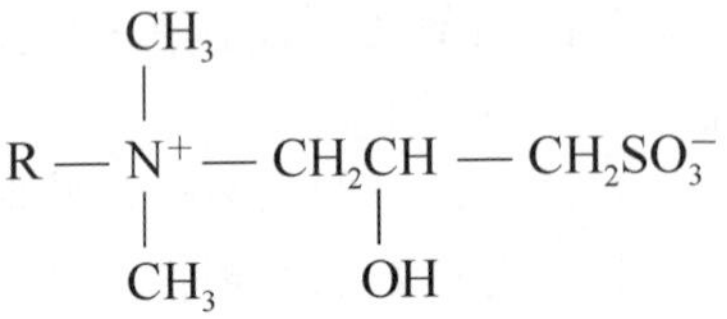

烷基羟基磺酸甜菜碱型

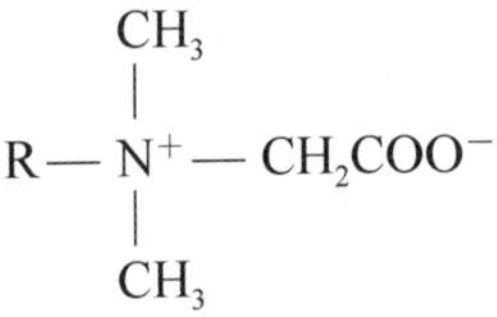

$$R—N^+(CH_3)_2—CH_2COO^-$$

烷基甜菜碱型

$$R—N^+(CH_2CH_2OH)_2—CH_2COO^-$$

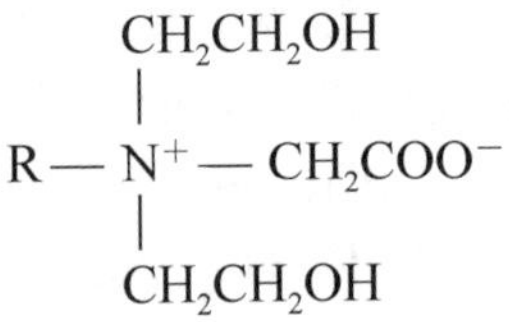

二羟基甜菜碱型

（2）咪唑啉型：

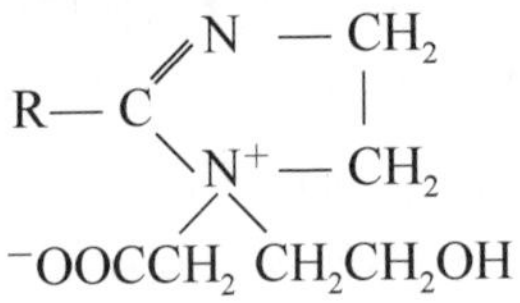

$$R—C{=}N—CH_2—CH_2—N^+(CH_2COO^-)(CH_2CH_2OH)\ (\text{ring})$$

羧酸型咪唑啉

$$R—C{=}N—CH_2—CH_2—N^+(CH_2COO^-)(CH_2CH(OH)CH_2SO_3^-)\ (\text{ring})$$

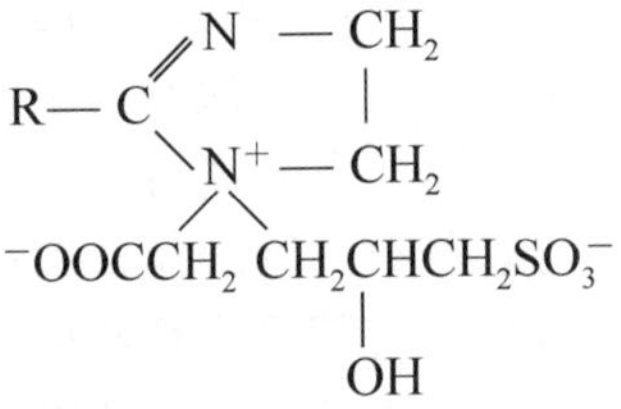

磺酸型咪唑啉

（3）磷酸酯两性表面活性剂：

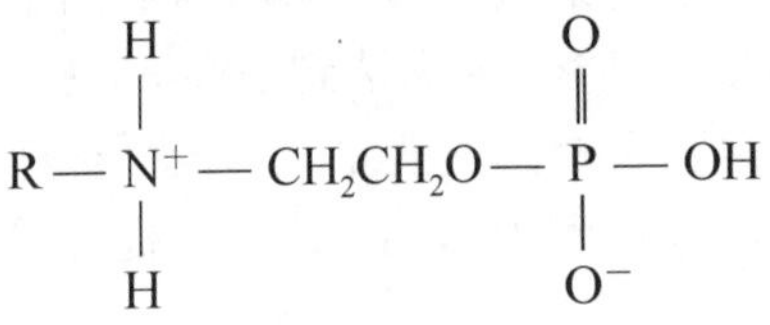

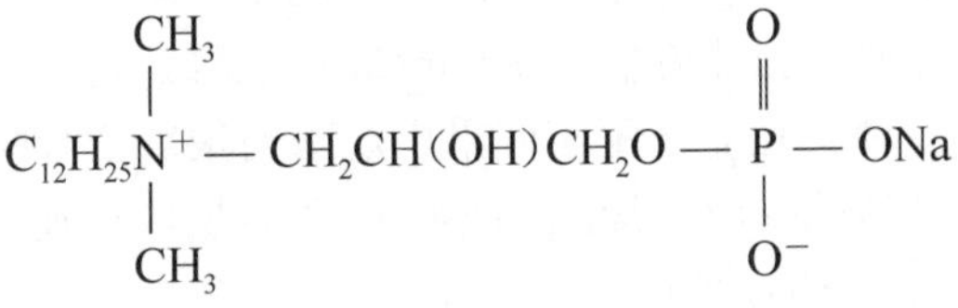

$$R—N^+H_2—CH_2CH_2O—P(=O)(O^-)—OH$$

$$C_{12}H_{25}N^+(CH_3)_2—CH_2CH(OH)CH_2O—P(=O)(O^-)—ONa$$

（4）氨基酸型：

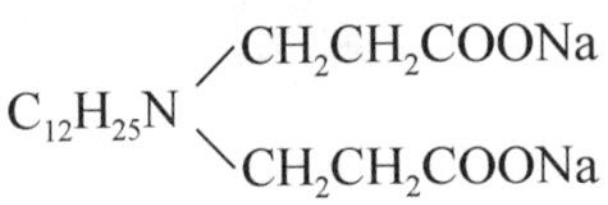

$$C_{12}H_{25}N(CH_2CH_2COONa)_2$$

N-烷基甘氨酸

$$R—CH(NHR')COOH$$

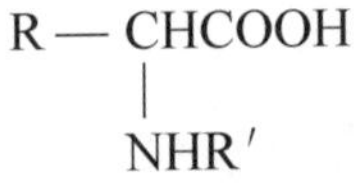

N-烷基氨基酸

$$RNHCH_2CH_2COOH$$

N-烷基-B-丙氨酸

羧酸的季铵盐型活性剂又称为甜菜碱型两性表面活性剂。甜菜碱型两性表面活性剂可以在所有的 pH 环境下使用。氨基酸型活性剂则不同，当用盐酸中和这类活性剂至微酸性时，则生成沉淀；若再增加盐酸至强酸时，产生的沉淀又重新溶解而呈透明溶液。这是因为在微酸性介质中，由于形成内盐，溶解度减小而有沉淀析出；当继续加入盐酸时，由于生成铵盐，这时铵基和羧基都是亲水基，故水溶性增大。

两性表面活性剂具有良好的乳化、分散、起泡和洗涤性能，耐酸碱和硬水性能好，对各种金属离子稳定，毒性小，对皮肤刺激性低，易生物降解，此外，它还有杀菌、抗静电和柔软性能，广泛用于纺织工业、化妆品工业和洗涤剂工业生产。阴离子-阳离子型表面活性剂中常用作驱油剂的有甜菜碱型两性表面活性剂。由于该种表面活性剂对金属离子有螯合作用，因而大多数都可用于高矿化度、较高温度的油层驱油，且能大大降低非离子型与阴离子型活性剂复配时的色谱分离效应，但同样有价格高的缺点。

（四）非离子型表面活性剂

非离子表面活性剂是指那些在水溶液中不解离出阴、阳离子，而以中性分子态和胶束态分散于水中的一类表面活性剂。虽然它的疏水基与离子型表面活性剂的一样，一般是由 C_{12}～C_{18} 的烃链组成。但是，亲水基与离子型表面活性剂完全不同，非离子表面活性剂是通过分子结构中的羟基（—OH）和醚键（—O—）与水作用形成氢键而达到亲水目的。由于羟基和醚键亲水性较弱，所以只靠一两个羟基、醚键不足以把 C_{12}～C_{18} 的疏水链拉入水相，必须有几个或多个这样的亲水基才能达到水溶的目的。由此得出结论，随着非离子表面活性剂结构中的羟基或醚键的增加，非离子表面活性剂亲水性增强，反之则减弱。由于非离子表面活性剂在分子结构上有别于其他类型的表面活性剂，所以它除具备一般表面活性剂的共性外，还具有其独特的性质。非离子表面活性剂在溶液中以分子或胶束状态存在，稳定性好，不受电解质的影响；耐酸碱性好；与阴离子或阳离子表面活性剂的相容性好，两种表面活性剂混合使用可能产生协同效果；合成步骤简单，产品中不含无机盐和水；聚氧乙烯型表面活性剂可以由控制加成环氧乙烷的摩尔数来调节其性质，可以按需要任意调节其亲水亲油性质。非离子表面活性剂作为驱油剂的最大缺点是在岩石上的吸附损失较大。

非离子表面活性剂按亲水基分类，有聚乙二醇型和多元醇型两大类。

聚乙二醇型非离子表面活性剂是用具有活泼氢原子的憎水性原料与环氧乙烷进行加成反应制得的。所谓活泼氢原子是指—OH、—COOH、—NH_2、—$CONH_2$ 等基团中的氢原子。这些基团中的氢原子化学活性大，易与环氧乙烯发生反应，而生成聚乙二醇型非离子表面活性剂。聚乙二醇型非离子表面活性剂根据其疏水链又可分为长链脂肪醇聚氧乙烯醚、烷基酚聚氧乙烯醚、脂肪酸聚氧乙烯酯、聚氧乙烯烷基酰胺和烷醇酰胺。

脂肪醇聚氧乙烯醚：$RO(C_2H_4O)_nH$

烷基酚聚氧乙烯醚：$R-C_6H_4-O(C_2H_4O)_nH$

脂肪酸聚氧乙烯酯：$R-C(=O)-O(C_2H_4O)_nH$

聚氧乙烯烷醇酰胺：$R-C(=O)-NH(C_2H_4O)_nH$　　$R-C(=O)-N[(C_2H_4O)_nH]_2$

烷醇酰胺：$R-C(=O)-NH-CH_2CH_2OH$　　$R-C(=O)-N(CH_2CH_2OH)_2$

长链脂肪醇聚氧乙烯醚稳定性较高，生物降解和水溶性均较好，并且有良好的润湿性能，短链 EO 基的脂肪醇聚氧乙烯醚的降低界面张力效果较好，EO 链过长时，活性剂亲水性较强，不利于在油水界面吸附。烷基酚聚氧乙烯醚的 R 基碳原子数一般为 C_{12}～C_{18}，环氧乙烷的聚合度 n 可增可减，能制成 HLB 值大小不一的各种各样的产品，常见的有辛基酚和壬基酚于不同物质的量的环氧乙烷加合物，习惯上称为 OP 型和 NP 型。烷基酚聚氧乙烯醚化学稳定性好，即使在高温下也不易被强酸、强碱破坏。乳化性能强，可以作乳化剂使用，但是烷基酚聚氧乙烯醚较脂肪醇聚氧乙烯醚难生物降解。OP 型表面活性剂用作驱油剂单独使用界面活性一般，与磺酸盐类表面活性剂复配使用，可提高磺酸盐表面活性剂抗二价阳离子的能力，且保持体系良好的界面活性。脂肪酸聚氧乙烯酯主要用作乳化剂、分散剂、纤维油剂、染色助剂等。聚氧乙烯烷基胺常用作染色助剂。聚氧乙烯烷酰胺类具有较强的发泡和稳泡作用，常用作泡沫促进剂和泡沫稳定剂。

多元醇型非离子表面活性剂是指含有多个羟基的多元醇与脂肪酸进行酯化而生成的酯类；此外还包括由带有 NH_2 或 NH 基的胺基醇以及带有—CHO 基的糖类与脂肪酸或酯进行反应制得的非离子表面活性剂。

$C_{11}H_{23}COOCH_2-CHOH-CH_2OH$

月桂酸单甘油酯

$C_{15}H_{31}COOCH_2-C(CH_2OH)_3$

棕榈酸单季戊四醇酯

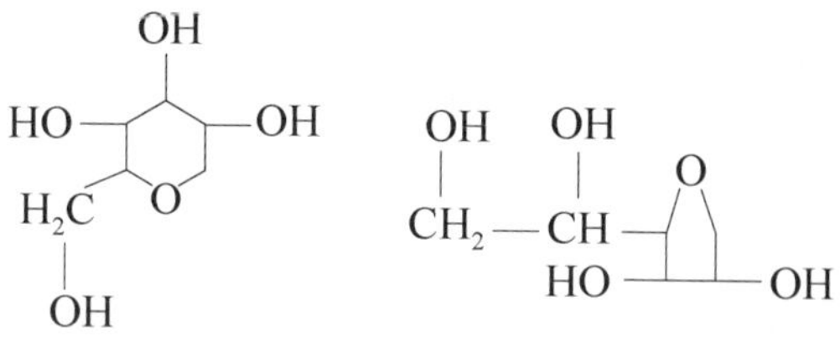

失水山梨醇月桂酸单酯

蔗糖脂肪酸单酯：$RCOOC_{12}H_{21}O_{10}$

多元醇型非离子表面活性剂与聚乙二醇型表面活性剂不同，其最大的特点是安全性高。其代表性用途是利用其毒性很小和对皮肤刺激性极小的特点，广泛用作药品、化妆品、食品工业等方面的乳化剂、分散剂。大庆石油学院采用一定碳数分布的脂肪酸与二乙醇胺反应合成的脂肪酸烷醇酰胺表面活性剂NOS，能在较宽的活性剂浓度和碱浓度范围内与大庆原油形成超低界面张力，用于三元复合驱油体系，具有较强的洗油能力。

（五）生物表面活性剂

生物表面活性剂具有合成的表面活性剂所没有的结构特征，大多数有着发掘新表面活性机能的可能性，人们正在开发生物降解性和安全性及生物活性都好的表面活性剂。

生物表面活性剂根据其亲水基的类别，大体可分为以下几种：以糖为亲水基的糖脂系生物表面活性剂、以低缩氨酸为亲水基的酰基缩氨酸系生物表面活性剂、以磷酸基为亲水基的磷脂系生物表面活性剂、以羧酸基为亲水基的脂肪酸系生物表面活性剂、结合多糖和蛋白质及脂的高分子生物表面活性剂。

生物表面活性剂主要具有以下特征：①生物表面活性剂表面性能优良，同样能显著地降低表面（界面）张力，具有渗透、润湿、乳化、增溶、发泡、消泡、洗涤去污等一系列表面性能；②生物表面活性剂分子结构类型多种多样，既有结构简单的分子，也有结构复杂的大分子或高分子，其中大多数结构复杂，是传统的化学方法难以合成的；③生物表面活性剂的合成原料多是在自然界中广泛存在的、无毒无副作用的物质，如甘油三酯、脂肪酸、磷脂、氨基酸等。原料的来源方便、价格便宜；④最重要的是生物表面活性剂产品本身无毒，并且能够在自然界完全、快速地被微生物降解，不会对环境造成污染和破坏。

随着人们环保意识的增强，研制和应用生物表面活性剂显得越来越重要。微生物表面活性剂已在石油三次采油驱油剂、石油环境污染的无公害处理剂及功能性表面活性剂的许多领域得到应用和开发。

生物表面活性剂在石油工业中的应用最早且目前仍然在大力开发，通过筛选合适的微生物和改变生长条件可以生产出各种生物表面活性剂以满足不同原油和不同地质条件的需要。生物表面活性剂在采油中的应用已扩展到小规模成片油田，对地面法和地下法均进行了尝试，即用已生产好的生物表面活性剂注入地下或在岩层中就地培养微生物产生生物表面活性剂用于强化采油。用 Coryneformsp 生产的生物表面活性剂可将油/水界面张力降至 2×10^{-2}mN/m，与戊醇配合则可降至 6×10^{-5}mN/m。由 Nocardiasp（诺卡氏菌）生产的海藻糖脂可使石油采收率增大 30%。大庆油田采用 Su 系列菌种发酵原油实验结果表明，发酵液中有机酸含量增加，可使原油酸值由 0.01mg/g（KOH）上升到 0.11mg/g，这是由于微生物在生长过程中氧化有机物的结果，由于有机酸含量增加，发酵液活性增加，油水界面张力降低，同时发现 Su 菌种可以降解原油中的胶质沥青。采用 LAZAR 物模试验表明，微生物驱能提高采收率 17%以上。鼠李糖脂是生物表面活性剂的一种，由生物发酵法制得，因其生产工艺简单、成本低、原料来源广而具有竞争力，目前已有工业产品，并开始用于化学复合驱驱油矿场试验。

微生物驱油过程是非常复杂的生化反应过程，它涉及微生物菌种的筛选、培养、繁殖、代谢等诸多方面，微生物菌种注入地层后，在油藏环境下发酵、繁殖会受到油藏温度、矿化度、水质、酸碱度、油藏本身原微生物等诸多因素的影响，这些条件很难在室内进行模拟。因此生物表面活性剂在大规模油田三次采油中效果到底怎样，地下法是否会对油田地况条件造成永久性影响等问题目前仍很难给出准确答案，但对采油用表面活性剂结构/性能要求的专一性及适用条件的粗放性使生物表面活性剂在采油中的应用前景令人乐观。

（六）高分子表面活性剂

高分子表面活性剂通常是指相对分子质量数千以上、具有显著表面活性的物质。高分子表面活性剂按离子分类，可分为阴离子型、阳离子型、两性型和非离子型四种高分子表面活性剂。

高分子表面活性剂按来源分类可分为天然高分子表面活性剂和合成高分子表面活性剂。天然高分子表面活性剂是从动植物分离、精制而得到的两亲性水溶性高分子。由海藻制得的藻朊酸，由植物制取的愈疮胶、黄原胶等树脂胶类；从动物制取的酪朊、白朊等均为高分子表面活性剂，而纤维素衍生物、淀粉衍生物以及制取亚硫酸纸浆的副产品木质素磺酸盆等称为半合成高分子表面活性剂。天然高分子表面活性剂具有优良的增黏性、乳化性、稳定性和结合力，并且具有很高的无毒安全性、易降解等特点，所以广泛应用于食品、医药、化妆品及洗涤剂工业。合成高分子表面活性剂是指亲水性单体均聚或与憎水性单体共聚而成，或通过将一些普通高分子经化学改性而制得。文献中也常将普通高分子经过化学改性而制得的高分子表面活性剂称为半合成高分子表面活性剂，如纤维素衍生物、淀粉衍生物以及制取亚硫酸纸浆的副产品木质素磺酸盐等。

跟低分子表面活性剂相比，高分子表面活性剂的主要特性是：①具有较小的降低表面张力和界面张力的能力，大多数高分子表面活性剂不形成胶束；②具有较高的相对分子质量，渗透力弱；③形成泡沫能力差，但所形成的泡沫都比较稳定；④乳化力好；⑤具有优良的分散力和凝聚力；⑥大多数高分子表面活性剂是低毒的。

近年来高分子表面活性剂研究有了新的进展。由于高分子活性剂特殊的结构和性能，应用于能源、水处理、造纸、橡胶、涂料、日用化学品等行业。在石油工业中主要应用于钻井用剂、采油用剂、原油集输降凝降黏剂等。为了同时提高波及系数与驱油效率，解决聚合物-表面活性剂复合驱存在的色谱分离效应，研制开发了既有增黏能力，又能降低油水界面张力的高分子表面活性剂驱油剂。成都科技大学等单位在“八五”期间合成的 3 大类表面活性大单体的基础之上，采用超声波技术和化学方法成功研制了 4 类高分子表面活性剂：烷基酚醛聚氧乙烯醚系列、丙烯酰胺系列、丙烯酸酯系列和纤维素醚系列高分子表面活性剂。研制出的高分子表面活性剂可使油水界面张力降至 10^{-2}mN/m，1%的高分子表面活性剂溶液的黏度比水大 8 倍。该项成果被鉴定为 20 世纪 90 年代国际先进水平的产品。“九五”期间，继续在高分子表面活性剂的制备与性能研究方面开展了大量的研究工作，成功研制了 5 种高分子表面活性剂，其复合体系能使油水界面张力降至 10^{-3}mN/m 的超低值。同时，还研究了高分子表面活性剂的增黏作用，结果表明，所合成的高分子表面活性剂在水溶液中有较好的增黏性。我国适于各种三次采油的潜力很大，总计有地质储量 67.4 亿 t，按平均提高采收率 12.4%计算，实施后可增加可采储量 8.4 亿 t，前景非常光明。

但是对于高分子表面活性剂这一跨学科的新兴领域，许多研究工作尚不完善。与大量合成研究工作相对照，高分子表面活性剂的基础研究工作则显得比较薄弱。一方面高分子表面活性剂结构复杂，若不采用离子型反应方法，很难得到结构规整的分子，这给高分子表面活性剂的结构表征和性能研究带来很大困难，不少有关高分子表面活性剂的基础研究均局限于结构规整的两嵌段或三嵌段共聚物。另一方面，由于分子中存在性能完全不同的链段（亲水及疏水），溶液中大分子与溶剂中分子的作用更为复杂，大多数高分子表面活性剂溶液性质的研究是在非水介质中进行的，在水溶液中两亲性高分子与水分子之间强烈的氢键作用及难以得到完全溶解的真溶液是造成研究困难的主要原因。由于存在上述困难，对高分子表面活性剂溶液性能的研究多集中在表/界面活性、胶束形态等方面，仍有大量基本理论问题没有彻底解决。

（七）新型表面活性剂

随着科学技术的发展，一些新型结构的表面活性剂，如孪连（gemini）型表面活性剂得以开发和某些特殊类型的表面活性剂相继出现，这些表面活性剂分子中的疏水基链，除了由碳氢组成外，有的是含氟、含磷、含硅、含硼、含锡等构成。

1. 孪连表面活性剂

孪连表面活性剂是一类带有两个疏水链、两个离子基团和一个桥联基团的化合物，类似于两个普通表面活性剂通过一个桥梁联结在一起。

孪连表面活性剂分为阴离子、阳离子和非离子三种类型。

阴离子型 gemini：阴离子型 gemini 表面活性剂主要有三种类型：磷酸盐、羧酸盐和磺酸盐型。

1）磷酸盐型 gemini 表面活性剂

$NaO-P(=O)(OC_{12}H_{25})-O(CH_2)_n O-P(=O)(OC_{12}H_{25})-ONa$

$C_6H_4[CH_2-O-P(=O)(OH)-O(CH_2)_{n+1}CH_3]_2$

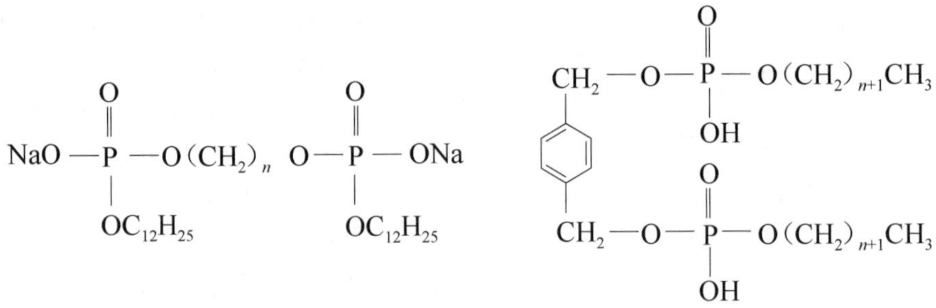

双十二烷氧基双磷酸盐 gemini 表面活性剂

2）羧酸盐型 gemini 表面活性剂

$RO-CH_2-CH(OCH_2COONa)-CH_2-Y-CH_2-CH(OCH_2COONa)-CH_2-OR$

$NaOOC-CH(OCH_2OR')-CH(OCH_2OR')-COONa$

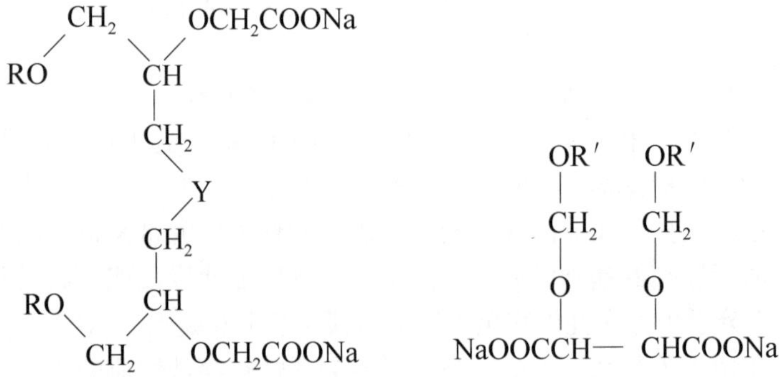

$Y=-O-$，$-OCH_2CH_2O-$，$-O(CH_2CH_2O)_2-$，$-O(CH_2CH_2O)_2-$

3）磺酸盐型 gemini 表面活性剂

$NaO_3SO-CH(CH_2-OR)(CH_2-O-)-Y-(-O-CH_2)(RO-CH_2)CH-OSO_3Na$

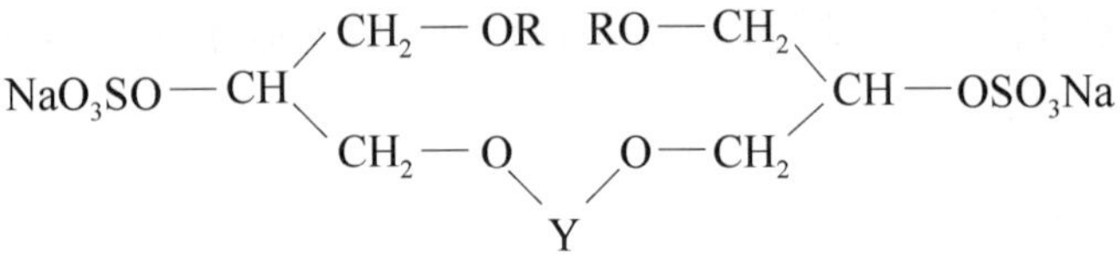

$R=-C_8H_{17}$，$-C_{10}H_{21}$

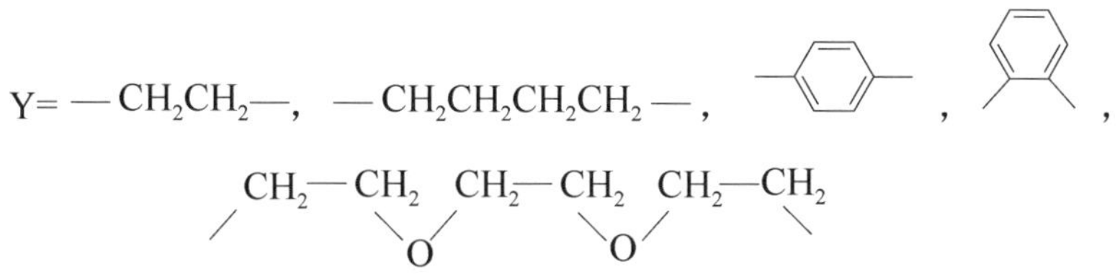

$Y= -CH_2CH_2-$， $-CH_2CH_2CH_2CH_2-$， （对亚苯基）， （邻亚苯基），

$-CH_2-CH_2-O-CH_2-CH_2-O-CH_2-CH_2-$

4）阳离子型 gemini

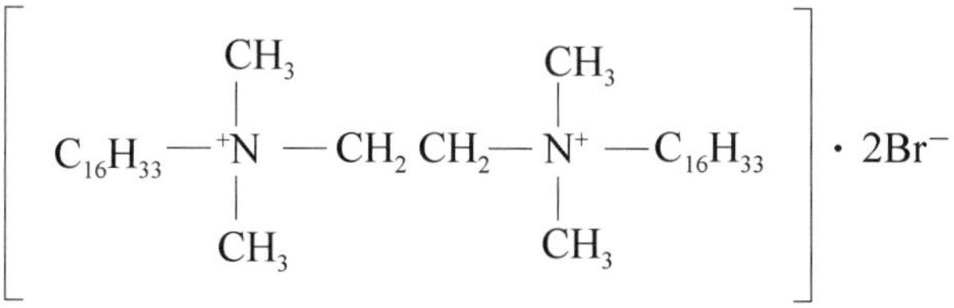

$$\left[C_{16}H_{33}-\overset{CH_3}{\underset{CH_3}{\overset{|}{\underset{|}{^{+}N}}}}-CH_2CH_2-\overset{CH_3}{\underset{CH_3}{\overset{|}{\underset{|}{N^{+}}}}}-C_{16}H_{33} \right] \cdot 2Br^-$$

5）非离子型 gemini

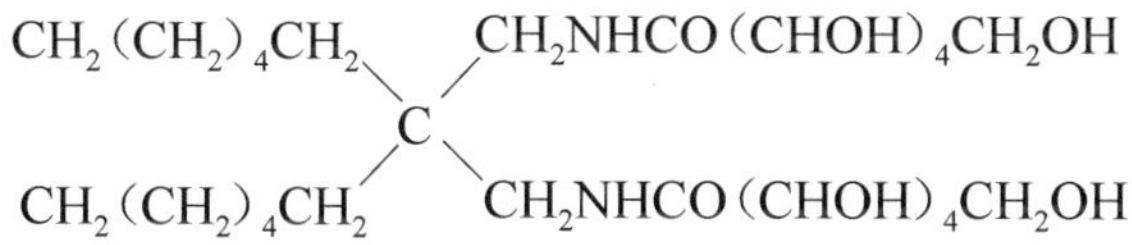

$$\begin{matrix} CH_2(CH_2)_4CH_2 & & CH_2NHCO(CHOH)_4CH_2OH \\ & C & \\ CH_2(CH_2)_4CH_2 & & CH_2NHCO(CHOH)_4CH_2OH \end{matrix}$$

从结构上又可以划分出两种性质有别的孪连表面活性剂，一种是分子中桥联基为柔性基团，另一种是刚性基团。以柔性基团为桥联基的孪连表面活性剂分子可以通过单链的旋转采取有利的排列方式，有利于在表面上排列，由此导致其具有很高的表面活性。而以刚性基团为桥联基的孪连表面活性剂分子由于结构的限制，在形成胶团时，势必有一个疏水链暴露在水中，因而不大可能形成普通形式的胶团。刚性桥联基孪连表面活性剂的水溶性差，Krafft 点高，而且，在表面吸附层中，分子大多采用接近“平躺”的方式，表面活性相对较差。

孪连表面活性剂不仅具有极高的表面活性，而且具有很低的 Krafft 点和很好的水溶性。这是普通表面活性剂难以比拟的。gemini 表面活性剂的 cmc 值比传统的表面活性剂低 1～3 个数量级，C_{20} 值（降低表面张力 20mN/m 时需要的表面活性剂浓度）也明显低于传统表面活性剂（姜颜波等，2014）。这是由于 gemini 表面活性剂分子中疏水基的碳原子总数较多（两个疏水基），体系中水结构的变形程度加剧，因为体系中水结构变形越大，表面活性越大。另一种解释认为在 gemini 型表面活性剂溶液中，两个烷基链同时从水相转移到胶团相，导致了比较大的自由能变化，有利于形成胶束。当传统表面活性剂的疏水基碳原子数增加到一定程度时，该物质在水中的溶解度剧减，Krafft 点增高，限制了该物质的表面活性。gemini 型表面活性剂的双亲水基使该类物质可以同时拥有较长的疏水链和很好的水溶性。研究表明，孪连表面活性剂对烷烃的增溶量是传统表面活性剂的好几倍。与传统表面活性剂相比，gemini 表面活性剂与非离子、两性表面活性剂的配伍性更好，而且离子型 gemini 表面活性剂的碳链长度超过一定限度（该限度取决于分子环境），无论体系中是否有其他表面活性剂，该体系的界面活性均会显著降低。

由于孪连表面活性剂独特性能，在发泡性、润湿、增溶、抗菌性等几个方面比相应的单链表面活性剂优越（Menger and Fei Per，2000）。应用在石油工业中，可用于驱油剂提高原油的采收率，美国 OTC 公司研制的具有孪连结构的双烷基链烷基苯磺酸盐，在高矿化度水中表现出较强的界面活性，与单烷基苯磺酸盐复配可用于弱碱体系复合驱配方中。随着研究的进一步深入，必将发挥更大的作用。

2. 氟表面活性剂

普通表面活性剂的疏水基一般为碳氢链，称为碳氢表面活性剂。将碳氢表面活性剂分子碳氢链中的氢原子部分或全部用氟原子取代，就称为碳氟表面活性剂，或称氟表面活性剂。碳氟表面活性剂亲水基的结构与烃系表面活性剂没有什么不同，所以其特性均由碳氟烷基决定。由于氟原子的电负性大，故 C—F 键具有较大的键能，所以碳氟链化学稳定性和热稳定性都比较高。此外，氟原子的半径比氢原子大，能将碳原子完全遮盖起来，且范德华力小，即分子间力小。由于这些原因导致碳氟烷基热稳定性和耐试剂性能好，毒性小，表现出界面张力小，既疏水又疏油，不黏着，折射率小等。

碳氟表面活性剂就是特种表面活性剂中最重要的品种，有很多碳氢表面活性剂不可替代的重要用途。代表性品种如下所示：

阳离子型：$C_8F_{17}SO_2NHCH_2CH_2CH_2N^+(CH_3)_3I^-$

非离子型：$C_6F_{13}(CH_2CH_2O)_nH$

阴离子型：$[(C_6F_3)_2CF]_2C{=}C(CF_3){-}O{-}C_6H_4{-}SO_3Na$

碳氟表面活性剂的独特性能常被概括为“三高”、“两憎”，即高表面活性、高耐热稳定性及高化学稳定性；它的含氟烃基既憎水又憎油。

碳氟表面活性剂其水溶液的最低表面张力可达到 20mN/m 以下，甚至到 15mN/m 左右。碳氟表面活性剂在溶液中的质量分数为 0.005%～0.1%就可使水的表面张力下降至 20mN/m 以下。而一般碳氢表面活性剂在溶液中的质量分数为 0.1%～1.0%范围才可使水的表面张力下降到 30～50mN/m。碳氟表面活性剂如此突出的高表面活性以致其水溶液可以在烃油表面铺展。

碳氟表面活性剂有很高的耐热性，如固态的全氟烷基磺酸钾，加热到 420℃以上才开始分解，因而可在 300℃以上的温度下使用。

碳氟表面活性剂有很高的化学稳定性，它可抵抗强氧化剂、强酸和强碱的作用，而且在这种溶液中仍能保持良好的表面活性。若将其制成油溶性表面活性剂还可降低有机溶剂的表面张力。

研究表明，将碳氟表面活性剂与碳氢表面活性剂复配，有可能减少碳氟表面活性剂的用量而保持其界面活性。

碳氟表面活性剂在三次采油中的应用目前还未见报道。

传统的碳氟表面活性剂主要是单链型的，最近双链碳氟表面活性剂正引起人们极大的兴趣。已报道的双链碳氟表面活性剂主要有两类：第一是双链均为含氟碳链，第二是双链分别为碳氟和碳氢链。后一类常被称为杂交型表面活性剂。

目前，我国对于碳氟表面活性剂的开发，性能研究及应用领域与国外相比尚有较大差距，随着我国国民经济的发展及综合国力的不断增强，碳氟表面活性剂这一新产品、新技术的开发，将会呈现出广阔前景。

3. 硅表面活性剂

以硅氧烷链为憎水基，聚氧乙烯链、羧基、酮基或其他极性基团为亲水基构成的表面活性剂称为硅表面活性剂。硅氧烷链的憎水性非常大，所以不长的硅氧烷链的表面活性剂就具有良好的表面活性。

硅表面活性剂的表面活性与氟表面活性剂的相当，较一般表面活性剂的表面活性高得多。例如，一般的碳氢链表面活性剂水溶液的最低表面张力在 30mN/m 以上，而硅氧烷表面活性剂 $(CH_3)_3Si[OSi(CH_3)_2]_3OSi(CH_3)_2CH_2(C_2H_4O)_nCH_3$（$n$=13.4、11.8 和 8.2）水溶液（浓度为 $10^{-4}\sim10^{-5}$mol/L）的最低表面张力可达 20mN/m。因此，硅表面活性剂具有较好的降低油水界面张力的性能，并有极佳的润湿能力，可润湿聚乙烯。

硅表面活性剂具有优良的润湿和乳化性能，可用作聚氨酯泡沫的泡沫稳定剂，可用于纤维和织物的防水、平滑整理和处理中，也常用于化妆品生产中。硅表面活性剂在三次采油中的应用目前还未见报道。

4. 烷基多苷及其衍生物

近年来迅速发展起来的以农产品淀粉和动植物油脂为起始原料衍生的一些糖基表面活性剂，如烷基多糖苷（alkypolycosides，APG）和 *N*-甲基-*N*-烷酰基葡萄糖胺及甾醇类表面活性剂等，表现出良好的性能。

在过去的几十年中，糖基表面活性剂（sugar-based surfactants），如失水山梨醇脂（sorbitanesters）、甘蔗脂（sucroseters）、甲基糖苷脂（methylglucoside）、烷基多苷（alky-polycoside）和甲基葡萄糖酰胺（methylglucoamide）已由不同的厂商将其推向市场，但其中最成功的是最近经工业开发的烷基多苷。APG 有许多卓越的性能，除具有优良的表面活性、泡沫力、润湿力、洗涤力等众所周知的功能特性外，它还具有优良的温和性和高度的生物降解性，被推为 21 世纪的“绿色”

表面活性剂。

Robert 等对 MeGA-12 的相平衡和相反应动力学、MeGA-12 水体系的相平衡和相反应动力学、MeGA-12 亲水基团的固有亲水性等进行了研究。P&G 公司对 C_8～C_{18} 的 *N*-烷酰基-*N*-甲基葡萄糖胺（MeGA-8～18）中的烷酰基碳数对其熔点、Krafft 点、cmc 等物理性质的影响进行了研究，并对 *N*-十二烷酰基-*N*-烷基葡萄糖胺的不同烷基取代基（甲基、乙基、丙基、丁基、己基、苄基、甲氧乙基、甲氧丙基和乙氧基）对其熔点、Krafft 点、cmc 和表面性能的影响进行了研究。结果表明，*N*-烷酰基-*N*-甲基葡萄糖胺有极好的表面活性，可用于重垢液体洗涤剂中代替 LAS 和 AE，MeGA 与 AES 复配使用有非常好的效果。烷基多苷类表面活性剂在三次采油中的应用目前还未公开报道，有待开发研究。

三、泡沫剂

常用的泡沫剂为表面活性剂，表面活性剂指的是能在低浓度下吸附于体系的两相表（界）面上，改变界面性质，显著改善表（界）面张力，并通过改变体系界面状态，从而产生泡沫。油田用的泡沫剂应满足下列要求。

（1）具有较好的稳定性。一旦与气体接触可产生大量泡沫，即泡沫膨胀倍数高。在油层条件下能保持一定的稳定性能，不发生组分分离，耐油、耐盐、耐温、耐压能力好。

（2）稳泡能力强，所产生的泡沫性能稳定，寿命长，即使在较长时间的静止或流动剪切条件下，也可保持性能稳定。

（3）注入地层后，应与地层、地层流体相配伍，不发生水敏、酸敏及其他不良反应，不污染和堵塞地层。

（4）用量少，在低浓度下具有良好的泡沫性能。

（5）毒性小，对施工及操作人员的危害小。

（6）价格低廉，原料来源广，生产成本相对较低。

泡沫剂的主要类型见表 3.1。

表 3.1 泡沫剂的主要类型

类型	泡沫剂名称
阴离子型	烷基磺酸盐或烷基苯磺酸盐
非离子型	烷基酚聚氧乙烯醚
两性	有机硅化合物，甜菜碱
高分子化合物	丙烯酰胺和乙酰丙酮酰胺共聚物
复合型	泡沫剂：如磺酸盐类、硫酸醇酯、烷基聚氧乙烯醚 稳定剂：羟甲纤维素、环氧皂等
复合型	固体泡沫剂（组分如聚氧乙烯烷基醚）

（一）阴离子泡沫剂

阴离子泡沫剂实质上就是阴离子表面活性剂，在水溶液中可解离表面活性剂阴离子。阴离子泡沫剂可细分为羧酸盐型、磺酸盐型、硫酸盐型和磷酸盐型。

常用的阴离子表面活性剂有十二烷基苯磺酸钠（ABS）、直链十二烷基苯磺酸钠（LAS）、α-烯烃磺酸盐（AOS）、十二烷基磺酸钠（AS）、十二烷基硫酸钠（SDS）、脂肪醇醚硫酸钠（ES）、椰子油烷基硫酸盐、脂肪酸皂等。

该类起泡剂的气泡能力高，价格适中且来源广，但缺点是抗电解质能力差，因为其分子结构中一般都含有 SO_4^{2-}等，遇到 Ca^{2+}、Mg^{2+}等多价阳离子而生成沉淀的阴离子结构，其起泡能力和稳定性都受到影响。

（二）阳离子起泡剂

阳离子起泡剂实质就是阳离子表面活性剂，是由有机胺衍生出来的盐类。在水溶液中能离解出表面活性阳离子。

该类发泡剂包括：伯胺盐、仲胺盐、叔胺盐、季胺盐、多乙烯多胺盐等。该类发泡剂发泡能力适中，但由于来源少、价格高，考虑经济问题，故很少使用。

（三）非离子起泡剂

非离子起泡剂实质是非离子表面活性剂，在水溶液中不离解为离子态，而是以分子或胶束态存在于溶液中，它的亲油基一般是烃链或聚氧丙烯链，亲水基大部分是聚氧乙烃链、羟基、醚键等。

常用的非离子起泡剂的种类有醚型 OP 系列、聚氧乙烯脂肪醇醚 AEO 系列、烷基氧化胺等。非离子起泡剂抗电解质能力强，但其起泡能力低，使用范围常受浊点影响。

（四）两性离子起泡剂

两性离子起泡剂实质上就是两性离子表面活性剂，在水溶液中离解出的表面活性离子是一个既带有阳离子又带有阴离子的两性离子，而且此两性离子随着 pH 变化而变化。通常在碱性条件下显阴离子性质，在等电点时显非离子性质，在酸性条件下显阳离子性质。两性起泡剂主要有甜菜碱型、咪唑啉型β-氨基羧酸型、α-亚氨基酸型等。

该类起泡剂毒性低、生物降解好，但成本高，因而很少使用。

（五）聚合物起泡剂

聚合物起泡剂是指那些分子量较大（分子量高达几千、几万甚至几百万），而且具有一定表面活性的物质。如美国 Colgon 公司研制的丙烯酰胺和乙酰丙酮丙烯酰胺的共聚物就属于聚合物起泡剂，矿场上将其用于含矿化水、凝析油的气井进行泡沫排水收到了良好的效果。国内对于该类起泡剂的相关报道较少。

（六）复合型起泡剂

由于单一的阴离子起泡剂抗电解质能力差，对于高含钙或盐的地层，可将阴离子与阴离子复配、阴离子与非离子等复配形成复合型发泡剂，以增强发泡剂的抗静电能力，使其可用于高含钙或盐的地层。现场采用 F873、ADF-1、TSF 等系列发泡剂。

（七）稳泡剂

各种起泡剂的溶液通过不同起泡方式生成泡沫，用于油田开采、混凝土、石膏、脲醛树脂等领域。由于气泡易破碎，从某种程度上影响了起泡剂的使用效果。凡是能够提高气泡稳定性，延长泡沫破灭半衰期的物质都可称为稳泡剂。目前常用的稳泡剂有以下几种：

（1）大分子物质，如聚丙烯酰胺、聚乙烯醇、蛋白、多肽、淀粉、纤维素等。该类物质由于能够提高泡沫的黏度，降低泡沫流动性，从而具有一定的稳泡效果。但使用操作复杂，效果有限，发泡量降低。

（2）硅树脂聚醚乳液类，该类分子能够控制气泡液膜的结构稳定性，使表面活性剂分子在气泡的液膜有秩序地分布，赋予泡沫良好的弹性和自修复能力。优点是稳泡效果明显，使用方便。缺点是合成异构体多，难以控制，使用范围仅限于对十二烷基硫酸钠（K12）、脂肪醇聚氧乙烯醚硫酸钠（AES）、α-烯基磺酸钠（AOS）等阴离子表面活性剂的稳泡作用，另外对温度有要求。

（3）非离子表面活性剂，如十二烷基二甲基氧化胺和烷基醇酰胺，该类物质稳泡机理是降低液膜阴离子表面活性剂阴离子基团的排斥力从而实现稳泡。稳泡效果一般，且十二烷基二甲基氧化胺和烷基醇酰胺产品种类繁多，性能不一，副产物和不利于稳泡的杂质较多。

（4）脂肪醇和脂肪酸类，该类物质具有同（3）类似的稳泡机理，但属于难溶物质，使用极为不便。

四、润湿反转剂

把固体表面在活性物质吸附的作用下润湿性发生转化的现象称为润湿反转。这种转化的程度既与固体表面的性质和活性物质的性质有关，又与活性物质的浓度有关。因此，砂岩表面常由于表面活性物质的吸附而改变性质，即发生了润湿反转。可以根据润湿反转的原理来采取措施以提高采收率。润湿性反转是油田开发中的重要问题，润湿性反转剂在油田提高采收率方面应用，将对改善水驱、三次采油或三采后进一步提高采收率具有非常重要的意义。润湿性主要类型如下所述。

（一）碱剂

氢氧化钠、硅酸钠、硫酸盐、亚硫酸盐、碳酸盐和磷酸盐是有效的润湿性改变剂。这些化学剂能够与岩石矿物反应，引起 pH 变化，或者通过沉淀、吸附、反应生成新物质取代岩石表面上的一些活性物质。这些化学剂应用的经济性受以下反应制约：①酸对增加化学剂溶液前缘的消耗速度；②碱与硅反应形成硅酸盐引起的消耗；③水溶性的碳酸盐与石膏反应形成难溶碳酸钙；④亚硫酸盐氧化惰性硫酸盐；⑤离子交换形成组成不同的溶液。以上反应对润湿性有不同程度的影响。

其中关于 pH 的变化，张公社和汪伟英（2000）认为，pH 升高对润湿性的影响与原油性质有关；pH 低于 12 时不会引起润湿性改变；当 pH 达到 13 时可使亲油岩石亲油性减弱，润湿性改变程度与碱水浓度有关。

（二）聚合物

聚合物驱是在某些注水开发油藏进行到一定程度时所实施的一项提高原油采收率技术，部分水解聚丙烯酰胺是一种广泛采用的驱油用聚合物。在实施过程中通常是注入一定量的聚合物段塞之后再继续注水。其提高采收率的主要机理是靠聚合物溶液的高黏性和聚合物大分子的滞留效应来改善流度比、提高波及体积。注完聚合物段塞之后，在油藏的部分部位将不可避免地残余部分原油。这些残余油在后期注水过程中将启动、聚并、运移而经过被聚合物分子作用过的岩石。

油藏岩石的物理化学性质在经历了长期的聚合物分子作用之后是否发生了变化，以及这些变化对后期注水效果有何影响，一直是人们关心的问题。1988 年，Zaitouna 等研究表明，由于聚合物的结合水作用，在岩石上吸附的聚合物总是使不可动水饱和度增加；1997 年，Elsayedaah 等研究表明，部分水解聚丙烯酰胺使 Saudi 岩石的润湿性从水湿变为强水湿。

叶仲斌等（1999）在分析了常用的评价岩石润湿性方法的基础上，建立了一套研究部分水解聚丙烯酰胺分子对岩石颗粒润湿性影响的填砂管驱替实验方法，在不同矿化度及聚合物浓度条件下，测定了聚合物溶液对石英砂润湿性的影响，实验结果表明：①用聚合物溶液浸泡过的石英砂，其束缚水饱和度明显升高，残余油饱和度有所降低，聚丙烯酰胺分子使石英颗粒的润湿性向亲水方向变化，凡是影响聚丙烯酰胺分子在孔隙介质中的分子形态和吸附的因素都将影响束缚水饱和度和残余油饱和度，从而影响其润湿性；②溶液的矿化度明显影响聚丙烯酰胺分子在石英砂表面上的吸附，从而影响聚丙烯酰胺改变石英颗粒润湿性的能力，在所关心的矿化度范围内，溶液矿化度越高，这种能力越小；③聚合物浓度明显影响聚丙烯酰胺分子在石英砂表面上的吸附，从而影响聚丙烯酰胺改变石英颗粒润湿性的能力。在聚合物驱所用的浓度范围内，聚合物浓度越高，这种能力越强。

（三）表面活性剂

选择合适的表面活性剂，能选择性地改变岩石对油和水的润湿性并产生良好的条件以提高驱油效率。研究表明，表面活性剂对岩石表面润湿性的改变与降低油水之间界面张力也是密切相关的。油藏流体在岩石中的分布和流动受岩石的润湿性控制，因此，通过改变岩石的润湿性，使油水的相对渗透率向有利于油流动的方向改变。

表面活性剂相关实验研究结果表明，合适的表面活性剂能够降低渗油藏注水压力，8 块样品平均降低 26.6%，提高驱油效率 6.7%；表面活性剂溶液作用后，其相渗曲线明显改变，油及水的相对渗透率均上升，两相流动范围变宽，岩石润湿性向亲水方向偏移。总结表面活性剂的作用机理如下所述。

（1）表面活性剂使油水界面张力降低，使油滴容易变形，从而降低了将它经孔隙喉道排出所做的功，增加原油在地层中的流动。

（2）表面活性剂可使润湿接触角变小，岩石表面对原油的束缚能减小，使原油薄膜破裂，起到洗涤作用，增加可流动油份额；同时使流动孔径尺寸相对变大，流量变大，使多孔介质对原油和水的相对渗透率增加，提高原油在地层条件下的流动速度，增加采油井产液量，从而降低注水压力和提高油藏采收率。

（3）表面活性剂促使地层毛管中的弯液面发生变形，增加了流动毛管准数，从而降低了驱替压力，同时扩大了注入水波及体积，提高了采收率和注水效率，降低了单位产油量的注水消耗。

选择的表面活性剂有：烷基苯磺酸盐表面活性剂 ORS-41、植物羧酸盐表面活性剂 CX、蓖麻油醇酰胺表面活性剂 NOS、阳离子表面活性剂聚环氧丙基三甲基氯化铵 CTAB 及小阳离子聚合物 CP-纳米膜材料。

应用玻璃载片对上述几种物质的溶液进行了润湿性实验，结果如表 3.2 所示。聚环氧丙基三甲基氯化铵使玻璃载片表面变为油湿，即形成一层油膜。小阳离子聚合物也使玻璃载片表面变为部分油湿。这是因为玻璃表面在溶液中带负电荷，阳离子物质易于在其表面上吸附，使表面变为亲油表面，原油易于在其表面铺展，形成油湿表面。

表 3.2　几种物质对润湿性的影响

表面活性剂	ORS-41	CX	NOS	CTAB	CP
润湿性	水湿	水湿	水湿	油湿	部分油湿

对于单独的 ORS-41、植物羧酸盐表面活性剂及蓖麻油醇酰胺表面活性剂，均可以使玻璃载片表面成为水湿表面（表面不黏油），而蓖麻油醇酰胺表面活性剂因与原油的界面张力较低，原油以小滴状脱离表面。

三元体系也具有良好的水润湿性，因为三种化学剂均具有良好的水润湿性。从图 3.3 看出，在碱浓度为 1.0%、聚合物浓度为 1 000mg/L 条件下，岩石润湿指数比大于 1，表明岩石在三元复合驱作用下亲水强度加强。当表面活性剂浓度大于 0.8%时润湿指数比随表面活性剂浓度的增加而增加，即岩石亲水程度增加。表面活性剂溶于水中，使油水界面张力降低，由于吸附作用，岩石/水、岩石/油的界面张力也下降，由于砂岩的晶格取代作用以及砂岩表面的羟基化作用使其表面带负电荷，根据同性相斥的原理，阴离子表面活性剂在砂岩表面的吸附极少，碱的存在也会降低表面活性剂的吸附量，使得油/水、岩石/水界面张力比岩石/油降得多。使岩石的润湿接触角减小，亲水性增强。

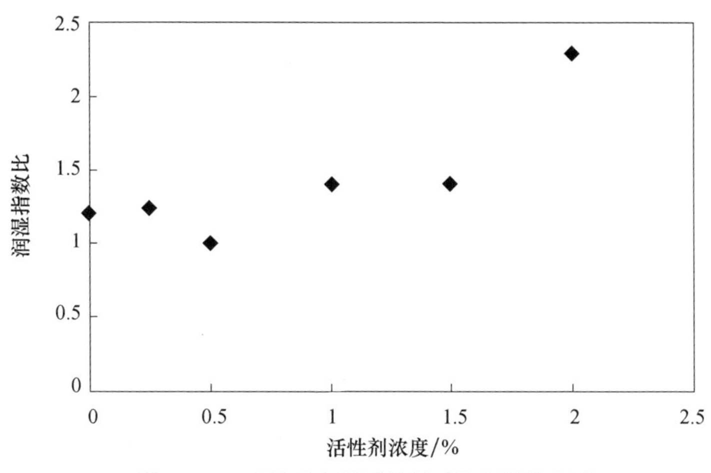

图 3.3　三元体系表面活性剂对润湿性的影响

（四）MD 膜

分子沉积膜驱油（简称 MD 膜驱油）是一种新的提高原油采收率的技术。为考察 MD 膜驱剂吸附对不同性质的矿物表面润湿性的影响，高芒来和王建设（2004）利用 Washburn 法分别研究了水和正庚烷在这些矿物上的润湿性变化。结果表明，具有强亲水活性中心的表面吸附 MD 膜驱剂后，亲水性会减弱；亲水性较弱的表面吸附MD膜驱剂后，水润湿性变化不大；中间润湿性的表面吸附MD膜驱剂后，水润湿性增强。MD膜驱剂处理前后不同矿物表面亲水性和亲油性的变化幅度不一致，说明研究油藏矿物表面MD膜润湿性时需同时考察亲水性和亲油性。

董大鹏（2007）通过研究得出：①分子膜的成膜过程是依靠岩石表面与成膜分子间静电相互作用的自组装过程，分子膜驱是通过改变岩石的润湿性来提高原油的采出程度；②在实验室模拟真实地层条件下，分子膜驱在原来水驱基础上提高驱油效率10%，效果显著；③分子膜剂可在各种油藏中使用。油藏温度范围为30～150℃；油藏压力范围为5～50MPa；原油可以是不同沥青质含量、不同非烃含量的稀油或稠油；油藏润湿性可以是水湿、油湿或混合润湿；地层水可以是各种类型、各种矿化度的地层水；④分子膜驱油剂用量少，驱油效率高，无需加碱、表面活性剂和其他化学试剂，施工简单。还分析了分子膜驱油机理：油藏岩石中原油渗流的阻力主要有两个：一个是油润湿油藏原油与岩石壁面固液界面的黏滞阻力，强水润湿油藏水与岩石壁面较厚的水膜卡断油流产生的阻力，这种阻力可简称为润湿性引起的固液界面阻力；另一个是液液界面的毛细管阻力。分子膜是以水溶液为传递介质，利用有机（无机）阴阳离子的静电吸附反应特征，通过异性离子体系的单层交替分子沉积，制备的层状有序的纳米级超薄膜。在固液界面形成的分子厚度的纳米膜，能够改变固液界面的润湿性，使油润湿的固液界面变成中间润湿或弱水湿，降低黏滞阻力，提高驱油效率；使强水湿的固液界面变为中间润湿或弱水湿，减少由于卡断现象引起的阻力，使注入水更容易进入小孔小喉，提高波及系数。

第二节　驱 油 体 系

一、微乳液驱

（一）微乳状液

微乳状液是由不相混溶的油、水和表面活性剂自发形成的外观均匀、透明、稳定的液体。表3.3列出乳状液与微乳状液体系性质的对比情况。乳状液的特点是分散相质点大小都在0.1μm以上，一般外观呈乳白色。而微乳状液在显微镜下观察不到质点，外观透明或略带乳光。根据光散射、超离心沉降、电子显微镜等方法对微乳状液的研究表明，其粒子尺寸都在0.1μm以下，多数在8～80nm。而且，微乳状液中分散的液体粒子大小比较均匀；一般的乳状液则为分散得很不均匀的体系，质点大小悬殊。它们的制备方法也明显不同。两者虽然都要用表面活性剂，但制备乳状液时一般用量较少，在1%～3%或更少；而为制备微乳状液则一般用量较多，总在5%～20%，或更高。制备时为得到具有一定稳定性的乳状液，常需借助高速搅拌、超声振荡、均化器或胶体磨等机械的力量；而对于微乳状液则无需任何机械做功，只需按合适的配方，将各组分混合均匀便可以自发形成均匀、透明、稳定的液体。最后，微乳状液与乳状液在稳定性上截然不同。乳状液只有暂时的动力学稳定性，虽然在各种乳化剂的作用下可以在一定时间内保持稳定，不分层，但是经过或长或短的时间后总归逃脱不了最终分层的命运。微乳状液则不然，只要体系的化学组成和物理状态不变，微乳状液就会始终是稳定的。

表3.3　微乳状液与乳状液、肿胀胶团溶液性质对比

性质	乳状液	微乳状液
外观分散度	乳白，不透明 粗分散体系，不均匀，质点尺寸大于0.1μm，显微镜甚至肉眼可见	透明或稍带乳光 分离质点尺寸在0.1μm以下，质点大小比较均匀，显微镜不可见
质点形状	球状，分散相浓度太大时可呈不规则形状	孤立的粒子成球状
稳定性	不稳定，用离心机可使之分离	稳定，离心机不能使之分离
表面活性剂用量	用量少	用量多，常需使用助表面活性剂

（二）微乳状液的结构与类型

乳状液有两种基本类型，即水包油型（O/W）和油包水型（W/O），前者是油为分散相、水为分散介质；后者则反过来。在水包油的乳状液中加入油时，二者不能混合，出现大块的油相。同样，在油包水乳状液中加入水，二者也不能混合，出现大块的水相。这种现象常被用来鉴别乳状液的类型。Winsor在研究微乳状液体系的相组成时发现，能够形成微乳状液的体系可能有三种相组成方式。在形成水包油微乳（O/W型）的体系中可能出现微乳与过剩油组成的二相体系。由于油的相对密度小于水，这时微乳相相对密度大于油相，因此在容器中微乳处于下部，故称为下相微乳。在形成油包水微乳（W/O型）的体系中，可能出现微乳与过剩水组成的二相体系。同样，由于油的相对密度小于水，这时微乳相相对密度小于水相。因此，在容器中微乳处于上部，故称为上相微乳。Winsor发现微乳体系还会形成三相共存的情况。这时，上层是油，中层是微乳，下层是水，各层之间形成明确的界面，而具有上述三种相组成的微乳体系，分别被称为Winsor Ⅰ型（O/W微乳和过剩油的二相体系）、Winsor Ⅱ（W/O微乳和过剩水的二相体系）和 Winsor Ⅲ型（微乳和过剩油、过剩水组成的三相体系）。对于同一油-水-表面活性剂体系，通过调节一些物理化学参数，可以使体系相组成在上述类型间转化。图3.4分别是微乳体系的三种相组成示意图。

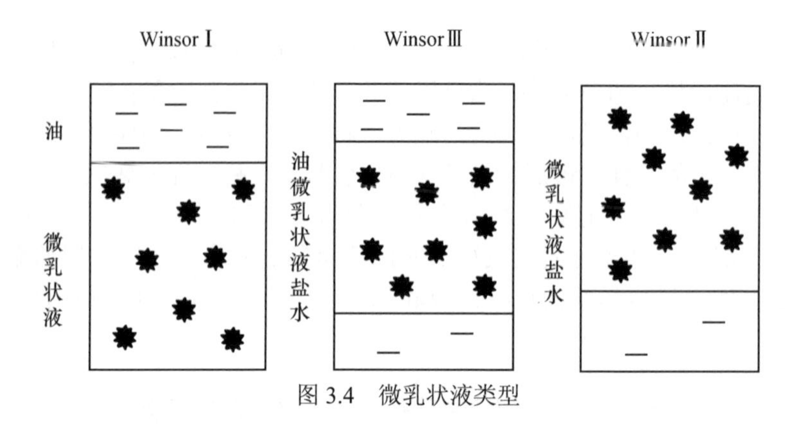

图 3.4　微乳状液类型

（三）微乳状液的形成

一切表面活性剂胶团都可以或多或少地加入与溶剂不相混溶的液体形成肿胀胶团，但不是所有肿胀胶团都可以进一步加入与溶剂不相混溶的液体形成微乳状液。只有能形成适合的界面膜的表面活性剂或混合表面活性剂体系才能形成微乳状液。其关键在于所形成的界面膜的自发弯曲特性。首先，由于微乳状液滴比一般的球形胶团大得多，所以，适合形成微乳的界面膜的自发曲率比一般的球形胶团要小得多。其次，随表面活性剂分子极性基和非极性基相对大小不同，界面膜可以弯向水相或油相。具有自动弯向油相的界面体系趋于形成水包油型微乳，具有自动弯向水相的界面体系趋于形成油包水型微乳，当界面平均曲率很小而界面膜又具有柔顺性的时候，则倾向于形成双连续相，即中相微乳（曹绪龙等，1993）。由此就可以理解，为什么不是任何表面活性剂都可以形成微乳状液。表面活性剂定向排列的单分子层的自发曲率主要取决于表面活性剂分子的几何形状，也就是亲水基和疏水基占有面积的相对大小。这就是说，形成微乳液的表面活性剂的临界排列参数应该在 1 附近，形成水包油微乳时，应该略小于 1，形成油包水微乳时应该略大于 1，而形成双连续型微乳则要求非常接近 1。据此，表面活性剂可分为三类：亲水基大于疏水基（$A_0>V_c/l_c$，即临界排列参数 CCP 小于 1），亲水基小于疏水基（$A_0<V_c/l_c$，CCP 大于 1）和两者相近（CCP 约等于 1）。相应地，它们倾向形成不同类型的微乳状液：

$$A_0>V_c/l_c,\quad \text{CCP}<1,\quad \text{O/W}$$

$$A_0<V_c/l_c,\quad \text{CCP}>1,\quad \text{W/O}$$

$$A_0\approx V_c/l_c,\quad \text{CCP}\approx 1,\quad \text{双连续}$$

式中，A_0 为极性基占有的界面面积；V_c 为碳氢链面积；l_c 为碳氢链长度；V_c/l_c 相当于疏水基截面积。显然。凡是可以影响这些参数的物理化学因素则有可能改变界面的本征曲率而影响所形成微乳的类型。

一般单尾离子型表面活性剂，亲水性过强，其定向单分子层自发形成以较大曲率弯向油相的界面膜，难以适应微乳状液关于较小曲率的要求。通过改变各种物理化学参数调节表面活性剂体系的临界排列参数来达到形成微乳状液的要求。制备微乳状液的原始方法，在离子型表面活性剂-油-水体系中滴加中碳醇，就是起这样的作用。由于醇的亲水基（羟基）比较小，插入表面活性剂定向单分子层后将减小亲水基的平均面积，使混合膜成膜物的临界排列参数变大，界面膜的弯曲程度变小。加入适当量的醇便可使界面膜符合形成微乳状液的要求。通常把这种用途的醇称为助表面活性剂。除了中碳醇以外，有机胺类化合物也有类似的作用。另外，加电解质有降低亲水基占有面积的作用，也同样可以改变离子型表面活性剂界面膜的自发弯曲特性，使其向油相的弯曲程度降低，使临界排列参数变大，从远小于 1 的值向 1 移动。这些因素的逐步改变甚至可以使形成的微乳状液的类型从 Winsor Ⅰ型变为 Winsor Ⅲ型，再变为 Winsor Ⅱ型。

（四）微乳体系的界面张力与稳定性

分散相尺寸小为体系带来的一个重要特性是拥有极大的界面面积。1mL 油分散成粒子大小为 10nm 的微乳状液，其中将拥有 600m^2 的油水界面。因而赋予微乳状液极好的界面功能，包括吸附功能、传热功能、传质功能等。但同时也产生一个问题：界面能γA（其中，γ为界面张力；A 为界面面积）是体系自由能的一个组成部分，微乳形成时增加这样巨大的界面面积必然使体系自由能大大升高，如何能够自发进行呢？这样的体系又如何能够稳定呢？

为回答这些问题，在早期 Schulman 等曾针对他们所研究的离子型表面活性剂加醇作为助表面活性剂形成微乳的情况，提出微乳体系在适宜的条件下产生了负界面张力的观点（Schulman et al., 1959）。他们认为：没有表面活性剂存在时，一般非极性的油，如脂肪烃、芳香烃等，与水的界面张力为 30～50mN/m。有表面活性剂时，界面张力下降；若再加入一定量极性有机物，则界面张力将进一步降低，以致形成暂时的负值。负界面张力导致在界面面积增加时体系能量反而降低。因此，粒子变小、界面面积增加成为自发过程。同样的道理，所形成的微乳状液就具有了热力学稳定性。这种观点的一个实验依据是，微乳体系的界面张力已经低到当时的实验技术无法测定的程度。

随后，旋转滴法（Bellocq et al., 1981）和表面激光散射法（Cazabat et al., 1980）测定界面张力技术发展，使得测定超低界面张力成为可能。实验结果证明微乳体系的界面张力确实很低，但并非负值。例如，水-十二烷-戊醇-辛基苯磺酸盐微乳体系的微乳与油和水所形成的界面张力（Ruckenstein et al., 1975），微乳相与油或水相的界面张力可以达到相当低的数值。最低的界面张力是出现在双连续微乳与油或水之间的界面上，低达 10^{-4}～10^{-3}mN/m。

Ruckenstein 等对微乳体系的热力学做了进一步的研究。他们指出，在微乳形成过程中自由能的变化不仅有表面积增加的贡献，还有大量小粒子形成带来的构型熵增加，对过程自由能的贡献$-T\Delta S$为负值。因此，只要由于面积增加引起的自由能升高值小于$T\Delta S$值则过程就可以自动进行，体系所达到的终态——微乳状液，就具有热力学稳定性。此过程的自由能变化和构型熵可近似表示为（Ruckenstein et al., 1975；Clint，1992）

$$\Delta G = n4\pi r^2 \gamma_{12} - T\Delta S$$

$$\Delta S = -nk\left[\ln\phi + \left(\frac{1}{\phi} - 1\right)\ln(1-\phi)\right]$$

式中，n为分散相液滴的数目；r为微乳粒子半径；k为 Boltzmann 常数；ϕ为分散相所占体积分数。

根据这两个公式可以推算能够保持过程自由能变化为负值的最大界面张力值。例如，对于液滴半径为 5nm，分散相体积分数为 0.5 的微乳体系，在温度为 298K 时，界面张力必须小于 0.018mN/m 才可能自发形成微乳状液。对照有关微溶体系界面张力的测定结果，这个条件是可以满足的。这就从理论上说明了微乳是自发形成的热力学稳定体系。

（五）微乳液驱

以微乳体系作为驱油剂的驱油方法叫微乳驱。如图 3.5 所示是微乳驱的段塞图。微乳段塞前的预冲洗段塞可以是盐水段塞或牺牲剂段塞，主要是为了除去地层中的钙、镁等可交换离子，减少表面活性剂在地层中的吸附损耗，微乳段塞后的聚合物溶液是流度控制段塞。

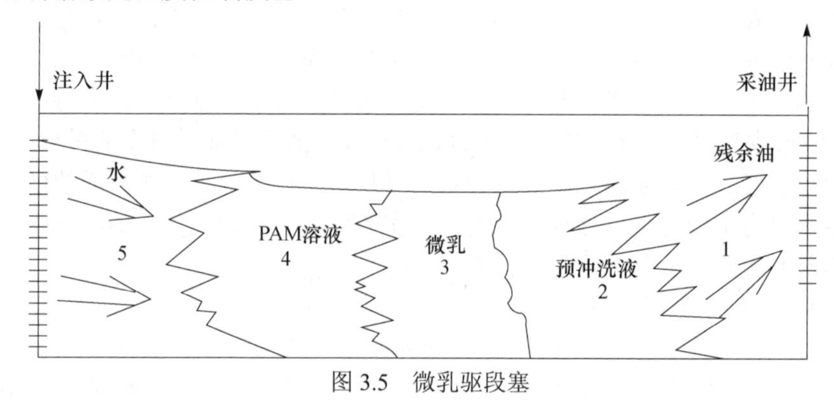

图 3.5　微乳驱段塞

二、三元复合驱

三元复合驱（alkaline-surfactant-polyme, ASP）是在碱驱的基础上发展起来的，因为碱驱是一种提出最早、试验最早、化学剂最便宜、操作最简单的提高采收率的方法。但是进行的许多先导性实验绝大多数却不太理想，主要是因为碱驱的驱油机理复杂，限制多。后来有人在此基础上提出了加入聚合物和表面活性剂的方法，从而发展为现在的碱-表面活性剂-聚合物三元复合驱。三元复合驱综合发挥了碱、表面活性剂、聚合物等化学剂的作用，并产生了较好的协同效应，充分提高了各种化学剂的效率，并大幅度降低了化学剂尤其是表面活性剂的用量。ASP是指三种驱油充分组合起来的驱动，一般指聚合物（P）+碱（A）+表面活性剂（S）组合在一起的驱动方式。三元复合驱提高采收率比单一聚合物驱、单一化学剂驱或单一碱驱更高。

三元复合驱中聚合物的作用主要有：①提高注入水黏度，降低油水流度比，扩大水相的波及体积；②降低水相渗透率，聚合物溶液流经多孔油层时，由于孔隙介质的吸附和捕集引起聚合物分子的滞留，被滞留的聚合物分子与水分子间的作用较强，对水的阻力变大，对油的阻力甚微，从而导致水相渗透率的降低，提高波及系数；③调剖作用，由于注入水的黏度增加，降低了水相渗透率，使得油层吸水剖面得到调整、平面非均质性得到改善、水洗厚度增加，扩大了水相的波及体积；④黏弹效应，由于聚合物的黏弹效应，对残余油参数的拖、拉、携、拽作用，从而提高了微观驱油效率。

三元复合驱中表面活性剂的作用主要有以下几点：①降低油水界面张力，使残余油变为可流动油（曹绪龙等，2001）。大量的试验证明，当油水界面张力降低时，油滴容易变形，油滴通过孔隙喉道时阻力减小，这样在亲水岩石中处于高度分散状态的残余油就会被驱替出来，形成流动油。②改变岩石表面的润湿性。在亲油岩石中，部分残余油以薄膜状态吸附在岩石表面；表面活性剂在岩石上的吸附可使岩石的润湿性由亲油变为亲水，从而使岩石表面的油膜脱离而被驱替出来。③增加原油在水中的分散作用。由于界面张力的降低，原油可以分散在活性水中，形成 O/W 型乳状液；同时，由于表面活性剂吸附在油滴表面而使油滴带负电荷，这样油滴就不易再黏回到岩石表面。④形成胶束或微乳液。由于胶束或微乳液对油或水具有较强的增溶作用，一定程度上消除了驱替液与被驱替原油之间的界面，达到混相驱的目的。同时由于胶束和微乳液驱替液在油层孔隙中流动时表观黏度（达西黏度）值与流动速度有关，即在一定条件下与流动速度成正比；在地层中，驱替液先进入高渗透层，当流速增大，黏度也随之增大，迫使驱替液进入低渗透层驱油，从而提高波及系数。胶束微乳液驱由于活性剂用量大，驱油成本高应用受到限制。

ASP 三元复合驱是在综合了单一化学驱优点的基础上建立起来的一种化学驱油体系（Wang et al.，1997；Clark et al.，1998）。从图 3.6 可以看出，不同体系中（其中碱为 1.5% Na_2CO_3，活性剂为 0.4%石油磺酸盐，聚合物浓度为 0.15%），ASP 三元复合驱驱油效果好于 AS 驱与 AP 驱。ASP 驱之所以具有更好的驱油效果，

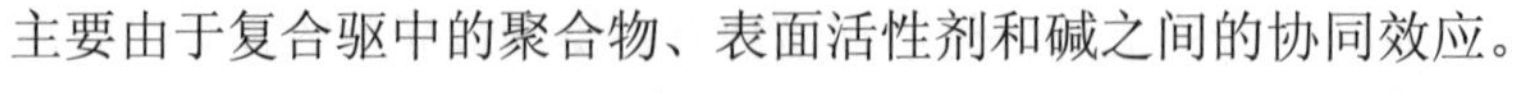

主要由于复合驱中的聚合物、表面活性剂和碱之间的协同效应。

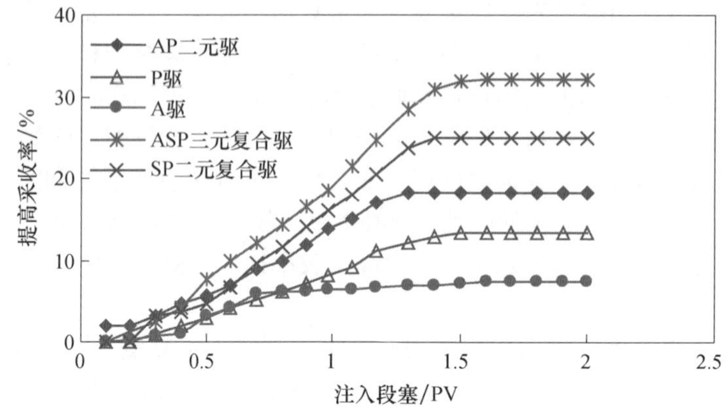

图 3.6 不同驱油体系提高采收率对比

由于三元复合驱是由聚合物、表面活性剂和碱组合起来的驱油方式，它必然将相应驱油成分所存在的问题带到复合驱来，同时还存在一个特殊问题，即不同的驱油组分在地层流动时出现的色谱分离现象（王宝喻等，1994；王红艳，2005，2006；于群等，2015），如图 3.5 所示，通过岩心驱替试验注入的两种驱替剂后，从图 3.7 中可以看出不同的驱油剂在地层中的吸附脱附能力不同，以及岩心中存在的不可及体积的影响，造成产出液中各种驱油剂的产出顺序的不同。

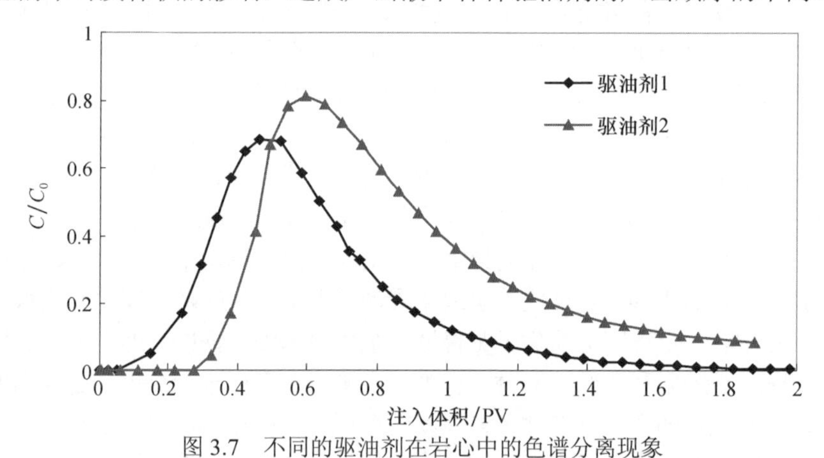

图 3.7 不同的驱油剂在岩心中的色谱分离现象

三元复合驱技术无论是室内配方设计还是矿场试验在 20 世纪 80 年代都取得了突破性进展（宋万超等，1994）。在国内开展了几个成功的先导试验后得到了推广应用，结果表明：三元复合驱可比水驱提高采收率 23%左右，取得了较好的增油降水效果。但是三元复合驱在实施过程中暴露出了一些问题，如注入过程中的结垢、采出液乳化严重，尽管增油效果明显但是因为这些问题限制了其推广应用，特别是在胜利等高温高盐油藏。

三、二元复合驱

在 ASP 三元复合驱中碱起到了非常重要的作用，碱驱机理复杂，但是在低界面张力机理、乳化-携带机理、乳化-捕集机理、润湿反转机理、自发乳化与聚并机理和增溶刚性膜机理方面已经取得了共识。对于胜利油田三元复合驱碱的作用主要可以归纳为以下三点：①胜利原油酸值高，碱易与其生成石油皂，扩大低界面张力窗口；②降低表面活性剂吸附损耗；③碱的加入使体系低界面张力浓度窗口宽，使注采井之间能保持低张力。但是碱的不利影响也是显而易见的：①与岩石反应复杂，结垢严重，影响注入或产出（图 3.8），现场结垢严重，20 天处理一次，影响正常注入，同时酸化处理后残酸排不净，影响注入液性能；②乳化严重，采出液破乳困难，影响集输（图 3.9）；③碱加入降低体系黏度，增加聚合物用量，大规模应用会提高油藏矿化度；④增加聚合物水解速度，降低抗二价离子能力。

图 3.8　三元复合驱管线结垢严重

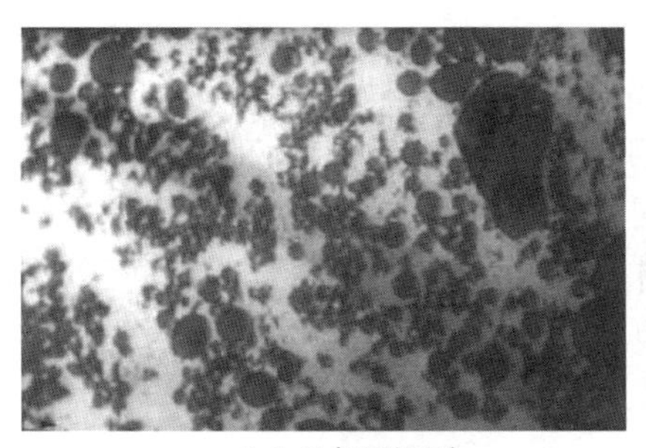

（a）O/W型原油

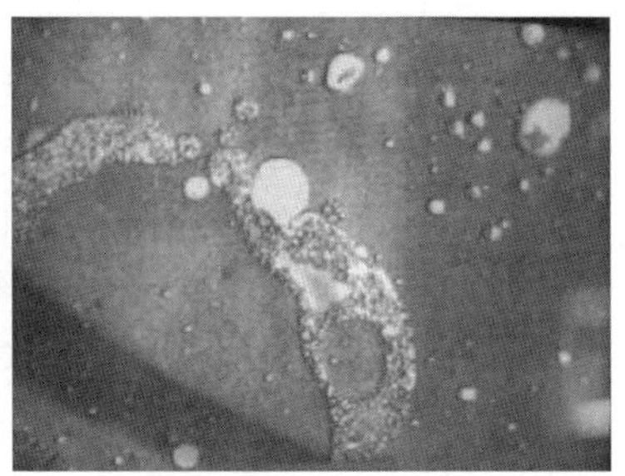

（b）O/W/O型原油

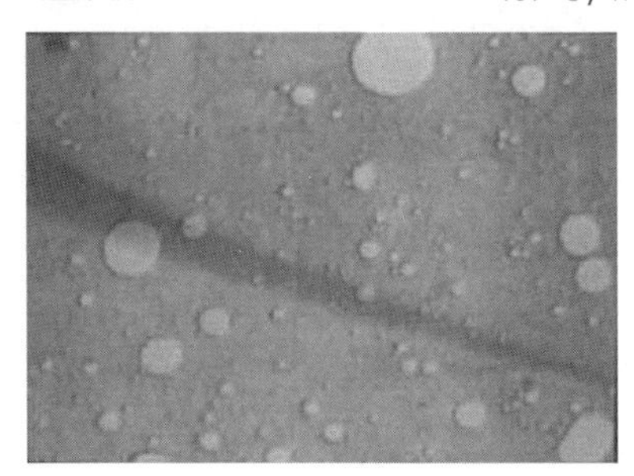

（c）W/O型原油

图 3.9　胜利油田孤东小井距三元复合驱乳化液类型

为了克服三元复合驱注入过程中的结垢、采出液乳化严重的弊端，胜利油田在 2000 年开始了无碱体系的二元复合驱油（SP）体系研究（梁晓静等，2013；李振泉等，2013；宋新旺等，2014）。表面活性剂-聚合物二元复合驱充分发挥了表面活性剂和聚合物的协同作用来提高采收率。SP 二元复合驱体系中化学剂起的作用与 ASP 三元复合驱是一样的，它的主要机理就是提高洗油效率和增大波及体积。其被认为是继聚合物驱、三元复合驱后一种更有潜力的三次采油新技术。活性剂能大大地降低地层中原油和水的界面张力，提高驱油效率，聚合物能起到深度调剖、扩大波及体积及控制后继化学剂流速的作用，两者对增油起到很好的协同效应。

开展 SP 二元复合驱要解决的主要难题是在无碱条件下设计的活性剂配方与原油界面张力达到超低（10^{-3}mN/m）（Ma et al.，2014），同时低张力浓度区域宽。要是活性剂配方在无碱条件下达到超低油水界面张力，就需要开展活性剂界面富集与原油、活性剂结构的关系研究（Cash et al.，1977；Rosen，1979；Manne and Caub, 1995；Peltonen et al.，2001；Hu et al.，2015；Li et al.，2015），表面活性剂加合增效作用研究及活性剂色谱分离研究等。

四、泡沫复合驱

单纯的泡沫在地层的多孔介质中运移时，由于受到地层中残余油的影响，原油在泡沫的气液界面上铺展，使界面上的活性剂的分子排列受到破坏，泡沫的稳定性受到很大的影响，稳定性变差，起不到良好的封堵作用。因此，通常在泡沫剂溶液中加入聚合物等增加体系黏度的物质，增加泡沫体系的黏度，增加气泡的膜厚度，从而增加泡沫的稳定性，同时，由于泡沫的表观黏度非常高，泡沫可以增加聚合物驱的体系黏度，因此，泡沫与聚合物复配的体系具有更高的泡沫稳定性及体系黏度，通常将泡沫与聚合物复配的驱油体系称为泡沫复合驱。

五、非均相复合驱

随着聚合物驱油技术不断推广，聚合物驱后进一步提高采收率的问题备受关注，而聚合物驱后油藏提高采收率需要进一步扩大波及体积和提高洗油效率，应用已有驱油方法效果有限。为解决这一问题，提出了非均相复合驱油体系，该体系由低浓度表面活性剂、聚合物和具有部分交联部分支化这一新型结构的黏弹性颗粒驱油剂组成。黏弹性颗粒驱油剂在水中不能完全溶解，为非均相体系，在水中该产品一方面以大分子的一端无限度的向水溶液中扩散；另一方面又以网状结构限制大分子的另一端使之适度扩散，形成一种既具有弹性特征又兼备增稠作用的黏弹性颗粒分散体系。由于颗粒吸水溶胀后具有良好的变形能力和运移能力，因此具有极好的剖面调整效果；同时由于在生产过程中已经形成网状结构，其对地层温度、盐度等不敏感，具有性能稳定，不易受环境因素影响的特点。

在非均相复合驱体系中黏弹性颗粒驱油剂与聚合物复配后，除了提高聚合物溶液的耐温抗盐能力外，还产生体系体相黏度增加，体相、界面黏弹性能增强，颗粒悬浮性改善，流动阻力降低的增效作用，可大幅度提高聚合物扩大波及体积能力，叠加表面活性剂超低界面张力带来的洗油能力，可以发挥现有驱油体系的技术优势，从而获得最佳的驱油效果。

第四章　驱油剂与原油的相互作用

第一节　原 油 组 分

石油是由各种烃类和非烃类化合物所组成的复杂混合物，组成石油的化学元素主要是碳（83%～87%）、氢（11%～14%），其余为硫（0.06%～0.8%）、氮（0.02%～1.7%）、氧（0.08%～1.82%）及微量金属元素（镍、钒、铁等）。由碳和氢化合形成的烃类构成石油的主要组成部分，占 95%～99%。

石油组分复杂，按其结构可简单地分为饱和烃、芳香烃、胶质和沥青质四种组分。饱和烃部分包括非极性的直链烷烃、支链烷烃和环状饱和烃（主要是烷基环戊烷和烷基环己烷）；芳香烃部分包括极性的含有一个或多个苯环的烃类，主要是烷基苯；胶质和沥青质部分中有高极性取代基团。

石油及石油产品的性能和质量取决于石油中的烃类类型和数量。石油中所含有的成分随产地而异，不同产地的石油中，各种烃类的结构和所占比例相差很大。根据含烃的成分不同一般将石油分为烷烃基石油、环烷基石油、混合基石油和芳烃基石油四类。一般石油中不含有烯烃，通常以烷烃为主的石油称为石蜡基石油；以环烷烃、芳香烃为主的称为环烃基石油；介于二者之间的称为中间基石油。

石油中含硫化合物主要有硫醇、硫醚、二硫化物、噻吩等。含硫量是指原油中所含硫（硫化物或单质硫分）的质量百分数，原油中含硫量较小（一般小于 1%），但对原油性质的影响很大。根据硫含量不同，可以分为低硫或含硫石油。石油中含氧化合物主要有环烷酸和酚类（以苯酚为主），此外还含有少量脂肪酸。环烷酸是指含有 11～30 个碳原子的羧酸，分子中含有一个或多个骈合脂环，羧基可以在脂环上或侧链上。在炼油生产中常把环烷酸和酚称为石油酸。石油中含氮化合物主要有吡啶、吡咯、喹啉、胺类等。含硫、氧、氮的化合物对石油产品有害，在石油加工中应尽量除去。

原油的相对密度一般在 0.75～0.95，少数大于 0.95 或小于 0.75，相对密度在 0.9～1.0 的称为重质原油，小于 0.9 的称为轻质原油。

原油黏度是指原油在流动时所引起的内部摩擦阻力，原油黏度大小取决于温度、压力、溶解气量及其化学组成。温度增高，其黏度降低；压力增高，其黏度增大；溶解气量增加，其黏度降低；轻质油组分增加，黏度降低。原油黏度变化较大，一般在 1～100mPa・s，黏度大的原油俗称稠油，稠油由于流动性差而开发难度增大。一般来说，黏度大的原油密度也较大。

原油冷却到由液体变为固体时的温度称为凝固点。原油的凝固点为–50～35℃。凝固点的高低与石油中的组分含量有关。轻质组分含量高，凝固点低；重质组分含量高，尤其是石蜡含量高，凝固点就高。

含蜡量是指在常温常压条件下原油中所含石蜡和地蜡的质量百分数。石蜡是一种白色或淡黄色固体，由高级烷烃组成，熔点为 37～76℃。石蜡在地下以胶体状溶于石油中，当压力和温度降低时，可从石油中析出。地层原油中的石蜡开始结晶析出的温度称为析蜡温度，含蜡量越高，析蜡温度越高。析蜡温度高，油井容易结蜡，对油井管理不利。

含胶量是指原油中所含胶质的质量百分数。原油的含胶量一般在 5%～20%。胶质是指原油中相对分子质量较大（300～1 000）的含有氧、氮、硫等元素的多环芳香烃化合物，呈半固态分散状溶解于原油中。胶质易溶于石油醚、润滑油、汽油、氯仿等有机溶剂。

沥青质的含量较少，一般小于 1%。沥青质是一种高相对分子质量（大于 1 000）具有多环结构的黑色固体物质，它是石油中相对分子质量最大，极性较强的非烃组分。沥青质不溶于酒精和石油醚，易溶于苯、氯仿和二硫化碳。沥青质含量增高时，原油质量变坏。

第二节　表面活性剂与原油的构效关系

一、表面活性剂浓度对界面张力的影响

以 OAS 加 0.7%的 NaCl 溶液为水相、正辛烷为油相，SDBS 加 0.7%的 NaCl 溶液为水相、甲苯为油相，测定两个不同体系中表面活性剂浓度对界面张力的影响（图 4.1）。

从图 4.1 可以看出随着 SDBS 水溶液浓度的增加，界面张力几乎不变。SDBS 的非水滴定分析说明，SDBS 在油相中的溶解量基本为一定值，不随表面活性剂浓度增加而增加。这说明在其 cmc 浓度（1×10^{-3}mol/L，0.035%）以上时，SDBS 分子在甲苯/水界面已经吸附饱和，水溶液浓度的增加不会使表面活性剂的界面密度增加，因而对降低界面张力不起作用。

对于 OAS 溶液，虽然水溶液中 OAS 浓度早已经超过其 cmc 浓度（9×10^{-4} mol/L，0.0275%），但是随着 OAS 浓度的增加油/水界面张力仍明显降低。从紫外吸光度图（图 4.2）上可以看出，随着 OAS 水溶液浓度的升高，油相中 OAS 的存

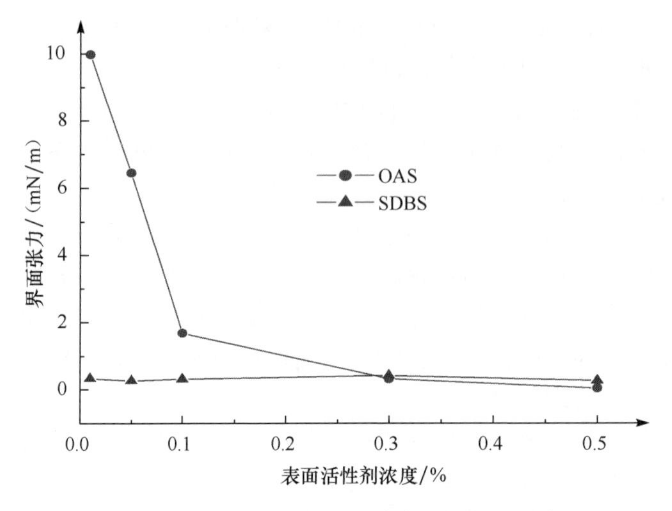

图 4.1　表面活性剂不同浓度下的界面张力

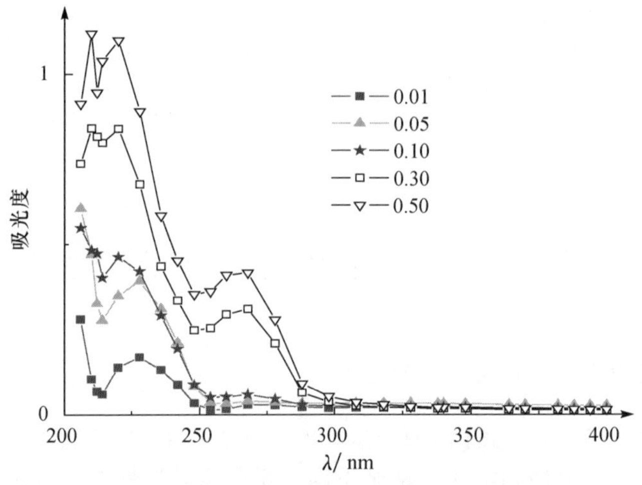

图 4.2　正辛烷中所含 OAS 的紫外吸光度图

在量也在增大，且这些表面活性剂应该是以吸附在油/水界面的方式接触油相的，即随着表面活性剂浓度的增加，油/水界面上 OAS 的吸附量增加，因而界面张力随之降低。

二、油相对界面张力的影响

以不同碳数的直链饱和烷烃为油相时，对 OAS 和 SDBS 体系的界面张力见表 4.1，OAS 溶液的最低界面张力出现在以癸烷为油相时，OAS 的分子式为 $CH_3(CH_2)_7CH{=}CH(CH_2)_7COONa$（顺式十八碳-9-烯酸钠），疏水基中双键一边的直链碳数为 9，这与癸烷的碳数相近，说明 OAS 的尾链可能以折叠的形式吸附于油水界面上。SDBS 的最低界面张力出现在以十二烷为油相时，SDBS 的分子式为 $C_{12}H_{25}C_6H_4SO_3Na$，其疏水基中直链碳数也为 12，说明油相与表面活性剂分子疏水链越相近，有利于界面的紧密排布，界面张力越低。

以直链饱和烷烃为油相时，OAS 的界面张力要低于 SDBS。OAS 的疏水链为直链饱和碳链，而 SDBS 的疏水链中含苯环，说明表面活性剂对油相有其适应性，即表面活性剂疏水链与油相分子结构相似有利于界面张力的降低。

表 4.1　不同油相的界面张力数据　　（单位：mN/m）

油相	0.3% OAS＋0.7% NaCl	0.3% SDBS + 0.7% NaCl
庚烷	1.021	1.611
辛烷	0.349	1.207
癸烷	0.0484	0.876
十二烷	0.0677	0.726
十六烷	0.110	0.846

三、分子模拟技术研究表面活性剂对油相的适应性

（一）表面活性剂极性头基的影响

改变表面活性剂极性头基，考察不同极性头类型对油/水界面组成和微观结构的影响，确定具有最佳降低油/水界面张力效率的表面活性剂极性头类型。

选用的极性头基主要包括阴离子类型（磺酸根、硫酸根和羧酸根）、非离子类型（烷醇酰胺和含乙氧基类）和两性表面活性剂（甜菜碱类和阴非两性 AES）；尾链选用十二烷基；油相为十二烷，极性头基结构图如图 4.3 所示。

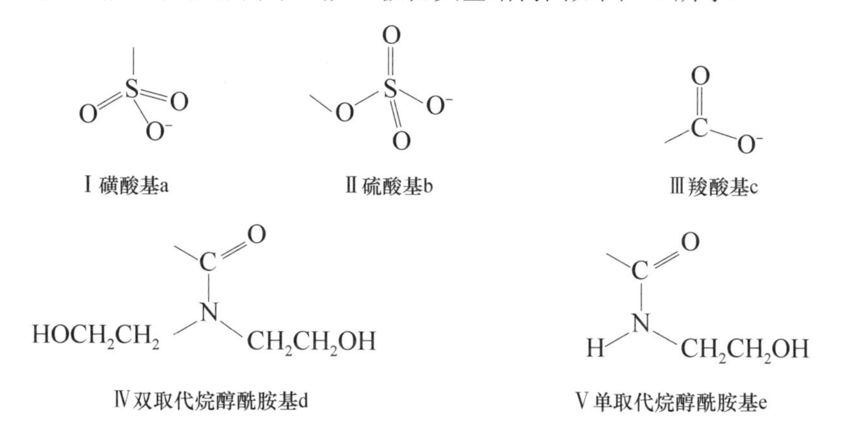

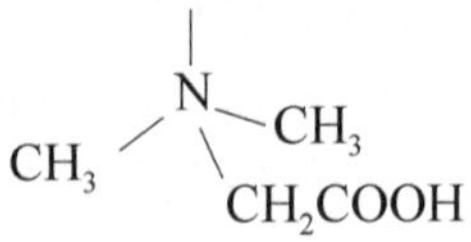

CH_3–N(CH_3)–CH_2COOH

Ⅵ甜菜碱基f

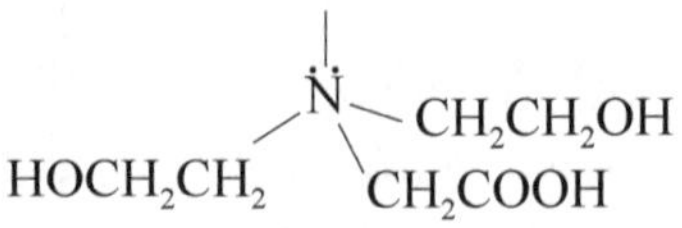

$HOCH_2CH_2$–N(CH_2CH_2OH)–CH_2COOH

Ⅶ甜菜碱基g

–CH_2–CH_2–O–CH_2–CH_2–O–CH_2–CH_2–O–CH_3

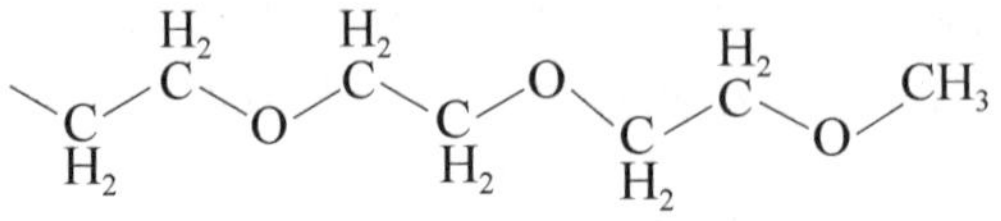

非离子乙氧基h

图 4.3　极性头基结构图

在 DPD 模拟中，上述表面活性剂均采用简化模型 HT，但各自的相互作用参数不同（表 4.2），H 和 T 分别代表表面活性剂的头基与尾基，水分子和油分子分别用单个珠子 W 和 O 来表示。为了便于研究体系的界面性质，模拟中采用 20×10×10 的格子，珠子密度为 3.0，格子中共含有 6000 个珠子（ρ=3），DPD 模拟运行 20000 步，步长 0.05，模拟体系通过 Gibbs 正则系综达到平衡状态（Español and Warren，1995）。

表 4.2　模拟体系中的相互作用参数 a_{ij}（k_BT 单位）

a_{ij}	W	O	T	$H_Ⅰ$	$H_Ⅱ$	$H_Ⅲ$	$H_Ⅳ$	$H_Ⅴ$	$H_Ⅵ$	$H_Ⅶ$
W	25.0	75.0	75.0	9.56	0.0	37.6	31.9	19.3	16.5	33.5
O	75.0	25.0	25.0	70.9	101.3	81.0	125.5	103.0	100.8	87.6
T	75.0	25.0	25.0	70.9	101.3	81.0	125.5	103.0	100.8	87.6
$H_Ⅰ$	9.56	70.9	70.9	25.0						
$H_Ⅱ$	0.0	101.3	101.3		25.0					
$H_Ⅲ$	37.6	81.0	81.0			25.0				
$H_Ⅳ$	31.9	125.5	125.5				25.0			
$H_Ⅴ$	19.3	103.0	103.0					25.0		
$H_Ⅵ$	16.5	100.8	100.8						25.0	
$H_Ⅶ$	33.5	87.6	87.6							25.0

注：H 代表头基（Ⅰ磺酸头基、Ⅱ硫酸头基、Ⅲ羧酸头基、Ⅳ和Ⅴ代表上述两种烷醇酰胺头基、Ⅵ和Ⅶ代表上述两种甜菜碱头基）；T 代表尾基；W 代表水；O 代表油相十二烷。

1. 表面活性剂的界面密度

图 4.4 为不同头基的表面活性剂在达到饱和吸附时的界面密度图，可以看出头基与水的相互作用越强，表面活性剂吸附到界面上的趋势越弱，在界面上的数密度就越小。

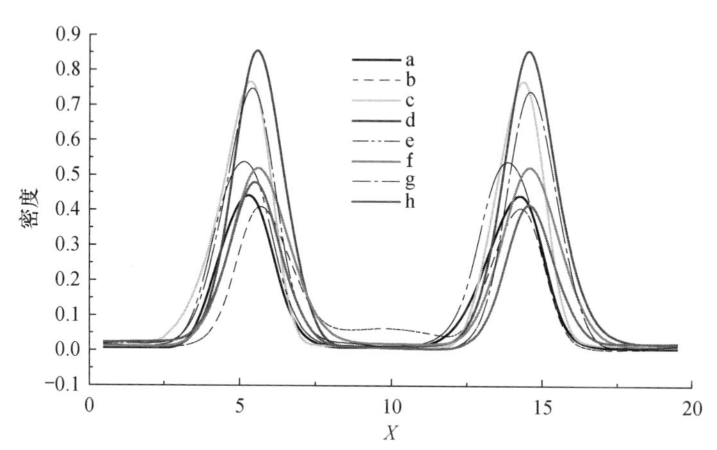

图 4.4 饱和吸附时不同表面活性剂头基的平均密度分布图（文后附彩图）

2. 饱和吸附点

表 4.3 示出的是具有不同头基的表面活性剂的饱和吸附个数。

表 4.3 不同头基的表面活性剂饱和吸附个数

活性剂类型	a 磺酸基	b 硫酸基	c 羧酸基	d 双取代烷醇酰胺基
饱和吸附个数	105	90	165	195
活性剂类型	e 单取代烷醇酰胺基	f 甜菜碱基	g 甜菜碱基	h 非离子乙氧基
饱和吸附个数	135	135	165	135

从表 4.3 中可以看出，表面活性剂头基与水的相互作用越强，头基离子的溶剂化作用越强，水分子渗透到界面层越多，表面活性剂界面密度就越小，对应的饱和吸附个数就越少。

3. 界面张力与表面活性剂的界面效率

图 4.5 为 DPD 模拟得到的不同头基表面活性剂体系中界面张力的相对值 γ/γ_0（γ_0 为无表面活性剂时水/十二烷体系的界面张力）。由于该方法能准确地计算平坦

界面时体系的界面张力，图中计算的是达到吸附饱和之前体系的界面张力与纯油/水体系中界面张力的比值。

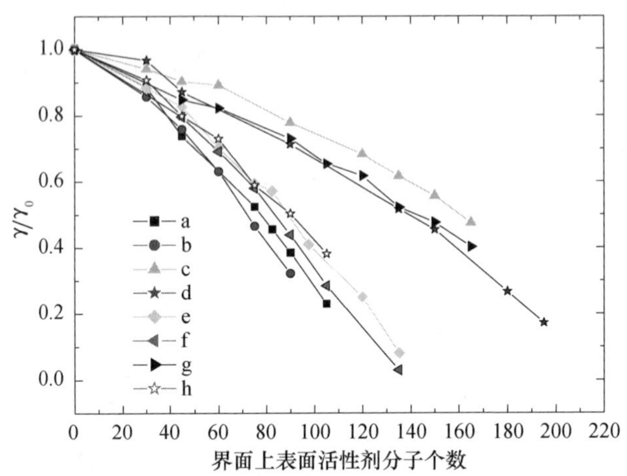

图 4.5　不同表面活性剂体系界面张力的相对值 γ/γ_0 对表面活性剂界面密度曲线

通过界面张力对界面密度的曲线，可得出表面活性剂界面效率的信息。由图 4.5 可知，体系的界面张力随着表面活性剂在界面上数密度的增加而降低，且硫酸头基和磺酸头基表面活性剂的降低幅度大于其他表面活性剂。沿水平方向作一条水平线，可以看出，降低相同界面张力值时所需硫酸头基的表面活性剂在界面上的数密度要小于其他表面活性剂在界面上的数密度。在同一油/水界面上，降低相同界面张力值时所需的界面密度越小，则说明其界面效率越高（Shelley et al.，1999）。

4. 表面活性剂的均方根末端距和界面宽度

图 4.6 给出不同头基的表面活性剂在饱和吸附前各浓度下均方根末端距的变化，均方根末端距的增大意味着表面活性剂在界面排布的伸展性和有序性增加。

在相同浓度下，对离子型表面活性剂来说，头基为硫酸基的表面活性剂均方根末端距比头基为磺酸和羧酸头基的均方根末端距更大，尽管它们均采用了两珠子模型 HT。这是因为硫酸头基亲水性最强。在油/水界面层，由于油分子的插入，表面活性剂尾链间的范德华相互作用减弱，因而头基对分子在界面上的排布行为起了决定性的作用。离子头基的溶剂化作用可通过改变头基浸入水相的深度及界面粗糙度来改变表面活性剂在界面的吸附。离子的溶剂化作用越强，则分子在水相渗透得越深，使其尾链在油相中的有效长度减小，因而尾链中邻位交叉构象减少。同时，头基与水的强烈吸引作用使得尾链的摇摆性和不稳定性减弱，这使得在油/水界面上最为伸展、有序，从界面宽度的数据上也可以体现出，如图 4.7

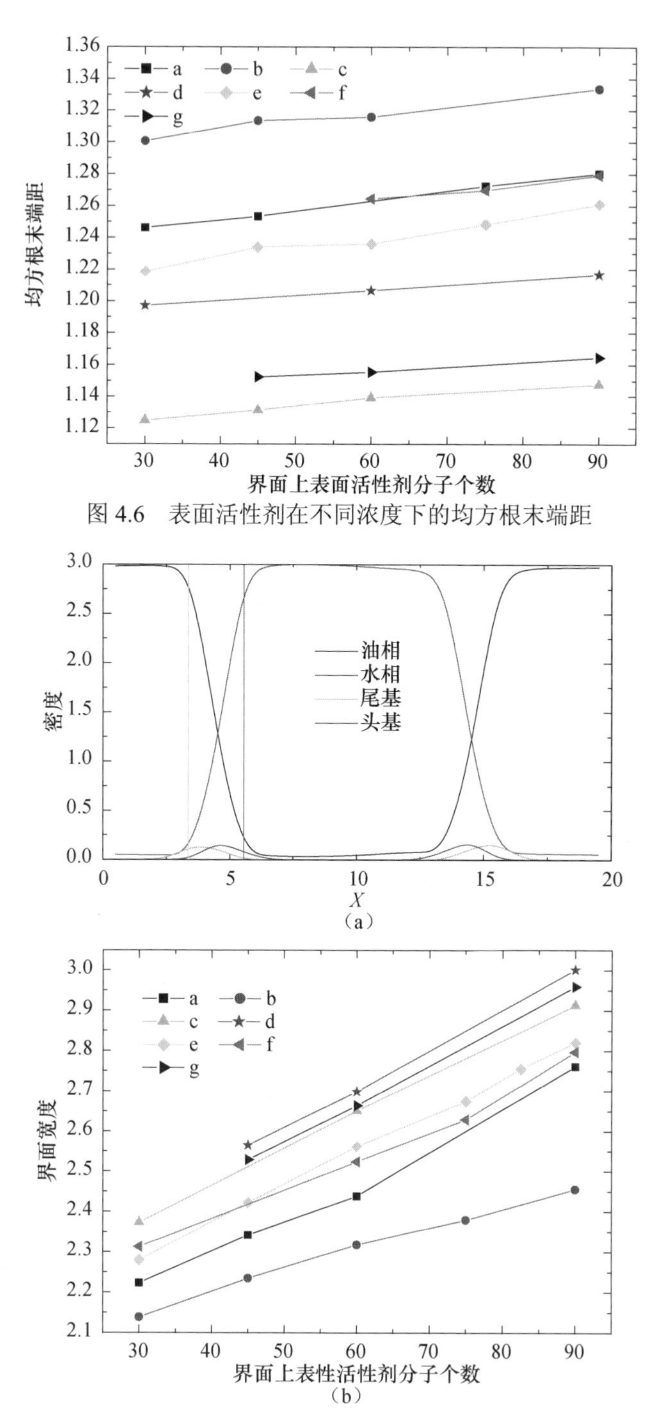

图 4.6　表面活性剂在不同浓度下的均方根末端距

图 4.7　表面活性剂层的界面宽度的定义（a）及不同表面活性剂在油水界面的界面宽度（b）（文后附彩图）

所示。所谓界面宽度的定义是指从水相本体密度的 90%到油相密度的 90%或从油相本体密度的 90%到水相密度的 90%之间的区域（Senapati and Senapati，2001）。

对于非离子表面活性剂和两性表面活性剂有同样的规律，头基与水的相互作用越强，尾链中邻位交义构象越少，表面活性剂末端距越大，在油/水界面上就越伸展。上述效应可称为表面活性剂极性头的“锚定作用”。极性头“锚定作用”使表面活性剂界面排布的有序性提高。

5. 磺酸盐与羧酸盐表面活性剂界面效率的比较

图 4.8 为 SDBS 在甲苯/水界面的密度分布图由图可知，当 SDBS 的含量为 0.06 时其在甲苯/水界面的吸附已经达到饱和状态，水相中已存在部分 SDBS，且浓度继续增大时，界面密度维持在 0.32 左右不再增加；而 OAS 在含量为 0.06 时，其在正辛烷/水界面的吸附远未达到饱和，当含量继续增大时界面密度也明显增大，直到含量为 0.16 界面密度大于 1.0 时，界面吸附才达到饱和。图 4.9 是含量同为 0.06 时 SDBS 和 OAS 在体系中的存在状态。SDBS 在界面的吸附已达到饱和，开始在体相中聚集，而 OAS 仅在界面排布。

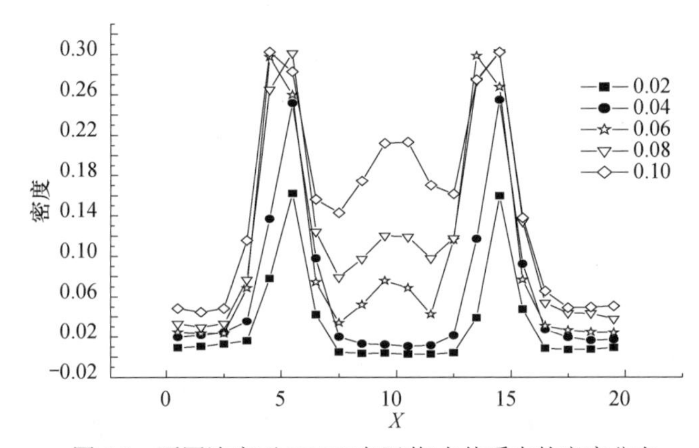

图 4.8　不同浓度下 SDBS 在甲苯/水体系中的密度分布

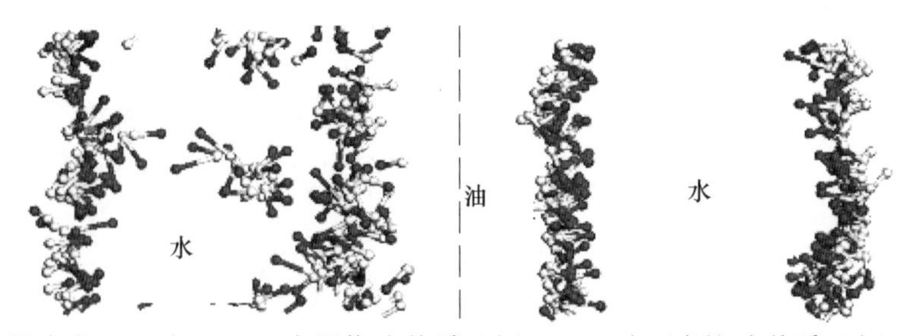

图 4.9 浓度为 0.06 时，SDBS 在甲苯/水体系（左）、OAS 在正辛烷/水体系（右）中的形态（文后附彩图）

6. 极性头包含两种极性基团的两性表面活性剂的界面效率

考察极性头包含两种极性基团的两性表面活性剂的界面效率。图 4.10 是 AES 表面活性剂的结构示意图，模拟中头基用两个珠子表示，硫酸头基为一个珠子，乙氧基为一个珠子，尾基为一个珠子。从图 4.11 可以看出，双头基表面活性剂 AES 要比 SDS 和非离子表面活性剂界面效率高，在研究的表面活性剂中，双头基表面活性剂 AES 比任何一种单头基表面活性剂的界面性能都好。

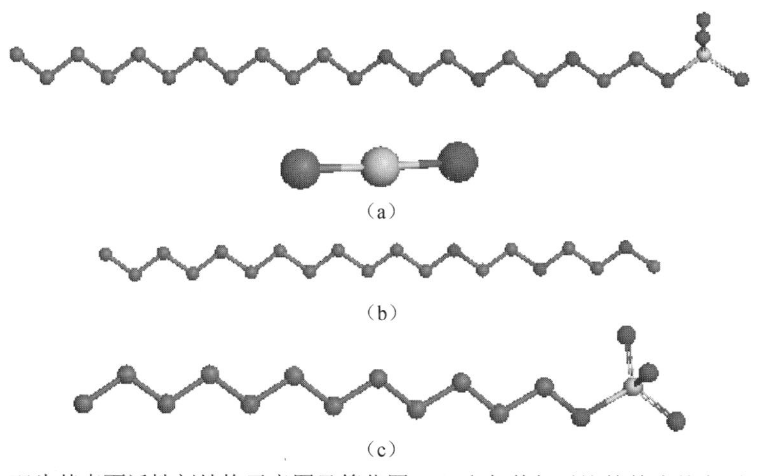

图 4.10　双头基表面活性剂结构示意图及简化图（a）和与其相对比的单头基表面活性剂结构示意图［（b）、（c）］（文后附彩图）

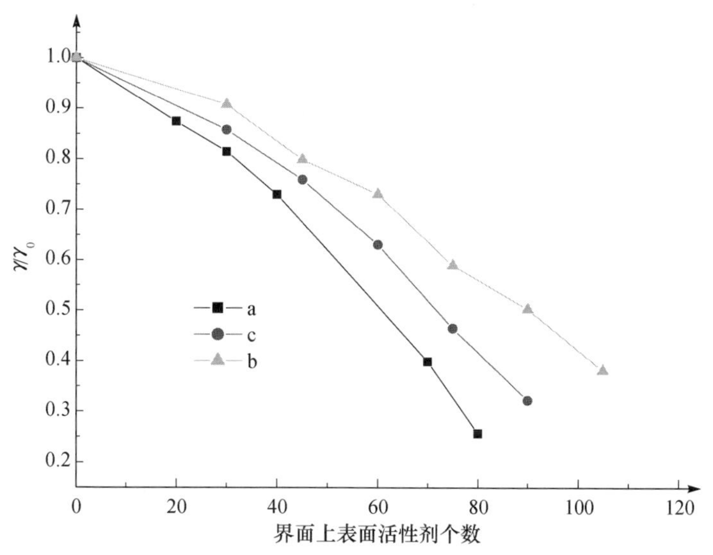

图 4.11　AES 与 SDS 和非离子表面活性剂界面效率图

通过前面的模拟结果，对于几种不同头基的表面活性剂，可以得到以下结论。

（1）硫酸盐型和磺酸盐型：具有较高的界面效率。

（2）羧酸盐型表面活性剂在界面的吸附量比较大，但是界面效率较低。

（3）甜菜碱型两性表面活性剂在单独使用时，界面效率不够理想。

（4）非离子表面活性剂单独使用时界面效率较低。

（5）AES 比硫酸盐的界面效率高，乙氧基的加入对界面效率的提高产生正面影响。

综上所述，尽管磺酸和硫酸盐以及两性甜菜碱类表面活性剂界面效率相对比较高，然而所有的常规单链单头基表面活性剂单独使用时界面活性都不够理想；但是上述研究结果对设计开发新型表面活性剂给出了有意义的重要启示，磺酸基和硫酸基是首选的极性基。

（二）表面活性剂疏水链结构对界面活性的影响

油/水界面层的组成及分子排布与表面活性剂界面活性的发挥密切相关，是界面张力的决定因素，表面活性剂疏水链与油相分子间的结构相似性有利于界面层分子的致密排布，促进界面张力的降低。

改变表面活性剂疏水链和油相类型，通过考察表面活性剂分子在油/水界面的排布和行为，通过界面密度的大小和界面分子排布的有序性来表征表面活性剂在油/水界面呈现的活性，验证表面活性剂对油相分子的选择性和适应性，有利于确定最适宜不同油相组分的表面活性剂。

根据前述关于头基的研究结果，磺酸盐或者是硫酸盐的界面效率比较高。选用磺酸极性头的表面活性剂，改变尾基烷烃碳原子个数分别为 8、12、16，对应油相为正辛烷、十二烷、十六烷，考察尾链对表面活性剂界面活性的影响。

DPD 模拟中，油分子和水分子均用单个珠子描述，表面活性剂分子用头基和尾基两个珠子描述。模拟步数为 20000 步，步长采用 0.05；模拟盒子的尺寸为 20×10×10，珠子密度为 3.0。

1. 不同油相对表面活性剂均方根末端距的影响

表面活性剂的均方根末端距可用来表示其在油/水界面分子排布的有序性，表面活性剂的末端距越大，说明排列越有序。从图 4.12 中可以看出对于碳原子个数为 8 的表面活性剂 $C_8H_{17}SO_3Na$ 来说，油相为正辛烷时末端距最大，十二烷次之，十六烷最小；对于疏水链碳原子个数为 12 的表面活性剂 $C_{12}H_{25}SO_3Na$，油相为十二烷时末端距最大；而表面活性剂 $C_{16}H_{33}SO_3Na$ 在油相为十六烷时的末端距最大。

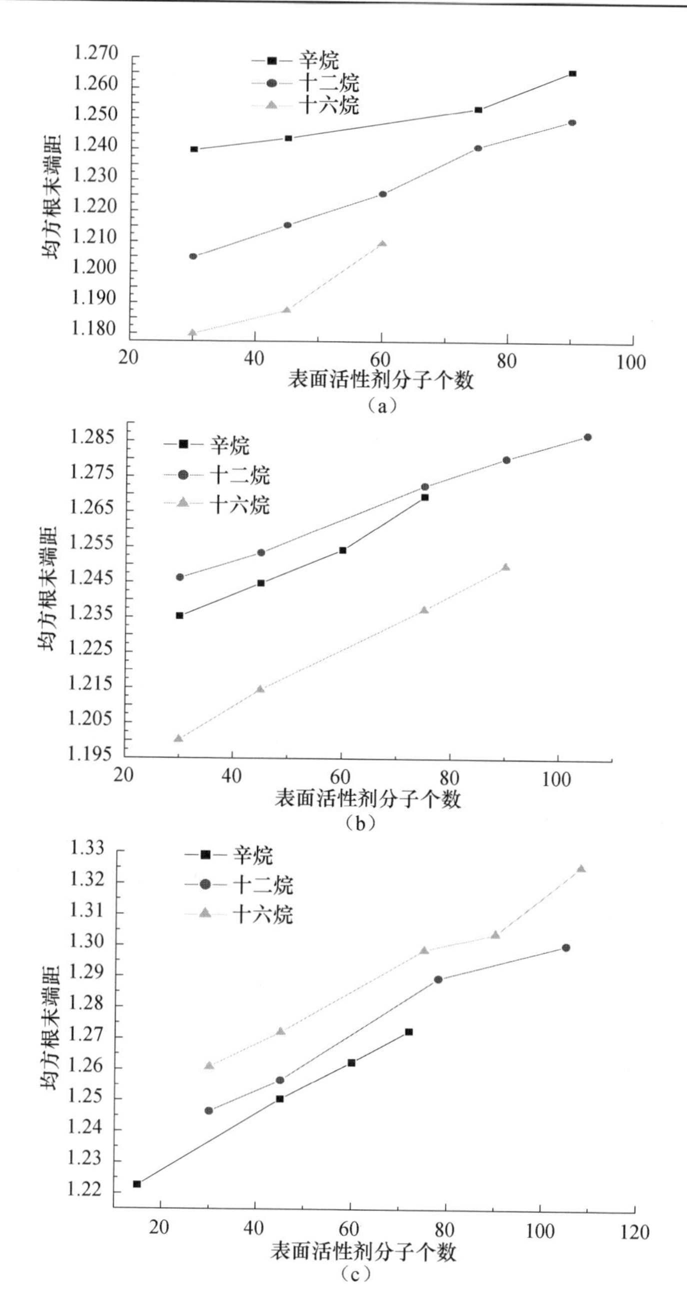

图 4.12 不同油相中对表面活性剂 $C_8H_{17}SO_3Na$（a）、$C_{12}H_{25}SO_3Na$（b）和 $C_{16}H_{33}SO_3Na$（c）均方根末端距图

表面活性剂分子的疏水基与油相分子间的相互作用和疏水基本身之间的相互作用具有非常相似的性质和接近的强度。由图 4.12 可以看出，当油相与表面活性

剂尾基的相似性增强时，尾基对油分子的排斥作用减弱，使得油分子易于进入界面层区域，而界面层中饱和油相分子的链长与表面活性剂分子的疏水链长越相近，表面活性剂在界面的排布更加紧密有序，因而其均方根末端距增大。

2. 饱和吸附点

尾链与油相越相近，两者之间的排斥参数就越小，表面活性剂就更易进入界面层，界面层分子排布越致密，在界面上吸附个数也就越多，界面密度越高，表面活性剂的界面效率越高（表 4.4、图 4.13）。

表 4.4　不同的表面活性剂对应于不同油相时的饱和吸附个数

表面活性剂	油相		
	正辛烷	十二烷	十六烷
$C_8H_{17}SO_3Na$	105	90	75
$C_{12}H_{25}SO_3Na$	75	105	90
$C_{16}H_{33}SO_3Na$	72	105	108

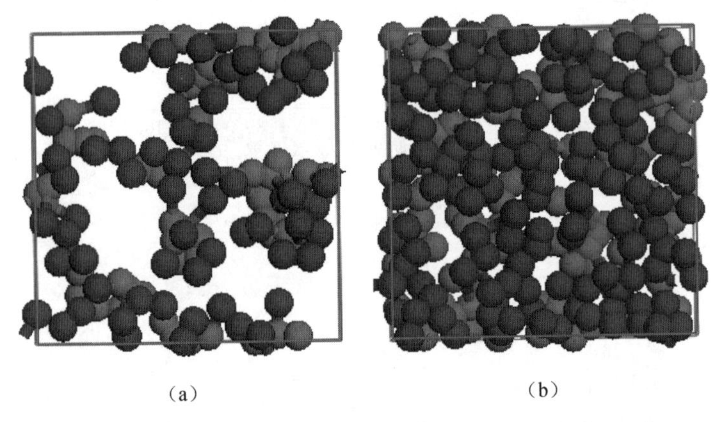

（a）　　　　（b）

图 4.13　饱和吸附点时，$C_{16}H_{33}SO_3Na$/正辛烷/水界面剖面图（a）和 $C_{16}H_{33}SO_3Na$/十六烷/水界面剖面图（b）（文后附彩图）

3. 表面活性剂尾基变化对界面效率的影响

在表面活性剂组成和浓度固定的情况下，以不同碳原子数的烷烃同系物为油相构成油/水界面时，体系界面张力随烷烃碳原子数的改变而改变，在某一碳原子数时出现界面张力最低值，该碳原子数称为油相对该体系的适宜碳数。适宜碳数与表面活性剂的分子结构有关。为了更好地了解表面活性剂在界面的排布行为，考察尾链长度的变化对界面效率的影响，研究了不同表面活性剂在油/水界面上的界面张力随其界面密度的变化，如图 4.14 所示。

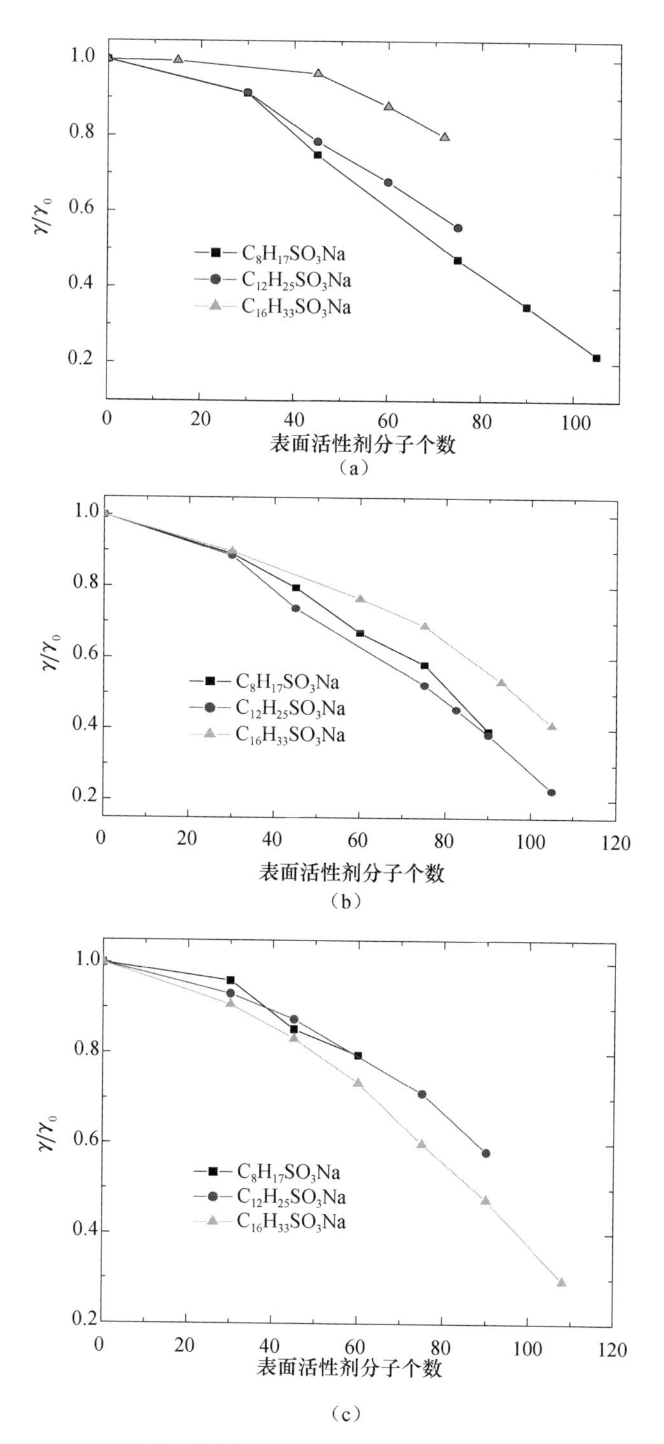

图 4.14　不同表面活性剂在正辛烷（a）、十二烷（b）和十六烷（c）中的界面张力曲线

从图 4.14 中可以看出油相为正辛烷时疏水链碳原子个数为 8 的表面活性剂 $C_8H_{17}SO_3Na$ 界面效率最好；而油相为十二烷时表面活性剂 $C_{12}H_{25}SO_3Na$ 是最好的；油相为十六烷时表面活性剂 $C_{16}H_{33}SO_3Na$ 是最好的。

以 $C_{12}H_{25}SO_3Na$ 为例，当油相为正辛烷时，由于表面活性剂的尾链长度大于油分子长度，长处的一段搭在了油分子上，一方面使得暴露在表面上 CH_2 的数目增多，能量升高；另一方面，这种结构使得表面活性剂排列不够紧密，这两方面的原因使得界面效率降低。同样，油相为十六烷时有相似的情况。而当油相为十二烷时，其链长度与表面活性剂分子相当，使得在界面上排列紧密，而且暴露在表面上的仅有 CH_3 基团，能量比较低，使得界面效率高。

4. 疏水链中双键对界面效率的影响

以 AOS 表面活性剂为例考察疏水链中双键对界面效率的影响，选择尾链碳原子数为 16。图 4.15 为界面张力对表面活性剂在界面上的浓度作图。16 个碳的 AOS 表面活性剂其界面效率与 12 个碳的饱和烷烃磺酸盐表面活性剂差不多，尾链中双键的介入相当于减小了碳原子数，这与 cmc 的变化规律相一致。

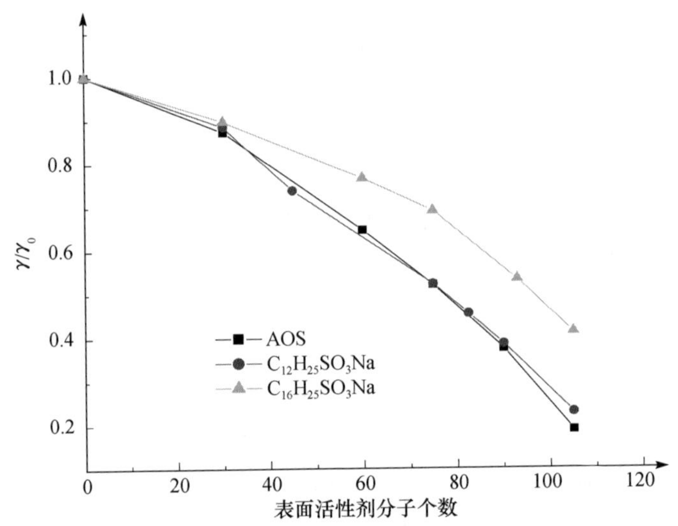

图 4.15　尾链中带有双键的表面活性剂界面效率与饱和烷烃界面效率对比

5. 尾链中苯环对界面效率的影响

通过分子模拟手段来研究尾链中苯环的引入对磺酸盐类表面活性剂在油水界面的界面效率的影响。

油分子和水分子各用单个珠子描述，表面活性剂分子用 3 个珠子描述，分别代表头基、尾基和苯环。模拟步数为 20000 步，步长 0.05；模拟盒子尺寸为 20

×10×10，珠子密度为 3.0。从图 4.16 中可以看出，无论是对于表面活性剂 $C_8H_{17}C_6H_4SO_3Na$ 还是 $C_{12}H_{25}C_6H_4SO_3Na$，苯环的加入，都提高了界面效率。

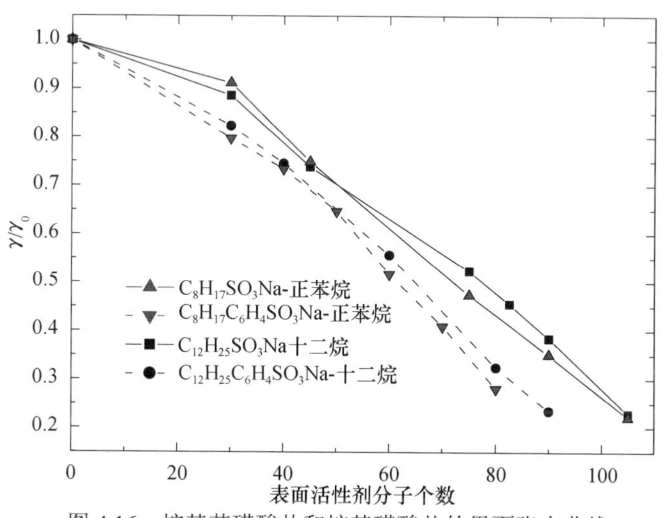

图 4.16　烷基苯磺酸盐和烷基磺酸盐的界面张力曲线

实验上，采用非线性和频共振光谱通过测定烷基链中甲基与亚甲基对称伸缩强度的比 I_{r^+}/I_{d^+} 来表征烷基链的有序性，考察表面活性剂界面的微观排布行为，结果如图 4.17 所示。SDBS 甲基与亚甲基的对称伸缩强度比随着表面活性剂浓度的增加逐渐变大，说明表面活性剂在界面上吸附越多，其排列越有序，这和均方根末端距试验是相对应的；而 SDBS 甲基与亚甲基的对称伸缩强度比与其浓度值无关，说明该表面活性剂在浓度很小的时候就保持了很好的有序性，这充分说明了苯环在油/水界面上起到了固定表面活性剂的作用，在油水界面上苯环是垂直排布的，它的存在破坏了与其相连的几个亚甲基的相互作用，使得其邻位交叉构象减少，从而使得表面活性剂在界面上排列更加有序，提高界面效率。

6. 疏水链中带有分支的表面活性剂——衣架型表面活性剂

图 4.18 列出了模拟过程两种不同类型的表面活性剂的结构图。选定总的表面活性剂碳链长度为 16，移动头基的位置，考察表面活性剂分支对界面效率的影响，同时还考察了带有苯环的分支表面活性剂的界面效率，如图 4.19 所示。从图中结果可以看出，疏水基碳原子个数相同时，分支表面活性剂具有更高的界面效率。

图 4.20 为固定一个表面活性剂碳链长度为 12，改变另外一个碳链长度所得的界面张力/曲线图，从图中可以看出，当两个碳链长度均为 12 时，界面效率最高，这说明表面活性剂的界面效率与表面活性剂尾链的总疏水性关联很大，这与 cmc 结果一致，总疏水性越大，cmc 越小，界面效率越高。

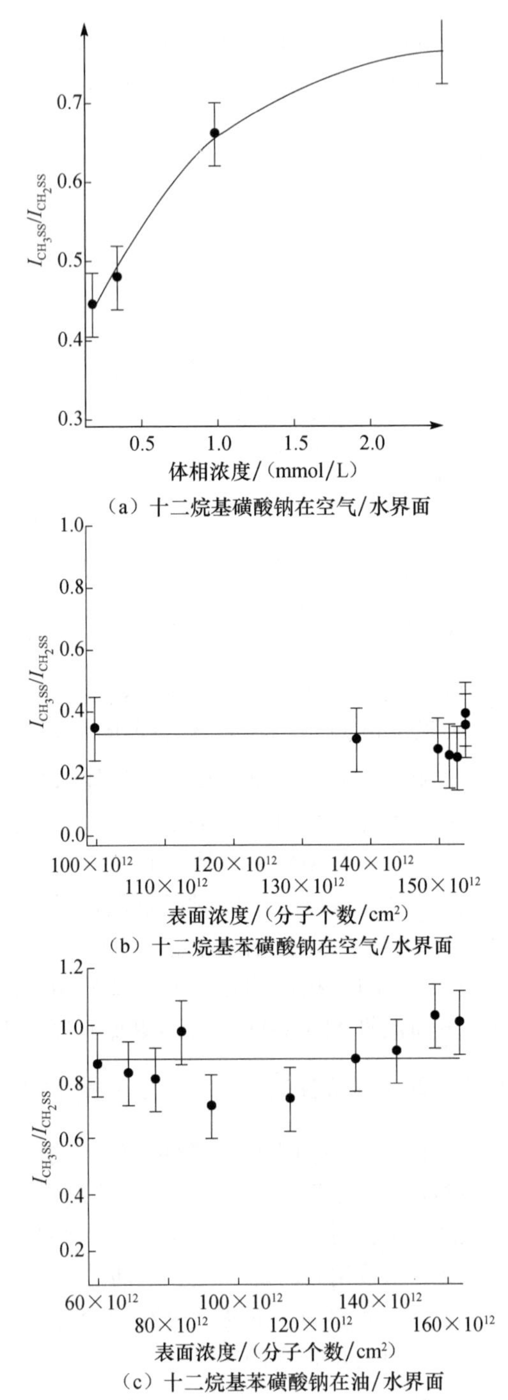

（a）十二烷基磺酸钠在空气/水界面

（b）十二烷基苯磺酸钠在空气/水界面

（c）十二烷基苯磺酸钠在油/水界面

图 4.17　不同表面活性剂甲基与亚甲基的对称伸缩强度的比值随浓度的变化曲线

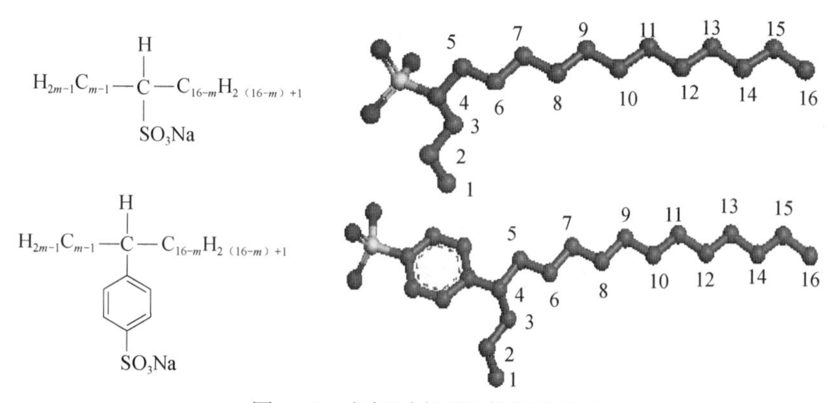

图 4.18　衣架型表面活性剂结构图

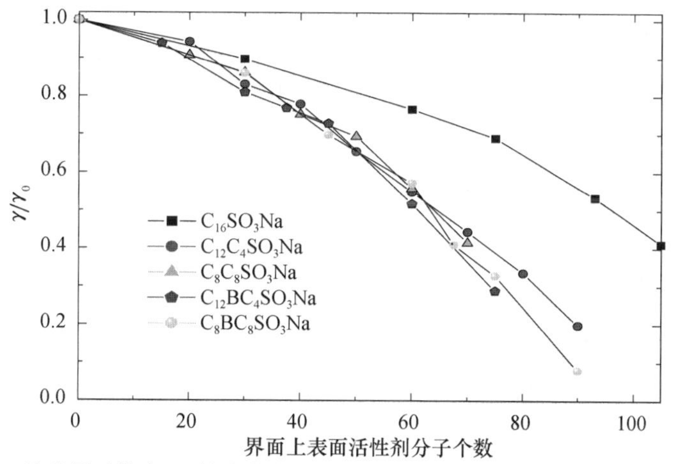

图 4.19　总碳原子数为 16 的分支表面活性剂的界面张力/曲线（油相为十二烷）

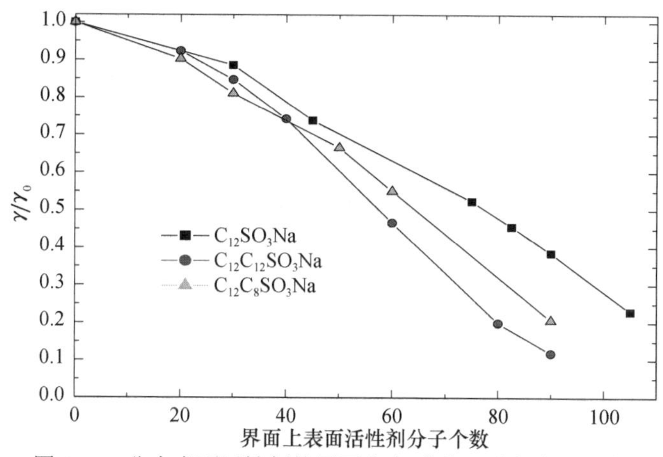

图 4.20　分支表面活性剂的界面张力/曲线（油相为十二烷）

为什么总疏水性固定的情况下，分支的表面活性剂会有更高的界面效率呢？从有序性参数上来解释这个问题，所谓有序性参数，是用来表征表面活性剂向 x 轴倾向程度的一个量，其定义如下：

$$p_2 = \frac{3}{2}\left\langle \cos^2\phi \right\rangle - \frac{1}{2} \tag{4-1}$$

式中，ϕ 为键与 x 轴所成的角度，这里当然是取所有表面活性剂的平均值。从上面公式可以看出 p_2 是介于 0～1 之间的数值。表面活性剂与 x 轴夹角越小，该值就越大，表面活性剂就越伸展。表面活性剂头基用一个珠子表示，为了更好地看出有序性参数的变化，尾基采用多个珠子来表示（取五个），两种表面活性剂简写分别为 h1t5（单链）和 h1t2t3（分支）。结果如图 4.21 所示。

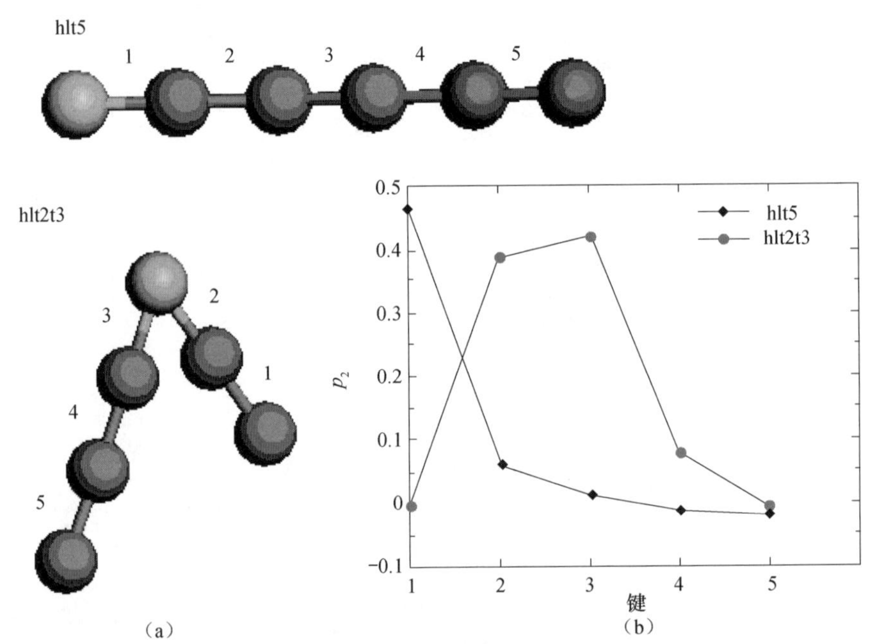

图 4.21　单链与分支表面活性剂结构简图（a）和不同珠子的有序性参数（b）（文后附彩图）

对于 h1t5 型单链表面活性剂来说，在亲水基和疏水基之间的第一个键有序性是比较好的，但是其他的疏水链之间的键是很自由的，有序性参数数值特别低；对于 h1t2t3 型分支表面活性剂来说，连接亲水基的有两个键的有序性是非常好的，尾部的链是比较自由的排列。所以，表面活性剂 h1t2t3 在界面上有着更高的有序自由度，如果降低同样界面张力的话，相对来说就有更高的效率。低的有序性的分子层与高有序性的相比较容易被油分子穿透，这一点可以从图 4.22（a）的密度图上看出，表面活性剂 h1t5 界面层中，油分子渗透相对很多，而表面活性剂 h1t2t3 分子层中，油分子渗透很少。两种表面活性剂在界面的不同排列方式如图 4.22（b）所示。

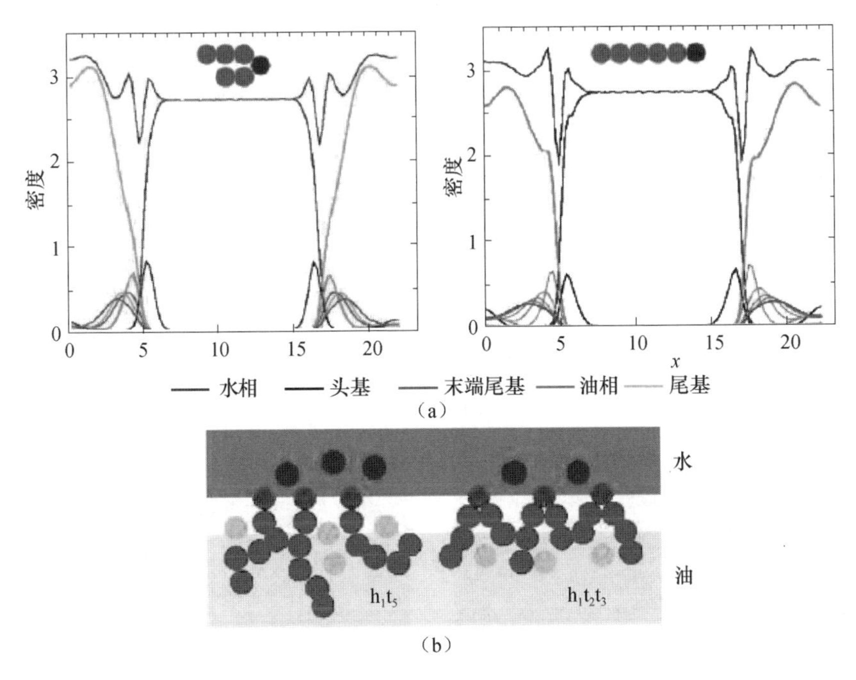

图 4.22　两种分支表面活性剂的密度图（a）和界面排布示意图（b）（文后附彩图）

另外模拟了当表面活性剂头基与油相排斥参数比较小的时候，也就是说疏水性不强的时候。模拟结果表明两者之间排斥参数比较大的时候，分支的表面活性剂界面效率比较高，就如同上面的结果；而当两者之间排斥参数比较小的时候，单链的表面活性剂界面效率比较高。为此提出了如下的模型：当表面活性剂疏水性足够大的时候，表面活性剂强的亲水基足够起到固定双疏水链的作用，分支的表面活性剂在界面上排列就比较紧密；而当表面活性剂亲水性不是很强的时候，表面活性剂特别容易在油相中，形成图 4.23（d）的结构，这种结构对应的横向界面压力很低，造成界面张力就相对单链比较低。

通常情况下，DPD 模拟得到的是比较粗略的规律性信息，若要得到比较详细的界面信息，全原子分子动力学模拟是必需的。图 4.24 是用分子动力学模拟得到的改变表面活性剂尾链带有分支的苯磺酸钠分支点位置得到的结果。先建好一放有水分子的盒子，盒子的尺寸不能小于截断半径的两倍，水的密度设定为 $0.997g/cm^3$，建立两个表面活性剂层［图 4.24（b）］，两层叠加到一起。表面活性剂层之上叠加油层，油的密度设定为 $0.725g/cm^3$。最后的结构图如图 4.24（a）所示。对该构型先利用分子力学方法进行能量最小化，然后在 NPT 系综的条件下进行分子动力学计算，平衡 2ns 之后，测得每个表面活性剂最小的界面面积，如表 4.5 所示。由于周期性边界条件的选用，所有的模拟采用两个油/水界面。

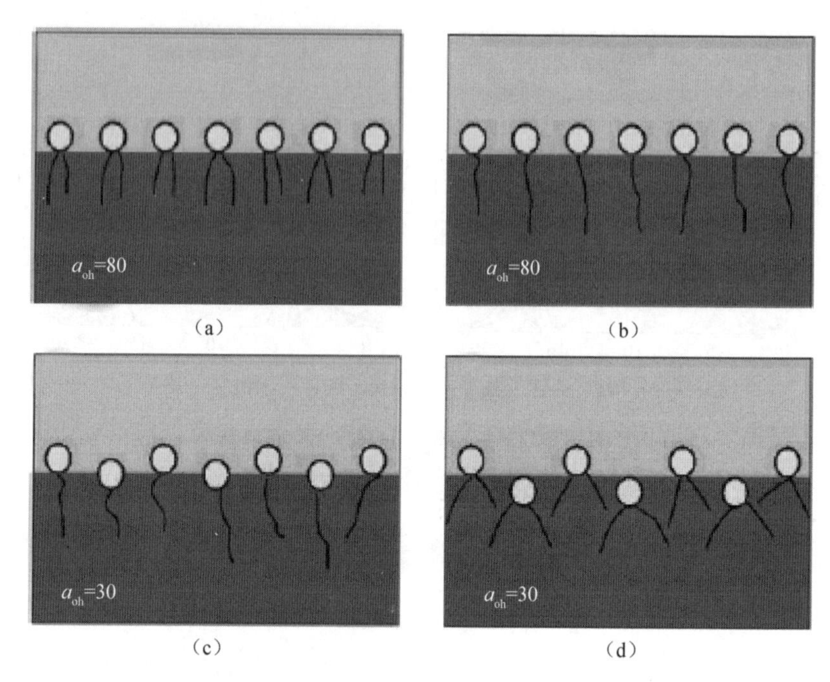

图 4.23 不同疏水程度的表面活性剂在界面上的排布示意图

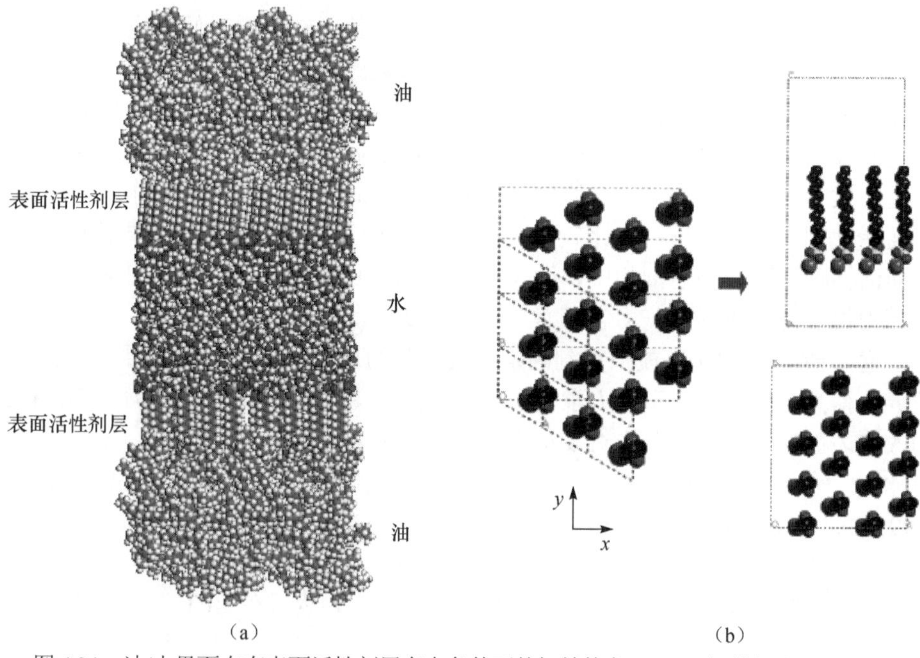

图 4.24 油/水界面在有表面活性剂层存在条件下的初始构象（a）及初始的表面活性剂层六角状的排列方式（b）

在整个模拟过程中，运用 Verlet 速度算法积分牛顿运动方程，步幅采用 0.1fs。Nose-Hoover-type 热浴方法用来控制体系的温度。原子之间的范德华力相互作用应用 Lennard-Jones 势能函数表示，长程静电相互作用采用 Ewald 加和方法计算，截断半径选用 15.0Å（Karaborni et al.，1993）。

从表 4.5 中的数据可以看出，表面活性剂 4-C16 具有最低的占有面积/每个分子，这说明该表面活性剂在界面上排列最紧密。从动力学模拟还可以得到界面形成能（IFE），它表示的是形成表面活性剂界面层需要的能量，计算公式为：

$$IFE = \frac{E_{总} - nE_{表面活性剂分子} - E_{油/水体系}}{n} \tag{4-2}$$

式中，$E_{总}$表示加入表面活性剂之后界面的能量；$E_{表面活性剂分子}$表示单个表面活性剂的能量；$E_{油/水体系}$表示没有表面活性剂存在的时候的界面能；n 为界面上吸附表面活性剂的个数。由于表面活性剂的加入降低了界面张力，从而使得体系界面的总能量降低，也就是说 IFE 是一个负值，而且负数越大说明界面越稳定。

表 4.5　不同表面活性剂每个分子所占面积

体系	L_x/Å	L_y/Å	L_z/Å	每个分子所占面积/Å^2
油/水	28.90±0.08	28.90±0.08	77.27 ±0.22	
2-C16/油/水	21.96±0.05	28.72±0.07	133.55±0.31	39.42±0.13
4-C16/油/水	21.86±0.06	26.72±0.07	143.95±0.18	36.51±0.13
6-C16/油/水	21.93±0.05	29.51±0.07	131.10±0.31	40.45±0.13
8-C16/油/水	26.91±0.05	34.89±0.07	90.05±0.18	56.68±0.17

表 4.6　不同表面活性剂分子所对应的界面形成能

体系	$E_{总}$/(kcal/mol)	$E_{表面活性剂分子}$/(kcal/mol)	IFE/(kcal/mol)
油/水	−8 010.81±62.37		0
2-C16/油/水	−13 341.01±66.04	−92.66±4.23	−73.909±0.004
4-C16/油/水	−13 355.22±74.57	−92.44±4.06	−74.573±0.004
6-C16/油/水	−13 338.12±64.25	−93.09±4.42	−73.388±0.004
8-C16/油/水	−13 045.97±70.53	−92.61±4.23	−64.739±0.003

从表 4.6 界面形成能的数据结果可以看出，前三种尾链不对称的表面活性剂对应的界面形成能比两个尾链都为 8 的表面活性剂 8-C16 的降低界面能量的能力要强；而且在这三种表面活性剂中，同样是 4-C16 能够把油/水界面张力降到最低（图 4.25）。DPD 模拟得到结果，4-C16 比 8-C16 具有更高的界面效率，能使界面张力降低更多。两个模拟结果是一致的。

从上面的数据可以看出，表面活性剂 4-C16 在油/水界面上吸附量最大，对应的界面张力以及界面形成能最大，下面从表面活性剂在界面上排列的分子构象以及分子尾链的有效长度两个方面探讨一下出现该结果的原因。

表面活性剂的构象一般情况下通过反/顺扭曲角构象比率表示。从图 4.26 中的结果可以看出，表面活性剂 4-C16 拥有最大的反/顺构象比，这说明该表面活性剂的尾链倾斜角最小、最深展，邻位交叉构象最少。另外，表面活性剂存在下的油相的反/顺构象比本体油相中的大了许多，这说明表面活性剂的存在同时改变了界面上油相的排列，使得其与表面活性剂尾链融合到一块，更加伸展有序。

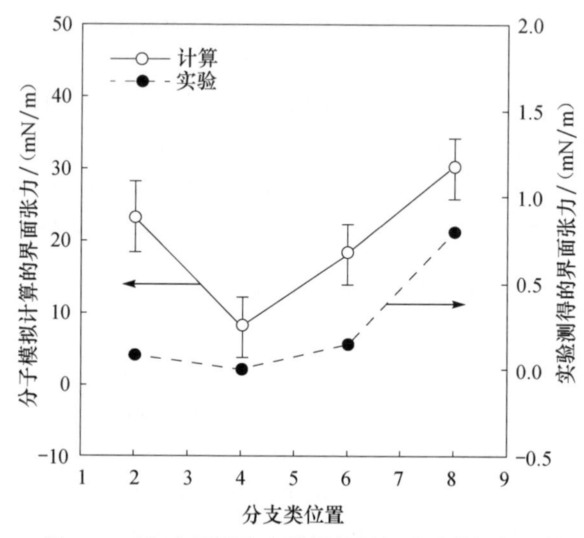

图 4.25　油/水界面张力模拟结果与试验数据相比较

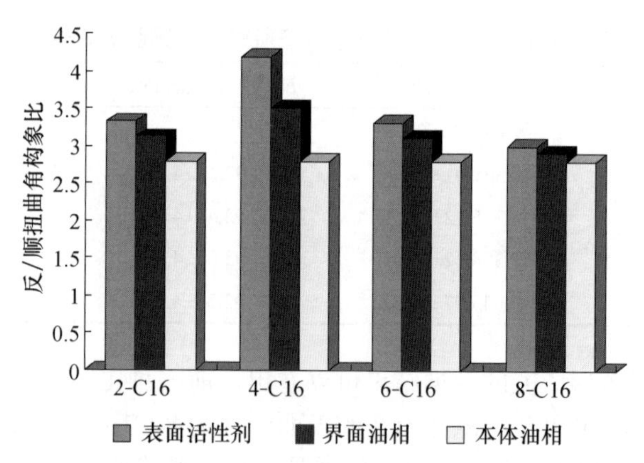

图 4.26　表面活性剂尾链、界面油相及本体油相的反顺构象比

有效尾链长度是另外一个表征表面活性剂在界面上排列构象的参数，如图 4.27 所示，尾链长度定义为碳链骨架末端到与苯环相连的碳原子（C_{attach}）之间的

距离。对于尾链中含有分支的表面活性剂，有两个长度$r_{长链}$和$r_{短链}$存在。有效尾链长度定义为长链长度与短链长度之差。有效长度与油相长度越相近，两者之间混溶性越好。表 4.7 中列出了不同表面活性剂有效尾链长度的统计平均值。可以看出，油相的有效尾链长度为 9.97Å，各表面活性剂中只有 4-C16 的有效尾链长度（9.53Å）与油相的长度最相近，这可能是导致了表面活性剂尾链在界面上混合熵变的增加，最终导致具有最低的界面形成能。

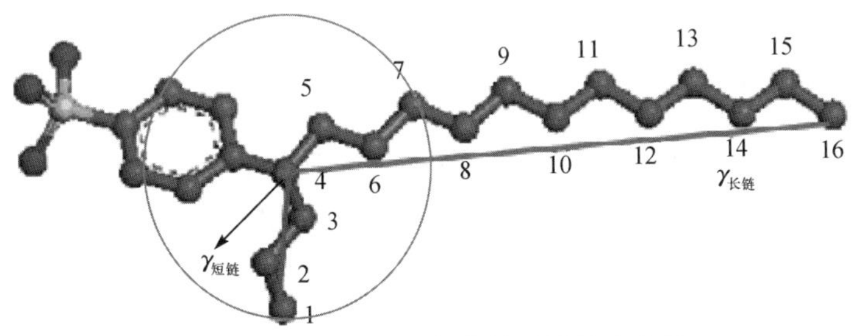

图 4.27　表面活性剂有效尾链长度定义

表 4.7　表面活性剂尾链长度的影响

体系		尾链长度/Å	
正癸烷		9.97±1.43	
表面活性剂	$\gamma_{长链}$/Å	$\gamma_{短链}$/Å	有效尾链长度/Å
2-C16	14.79±1.43	1.54±0.03	13.25±1.43
4-C16	13.37±1.35	3.84±0.19	9.53±1.36
6-C16	10.92±0.96	5.75±0.46	5.17±1.07
8-C16	8.97±0.76	8.01±0.60	0.96±0.97

（三）新型高效驱油用表面活性剂的分子设计路线

通过研究表面活性剂分子结构对油/水界面活性的影响规律，对新型高效驱油用表面活性剂的分子设计路线已渐渐清晰：以磺酸基或硫酸基为极性头基，疏水链包含苯环，根据油相选用不同的表面活性剂疏水链类型，以达到与油相相适应的目的。

第三节　泡沫剂与原油的相互作用

一、表征泡沫剂与原油相互作用的参数

表征泡沫剂与原油相互作用的参数主要有泡沫的耐油性及泡沫剂溶液与原油的油水界面张力。泡沫虽然具有对油水选择性封堵的能力，即遇油破灭，遇水稳

定的特点，但油藏有油是绝对的，无油是相对的，即使高度水驱区域，冲刷倍数很高，也必然存在着残余油，因此，要求泡沫在少量存在时，仍然具有较好的稳定性，起到封堵调剖的作用。泡沫剂作为一种表面活性剂，在油藏剩余油较多，泡沫不能稳定存在时，在油藏运移，能够减低油水界面张力，减少原油与岩石的吸附功，将原油的油膜从岩石上剥离下来，提高原油的洗油效率，因此，泡沫剂与原油的界面张力也是考核泡沫剂性能的重要指标，研究具有良好泡沫稳定性及良好油水界面性能的低张力泡沫剂是泡沫驱研究的重要方向。

二、泡沫剂与原油的构效关系

泡沫剂溶液与原油的油水界面张力是泡沫剂选择的重要指标，泡沫剂也是一种活性剂，与其他化学驱油方法具有类似的特点，其他化学驱油方法为了降低油水界面张力对活性剂分子结构提出的要求，同样适合泡沫剂的选择，要求活性剂的疏水基团相对较长，与原油的分子具有更大的相似性，但泡沫剂分子的选择，也具有与其他化学驱油方法不同的特点，考虑到泡沫剂的起泡性能，泡沫剂分子的疏水基尽可能选择直链分子或支化度相对较低的分子，疏水链长不易太长，以免影响泡沫剂的起泡能力（元福卿等，2015）。

三、驱油用泡沫剂筛选设计原则

根据泡沫剂的作用原理及使用环境，通常高效泡沫剂设计要满足以下要求：①起泡能力强，泡沫剂溶液与气体混合，起泡容易、迅速，发泡量大；②稳定性好，包括液膜的弹性，液膜修复性好，受到外部影响、干扰、破坏，泡沫能迅速回复稳定状态；③再生能力强，泡沫消失后，气液混合，能够迅速再生，稀释后，在低浓度条件下，也能迅速发泡；④化学稳定性强，在油藏条件下，化学性质长期稳定，不变质，不降解；⑤与地层的配伍性好，与地层水能够混溶，不析出，不会发生沉淀，用地层水配制泡沫剂，起泡能力及稳定性好；⑥油藏条件下，岩石或油砂对泡沫剂的吸附量低；⑦在油藏条件下，具有良好的起泡及泡沫封堵能力；⑧耐油性强，与地层油混合，泡沫不会迅速消失；⑨与其他化学剂配伍性好，与聚合物具有加合增效的作用，不会影响其他化学剂及聚合物的性能。

在泡沫剂体系设计时，需从分子水平认识驱油剂分子的相互作用及其微观行为特征，减少试验工作盲目性及合成工作量。

离子型泡沫剂双层之间具有较强的静电斥力，阻止泡沫液膜变薄，泡沫液膜稳定。阴离子型泡沫剂起泡能力和泡沫稳定性好，但抗盐能力较差。引入氧乙烯基团，增强抗高矿化度抗钙镁能力；极性连接基的引入，增加捕获水的个数，降低液膜的析液速度。阴非两性泡沫剂起泡能力强，稳定性能好，抗钙镁强。因此，通常选择阴非两性离子型表面活性剂作为泡沫驱用的泡沫剂。

第五章　驱油剂间相互作用

第一节　表面活性剂间的复配增效

一、表面活性剂的复配作用参数

表面活性剂混合后能改善产品性质的协同作用，称为加合作用，表面活性剂的加合作用可以用表面活性剂分子作用参数——β进行定量描述：负的β值代表两种表面活性剂分子间的吸引作用；正的β值代表排斥作用。β绝对值越大，相互作用越强；β值为零时，表示无相互作用。β值的范围大致在–40～+2。

（一）表面活性剂分子相互作用参数的表达式

水溶液-空气界面混合单分子层上的分子间相互作用参数 β^{O} 由下式决定：

$$\beta^{\mathrm{O}} = \frac{\ln(\alpha C_{12} / X_1 C_1^0)}{(1 - X_1)^2} \tag{5-1}$$

式中，C_1^0 为在纯表面活性剂 1 的溶液中给定表面张力所要求的摩尔浓度；C_{12} 为混合表面活性剂的溶液中给定相同表面张力所要求的总摩尔浓度；α 为表面活性剂 1 占液相中全部表面活性剂的摩尔分数；X_1 为界面上表面活性剂 1 占混合单分子层上总表面活性剂的摩尔分数。

溶液中两种混合表面活性剂形成的混合胶束的分子间相互作用参数 β^{M} 由下式决定：

$$\beta^{\mathrm{M}} = \frac{\ln(\alpha C_{12}^{\mathrm{M}} / X_1^{\mathrm{M}} C_1^{\mathrm{M}})}{(1 - X_1^{\mathrm{M}})^2} \tag{5-2}$$

式中，C_1^{M} 为纯表面活性剂 1 的 cmc；C_{12}^{M} 为混合表面活性剂的 cmc；X_1^{M} 为界面上表面活性剂 1 占混合胶束中全部表面活性剂的摩尔分数。

（二）分子结构以及环境因素对分子相互作用参数的影响

大部分表面活性剂的混合物都显示了吸引作用，这种吸引作用主要来源于静电力。吸引作用强度顺序为阴离子-阳离子＞阴离子-两性离子＞离子（阴离子、阳离子）-非离子＞三甲铵内脂-阳离子＞三甲铵内脂-非离子＞非离子-非离子。对于阴离子-阳离子或阴离子-两性离子混合物，加合作用易于发生；而对于阴离子-阴离子或阴离子-非离子混合物，只有当两种表面活性剂分子具有一定的空间结构时，才显示出加合作用。

当表面活性剂分子烷基基团的链长增加时，β^{O} 和 β^{M} 均为负值且绝对值增加。当两种表面活性剂烷基链的长度相等时，β^{O} 为最大负值；而 β^{M} 在两种表面活性剂烷基链中碳原子总数提高时，负值的绝对值增加。

提高水溶液的 pH 值，可以引起两种表面活性剂分子间吸引强度的降低。当 pH 值不变，降低两性离子的碱性时，同时也降低其与阴离子的相互吸引作用。提高水溶液中电解质的含量，往往使得负的 β^{O} 值降低。

在 10～40℃范围内提高温度，一般可以降低吸引作用。

（三）降低表（界）面张力效率的加合作用

降低表（界）面张力效率的加合作用定义为对于降低至一定值的表（界）面张力，溶液中混合表面活性剂的总浓度低于两种表面活性剂单独使用时各自的浓度。

协同作用条件为：① β^{O} 必须为负值，② $\left|\beta^{O}\right| > |\ln(C_1^{0}/C_2^{0})|$；负协同作用条件为：① β^{O} 必须为正值，② $\beta^{O} > |\ln(C_1^{0}/C_2^{0})|$。

当选择两种混合用的表面活性剂时，应尽可能选择具有相等 C_1^0 和 C_2^0 的表面活性剂，这样可以提高协同作用发生的概率。

在最大协同作用或最大负协同作用点上（即产生给定表面张力的混合表面活性剂在液相中总的摩尔浓度分别为最小值或最大值时），液相中表面活性剂 1 的摩尔分数 α^{*} 等于它在表面的摩尔分数 X_1^{*}，并有下列关系式：

$$\alpha^{*}=\frac{\ln(C_1^0 / C_2^0)+\beta^{O}}{2\beta^{O}} \tag{5-3}$$

在产生给定表面张力的混合表面活性剂体系水溶液相中，总摩尔浓度的最小值或最大值为

$$C_{12,\min(\max)}=C_1^0\exp\left\{\beta^{O}\left[\frac{\beta^{O}-\ln(C_1^0 / C_2^0)}{2\beta^{O}}\right]\right\}$$

（四）混合胶束结构中的协同和负协同作用

在水介质中，两种表面活性剂按任何比例混合时的 cmc 小于两种表面活性剂

单独使用时的 cmc，称为混合胶束结构中的协同作用，反之，称为负协同作用。

协同作用条件为：① β^{M} 必须为负值，② $|\beta^{M}|>|\ln(C_1^{M}/C_2^{M})|$；负协同作用条件为：① β^{M} 必须为正值，② $\beta^{M}>|\ln(C_1^{M}/C_2^{M})|$。

在最大协同作用或最大负协同作用点上（即此时体系的 cmc 分别为最小值或最大值时），在液相中表面活性剂 1 的摩尔分数 α^{*} 等于它在混合胶束中的摩尔分数 X_1^{M*}，并有下列关系式：

$$\alpha^{*}=\frac{\ln(C_1^{M}/C_2^{M})+\beta^{M}}{2\beta^{M}} \tag{5-4}$$

表面活性剂混合体系的最小或最大 cmc 为

$$C_{12,\min(\max)}^{M}=C_1^{M}\exp\left\{\beta^{M}\left[\frac{\beta^{M}-\ln(C_1^{M}/C_2^{M})}{2\beta^{O}}\right]\right\} \tag{5-5}$$

（五）降低表（界）面张力能力的加合作用

对于二元混合表面活性剂溶液，降低表（界）面张力能力的加合作用定义为当它在混合 cmc 时所达到的表（界）面张力低于两种单一表面活性剂的 cmc 所对应的表（界）面张力。

协同作用条件为：① $\beta^{O}-\beta^{M}$ 必须为负值，② $|\beta^{O}-\beta^{M}|>|\ln(C_1^{0,\mathrm{cmc}}C_2^{0})/(C_2^{0,\mathrm{cmc}}C_1^{0})|$；负协同作用条件为：① $\beta^{O}-\beta^{M}$ 必须为正值，② $\beta^{O}-\beta^{M}>|\ln(C_1^{0,\mathrm{cmc}}C_2^{0})/(C_2^{0,\mathrm{cmc}}C_1^{0})|$。

其中，$C_1^{0,\mathrm{cmc}}$、$C_2^{0,\mathrm{cmc}}$ 分别表示表面活性剂 1 和表面活性剂 2 在混合表面活性剂 cmc 时的表面张力所对应的摩尔浓度。

二、表面活性剂间的复配增效规律

表面活性剂的表面活性以及其他性能，主要取决于分子结构，即疏水基和亲水基的组成，又与体系所处的物理化学环境密切关系，特别是有其他表面活性剂存在时分子间的相互作用。实践证明，在一种表面活性剂中加入另一种表面活性剂（或物质）时，其溶液的物理化学性质有明显的变化，而此种性质是原组分所不具有的。例如，高纯度的十二烷基硫酸钠，在降低水的表面张力、起泡、乳化、洗涤作用等方面，都远不如含少量月桂醇的产品。又如，在烷基苯磺酸钠中加入少量椰子油酸酰醇胺或氧化十二烷基二甲基胺，使得起泡性能和洗涤性能大为改善。

实际应用的表面活性剂从来就不是纯化合物。首先，在工业产品中，这是不可避免的。由于经济上的原因，产品不可能制备得很纯，总是或多或少含有从原料中带来的或自反应副产物引入的杂质。其次，在实际应用中，没有必要使用纯表面活性剂；相反，经常应用的正是有各式各样添加剂的表面活性剂混合物。在绝大多数情况下，复配的表面活性剂具有比单一表面活性剂更为良好的应用效果（Rosen et al.，1993）。驱油用表面活性剂也一样，单一体系的动态行为和表面活性与复配体系具有很大差别。

（一）混合表面活性剂在水相中的动态行为

1. 阴离子 AS 与非离子表面活性剂 LS 复配体系的动态行为和表面活性

不同类型的表面活性剂在油/水界面共吸附，由于空间作用力和电性相互作用，形成分子排列更致密有序的界面膜，使油/水界面张力进一步降低，即存在复配协同作用。石油磺酸盐由于其成本低，与原油有较好的结构相似性，故常作为驱油剂使用。但石油磺酸盐作为阴离子表面活性剂，其极性头间存在较强的电性排斥作用，而且由于来源于原油，其疏水链结构也是多种多样的，使界面膜排列不紧密，界面活性不高。通过选择分子结构适宜的辅助表面活性剂，发挥复配协同作用，少量添加既可显著优化石油磺酸盐的界面活性，提高驱油效率，又可以降低成本，因此磺酸盐型表面活性剂与非离子表面活性剂混合体系的动态行为和复配协同作用在油田复合驱油配方的设计中凸显出了越来越重要的作用（Bocker et al.，1992；Wang et al.，2014）。

为了解磺酸盐型表面活性剂与非离子表面活性剂混合体系的动态行为和复配协同作用，首先选定了两类具有代表性的驱油用表面活性剂。测定了十二烷基聚氧乙烯聚氧丙烯醚 $C_{12}H_{25}(EO)_4(PO)_5H(LS_{45})$和 $C_{12}H_{25}(EO)_5(PO)_4H(LS_{54})$非离子表面活性剂与十六烷基磺酸钠（AS）混合体系的动态表面张力。图 5.1 为 LS_{54} 非离子表面活性剂与 AS 混合体系的动态表面张力图。可以看出，LS_{54} 和 AS 之间存在非常显著的协同作用，不仅动态表面张力下降非常明显，而且达到平衡需要的

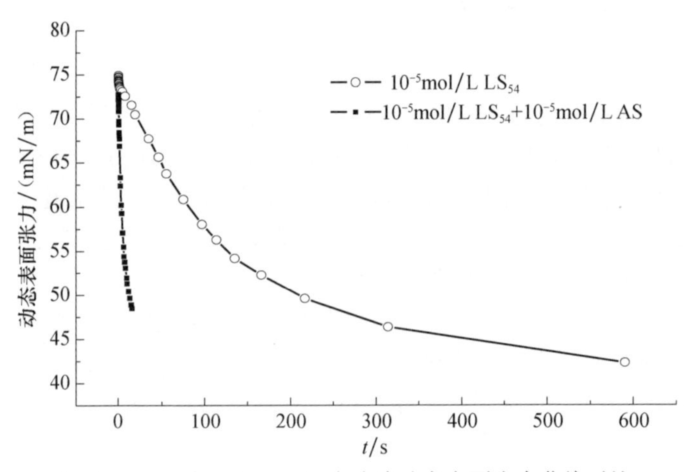

图 5.1　LS_{54} 与 LS_{54}/AS 混合溶液动态表面张力曲线对比

时间缩短。实验结果说明非离子与阴离子表面活性剂的混合体系，在表面吸附过程中可发挥复配协同作用，扩散速度提高，表面活性增强。

离子型表面活性剂由体相至表面的吸附为扩散机制控制，而非离子表面活性剂则是混合动力学机制控制。配合适当的非离子和离子型表面活性剂存在非常明显的协同作用。既体现出离子型表面活性剂扩散、吸附速度快的特点，又表现出非离子表面活性剂高表面活性的特点。混合体系具有较低的cmc值，表面张力也进一步下降，界面活性明显提高。为提高石油磺酸盐的界面活性，选择适宜的非离子表面活性剂进行复配是一种有效的方法。

2. 磺酸盐AS与非离子表面活性剂LS混合体系cmc及相互作用参数

在磺酸盐阴离子活性剂与非离子表面活性剂复配体系的动态行为研究的基础上，系统考察AS与LS_{45}以不同摩尔比混合体系的表面张力随总浓度的变化，结果如图5.2和表5.1表示。

从图5.2和表5.1可以看出，在AS中加入LS_{45}后，混合体系的cmc迅速下降，加入0.05摩尔分数的LS_{45}便使体系cmc比AS纯体系降低10倍以上，而且混合体系的最低表面张力均低于单一体系。经计算X_{AS}=0.5时，二者的相互作用参数为β=−34.66，因此AS和LS_{45}间形成混合胶束的趋势很大，复配协同作用明显。图5.2中表面张力曲线在cmc达到最低值后，随着总浓度的增大略有上升，是由于盐析效应的结果。

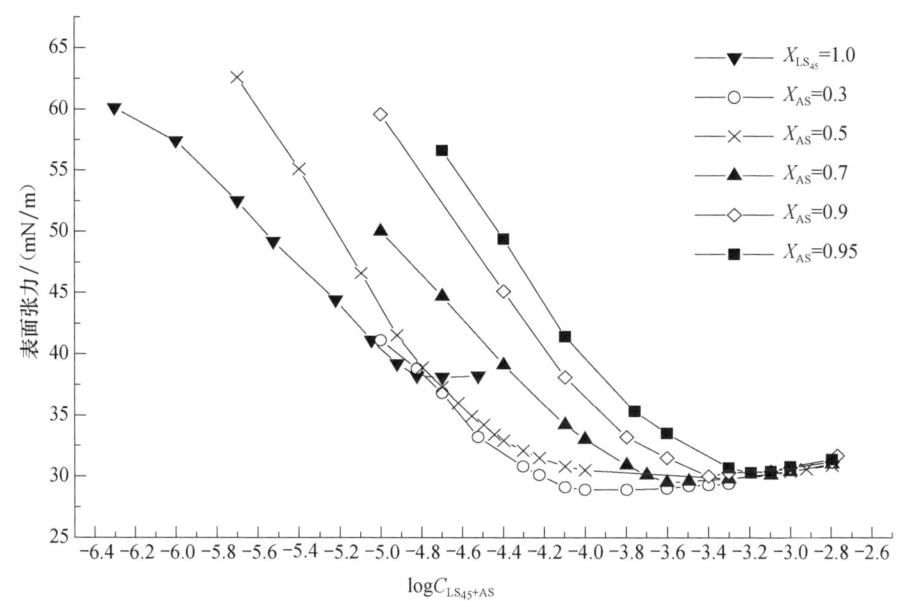

图5.2 AS和LS_{45}复配体系平衡表面张力随浓度的变化曲线

表 5.1 AS 和 LS_{45} 复配体系的有关参数

参数	AS 摩尔分数						
	0	0.3	0.5	0.7	0.9	0.95	1.0
cmc/(mol/L)	1.47×10^{-5}	8.62×10^{-5}	8.62×10^{-5}	2.53×10^{-4}	4.21×10^{-4}	5.53×10^{-4}	8.25×10^{-3}
σ_c/(mN/m)	38.2	30.64	32.28	30.79	32.43	32.72	38.0

图 5.3 是混合 cmc 实验和理论计算值的比较，实验值均高于理想状态下的理论计算值，表明 LS_{45} 和 AS 分子的相互作用在以任意比例混合时都很显著，LS_{45} 与磺酸盐阴离子表面活性剂的缔合趋势很强。

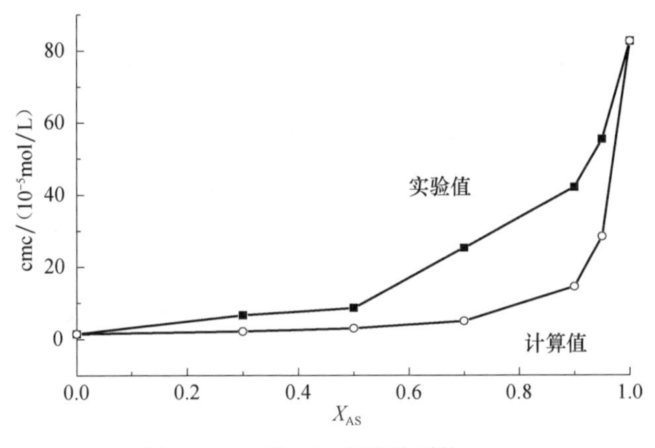

图 5.3 AS 和 LS_{45} 复配体系的 cmc

研究表明在磺酸盐离子型表面活性剂中加入少量非离子表面活性剂，即可在混合胶束的形成和表面活性方面体现出明显的协同作用。混合 cmc 大幅度下降，最低表面张力降低。随着非离子表面活性剂含量的增加，混合 cmc 进一步降低。

3. 典型表面活性剂的平衡态表面活性

配制表面活性剂溶液，测定其平衡表面张力，作 γ-C 图及 γ-ln$C$ 图（图 5.4 和图 5.5）。利用图解法及 Langmuir 公式，处理得到饱和吸附量、分子横截面积、cmc、ΔG_{PS}^{0} 等基本参数。另外，由 Szyszkowski 方程，$\Pi=nRT\Gamma_m\ln(1+K_LC)$可知 $\exp(\Pi/nRT\Gamma_m)=1+K_LC$，以 $\exp(\Pi/nRT\Gamma_m)$对 C 作图，得一直线，其斜率应为 K_L。

由原始数据初步确定 OBS、SDBS 和 OAS 的 cmc 值，然后取其附近几个浓度进行实验，准确测定 cmc 值，数据见表 5.2 和图 5.3。

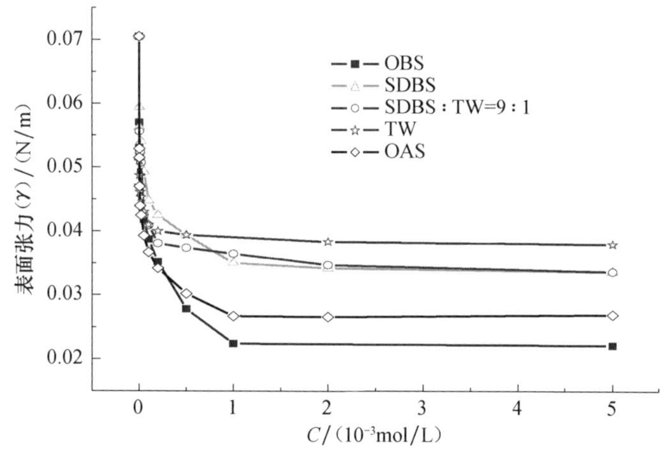

图 5.4　表面活性剂在不同浓度下的平衡表面张力曲线

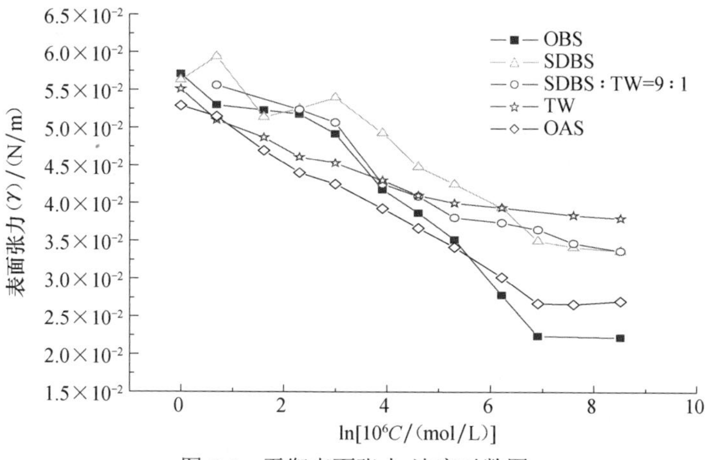

图 5.5　平衡表面张力-浓度对数图

表 5.2　cmc 附近的平衡表面张力–浓度表

$C/(10^{-3}\text{mol/L})$	$\gamma_{\text{OBS}}/(\text{N/m})$	$\gamma_{\text{SDBS}}/(\text{N/m})$	$\gamma_{\text{OAS}}/(\text{N/m})$
0.7	0.024 5	0.039 6	0.027 7
0.9	0.024 1	0.037 2	0.027 1
1	0.022 8	0.036 4	0.026 3
1.2	0.022 6	0.036	0.024
1.5	0.022 2	0.035 4	

由表 5.3 可以看出，饱和吸附量：OBS＞SDBS＞OAS＞TW。分子横截面积：TW＞OAS＞SDBS＞OBS。TW 是非离子表面活性剂，其亲水基分子横截面积最大，而 OBS 和 SDBS 均为磺酸盐，所以二者的极性头分子横截面积相近。OAS 极性头所占面积明显大于 OBS 和 SDBS。

表 5.3　几种表面活性剂的基本性质参数

活性剂	Γ_∞/(mol/m^2)	A/m^2	A/nm^2	cmc/(mol/L)	ΔG^0_{PS} /(kJ/mol)	K_L
OBS	2.17×10^{-6}	7.65×10^{-19}	0.765	9.00×10^{-4}	-1.77×10	7.60×10
SDBS	1.91×10^{-6}	8.70×10^{-19}	0.87	1.00×10^{-3}	-1.74×10	3.58×10
TW	8.11×10^{-7}	2.05×10^{-18}	2.05	0.002	-15.66	1.59×10^7
OAS	1.48×10^{-6}	1.12×10^{-18}	1.12	9.00×10^{-4}	-1.77×10	3.38×10^2

K_L 值：TW＞OAS＞OBS＞SDBS，表明四者表面活性依此顺序降低。TW 的 K_L 值远大于其他表面活性剂，表明在混合体系中表面活性剂界面分子层中 TW 的比例高于体相中的比例，这与混合体系的动态行为相符。由此可知，非离子表面活性剂分子在表/界面吸附中占据较大空间。OAS 在界面活性、平衡表面活性、扩散速度等各方面的性能优异。

4. 典型表面活性剂的动态表面活性

根据 Rosen 模型，图 5.6 是典型的动态表面张力随时间的变化曲线。曲线可分为四个阶段，Ⅰ为诱导区，Ⅱ为表面张力快速下降区，Ⅲ为介平衡区，Ⅳ为平衡区。前三个区域对快速动态过程研究十分重要。用 t_i 表示诱导区结束时间，t_m 为介平衡区开始所对应的时间；$t_{1/2}$ 为体系表面压达到介平衡时表面压的一半时的时间。前三个区域的表面张力适合方程：

$$[\gamma_0-\gamma(t)]/[\gamma(t)-\gamma_m]=(t/t^*)^n \quad (5\text{-}6)$$

式中，n、t^*为均为常数，t^*的单位与时间单位相同，n 为无因次量；γ_0 为溶剂表面张力；$\gamma(t)$ 为表面活性剂溶液的 t 时刻表面张力；γ_m 为介平衡时的表面张力。上述方程也可变形为

$$\lg[\gamma_0-\gamma(t)]/[\gamma(t)-\gamma_m]=n\lg t-n\lg t^* \quad (5\text{-}7)$$

根据实验数据，以 $\lg[\gamma_0-\gamma(t)]/[\gamma(t)-\gamma_m]$ 对 $\lg t$ 作图为一直线，从其斜率和截距便可得到 n 和 t^*的值。

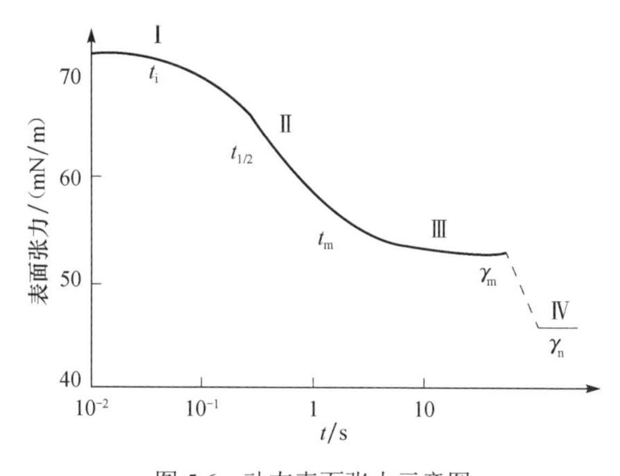

图 5.6　动态表面张力示意图

Ⅰ.诱导区；Ⅱ.快速下降区；Ⅲ.介平衡区；Ⅳ.平衡区

表 5.4 是非离子型表面活性剂 TW 及离子型表面活性剂 SDBS 和油酸钠的相关数据。

表 5.4　几种表面活性剂的相关参数

参数	活性剂		
	0.01% TW	0.03% OAS	0.03% SDBS
$D_a/(m^2/s)$	1.07×10^{-12}	2.14×10^{-13}	7.18×10^{-13}
n	0.492	1.04	0.57
t^*/s	2.91	1.52	0.51

采用 WORD-TORDAI 方程得到扩散系数 D_a：0.01%TW＞0.03%SDBS＞0.03% OAS，说明 TW 自扩散系数较大，扩散最快。

采用 Rosen 模型得到 n 值的顺序为：0.03% OAS＞0.03% SDBS＞0.01% TW。n 与吸附脱附能量有关。

t^*值顺序：0.01% TW＞0.03% OAS＞0.03%SDBS。$t^*=t_{1/2}$，为体系表面压达到介平衡表面压一半的时间。

以上三个参数表明 SDBS、OAS 和 TW 这三种典型表面活性剂在不同方面的特性，而表/界面活性是多方面因素综合作用的结果。

（二）复配活性剂体系聚集行为

1. 二价离子对复配体系 cmc 的影响

cmc 可作为表面活性剂表面活性的一种度量。cmc 越小，活性剂形成胶束所需的浓度越低，达到表面饱和吸附的浓度越低，表面活性剂对溶剂表面张力降低的效率越高，其润湿、乳化、增溶、起泡等作用所需的浓度也越低。此外，cmc也是表面活性剂溶液性质发生显著变化的一个分水岭，cmc 值对表面活性剂的研究有着重要的参考价值（Bandyopadhyay et al.，1998；董林芳等，2013）。

1）二价离子对 SDBS 聚集行为的影响

利用共振光散射方法研究 Ca^{2+}浓度对 SDBS 体系的 cmc 值影响，结果如图 5.7 所示。

由图 5.7 可以看出，Ca^{2+}浓度越大，对 SDBS 的 cmc 值的影响越大。随着 Ca^{2+}浓度的增加，SDBS 浓度的共振光散射变化较大，主要由于 Ca^{2+}与 SDBS 发生静电相互作用，Ca^{2+}能促进低浓度阴离子表面活性剂 SDBS 聚集的发生，因此选用 Ca^{2+}存在条件下共振光散射强度变化的突变点为 SDBS 的 cmc 值。

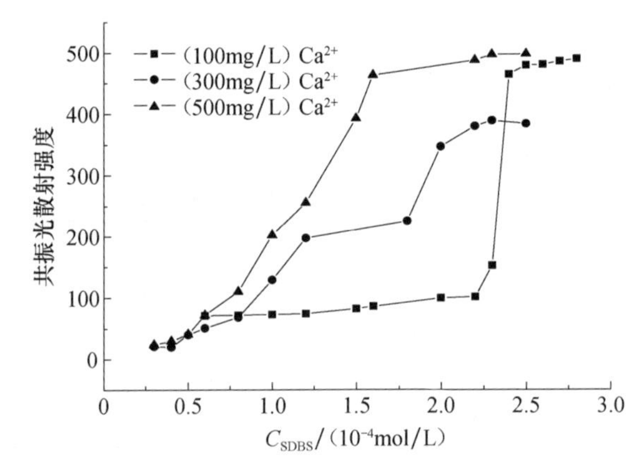

图 5.7　Ca^{2+}对 SDBS 体系的 cmc 值影响

依据共振光散射理论，共振光散射的增强程度与粒子大小、界面形成及电性有关，较大 Ca^{2+}浓度时 SDBS 相对低浓度条件下 RLS 增加较大的主要原因是带负电荷的 SDBS 单体与具有正电荷的 Ca^{2+}产生静电相互作用。此外，不同 Ca^{2+}浓度 SDBS 共振光散射谱图形的不同也表明其溶液中粒子的表面电荷和形状不同。当表面活性剂开始形成胶束时，由于 Ca^{2+}与带相反电荷的 SDBS 表面活性离子结合，使 SDBS 表面活性离子的平均电荷量减小，电性排斥变弱，因此胶团容易形成。与不存在 Ca^{2+}的 SDBS 溶液相比，其 cmc 值较小。

2）二价离子对非离子表面活性剂 NP 聚集行为的影响

利用芘荧光探针法（Zana et al.，1997）分别研究 Ca^{2+}和 Mg^{2+}对非离子表面活性剂 NP 聚集行为的影响，结果如图 5.8 和图 5.9 所示。

由图 5.8 和图 5.9 可以看出，Ca^{2+}和 Mg^{2+}对 NP cmc 的影响较小。主要是由于

NP 形成胶束时其亲水性的氧原子处于链的外侧，与二价阳离子的结合较弱，因而 NP 具有较好的抗 Ca^{2+}和 Mg^{2+}能力。

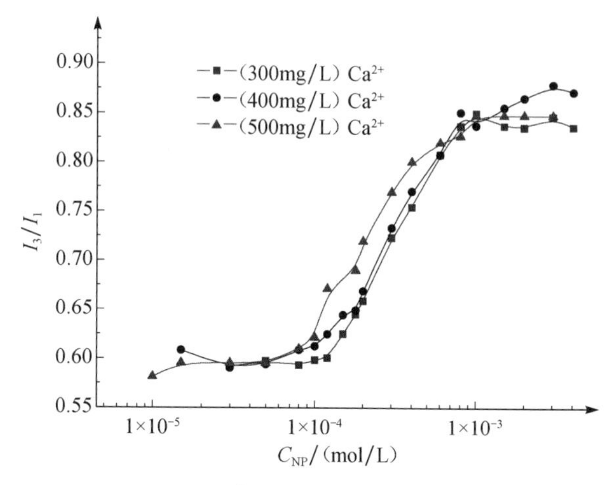

图 5.8　Ca^{2+}对 NP 聚集行为的影响

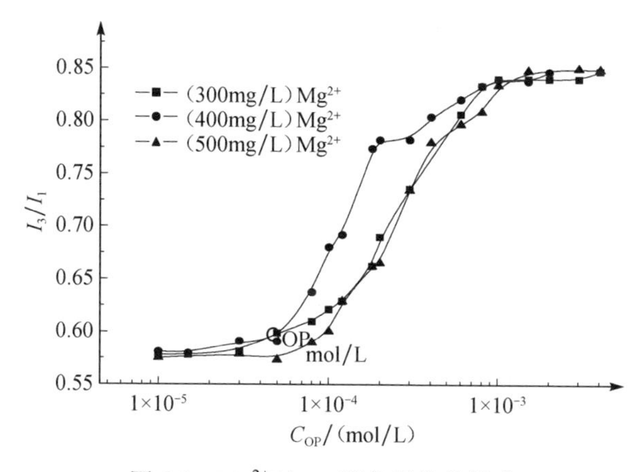

图 5.9　Mg^{2+}对 NP 聚集行为的影响

3）二价离子对 NP 与 SDBS 复配体系聚集行为的影响

利用芘荧光探针法测定 SDBS 与 NP 摩尔比为 1 : 1 复配体系的 cmc，由图 5.10 计算得出水溶液中 SDBS 与 NP（1 : 1）复配体系的 cmc 为 2.1×10^{-4} mol/L。

由图 5.11 可以看出，随着 Ca^{2+}溶液浓度的增加，Ca^{2+}对 SDBS 与 NP（1 : 1）复配体系的 cmc 影响逐渐增大。与单独的 SDBS 和 NP 体系相比，Ca^{2+}溶液浓度对 SDBS 与 NP（1 : 1）复配体系 cmc 的影响小。主要是由于 SDBS 与 NP 形成混合胶束的带电性降低，因而受阳离子的影响减少。同样的试验结果也表明增加

Mg^{2+}浓度和 Na^{+}浓度，对 SDBS 与 NP（1：1）复配体系 cmc 的影响也较小。

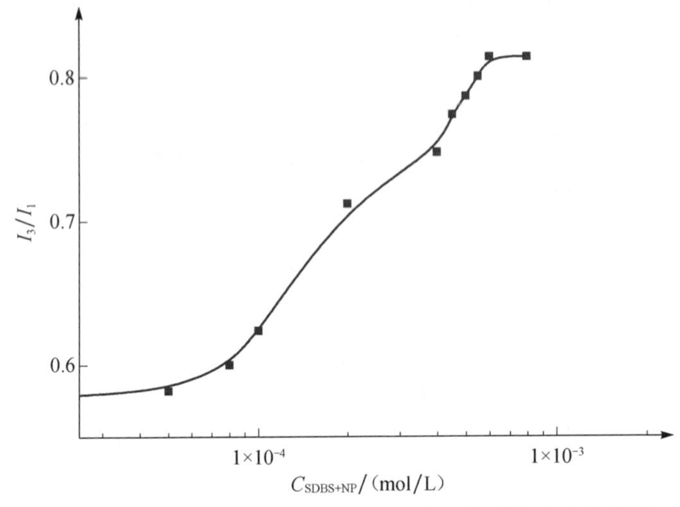

图 5.10　I_3/I_1 随 SDBS 与 NP（1：1）复配体系浓度变化曲线

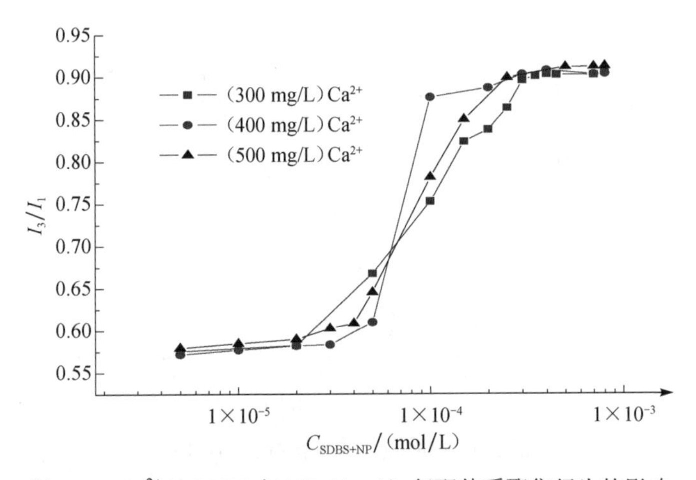

图 5.11　Ca^{2+}对 SDBS 与 NP（1：1）复配体系聚集行为的影响

Ca^{2+}、Mg^{2+}和 Na^{+}浓度对应的 SDBS：NP（1：1）复配体系 cmc 见表 5.5。由表中数据可知，受盐离子影响，SDBS-NP 复配体系的 cmc 减小。

表 5.5　SDBS 与 NP（1：1）复配体系的 cmc

SDBS 与 NP（1：1）复配体系	离子浓度/(mg/L)	0	300	400	500
cmc/(mol/L)	Ca^{2+}	2.1×10^{-4}	1.5×10^{-4}	1.4×10^{-4}	1.4×10^{-4}

续表

SDBS 与 NP（1∶1）复配体系	离子浓度/(mg/L)	0	300	400	500
cmc/(mol/L)	Mg^{2+}		1.6×10^{-4}	1.6×10^{-4}	1.5×10^{-4}
	Na^{+}		1.4×10^{-4}	1.6×10^{-4}	1.5×10^{-4}

矿场注入水对 SDBS 与 NP（1∶1）复配体系聚集行为的影响，由图 5.12 计算得出矿场注入水中 SDBS 与 NP（1∶1）复配体系的 cmc 为 8.0×10^{-5}mol/L，比 SDBS 与 NP（1∶1）复配体系的 cmc 下降 38.1%。

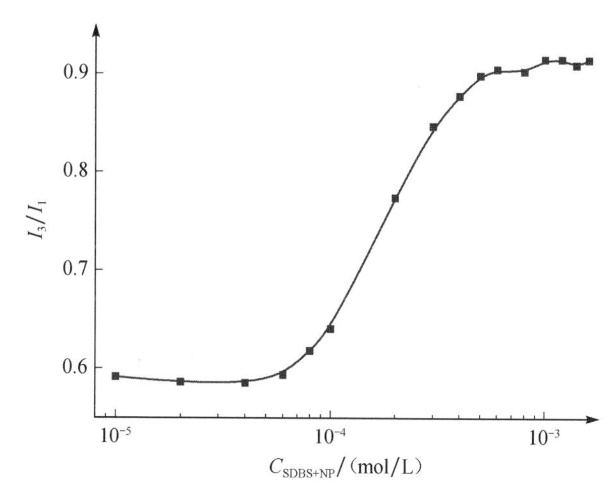

图 5.12　矿场注入水对 SDBS 与 NP（1∶1）复配体系聚集行为的影响

SDBS 和 NP 复配可产生协同耐盐效应，比较 Ca^{2+}、Mg^{2+}和 Na^{+}对不同配比的 SDBS 与 NP 复配体系 cmc 的影响（图 5.13 和表 5.6）。实验结果表明，Ca^{2+}、Mg^{2+}和 Na^{+}影响一定配比范围的 SDBS 与 NP 复配体系。其影响按照配比 1∶1＞1∶3＞1∶5 依次降低。当 SDBS 与 NP 按（1∶3）和（1∶5）复配时，Ca^{2+}、Mg^{2+}和 Na^{+}对其聚集行为影响不大，因此 SDBS 与 NP 复配体系中 NP 比例的增加有助于提高体系的耐盐性能。

由表 5.6 可知，与阴离子表面活性剂 SDBS 相比，矿化度 10000mg/L 矿场注入水对非离子表面活性剂 NP 的 cmc 影响较小，NP 具有更好的抗盐性能。SDBS 与 NP 复配可以改善 SDBS 的抗盐性能。比较可知 10000mg/L 矿场注入水对 SDBS 与 NP（1∶5）复配体系影响较小，因此随着 NP 在复配体系中比例的增加，其抗盐性能逐渐增强。但由于非离子表面活性剂价格较高，选用 1∶3 配比的 SDBS-NP 复配体系，其具有相对较高的抗盐性能和相对低的价格。

复配体系中盐离子浓度对表面活性剂 cmc 的影响较小，主要原因是非离子表面

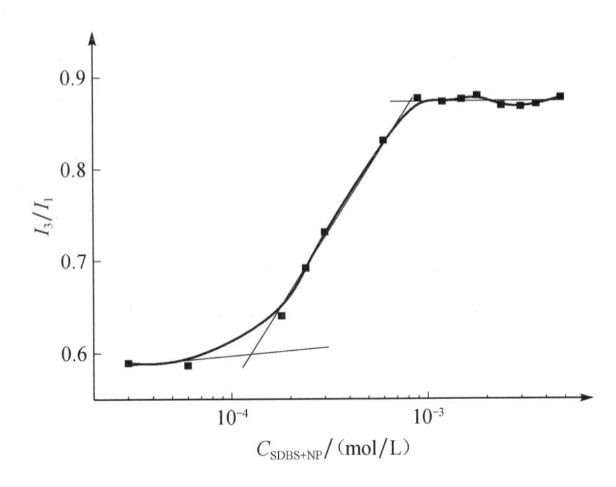

图 5.13　矿场注入水对 SDBS 与 NP（1∶5）复配体系聚集行为的影响

表 5.6　矿场注入水对表面活性剂及其复配体系 cmc 的影响

参数	SDBS	NP	SDBS-NP（1∶1）	SDBS-NP（1∶3）	SDBS-NP（1∶5）
$cmc_{s\text{-}矿}/cmc_s$	7.1%	55.6%	38.1%	41.9%	96.7%

注：$cmc_{s\text{-}矿}$、cmc_s 分别表示有、无矿场注入水存在时体系的 cmc。

活性剂 NP 与 SDBS 形成了混合胶束。NP 分子可以插入 SDBS 表面活性离子之间并且 NP 分子形成的团簇填充了一些大空穴，使界面层内表面活性剂排列更加紧密，降低了 SDBS 离子头之间的斥力，减少了胶团表面的电荷密度。而非离子表面活性剂 NP 本身不带电，无机盐影响较小。另外，由于无机电解质能明显增强离子型表面活性剂的吸附作用，而对非离子表面活性的影响较小，因此复配体系中的 NP 有助于减弱胶束对盐离子的吸附量，使体系耐受 Ca^{2+}和 Mg^{2+}的能力增强。

2. 二价离子对单一表面活性剂及其复配体系透光率的影响

采用分光光度计分别测定了三种表面活性剂溶液（加入 300mg/L Ca^{2+}表面活性剂溶液、加入 300mg/L Mg^{2+}表面活性剂溶液和矿化度 10000mg/L 的矿场注入水表面活性剂溶液）在 550nm 波长下的透光率，考察二价离子对单一表面活性剂及其复配体系透光率的影响。

由图 5.14 可知，OAS 浓度小于 4.0×10^{-4}mol/L 时 Mg^{2+}对其透光率基本不产生影响。当 OAS 浓度小于 1.0×10^{-4}mol/L 时 Ca^{2+}和矿化度 10000mg/L 的矿场注入水对其影响较小。主要由于 OAS 溶液自身的混浊度较大，虽然 Ca^{2+}和 Mg^{2+}对 OAS 溶液透光率降低比率小，但是溶液的透光率却很低，OAS 与 Ca^{2+}和 Mg^{2+}容易形成沉淀。

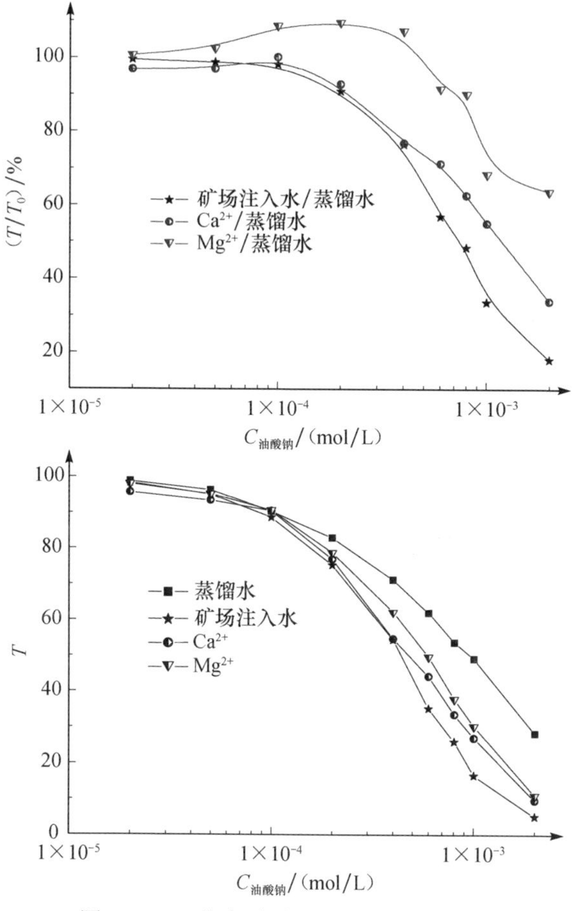

图 5.14 二价离子对 OAS 透光率的影响

由图 5.15 可知，Mg^{2+}对 OAS 与 NP（1∶3）复配体系的透光率基本没有影响。当 OAS 与 NP（1∶3）复配体系浓度小于 1.6×10^{-3}mol/L，Ca^{2+}和矿化度 10000mg/L 的矿场注入水对表面活性剂的透光率影响较小。由此可以看出，复配体系在较小浓度下受矿化度影响较小。

由图 5.16 可知，SLS 受 Mg^{2+}和矿场注入水影响较小。SLS 浓度小于 1.0×10^{-3}mol/L 时其受 Ca^{2+}影响较小，而当其浓度大于 1.0×10^{-3}mol/L 时，Ca^{2+}对其有较大的影响，说明 SLS 在 cmc 之下受 Ca^{2+}影响较小，而浓度大于 cmc 后受到 Ca^{2+}较大影响。主要是由于 SLS 胶束的形成使胶束表面带有大量的负电荷与 Ca^{2+}具有强烈的静电吸引作用，导致 SLS 胶束带电性降低，粒子增大，因而散射增强，透光率降低。

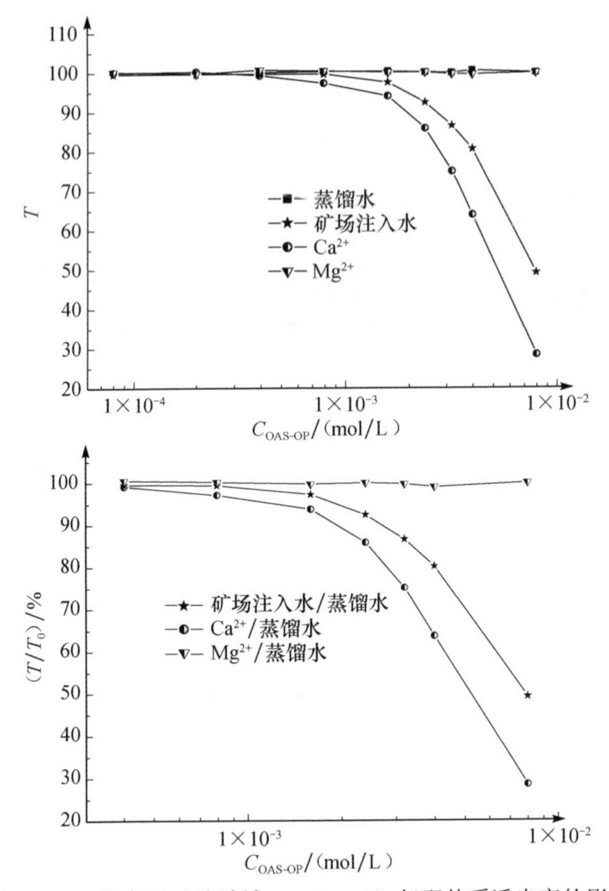

图 5.15　二价离子对油酸钠-NP（1∶3）复配体系透光率的影响

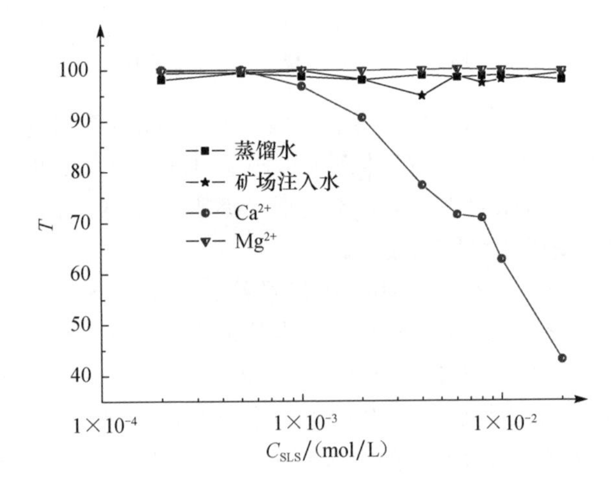

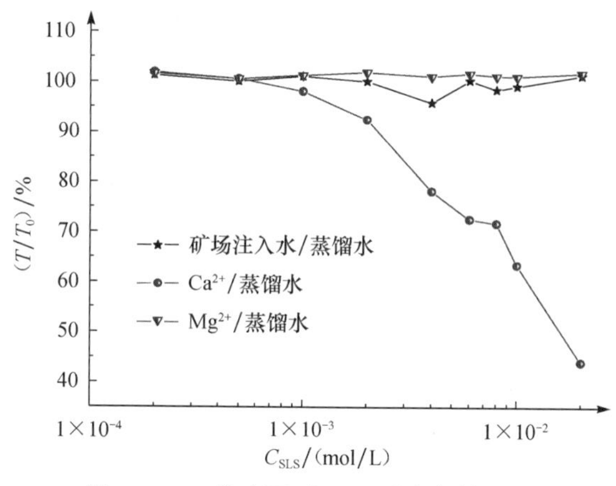

图 5.16　二价离子对 SLS 透光率的影响

由图 5.17 结果可知，当 SDBS 浓度小于 1.0×10^{-4}mol/L 时，300mg/L Ca^{2+}、

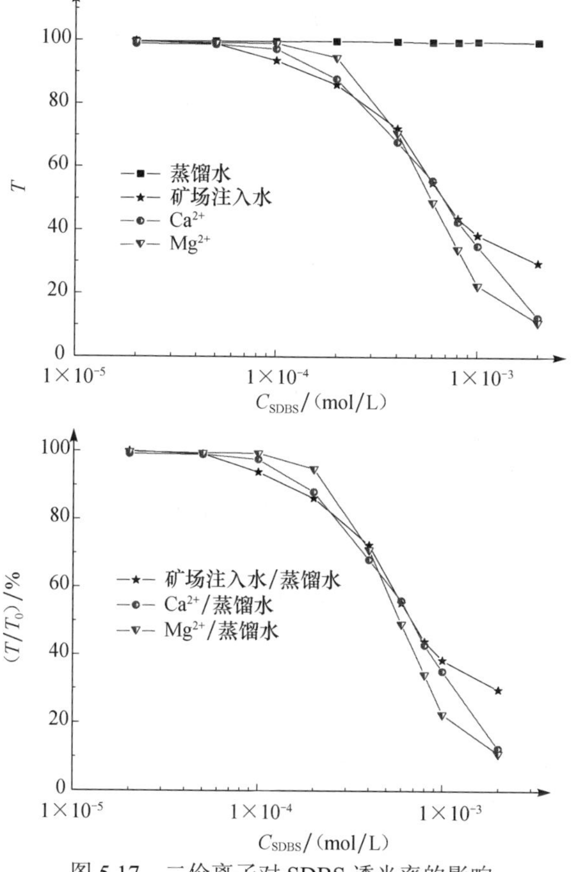

图 5.17　二价离子对 SDBS 透光率的影响

Mg^{2+}和矿化度 10000mg/L 的矿场注入水对其透光率影响较小。而图 5.18 实验结果表明，300mg/L Ca^{2+}对 SDBS-NP（1∶3）复配体系的透光率影响较小。

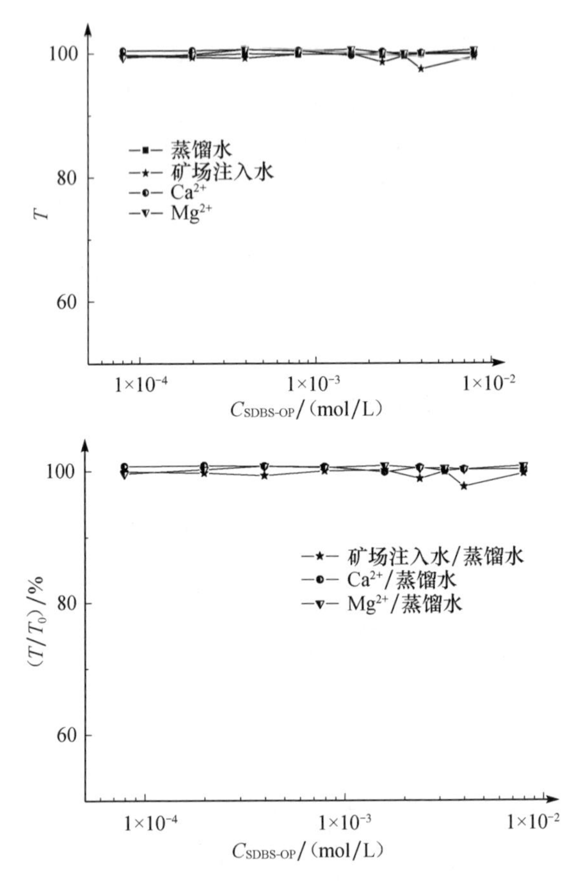

图 5.18　二价离子对 SDBS-NP（1∶3）复配体系透光率的影响

根据荧光芘探针和透光率实验数据，尽管 OAS 的 cmc 受矿化度影响较小，但是其溶液透光率受矿化度影响较大，主要由于 OAS 与钙、镁离子容易形成不溶性钙、镁皂的缘故，致使其透光率大大降低。而 SLS 在较高浓度下受钙离子影响较大，SDBS 透光率受矿化度影响较大，SDBS 与 NP 复配体系受矿化度的影响大大降低。

比较三种阴离子和非离子表面活性剂 NP 复配体系实验结果，结合 cmc 值，阴-非表面活性剂复配体系的透光率较阴离子表面活性剂自身的透光率增加，受盐离子的影响较小。由实验结果得出三种复配体系的抗盐能力 SDBS-NP＞SLS-NP＞OA-NP。

（三）磺酸盐与非离子表面活性剂复配协同规律

将双尾磺酸盐与不同类型非离子表面活性剂Tw60、Tw80、Tw20、OP、月桂醇聚氧乙烯醚复配，研究双尾磺酸盐与正构烷烃、原油的复配协同作用。

双尾磺酸盐分别为双戊基磺酸钠（C55S）、双己基磺酸钠（C66S）、双庚基磺酸钠（C77S）、双壬基磺酸钠（C99S），

$NaSO_3$—苯环—C_5H_{11}, C_5H_{11}　　$NaSO_3$—苯环—C_6H_{13}, C_6H_{13}

双戊基磺酸钠（C55S）　　双己基磺酸钠（C66S）

$NaSO_3$—苯环—C_7H_{15}, C_7H_{15}　　$NaSO_3$—苯环—C_9H_{19}, C_9H_{19}

双庚基磺酸钠（C77S）　　双壬基磺酸钠（C99S）

1. 磺酸盐-非离子活性剂复配体系与正构烷烃的作用

1）C55S与Tw60、Tw20复配

C55S与Tw60、Tw20复配摩尔比（5∶1），油相为系列正构烷烃；矿化度为1% NaCl。由图5.19可以看出，C55S与Tw20复配在实验范围内实现了加合增效，但增效幅度很小，这是由于非离子表面活性剂Tw20可以有效楔入C55S在油/水界面的空隙，但是非离子表面活性剂的屏蔽作用未能显现，加合增效作用不明显。C55S与Tw60复配，界面张力整体没有太大变化。

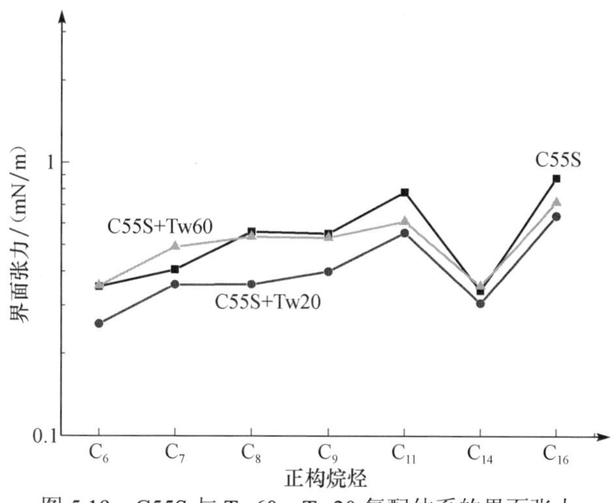

图5.19　C55S与Tw60、Tw20复配体系的界面张力

2）C66S 与 Tw60、Tw20 复配

C66S 与 Tw20、Tw60 复配，（C66S：Tw20=5：1、C66S：Tw60=6：1）；油相为系列正构烷烃；矿化度为 1% NaCl。由图 5.20 可以看出，C66S 与 Tw20 复配在实验范围内未实现加合增效，而是加合减效，但减效幅度不大，这是由于 Tw20 可以楔入 C66S 在油/水界面的空隙，但是非离子表面活性剂空间位阻作用开始显现，导致加合减效。C66S 与 Tw60 复配，在实验范围内界面张力增幅除 C_{11} 外均略负。

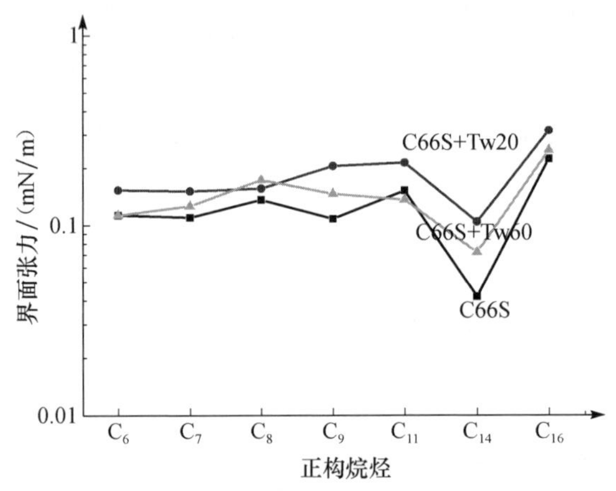

图 5.20　C66S 与 Tw20、Tw60 复配体系的界面张力

3）C77S 与 Tw60、Tw20 复配

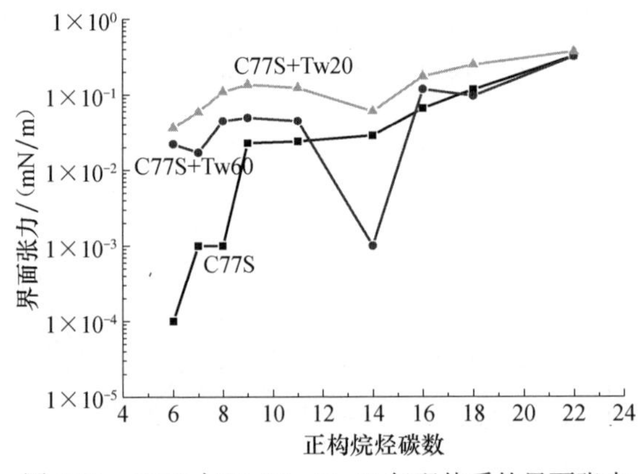

图 5.21　C77S 与 Tw20、Tw60 复配体系的界面张力

C77S 与 Tw20、Tw60 复配（摩尔比为 4.5：1）；油相为系列正构烷烃；矿化度为 1% NaCl。从图 5.21 可以看出 C77S 与 Tw20 复配在实验范围内为加合减效。在低碳时加合减效幅度较大，高碳时加合减效幅度较小。这是由于 C77S 在低碳时与正己烷、正庚烷的相互作用较强。磺酸盐本身可以有效降低油/水界面张力；

非离子表面活性剂加入后可以楔入油相，大体积的空间位阻作用开始显现，排挤了 C77S 在界面的紧密排布，界面张力明显升高。C77S 与 Tw60 复配，在实验范围内界面张力增幅除 C_{14} 外均略负。

4）C99S 与 Tw60、Tw20 复配

C99S 与 Tw20、Tw60 复配（摩尔比为 5∶1）；油相为系列正构烷烃；矿化度为 1% NaCl。从图 5.22 可以看出，C99S 与 Tw60 复配在实验范围内加合增效。在低碳时加合增效幅度较大，高碳时加合增效幅度较小。C99S 与 Tw20 复配，在实验范围内也基本为加合增效，在低碳时加合增效幅度较大，高碳时加合增效幅度较小。

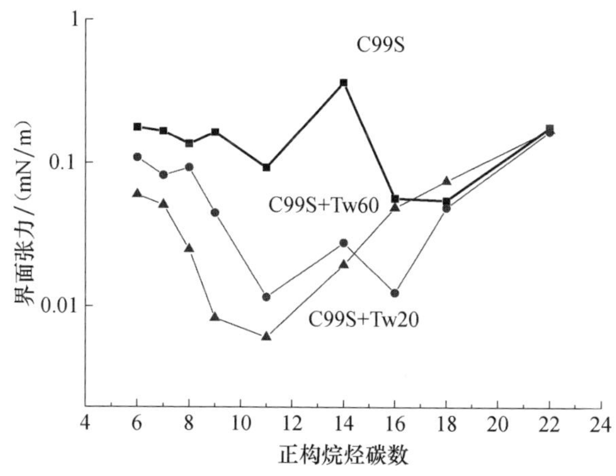

图 5.22　C99S 与 Tw20、Tw60 复配体系的界面张力

C99S 与正十一烷 C_{11} 作用界面张力为 0.093mN/m，C99S 与 Tw60 复配（5∶1），同 C_{11} 作用，界面张力降低为 0.012mN/m，具有明显的加合增效作用。因此，以 C99S 与 Tw60 复配，同 C_{11} 相互作用为例，探讨矿化度对加合增效作用的影响。

从图 5.23 可以看出，在 0～0.1% NaCl 时，复配后界面张力升高，加合减效；在高于 0.3% NaCl 时，复配后体系界面张力低于未复配体系，加合增效。这是由于在低矿化度时，C99S 在界面排布较为疏松，Tw60 不仅楔入 C99S 间的空隙，而且楔入较深，因 Tw60 空间位阻效应，排挤了 C99S 在界面的排布，导致加合减效；在较高矿化度时，C99S 在界面排布较为紧密，Tw60 可以楔入 C99S 间的空隙，但楔入不深，没有排挤 C99S 在界面的排布，导致加合增效。当二者的结构在界面上排列错落有致时，Tw60 可以屏蔽并分散 C99S 亲水基的电荷，此时界面张力降低幅度比较大，可以产生较强的加合增效作用；此外，盐度范围的扩大主要是因为 C99S 与 Tw60 间有较强烈的分子间作用力，在一定程度上分散了 C99S 亲水基间的排斥作用，避免了 C99S 互相凝聚产生沉淀的现象。

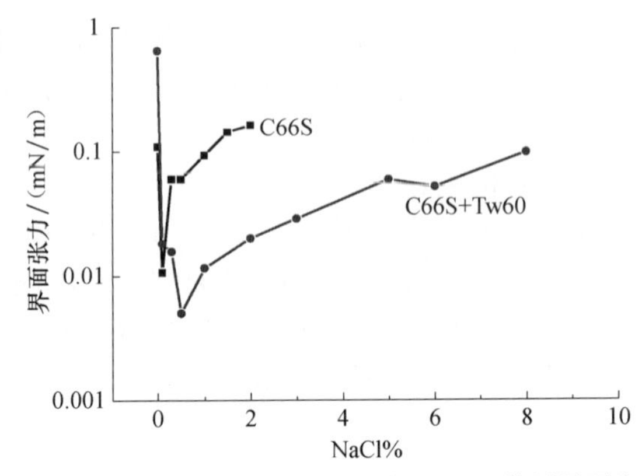

图 5.23　C99S 与 Tw60 复配体系及双壬基磺酸盐同 C_{11} 作用界面张力-矿化度曲线

2. 磺酸盐-非离子活性剂复配体系与原油的相互作用

1）C99S 与非离子复配同原油的相互作用

C99S 与 Tw20、Tw60 复配对高碳正构烷烃均实现了加合增效，考察二者复配后能否与原油实现加合增效。

C99S 与 Tw20 复配（摩尔比为 5∶1），油相为胜利油田孤东孤三联合站原油、孤五联合站原油、胜坨外输油三种代表性胜利原油；矿化度为 1% NaCl。从图 5.24 可以看出，C99S 与 Tw20 复配可以使孤三、孤五两种原油的界面张力大幅度降低，表明二者间存在强烈的协同作用，原因是 Tw20 不仅有效地楔入 C99S 空隙，同时其屏蔽效应显现，导致表面活性剂在界面上的排布变得非常紧密，所以界面张力均实现超低。C99S 与 Tw20 复配也可以实现胜坨原油的加合增效，只是效果不如孤三、孤五明显。

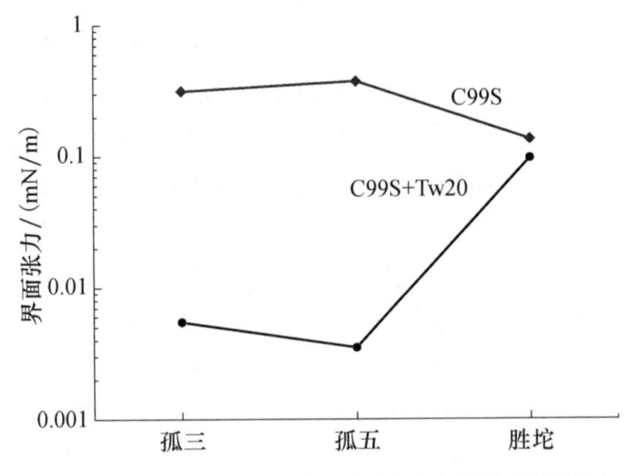

图 5.24　C99S 与 Tw20 复配与原油之间的界面张力

C99S 与 Tw60 复配（摩尔比为 5：1），油相为孤三、孤五、胜坨三种代表性胜利原油；矿化度为 1% NaCl。从图 5.25 可以看出，C99S 与 Tw60 复配可以使孤三原油的界面张力较大程度地降低但未实现超低。C99S 与 Tw60 复配也可以实现孤五原油的加合增效，只是效果没有孤三明显。C99S 与 Tw60 复配同胜坨原油作用界面张力有所升高。

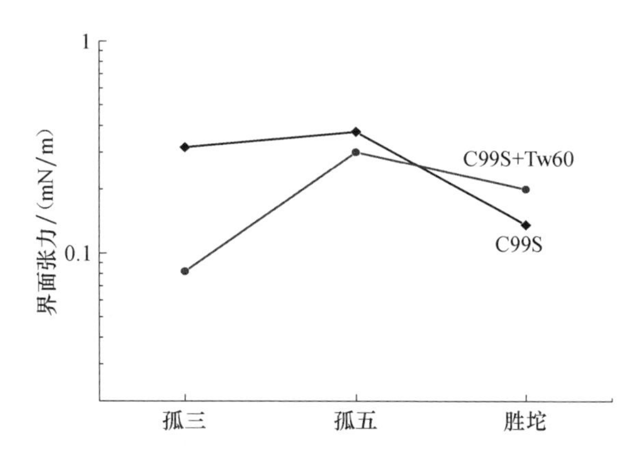

图 5.25　C99S 与 Tw60 复配与原油之间的界面张力

C99S 与月桂醇聚氧乙烯醚复配（摩尔比为 5：1），油相为孤三、孤五、胜坨三种代表性胜利原油；矿化度为 1% NaCl。从图 5.26 可以看出，C99S 与月桂醇聚氧乙烯醚复配可以使孤三和孤五原油的界面张力大幅度降低，表明二者间存在强烈的协同作用，对胜坨原油的作用不明显。

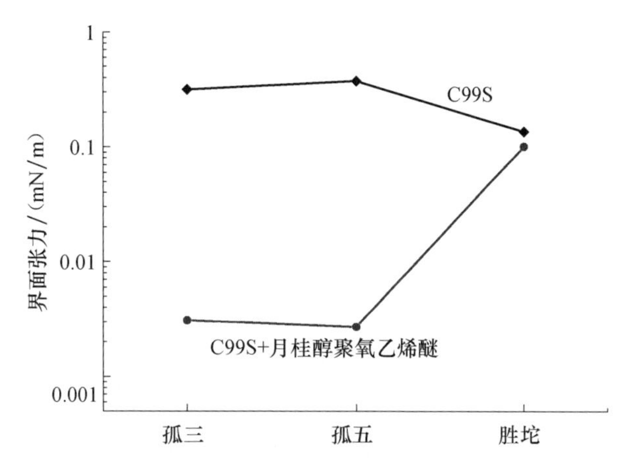

图 5.26　C99S 与月桂醇聚氧乙烯醚复配与原油之间的界面张力

C99S 与 OP 复配（摩尔比为 5：1），油相为孤三、孤五、胜坨三种代表性胜利原油；矿化度为 1% NaCl。从图 5.27 可以看出，C99S 与 OP 复配可以使孤三和孤五原油的界面张力大幅度降低，表明二者间存在强烈的协同作用，复配体系对胜坨原油没有加合增效作用。

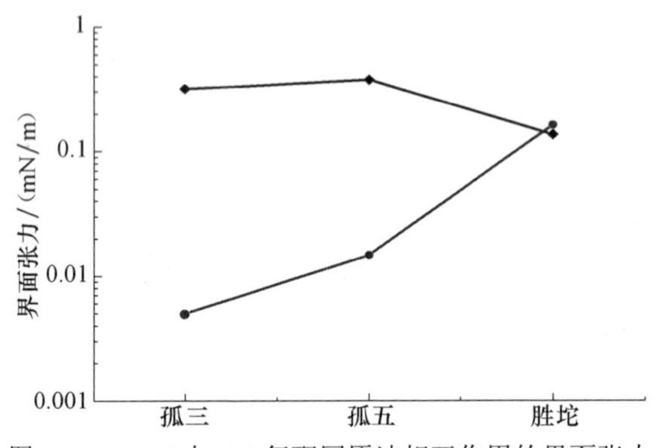

图 5.27　C99S 与 OP 复配同原油相互作用的界面张力

2）C77S-非离子表面活性剂复配体系与原油的相互作用

C77S 与月桂醇聚氧乙烯醚复配（摩尔比为 5：1），油相为正构烷烃；矿化度为 1% NaCl。从图 5.28 可以看出，复配后除 C_{14} 外界面张力均升高，加合减效。

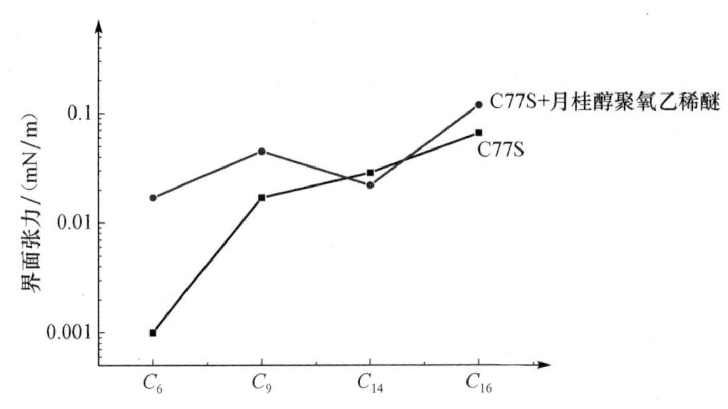

图 5.28　C77S 与月桂醇聚氧乙烯醚复配与正构烷烃的界面张力

C77S 与月桂醇聚氧乙烯醚复配（摩尔比为 5：1），油相为原油；矿化度为 1% NaCl。图 5.29 可以看出复配后三种原油的油水界面张力均升高，加合减效，说明 C77S 复配月桂醇聚氧乙烯醚效果不好。

C77S 与 OP 复配（摩尔比为 5：1），油相为原油；矿化度为 1% NaCl。图 5.30 可以看出复配后三种原油的油水界面张力均升高，加合减效，证实了 C77S 与 OP 复配效果基本等同于 C77S 与月桂醇聚氧乙烯醚。

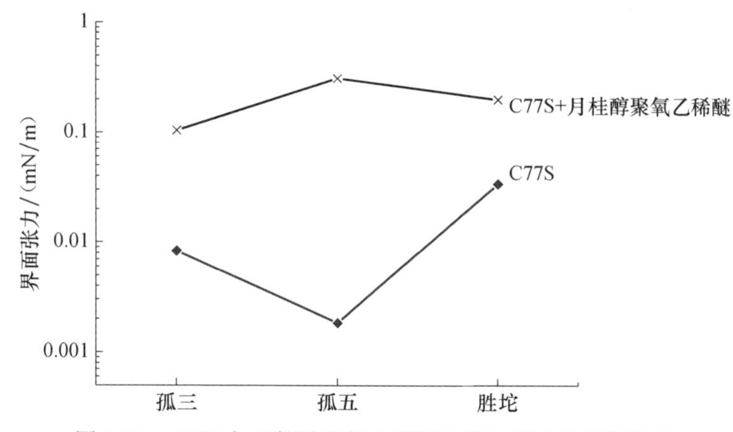

图 5.29　C77S 与月桂醇聚氧乙烯醚复配与原油的界面张力

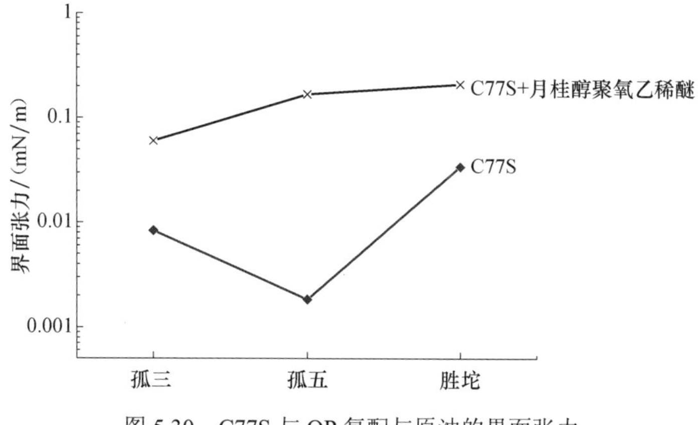

图 5.30　C77S 与 OP 复配与原油的界面张力

3）C77S-非离子表面活性剂复配体系与原油的相互作用

C55S 与月桂醇聚氧乙烯醚复配（摩尔比为 5∶1），油相为正构烷烃，矿化度为 1% NaCl。复配后界面张力升高，加合减效。C55S 与月桂醇聚氧乙烯醚复配，油相为原油。复配后界面张力升高，加合减效。说明双戊基磺酸盐与月桂醇聚氧乙烯醚复配同原油加合效果不好。C55S 与 OP 复配与胜利原油之间的界面张力升高，加合减效。C55S 与 Tw80 复配与胜利原油之间的界面张力升高，加合减效。

由实验结果可知，C99S 与非离子表面活性剂复配效果最好。C77S 可以同非离子表面活性剂产生加合增效作用，但加合不明显；C55S 同非离子表面活性剂复配一般为加合减效，效果最差。

3. 支化磺酸盐-非离子表面活性剂复配体系与原油的相互作用

研究支化磺酸盐与非离子表面活性剂复配同原油相互作用主要是考察疏水链碳数相同时，支链与双尾磺酸盐在加合增效方面是否相似；支化磺酸盐的分子结构见图 5.31。疏水链碳数递变，支链与双尾磺酸盐在加合增效方面趋势是否相似。

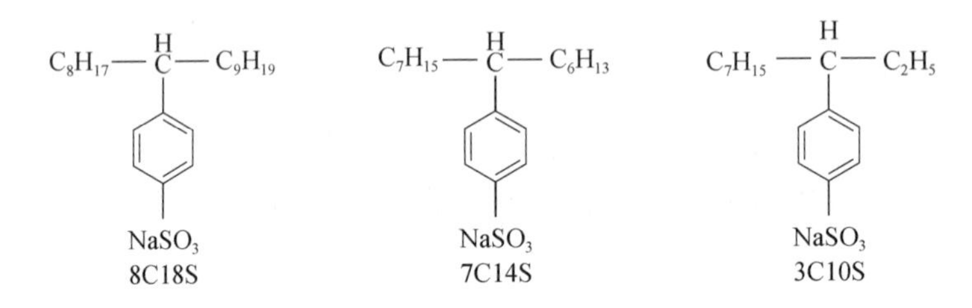

图 5.31　支化磺酸盐的分子结构图

1）8C18S 与非离子表面活性剂复配同原油的相互作用

表面活性剂为 8C18S 与月桂醇聚氧乙烯醚复配（摩尔比为 5∶1），油相为孤三、孤五、胜坨三种代表性胜利原油；矿化度为 1% NaCl。从图 5.32 可以看出二者复配同三种胜利原油相互作用可以产生明显的加合增效作用，尤其是对胜坨原油，这一点优于 C99S。

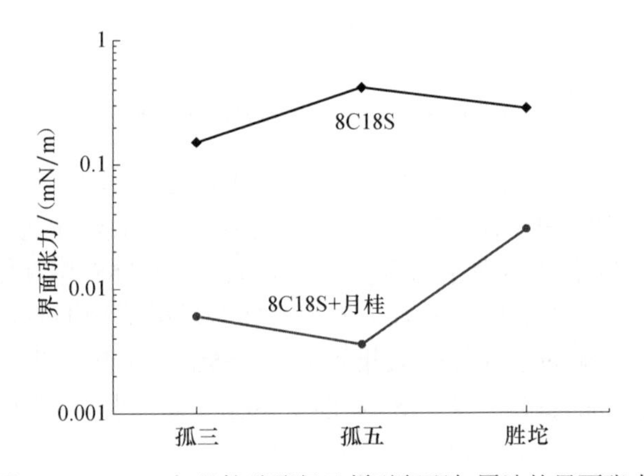

图 5.32　8C18S 与月桂醇聚氧乙烯醚复配与原油的界面张力

表面活性剂为 8C18S 与 OP 复配（摩尔比为 5∶1），油相为三种胜利原油；矿化度为 1% NaCl。从图 5.33 可以看出二者复配同胜利原油相互作用同样可以产生明显的加合增效作用。

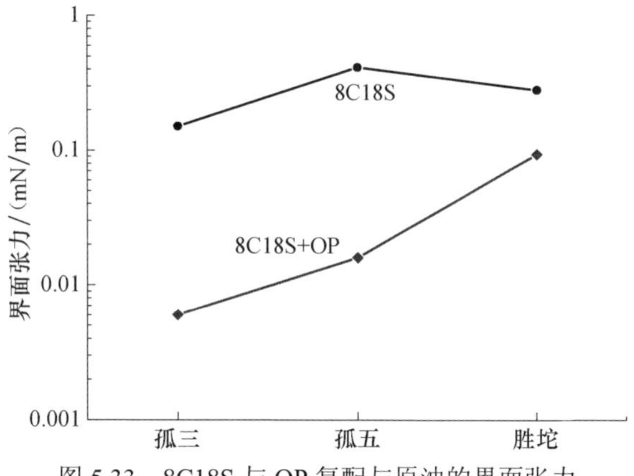

图 5.33　8C18S 与 OP 复配与原油的界面张力

表面活性剂为 8C18S 与 Tw60 复配(摩尔比为 5∶1),油相为三种胜利原油;矿化度为 1% NaCl。从图 5.34 可以看出二者复配同三种胜利原油相互作用均可以产生加合增效作用，但效果不明显。

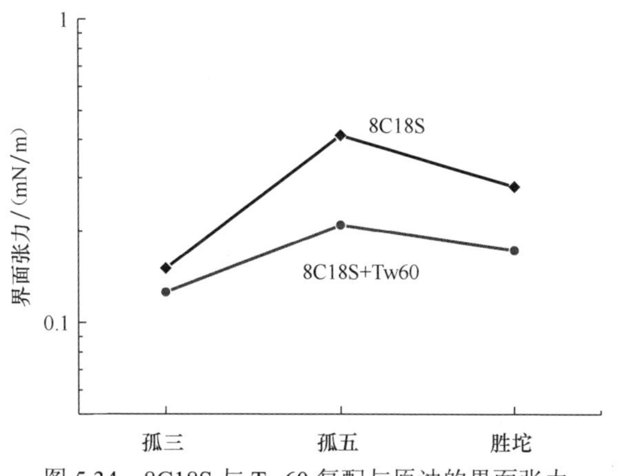

图 5.34　8C18S 与 Tw60 复配与原油的界面张力

表面活性剂为 8C18S 与 Tw20 复配（摩尔比为 5∶1），油相为三种胜利原油；矿化度为 1%NaCl。从图 5.35 可以看出二者复配同三种胜利原油相互作用均可以产生明显的加合增效作用，对胜坨原油有明显效果。

2）7C14S 与非离子表面活性剂复配同原油的相互作用

表面活性剂为 7C14S 与月桂醇聚氧乙烯醚复配（摩尔比为 5∶1），油相为三种胜利原油；矿化度为 1% NaCl。从图 5.36 可以看出二者复配同胜利原油产生加合减效作用。

3）3C10S 与非离子表面活性剂复配同原油的相互作用

表面活性剂为 3C10S 与月桂醇聚氧乙烯醚复配（摩尔比为 5∶1），油相为三种胜利原油；矿化度为 1% NaCl。从图 5.37 可以看出二者复配同孤五和胜坨原油产生加合减效作用。

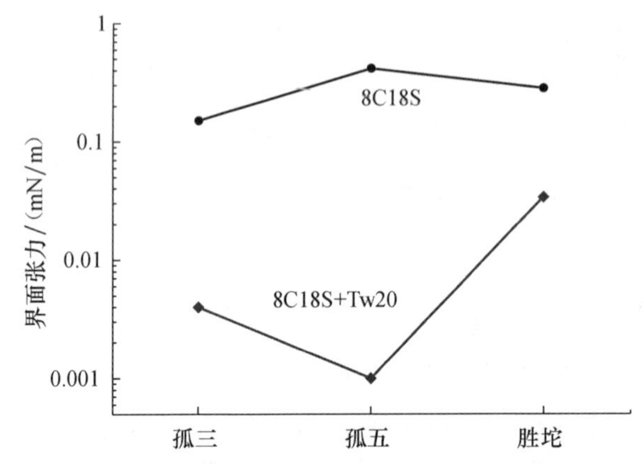

图 5.35　8C18S 与 Tw20 复配与原油的界面张力

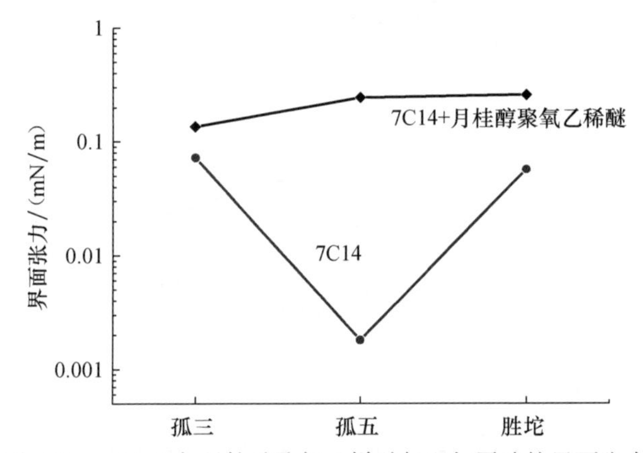

图 5.36　7C14S 与月桂醇聚氧乙烯醚复配与原油的界面张力

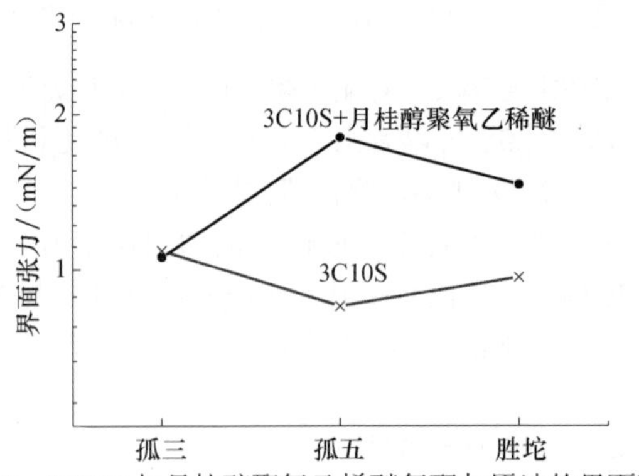

图 5.37　3C10S 与月桂醇聚氧乙烯醚复配与原油的界面张力

从上述实验结果可以看出 C99S 与非离子表面活性剂复配可以产生加合增效作用，C77S、C55S 与非离子表面活性剂复配效果较差。8C18S 与非离子复配可以产生加合增效作用，与 C99S 相似，7C14S、3C10S 同 C77S、C55S 相似，复配后效果较差。

4. 支化磺酸盐-非离子表面活性剂复配与原油组分之间的相互作用

采用色谱法将胜利原油分为烷烃、芳烃、极性物、沥青四个族组分；再用减压蒸馏法将烷烃组分和芳烃组分进一步分离；采用萃取分离技术，将极性物质分离为酸性部分和非酸性部分。

8C18S 与月桂醇聚氧乙烯醚复配（摩尔比为 5∶1），油相为孤三原油族组分；矿化度为 1% NaCl 溶液。从图 5.38 和图 5.39 可以看出二者复配后，原油与水相间油/水界面张力大幅度降低，实现超低；烷烃在复配表面活性剂作用下界面张力

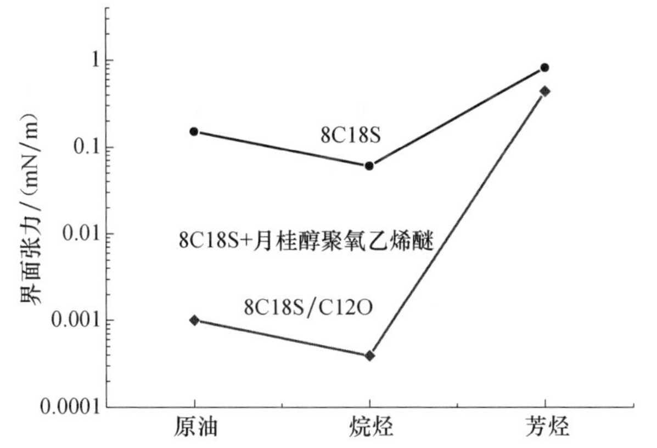

图 5.38　8C18S 与月桂醇聚氧乙烯醚复配同孤三原油组分之间的界面张力

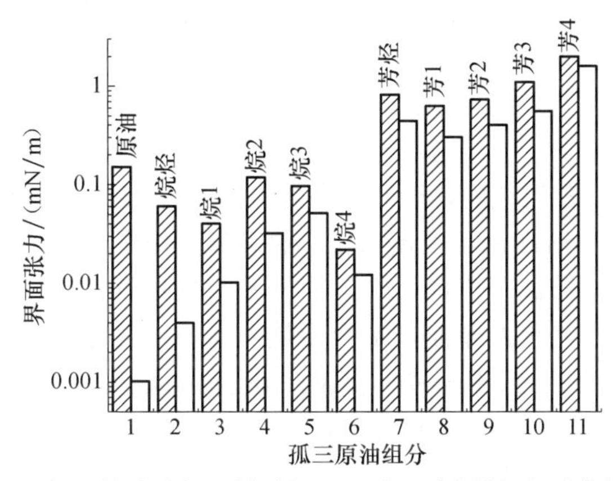

图 5.39　8C18S 与月桂醇聚氧乙烯醚复配同孤三原油精细组分之间的界面张力

也可以实现超低；芳烃的界面张力降至 1/2。可以看出烷烃在复配表面活性剂下对降低油/水界面张力的贡献比芳烃大很多。

8C18S 与月桂醇聚氧乙烯醚复配（摩尔比为 5∶1），油相为胜坨原油族组分；矿化度为 1% NaCl 溶液。从图 5.40 可以看出复配后，原油与水相间油水界面张力大幅度降低，但未实现超低；烷烃在复配表面活性剂作用下可以实现超低界面张力；芳烃的界面张力降到一半。可以得出烷烃在复配表面活性剂下对降低油/水界面张力的贡献最大的结论。

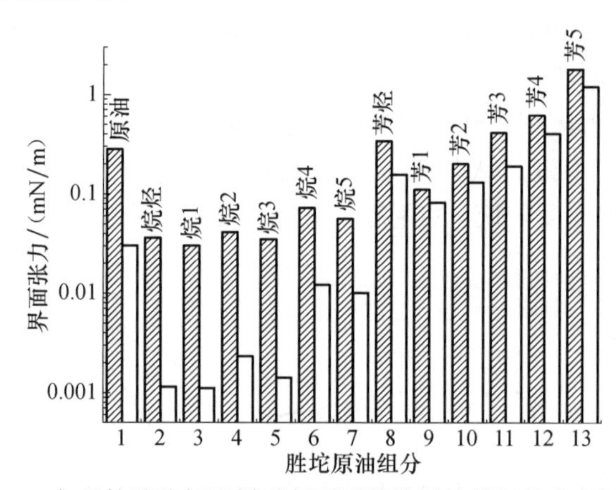

图 5.40　8C18S 与月桂醇聚氧乙烯醚复配同胜坨原油精细组分之间的界面张力

（四）石油磺酸盐与非离子表面活性剂的复配协同作用

1. 石油磺酸盐与正构烷烃的相互作用

石油磺酸盐与 Tw80 复配（摩尔比为 6∶1），油相为系列正构烷烃；矿化度为 1% NaCl。从图 5.41 可以看出，PS 与 Tw80 复配在低碳正构烷烃（正己烷、正庚烷）时界面张力明显降低，可以产生加合增效作用；在中等碳数的正构烷烃时界面张力变化不大，基本上没有加合增效；在高碳烷烃（正十四烷、正十六烷）时，界面张力有所升高，加合减效。究其原因可能是低碳时，非离子表面活性剂可以有效地楔入 PS 的空隙，表面活性剂的界面排布变得更加紧密，加合增效；中碳时，非离子表面活性剂可以楔入 PS 的空隙，使得表面活性剂的界面排布变得更加紧密，同时，非离子表面活性剂产生空间位阻效应，开始排挤 PS 在界面的排布，两种相互作用彼此牵制，加合无效；此外，也可能是在中碳时，非离子表面活性剂要楔入 PS 的空隙需要克服两种表面活性剂间的空间位阻力，因而导致非离子表面活性剂无法楔入 PS 的空隙，界面只有 PS 的排布，导致加合无效；在高碳烷烃时，非离子表面活性剂较 PS 可以更深地楔入 PS 的空隙，由于非离子表面活性剂有较大的体积，其空间位阻效应明显，排挤了 PS 在界面的排布，从而加合减效。

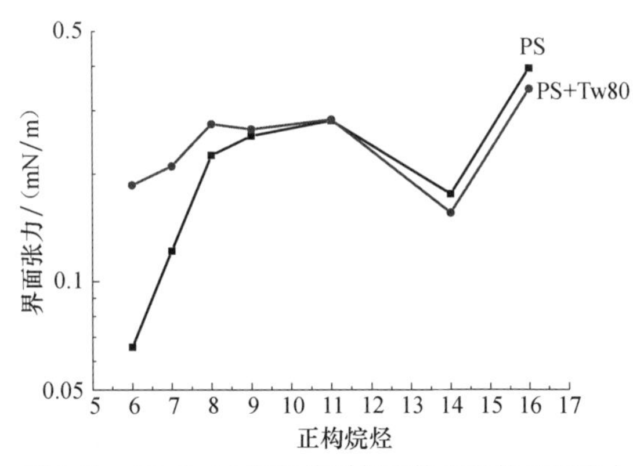

图 5.41　PS- Tw80 复配体系与正构烷烃的界面张力

PS 与 Tw20 复配(摩尔比为 6∶1),油相为系列正构烷烃;矿化度为 1% NaCl。从图 5.42 可以看出，PS 与 Tw20 复配在较低碳正构烷烃时界面张力变化不大，加合无效;在较高碳数的正构烷烃时界面张力有所升高,基本上是加合减效。与 Tw80 相比，Tw20 与 PS 复配在更大范围内加合减效。

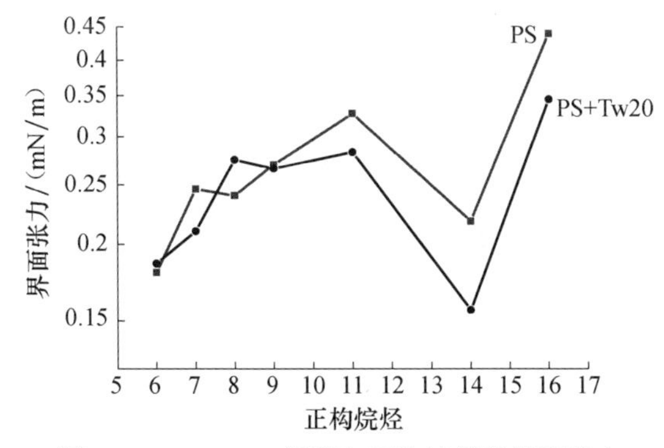

图 5.42　PS-Tw20 复配与正构烷烃的界面张力

PS 与 Tw60 复配（摩尔比 6∶1），油相为系列正构烷烃；矿化度为 1% NaCl。从图 5.43 可以看出，PS 与 Tw60 复配对正构烷烃的界面张力均升高，加合减效。Tw60 较 Tw80 在结构上碳链长度相同，饱和度增加，亲油性增强，因此 Tw60 在界面上能够更深地楔入油相，有能力排挤 PS 在界面的排布，空间位阻效应更加明显，导致全程加合减效。

PS 与月桂醇聚氧乙烯醚复配（摩尔比为 6∶1），油相为系列正构烷烃；矿化度为 1% NaCl。从图 5.44 可以看出，PS 与月桂醇聚氧乙烯醚复配在整个正构烷烃范围内基本是加合无效或加合减效。月桂醇聚氧乙烯醚的效果与 Tw20 相当。

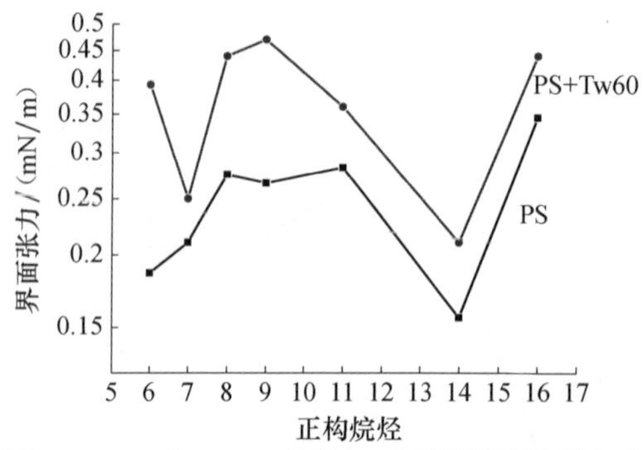

图 5.43 PS 与 Tw60 复配与正构烷烃的界面张力

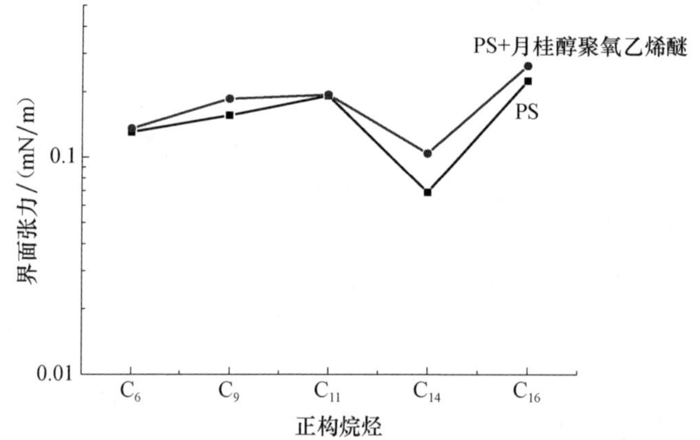

图 5.44 PS 与月桂醇聚氧乙烯醚复配与正构烷烃的界面张力

PS 与 OP 复配（摩尔比为 6∶1），油相为系列正构烷烃；矿化度为 1% NaCl。从图 5.45 可以看出，PS 与 OP 复配在正己烷时可以产生较明显的加合增效现象，与其他正构烷烃基本是加合减效。OP 效果与 Tw80 类似。

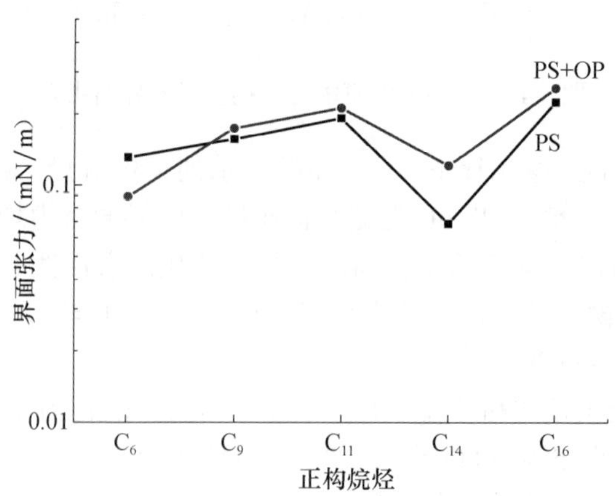

图 5.45 PS 与 OP 复配与正构烷烃的界面张力

2. 石油磺酸盐同胜利原油作用

以胜利油田石油磺酸盐为基质，选取了市场上常售的非离子表面活性剂，同时选取了胜利油田三个代表性原油，探讨磺酸盐与非离子表面活性剂的加合增效作用机理（王红艳等，2006）。

油相为胜利油田三个代表性原油，分别为孤三、孤五、胜坨原油；表面活性剂为石油磺酸盐以及石油磺酸盐与 Tw80、月桂醇聚氧乙烯醚、OP 的复配体系，配比为 5∶1；矿化度为 1% NaCl 水溶液，实验结果如图 5.46 所示。可以看出，Tw80、月桂醇聚氧乙烯醚、OP 三种非离子表面活性剂与石油磺酸盐复配后均不能产生加合增效作用，相反体系界面张力都有不同程度的升高，加合减效。

通过上述实验证实以上三种非离子表面活性剂不能产生加合增效作用，考虑是否因为三种非离子表面活性剂间结构缺乏规律，导致难以探讨二者的加合增效作用。因此，选择 Tw60、Tw20 两种与 Tw80 结构上有联系的非离子表面活性剂与石油磺酸盐复配，配比为 5∶1；油相为胜利油田三个代表性原油，分别为孤三、孤五、胜坨原油；矿化度为 1% NaCl 水溶液，实验结果如图 5.47 所示。可以看出，Tw60 和 Tw20 两种非离子表面活性剂与石油磺酸盐复配后不能产生加合增效作用，体系界面张力均不同程度地升高，加合减效。

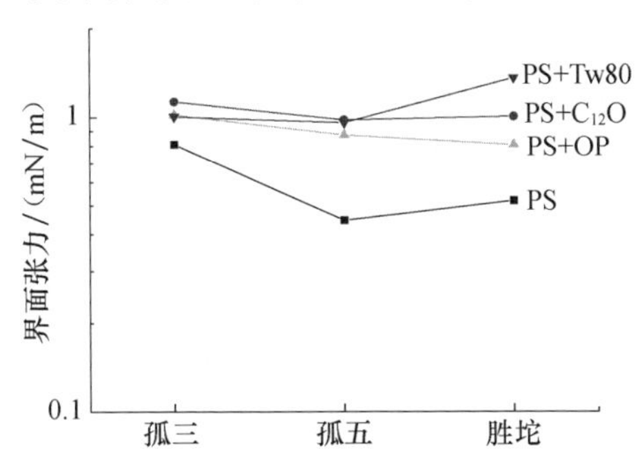

图 5.46　PS 与非离子表面活性剂复配体系同原油协同作用

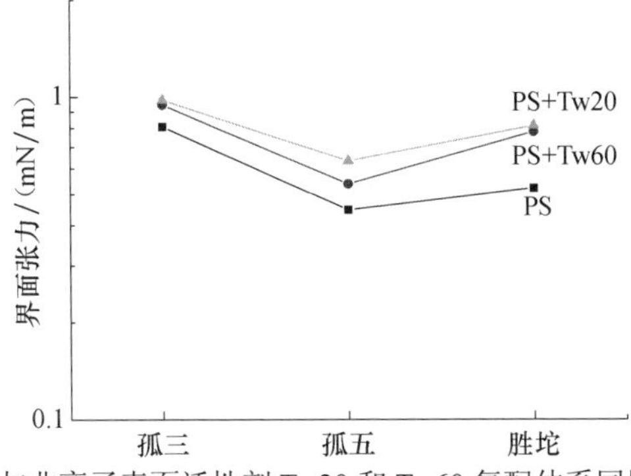

图 5.47　PS 与非离子表面活性剂 Tw20 和 Tw60 复配体系同原油协同作用

三、表面活性剂复配增效机理

三元复合驱、三元复合驱多效复合泡沫驱、聚合物强化泡沫驱等重要 EOR 技术的环节都与表/界面化学密不可分（Song et al.，2012）。由表面活性剂所引起的油/水、油/固及气/液界面在驱替过程中组成和性质的改变，是决定强化采油技术手段效果好坏的根本所在。由于受到实验手段的限制，相关研究局限在对体相性质的研究，而与界面有关的信息很少。最能反映界面性质的油/水界面张力是表观技术参数，无法给出界面组成变化的信息。由于对微观机理研究不够深入，采用表观技术参数筛选出来的驱油配方屡屡与试验效果不符，限制了复合驱技术的应用和推广。基于对界面这一特殊状态的深入研究，从微观角度研究表面活性剂在油/水、油/固及气/液界面的行为与分子结构的关系，结合已有的实验结果，建立分子结构与性能的关系，对丰富完善驱油机理、指导驱油体系的配方筛选、探索创新性的 EOR 技术至关重要。

（一）SDBS 与 TX 在油/水界面的复配协同作用

由表 5.7 可知，以甲苯为油相，SDBS 与 TX 复配体系（质量比为 8∶2）的界面张力值低于两纯体系，说明 SDBS 与 TX 之间具有复配协同效应。

表 5.7　SDBS、TX 及两者复配体系的界面张力（表面活性剂总浓度 0.3%）

表面活性剂	SDBS	TX	SDBS∶TX=8∶2
界面张力/（mN/m）	0.42	3.91	0.22

1. 盐度对 SDBS+TX 复配体系油/水界面张力的影响

图 5.48 实验结果说明，随着盐度的增加，复配体系的界面张力先降低后升高。在较低盐浓度条件下没有产生超低界面张力。NaCl 浓度在 1.8%～3%才产生超低界面张力。NaCl 浓度大于 3%后，界面张力反而上升。SDBS 与 TX 复配体系在较高盐度（$C_{盐}>1.8\%$）下表现出很好的界面活性，达到超低界面张力 10^{-4}mN/m，且其抗盐性大为增强（表 5.8）。

盐度较高时，Na^+除了起到压缩双电层作用，使界面以及胶束的表面活性剂分子排列更紧密外，还能提高体系的离子强度，使表面活性剂在油水两相的分配趋势大致相等，则表面活性剂在油水界面上的平衡浓度最大，界面张力降低。但当盐度过高时，有部分表面活性剂会产生盐析，界面张力反而上升。因此，适宜的盐度是 SDBS+TX 复配体系产生超低界面张力的关键因素之一。

表 5.8　不同盐度下 SDBS、TX 及其复配体系的界面张力（单位：mN/m）

$C_{盐}$/wt%	0.3% SDBS（甲苯）	0.3% TX（甲苯）	SDBS：TX=8：2（总浓度 0.05，油相为甲苯）
0	1.82	2.84	
0.3	0.746	2.07	
0.5	0.53	2.45	
0.7	0.42	3.91	0.62
1.0	0.34		0.47
1.5	0.33		0.17
1.8	0.26		9.45×10^{-3}
2.0	0.25		6.64×10^{-4}
2.5			4.73×10^{-4}
3.0			1.687×10^{-3}
4.0			0.034 59
5.0			0.083 73

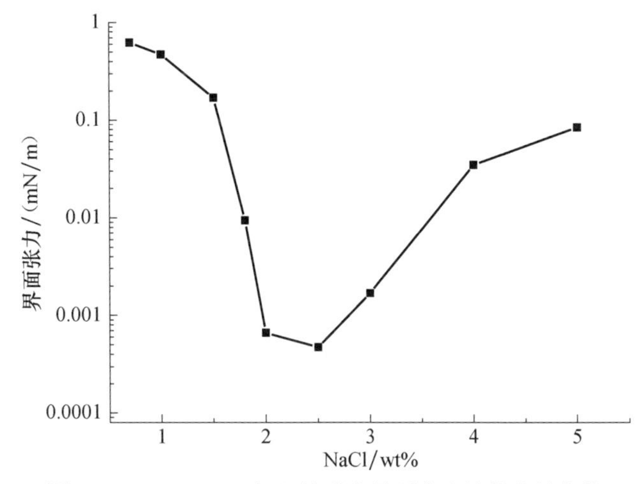

图 5.48　SDBS+TX 复配体系中界面张力随盐度的变化

2. 表面活性剂浓度及油相对 SDBS+TX 复配体系油/水界面张力的影响

表 5.9　不同表面活性剂浓度及油相时 SDBS+TX 复配体系的界面张力（NaCl：2.0%）

表面活性剂浓度/wt%	$\gamma_{甲苯}$/(mN/m)	$\gamma_{辛烷}$/(mN/m)
0.01	0.109	0.281
0.03	1.013×10^{-3}	0.200
0.05	5.52×10^{-4}	0.169
0.1	4.28×10^{-4}	0.118
0.3	4.32×10^{-4}	0.0838

由图 5.49 实验结果可知，SDBS 与 TX 复配体系浓度为 0.01%时，不产生超低界面张力。但当浓度大于 0.03%时，复配体系达到超低界面张力。在适宜的盐度下，SDBS 与 TX 的复配协同效应使体系在较低浓度就能达到超低界面张力。表面活性剂在界面的吸附达到平衡后继续增加，浓度对降低界面张力贡献不大。

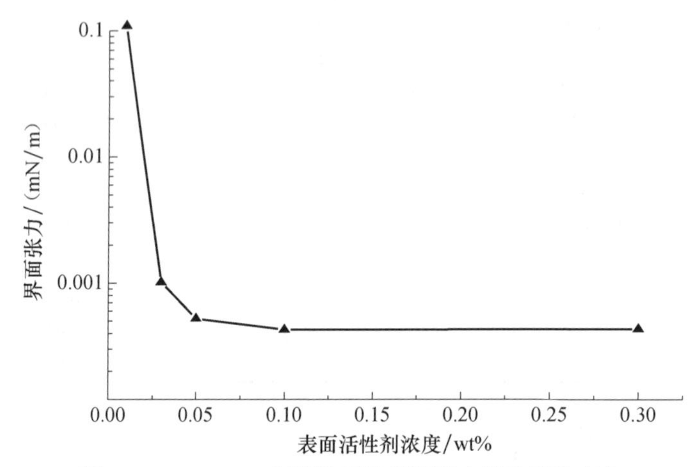

图 5.49　DBS+TX 复配体系的界面张力随浓度的变化

从表 5.9 可以看出，以正辛烷为油相时，随着 SDBS 与 TX 复配体系浓度增加界面张力缓慢降低。对于甲苯，浓度大于 0.03%时，复配体系出现超低界面张力，说明复配体系对甲苯具有适应性，即油相分子与表面活性剂疏水基相似更有利于降低界面张力。

从表 5.10 可以看出，以直链烷烃为油相时，SDBS 与 TX 复配体系仍符合“直链烷烃碳数与表面活性剂分子疏水链越相近，界面张力越低”的规律。当油相变为甲苯时体系出现超低界面张力，而且随着甲苯含量的增多，界面张力迅速降低。这说明油相分子与表面活性剂疏水基相似时有利于降低油水界面张力。

表 5.10　SDBS 与 TX 复配体系对不同油相的界面张力（单位：mN/m）

油相	庚烷	辛烷	癸烷	十二烷	十六烷	环己烷	甲苯
SDBS+TX 0.05% NaCl 2.0%	0.574	0.378	0.326	0.358	0.445	0.226	5.25×10^{-4}
	甲苯	甲苯：辛烷 4：1	甲苯：辛烷 2：1	甲苯：辛烷 1：1	甲苯：辛烷 1：2	甲苯：辛烷 1：4	辛烷
	5.25×10^{-4}	1.61×10^{-4}	6.35×10^{-4}	0.0161	0.0322	0.0251	0.378

3. SDBS 与 TX 复配体系的动态表面张力

实验采用最大气泡压力法测定 SDBS＋TX 体系的动态表面张力。从图 5.50 中可以看出，比例相同但浓度不同的 SDBS+TX 复配体系其最终所能达到的表面

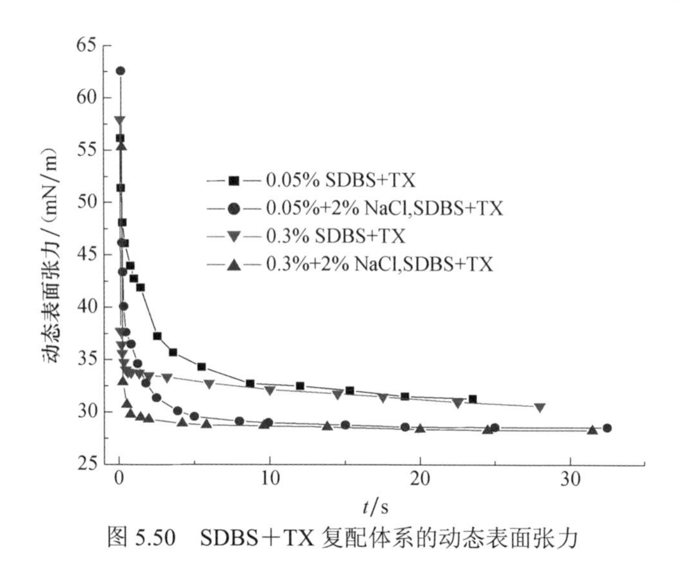

图 5.50 SDBS＋TX 复配体系的动态表面张力

张力值是一样的，但是随浓度的增大体系达到平衡的时间有所减小，这个规律同样体现在其加盐体系中。浓度的增加仅仅是加快了体相中表面活性剂分子扩散和吸附的速度，对其在界面上的最终平衡和排布并无影响。

加盐后体系表面张力降低，但浓度一定时，盐度对达到吸附平衡的时间无明显影响。这说明盐离子对体相中分子的扩散没有影响，仅仅影响其在界面上的行为。适宜盐度下，体系离子强度的增强使表面活性剂在油水两相的分配趋势大致相等，则其在油水界面上的平衡浓度最大，界面张力降低。

4. 不同添加物对 SDBS 与 TX 复配体系油水界面张力的影响

实验结果说明（表 5.11），复合体系在低浓度 NaCl 溶液里降低界面张力的能力没有在 KCl 和 NH_4Cl 溶液中的能力强，而在高浓度下其降低界面的能力大大增强，超过了 KCl 和 NH_4Cl，并能产生它们所达不到的超低界面张力。这说明在高浓度下半径小的 Na^+更易进入油水界面表面活性剂分子层，其影响界面分子排布的能力比 KCl 和 NH_4Cl 要强。

表 5.11 SDBS 与 TX 复配体系添加不同物质的界面强力（单位：mN/m）

体系	添加物					
	NaCl	KCl	NH_4Cl	尿素	0.05% 3530E＋NaCl	0.1% 3530E＋NaCl
SDBS+TX 0.05%（= 0.7%NaCl）	0.6515	0.1502	0.1504	0.4897	0.2868	0.3752
SDBS+TX 0.05%（= 2%NaCl）	0.000525	0.0648	0.0532	0.6884	0.00102	0.0137

尿素的加入并没有降低界面张力，反而随着其浓度的增加界面张力有所上升，这可能是由于在水溶液体相中尿素与 TX 的 EO 基团产生氢键，使界面上排布的 TX 分子减少。

聚丙烯酰胺 3530E 的加入对体系界面张力也产生了一定的影响。在低盐度下（NaCl 0.7%），由于部分水解聚丙烯酰胺 3530E 也产生一定量的 Na^+，因此随着其加入量的增加界面张力有所降低，但其浓度的增加使溶液黏度也增加，又使界面张力升高。在高盐度下（NaCl 2.0%），聚合物水解产生的 Na^+量相对较少，可以忽略。由于聚合物增大了溶液黏度，所以界面张力呈升高趋势。另外，聚丙烯酰胺也可以与 TX 的 EO 基团产生氢键，减少界面上的 TX 分子，这可能也是高盐度下加入聚丙烯酰胺后，界面张力升高的原因。

5. 分子模拟研究油/水界面上 SDBS 与 TX 之间的复配协同效应

1）SDBS 头基之间排斥参数 a_{HH} 对 SDBS 在体系中分布状态的影响

加入无机电解质会压缩离子型表面活性剂极性头周围的双电子层，并因电解质反离子插入离子型表面活性剂极性头之间，部分屏蔽极性头之间的电性排斥力，影响离子型表面活性剂在界面的吸附。通过降低离子型表面活性剂头基之间的排斥参数 a_{HH} 来模拟溶液中无机盐浓度的增大。通过不同排斥参数 a_{HH} 下 SDBS 的极性头基在界面吸附层中的密度分布图 5.51 可得出，当 SDBS 头基与头基之间的排斥参数由 35（无外加无机盐）减小到 25，SDBS 的界面密度增大。此结果与实验结果符合得很好。SDBS 体系油水界面张力随盐度变化的实验结果也表明，少量 NaCl 便引起界面张力明显下降，但界面张力下降了一个数量级后基本保持不变，说明虽然盐度增大可使离子型表面活性剂的界面密度增大，但幅度有限。

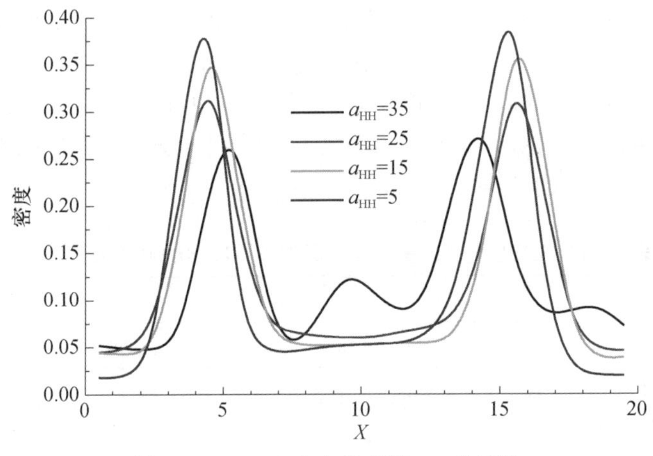

图 5.51　SDBS 分布状态随 a_{HH} 的变化

盐的加入大大降低了 SDBS 头基之间的排斥参数 a_{HH}，同时离子强度的增加使 SDBS 的油溶性增强，其在油水两相中的分配趋势更相近，因而原来在体相中的部分 SDBS 分子吸附到油水界面。当排斥参数 a_{HH} 适宜时，所有 SDBS 分子都吸附到界面上并紧密有序地排布，此时界面张力大大降低。由于 SDBS 浓度一定，所有分子都在界面起到了降低界面张力的作用，即使 a_{HH} 继续减小，界面张力几乎不变，直到盐度过高，表面活性剂产生盐析，界面张力开始上升。

2）TX 头基与水之间的排斥参数 a_{WE} 对 TX 在体系中分布状态的影响

由图 5.52 可知，随着 a_{WE} 的降低，TX 逐渐从油相向界面转移。当 a_{WE} 达到 42.88 时，所有的 TX 都与 SDBS 在界面上共吸附，使界面张力大大降低。a_{WE} 继续降低至 32.88 时，所有的 SDBS 与 TX 仍然在界面上以共吸附的形式存在。TX 分子的油溶性比较强，盐的加入增强了离子强度，从而增加了 TX 的水溶性，使 TX 在油水两相中的分配趋势达到平衡，从而易于从油相转移并吸附到界面上，起到降低界面张力的作用。

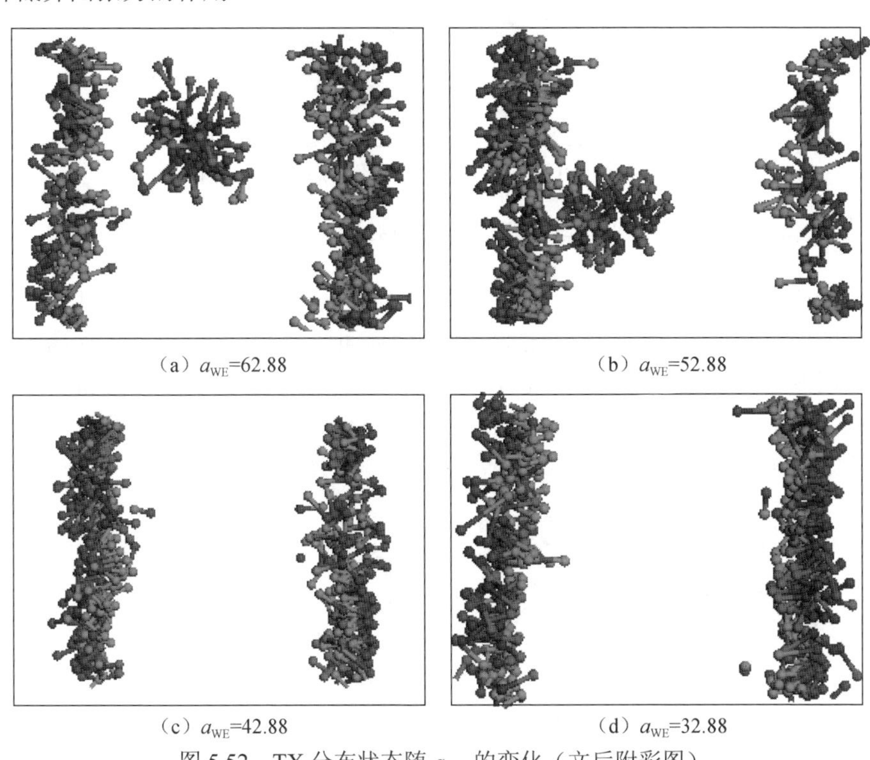

（a）a_{WE}=62.88　（b）a_{WE}=52.88

（c）a_{WE}=42.88　（d）a_{WE}=32.88

图 5.52　TX 分布状态随 a_{WE} 的变化（文后附彩图）

粉色代表 SDBS 的头基，蓝色代表其尾基；红色代表 TX 的头基，深色代表其尾基

3）界面上 SDBS 与 TX 的共吸附形态

从图 5.53 中可以看出，TX 在界面上并不是均匀地分散插入 SDBS 分子之间，

它本身先聚集成团簇，再以团簇的形式插入 SDBS 团簇之间的空穴中。由于 SDBS 头基之间的排斥作用及空间位阻的影响，界面上的 SDBS 不可能达到致密排列。即使密度再大，都会有部分空穴存在，其他的 SDBS 也不可能插入其中。当加入 TX 后，TX 的头基不带电，与 SDBS 的排斥作用较弱，所以能插入 SDBS 团簇间的空穴中，两者起到协同共吸附的作用，界面上表面活性剂的密度大大增加，因而界面张力明显降低。

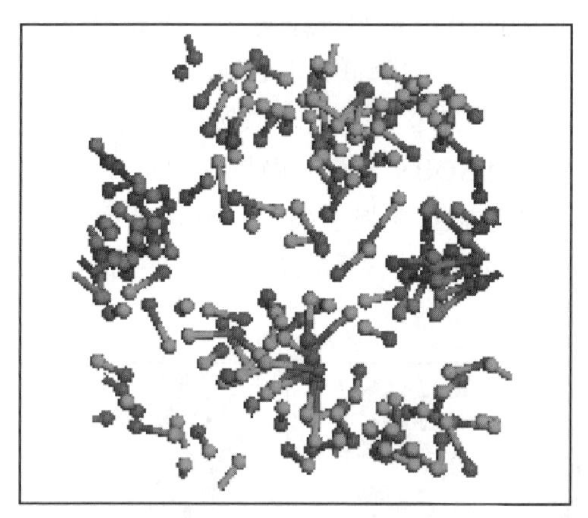

图 5.53　界面上 SDBS 与 TX 的共吸附形态（文后附彩图）

（二）混合表面活性剂在油水界面的协同作用

离子型和两性型表面活性剂界面效率高但界面密度低，非离子表面活性剂界面密度高但界面效率低，使得单一表面活性剂的界面效力不高。盐度增大使离子型表面活性剂界面密度有所提高但程度有限。在表面活性剂混合及盐度改变的情况下，不同混合体系中表面活性剂的界面吸附行为大不相同，而且表面活性剂层内存在着大量的空隙（图 5.54），所以复配是增强界面活性的很好途径。

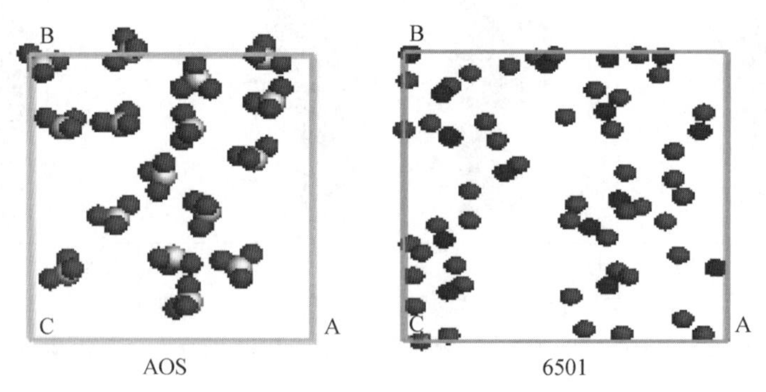

图 5.54　表面活性剂头基在界面层中的排列（黄色、红色和蓝色原子分别为 S、O 和 N）（文后附彩图）

表面活性剂分子结构导致其在体相中聚集和界面上吸附的趋势同时存在，而只有在油水界面吸附的分子对界面张力的降低直接有效。区别于体相浓度，表面活性剂在界面上的浓度称为界面密度 d_{int}。界面密度达到最高点时，表面活性剂吸附到界面的个数定义为该表面活性剂的饱和吸附点 d_{int}^{max} 。具有高界面效率并可达到高界面密度的表面活性剂才具有高界面效力，使界面张力大幅度降低。

图 5.55 是 DAOS、6501、CAB 及 SDBS 四种表面活性剂相对界面张力随其界面密度的变化曲线。曲线斜率表征表面活性剂的界面效率，斜率越大界面效率越大。离子型表面活性剂 DAOS 和 SDBS 及两性表面活性剂 CAB 都有较高的界面效率，但在较低的界面密度下即达到饱和吸附，d_{int}^{max} 小，导致界面效力低。非离子型表面活性剂 6501 具有较强的界面富集趋势，d_{int}^{max} 大，但界面效率较低。

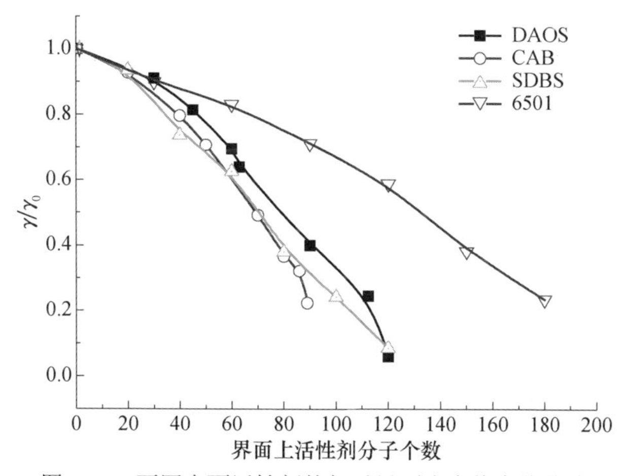

图 5.53　不同表面活性剂的相对界面张力值变化曲线

在表面活性剂混合及盐度改变的情况下，不同混合体系中表面活性剂的界面吸附行为大不相同，如图 5.56 所示。各混合体系的体相总浓度均为 0.14% DPD 浓度单位，混合体系中二组分的复配比例从 0：10、1：9 到 10：0（质量比）。

图 5.56 中横坐标表示体系中两种表面活性剂的总量之比，纵坐标表示界面上不同表面活性剂的吸附比例。图中黑色虚线表示体相与界面组成相同。对于离子型表面活性剂 DAOS 与 6501 的混合体系来说，未加盐的情况下［图 5.56（a）▲］，曲线处于黑色虚线下方，表明界面上 DAOS 的比例小于体相中的比例，即 DAOS 在界面上吸附的趋势低于 6501。加入无机盐，混合溶液中 DAOS 含量较低的情况下［图 5.56（a）■］，曲线处于黑色虚线上方，表明盐度增加使 DAOS 的界面吸附趋势大大增强，高于 6501。随着溶液中 DAOS 浓度增大，分子在界面上达到饱和吸附，继续增大 DAOS 的体相浓度，再增加的 DAOS 将在水中形成胶束，界面吸附量不再增加，而 6501 可继续吸附，插入 DAOS 界面层的空穴中增大界面密

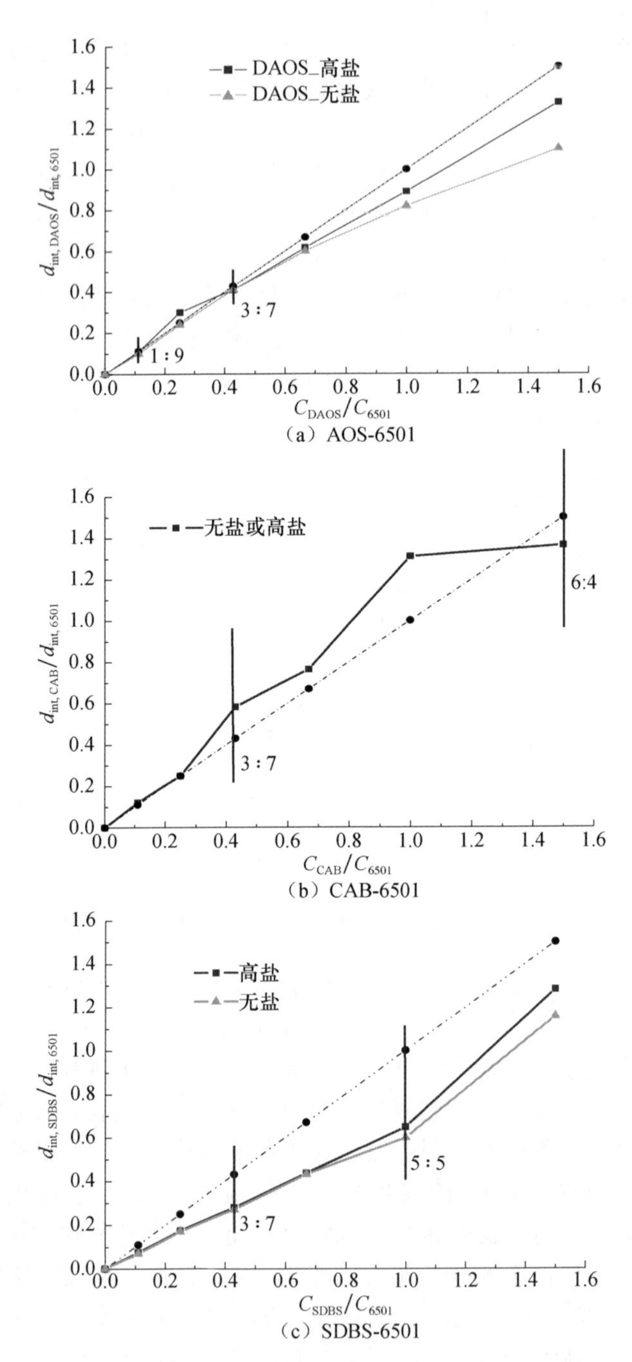

（a）AOS-6501

（b）CAB-6501

（c）SDBS-6501

图 5.56　AOS 与 6501 在界面和体相中浓度比对照

度，直至界面吸附达到饱和［图 5.56（a）■］，图 5.56（a）曲线与黑色虚线的交点即为界面层中 DAOS 的界面密度最大的点，此后 6501 插入 DAOS 界面层的空穴中，两表面活性剂都达到饱和吸附的点即代表复配体系的最佳配比，对于 DAOS 与 6501 复配体系，该最佳配比为质量分数比 DAOS：6501=3：7。既保持了 DAOS 的高界面效率和最大界面密度，又由于 6501 的协同吸附增大了总界面密度，因此界面效力必然高于任何单一表面活性剂并且达到超低。

对于两性表面活性剂 CAB，即使在未加盐的情况下，界面吸附能力也较 6501 强［图 5.56（b）］，在界面上 CAB 达到最大吸附后，再增加 CAB 将在溶液中形成胶束。与上述相似，CAB 与 6501 混合体系的最佳质量分数比为 CAB：6501=6：4。

在 SDBS 与 6501 混合体系中，无论在未加盐还是加盐情况下，SDBS 的界面吸附趋势均低于 6501［图 5.56（c）］，界面上始终以 6501 分子的吸附占主导，虽然有较高的界面密度但界面效率低，因此混合体系的界面效力也不高，不能达到协同增效的目的。

对不同体系的三维界面分子排布图 5.57 进行对比观察，CAB 和 SDBS 的单一体系达吸附饱和后，界面上仍然存在着很多空穴，界面密度较低。CAB-6501 体系中，6501 以分子簇形式插入 CAB 分子饱和吸附层的空穴中，呈分子簇形式分布，界面层排布紧密，既提高了界面效率又增大了界面密度，界面效力必然显著提高。对于 SDBS-6501 体系，低界面效率的 6501 占据了吸附位，高界面效率的 SDBS 吸附量小，界面上分子排布错乱无章，依然存在着很多空隙，

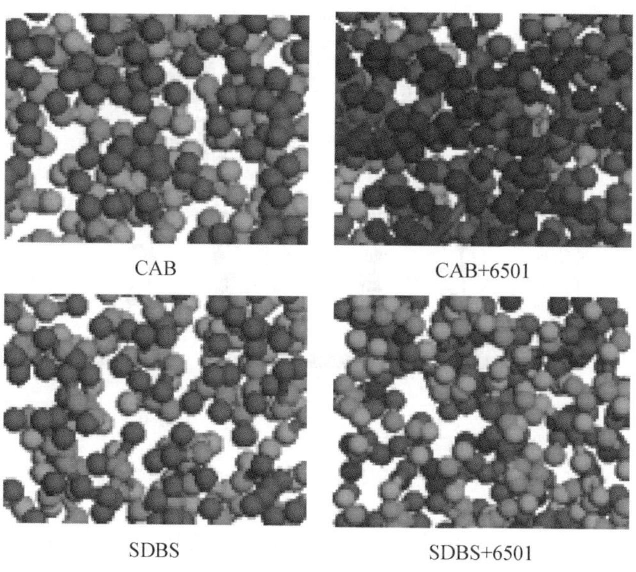

图 5.57　界面层分子排布

无法得到高的界面效力。

从图 5.58 中也可以看出 DAOS 和 6501 混合体系在界面层中呈交错排布。DAOS 头基亲水性强，在界面层中更加偏向于水相而存在，但 6501 头基的亲水性较差在界面层中更加偏向于油相而存在，两者的交错排布大大增加了界面吸附量。另外从 DAOS 和 6501 的浓度分布图（图 5.59）中可以很清楚地看到两者的交错排布情况。

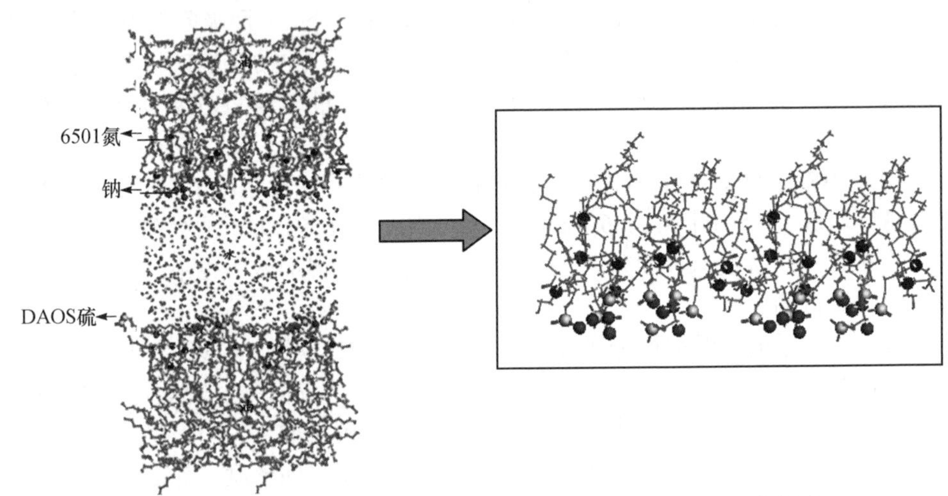

图 5.58　DAOS 与 6501 复配体系分子动力示模拟结果（文后附彩图）

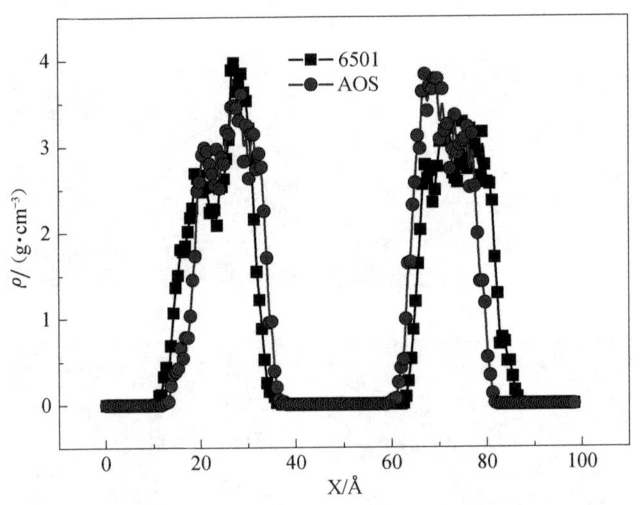

图 5.59　油/水界面 DAOS 和 6501 的浓度分布

表 5.12 所示是在 60℃、矿场注入水［NaCl（1.346g/L）、$NaHCO_3$（0.374g/L）、$CaCl_2$（1.259g/L）和 $MgCl_2$（0.108g/L）］中表面活性剂混合体系与原油的界面张

力。DAOS-6501、CAB-6501 复配体系分别在质量分数比为 3：7、6：4 时界面张力达到了超低，而 SDBS-6501 复配体系界面张力较大。该实验结果与分子模拟给出的机制分析非常吻合。根据前述分析，达到最佳配比时，体相浓度很低的情况下油水界面张力可以降至超低，既提高了驱油效率，又降低了经济成本，非常有利于现场应用。

表 5.12　复配体系界面张力

CAOS/C6501	γ/(mN/m)	C_{CAB}/C_{6501}	γ/(mN/m)	C_{SDBS},C_{6501}	γ/(mN/m)
7：3	＞0.1	7：3	0.089 8	7：3	＞0.1
6：4	0.160 6	6：4	0.005 80	6：4	＞0.1
4：6	0.019 9	4：6	＞0.01	4：6	0.112 9
3：7	0.000 223	3：7	＞0.01	3：7	0.201 7

DSB 与 6501 体系也表现出同样的性质，如图 5.60 和表 5.13 所示。DSB 头基亲水性强，在油/水界面中偏水相排布；6501 头基亲水性弱，在油/水界面中偏向油相存在，两者交错排列，产生协同效应。另外，DSB 中间连接基与 6501 头基之间的相互作用很强，这可能也是产生协同作用的一个原因。

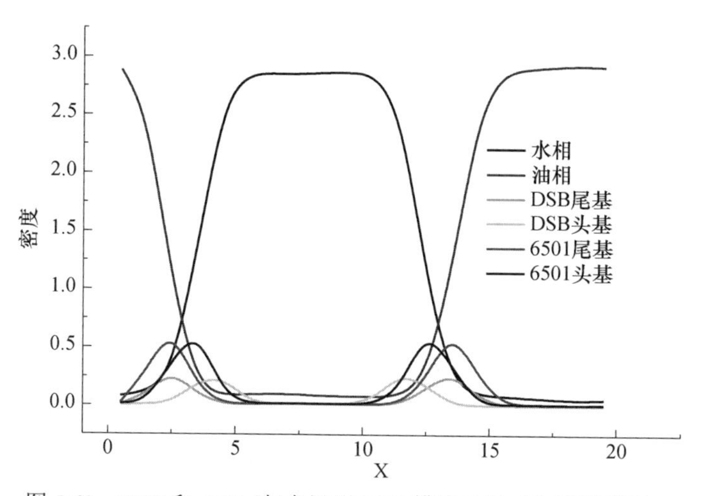

图 5.60　DSB 和 6501 油/水界面 DPD 模拟结果（文后附彩图）

表 5.13　不同配比的 DSB 和 6501 体系的界面张力（$C_{DSB}+C_{6501}$=0.3%）

参数	C_{DSB}/C_{6501}					
	6：2	5：3	4：4	3：5	4：6	2：6
γ/(mN/m)	1.49×10^{-1}	4.38×10^{-1}	2.10×10^{-2}	3.40×10^{-4}	3.20×10^{-4}	3.00×10^{-3}

四、复配表面活性剂的筛选原则

（一）复配体系对油相的选择性

针对不同磺酸盐及其复配体系研究界面张力随油相的变化情况，研究使用的活性剂有：十二烷基苯磺酸钠（SDBS）、十二烷基磺酸钠（SLS）、十六烷基磺酸钠（AS）、十二烷基硫酸钠（SDS）、油酸钠（OAS）、十五烷基磺酸钠（SPS）、α-烯烃磺酸盐（AOS）、Tw-80、TX-100。

1. 正辛烷为油相

复配体系的比例均为质量比。由表 5.14 中数据可知，单一组分的 SDBS、AOS、SLS、Tween-80 均不能有效降低正辛烷/水的界面张力。在表面活性剂浓度相同的情况下，降低正辛烷与水界面张力能力依次为 OAS＞TX-100＞TW-80＞SDBS＞AOS＞SLS。分析数据可知，在疏水链碳数相近的情况下，降低饱和烷烃与水界面张力能力依次为羧酸盐阴离子表面活性剂、非离子表面活性剂、磺酸盐型表面活性剂。在表面活性剂极性头均为磺酸基的情况下，疏水链上有苯环的界面活性高于饱和、不饱和直链烷基磺酸盐。

表 5.14　正辛烷为油相时的界面张力数据　（单位：mN/m）

油	SDBS	AOS	SLS	SDS	Tx	OAS
正辛烷	1.209	3.004	＞3	＞3	0.500	0.048

油	SDBS：TX=9：1	SDBS：TX=8：2	SDBS：TW=9：1	SDBS：TW=8：2
正辛烷	0.722	0.528	1.125	0.983
油	AOS：TW=9：1	AOS：TW=8：2	AOS：TX=9：1	AOS：TX=8：2
正辛烷	3.403	3.343	2.864	2.382

单组分 OAS 可显著降低正辛烷/水的界面张力。在不需添加任何助剂的情况下，即可使正辛烷/水界面张力降至 0.048mN/m。AOS 与 TW-80 和 TX-100 复配后，油/水界面张力略降低。在 SDBS 中加入少量非离子表面活性剂 TX-100 或 Tw-80后，正辛烷/水的界面张力明显降低，且随非离子表面活性剂含量的增加而降低，表明在以饱和烷烃为油相的情况下，界面膜由 SDBS 和非离子表面活性剂共同吸附形成，二者之间有一定的复配协同作用。

除磺酸盐和羧酸盐外，测试了硫酸盐、磷酸盐等阴离子型表面活性剂与 TW-80 和 TX-100 非离子表面活性剂复配体系与正辛烷的界面张力。结果表明这些体系均不能使正辛烷/水的界面张力有效降低，说明选择分子结构适宜的非离子表面活性剂与磺酸盐复配是增强磺酸盐体系界面活性的可能途径。

2. 甲苯为油相

实验结果见表 5.15。表中数据表明，单一表面活性剂，阴离子表面活性剂 SDBS 可使甲苯/水界面张力明显下降，其他类型的表面活性剂均不能有效降低甲苯/水界面张力。芳香烃磺酸盐降低甲苯/水界面张力能力强于直链烷烃磺酸盐，更强于羧酸盐和非离子表面活性剂。

表 5.15　以甲苯为油相时的界面张力数据　（单位：mN/m）

油	SDBS	AOS	OAS	Tx
甲苯	0.333	1.208	＞3	＞3
油	SDBS：TX=9：1	SDBS：TX=8：2	SDBS：TW=9：1	SDBS：TW=8：2
甲苯	0.272	0.227	0.082	0.102
油	AOS：TW=9：1	AOS：TW=8：2	AOS：TX=9：1	AOS：TX=8：2
甲苯	1.388	＞3	＞3	1.081

比较表 5.14 和表 5.15 数据可以看出，表面活性剂的界面活性与油相的分子结构密切相关。羧酸盐表面活性剂可有效降低饱和烷烃与水的界面张力，而油相为芳香烃时界面活性差。单环芳香烃磺酸盐降低芳香烃与水的界面张力的能力较强，而油相为饱和烷烃时界面活性较差。

以甲苯为油相，SDBS 与 Tw-80、TX-100 复配后界面张力均有所下降，尤其是与 Tw-80 复配后界面张力降低明显，且复配体系的油/水界面张力低于任意一纯组分，因此存在协同效应。值得注意的是 SDBS 与 TX-100 复配时，随着 TX-100 含量的增加，界面张力降低。而 SDBS 与 Tw-80 复配时随 Tw-80 含量的增加界面张力反而增加。

甲苯为油相时，AOS 与 Tw-80 复配时界面张力变化不大，不存在协同效应。

上述数据证明，非离子表面活性剂与磺酸盐表面活性剂在界面共吸附可使油/水界面张力显著下降，复配协同作用的产生与表面活性剂分子结构有关，也与油相分子结构有关。

羧酸盐表面活性剂降低饱和烷烃/水界面张力的能力强，而疏水链中含有芳环的表面活性剂降低芳烃/水界面张力的能力强。适当添加非离子表面活性剂可增强芳香烃磺酸盐的界面活性。

3. SDBS-Tw-80 复配体系对模拟混合油相的界面活性

选择甲苯、正辛烷、二氧己环及其复配体系为油相，考察 SDBS 与 Tw-80 按 9∶1、8∶2 复配时的界面活性。同时还选择了二甲苯、丁苯、丙苯等苯的同系物为油相，考察复配体系对降低其他苯的衍生物油/水界面张力的能力。

由表 5.16 可以看出，以甲苯做油相时，SDBS 与 TW-80 复配体系的油/水界面张力最小，随着油相中饱和烷烃含量的增加，界面张力逐渐增大，但只要油相中含有甲苯，混合油相与水的界面张力就低于饱和烷烃与水的界面张力，该现象表明，表面活性剂疏水链与油相分子间的结构相似性对降低界面张力有利。

表 5.16　SDBS 与 Tw-80 复配体系的界面张力数据　（单位：mN/m）

活性剂	甲苯	甲苯∶正辛烷					丙苯
		4∶1	1∶1	1∶2	1∶3	1∶4	
SDBS∶TW=9∶1	0.082	0.112	0.164	0.321	0.488	0.541	0.208
SDBS∶TW=8∶2	0.102	0.183	0.220				0.133

活性剂	甲苯∶正辛烷∶1，3-二氧己环				正辛烷	甲苯	丁苯
	4∶1∶0.5	1∶1∶0.5	1∶4∶0.5	1∶1∶0.25			
SDBS∶TW=9∶1	0.135	0.179	0.511	0.172	1.125	0.151	0.389
SDBS∶TW=8∶2				0.192	0.983	0.119	>3

由表 5.16 还可以看出，单环芳香烃为油相时，随着侧链烷烃数增加，油/水界面张力升高。混合油相中加入二氧己环后，界面张力变化不大，表明弱极性分子对界面活性贡献较小，可不作重点考虑。

上述数据表明，TW-80 与 SDBS 复配体系在混合油相与水界面体现出一定的协同作用，且 SDBS∶TW-80=9∶1 是最佳配比。

以上实验结果表明，采用单一芳烃苯磺酸盐作为表面活性剂，饱和烷烃是油/水界面张力高的主要原因，或者说是界面张力难以降低的组分。TW-80 与 SDBS 复配体系在芳烃和饱和烃共存的情况下，体现出明显的复配协同作用。

4. SDBS 与 SLS 复配体系的界面活性

为考察饱和直链烷烃磺酸盐与单环芳烃磺酸盐共存时的界面活性，将 SDBS 与 SLS 以不同比例混合，测定与甲苯和正辛烷以不同比例混合时的界面张力，测定结果见表 5.17。在固定甲苯与正辛烷的配比为 1∶2 时，单独 SDBS 做水相界面张力为 0.456 mN/m，单独 SLS 做水相时界面张力高达 2.460mN/m，说明饱和直链烷烃磺酸盐界面活性远低于芳香烃磺酸盐。

表 5.17　SDBS 与 SLS 混合体系的油/水界面张力　（单位：mN/m）

油	SDBS：SLS						
	10：0	4：1	2：1	1：1	1：2	1：4	0：10
甲苯：辛烷=1：1		0.617	0.911		1.488		
甲苯：辛烷=1：2	0.456	0.914	1.062	1.398	1.854	2.219	2.460
甲苯：辛烷=1：4			1.447		2.057		

固定 SDBS 与 SLS 的复配比例分别为 2：1 和 1：2，油相中甲苯和正辛烷比例分别为 1：1、1：2、1：4，这两个系列的测定结果表明，饱和直链烷烃与芳香磺酸盐之间完全没有协同效应，界面活性随芳香烷烃磺酸盐比例的增大而升高，随着油相中饱和烃含量升高而降低。该结果表明，石油磺酸盐中饱和脂肪烃磺酸盐对界面活性的贡献很小，芳烃磺酸盐的含量越高，对界面活性提高越有利。

固定表面活性剂溶液的组成，随着混合油相中饱和烷烃含量的增加，界面张力升高。

5. OAS 与 SDBS、SLS 复配体系的界面活性

从表 5.18 中数据可以看出，用 OAS 做水相，以正辛烷做油相时，油/水界面张力较小，其最小值达到 0.048mN/m。说明正辛烷为油相时 OAS 具有很强的界面活性，单组分可明显降低油/水界面张力，尤其对饱和烷烃界面活性强。在以甲苯和正辛烷混合作油相时，虽然界面张力比正辛烷为油相时高，但 OAS 仍表现出强的界面活性，且界面张力值随油相组成变化不大。

表 5.18　OAS、SDBS、SLS 复配体系的界面张力数据　（单位：mN/m）

油	SDBS	SLS	SDBS：OAS			SLS：OAS			OAS
			4：1	1：1	1：4	4：1	1：1	1：4	
正辛烷	1.209	较大	1.094					0.644	0.048
甲苯：正辛烷=1：1			0.301						0.092
甲苯：正辛烷=1：2	0.456		0.376	0.379	0.345	1.623	0.548	0.338	0.093
甲苯：正辛烷=1：4			0.700					0.310	0.090

当固定甲苯与正辛烷 1：2 复配作为油相时，在 SDBS 中添加 OAS 可使界面

张力下降，且与混合溶液的配比关系不大。在 SLS 中添加 OAS 可使界面张力下降，且随 OAS 浓度增大，界面张力下降。当 SLS：OAS=1：4 时，界面张力与 SDBS 和 OAS 复配时相近，表明在油/水界面排布中，磺酸盐与羧酸盐可发生共吸附，但由于磺酸盐极性头间的静电斥力更强，因此在界面膜间的排列远不如 OAS 分子排列紧密。因此，采用非离子表面活性剂与磺酸盐复配，降低极性头间的静电斥力，并使非离子表面活性剂疏水链与磺酸盐结构相近，是降低界面张力的有效手段。

（二）同系物对表面活性剂活性的影响

一般表面活性剂商品原料是同系物，所得商品是混合物。如石油磺酸盐、石油羧酸盐、肥皂（脂肪酸钠）等表面活性剂，它们并非纯的某一物质，而是不同的碳链的同系物混合物。

由于同系物分子结构十分相近，有相同的亲水基，疏水基的结构也相同，仅仅是链长的差别。因此同系物混合物的物理化学性质常常介于各纯化合物之间，表面性质也是如此。表面活性的高低表现在降低表面张力的程度和表面活性剂的 cmc 大小上。表面活性剂同系物的表面活性与碳链长短密切相关，碳原子越多越易在溶液表面吸附，降低溶液表面张力，表面活性越高；同时越易在溶液中形成胶束，其 cmc 越低。

（三）极性有机物对表面活性剂活性的影响

少量有机物存在，能导致表面活性剂在水溶液中的 cmc 发生很大变化，同时也常常增加表面活性剂的表面活性，出现表面张力最低值。一般表面活性剂的工业产品几乎不可避免地含有少量未被分离出去的副产品或原料，而这些杂质往往是对表面活性剂溶液性质影响很大的极性有机物。在实际应用的表面活性剂配方中，为了调节配方的应用性质，也加入极性有机物作为添加剂（Zhao et al.，2013）。

脂肪醇对于表面活性剂溶液的表面张力、cmc 及其他性质（如乳化、增溶、发泡及稳泡等）均有显著影响。其作用随脂肪醇碳链增长而增加。脂肪醇的碳链越长，影响越大，cmc 下降越多，但因受长碳链醇在水中溶解度低的限制，添加物脂肪醇的碳链不能无限增长。cmc 随脂肪醇浓度的增加而下降，但浓度高时，cmc 随浓度增加而增加。这是由于浓度增加，溶液性质改变，但未形成胶束的表面活性剂分子的溶解度变大提高 cmc；或是由于浓度增加而水溶液的介电常数减少，导致胶束离子头之间的排斥作用增加，不利于胶束的形成，从而使 cmc 变大。

脂肪醇所以能改变表面活性剂，可能是脂肪醇参与了胶束的形成，与表面活性剂混杂在一起形成胶束。低醇浓度条件下，醇分子本身的碳氢链周围存在“冰山结构”，所以醇分子参与表面活性剂胶束的形成过程是容易自发形成的自由能下降过程，溶液中醇的存在使胶束容易形成，cmc 下降。

有些水溶性较强的极性有机物，如尿素、*N*-甲基乙酰胺、己二醇等使表面活性剂 cmc 上升。这类有机物在水中易通过氢键与水分子结合，使水结构破坏，对于表面活性剂分子中疏水基周围的“冰山结构”同样起到破坏作用，使表面活性剂吸附于表面及形成胶束的趋势减少，导致表面活性降低和 cmc 升高。但此类有机添加物能使表面活性剂在水中的溶解度大为增加。例如，在室温时，$C_{16}H_{33}OSO_3Na$ 在水中几乎不溶解，而在 3mol/L $CH_3CONHCH_3$ 的水溶液中 $C_{16}H_{33}OSO_3Na$ 的溶解度剧增至 0.01mol/L 以上，$CH_3CONHCH_3$ 起到表面活性剂的助溶剂的作用。

许多低张力体系都含有一种助溶剂，通常为一种醇，它有助于高浓度下的表面活性剂溶解。也有一些人认为助剂最好不用，因为它会进一步增加体系的复杂程度。把醇加到一个体系中最低界面张力的烷烃碳数就会改变。加入分子量较高的醇（如异戊醇）与加入同体系分子量较低的醇（如甲醇）相比，它会形成一个最低界面张力烷烃碳数（n_{min}）更高的体系。

（四）不同类型表面活性剂的复配

1. 非离子表面活性剂与离子表面活性剂的复配

此类表面活性剂混合物早已得到广泛应用。非离子表面活性剂（特别是聚氧乙烯作为亲水基）加到一般肥皂中，量少时起防硬水作用，量多时则形成低泡沫洗涤剂配方。烷基苯磺酸钠和烷基硫酸钠盐也常与非离子表面活性剂复配使用，有更好的活性。

在非离子表面活性剂中加入离子表面活性剂后，浊点升高；但混合物的浊点不清楚，界限不分明，实际上常有一段较宽的温度范围。

在石油工业中，阴离子、非离子表面活性剂是应用的两个主要类型，非离子生产相对复杂，价格较贵，另外水溶性较差，一般研究是阴离子活性剂加少量非离子表面活性剂。在直链烷基苯磺酸盐（LAS）中加入聚氧乙烯十二烷基醇醚能够明显降低其 cmc 值，而且这一混合体系的抗硬水、抗盐能力都明显提高。对复合体系表面张力、cmc 等性质研究指出，阴离子-非离子体系的降低表面张力、cmc 能力都很明显。在所有研究过的体系中，属于协同作用效果较明显的一种。

一般认为协同作用效果产生的原因是溶液中生成了混合胶束。随两种组分含量不同，体系中有混合胶束和以各组分为主的胶束。非离子表面活性剂中聚氧乙烯链短时易生成混合胶束，相反则易生成以各自组分为主的胶束。这一机理已得到核磁共振分析结果的支持。实验测得，在阴离子-非离子表面活性剂体系中，聚氧乙链上氢原子的化学位移向高场，说明混合胶束的存在，烷烃链长、聚氧乙烯链长、极性基团强度等都对混合胶束的生成有影响。非离子表面活性剂的烷烃链长、聚氧乙烯链短，则易于生成混合胶束。

阴-非离子表面活性剂溶液性质和单一表面活性剂溶液不同，混合溶液的 cmc 决定于混合溶液的组成。电解质的存在对混合溶液和混合胶团的性质有不可忽略的影响，钙离子的存在降低了混合溶液的 cmc 和阴、非离子表面活性剂的相互作用。

非离子表面活性剂对石油羧酸盐及其复配体系界面活性的影响研究表明，不同浓度的 OP 类和 Tw 类非离子表面活性剂对 POS-2/碱体系及 POS-2/ORS/碱复配体系的界面活性均有毒害作用。聚氧乙烯型非离子表面活性剂随聚氧乙烯链的增长，其屏蔽作用和空间位阻效应越大，对 POS-2/碱体系及 POS-2/ORS/碱复配体系界面活性的破坏作用增加。

将非离子和阴离子共同设计在一个分子结构上的表面活性剂——醚羧酸盐，这种表面活性剂与石油磺酸盐复配不仅能显著改善石油磺酸盐的耐盐性能，而且不需添加低分子量醇即能使复配体系与癸烷的界面张力达到超低，可用于高矿化度环境。

2. 阴离子和阳离子表面活性剂的复配

具有相反电荷的阴离子和阳离子活性剂共存时，会生成它们的盐。一般认为这会使阴、阳离子相互抵消，因此这种配合方式一般只用于表面活性剂的分离和分析。但是，近年来有不少研究结果指出，阴、阳离子表面活性剂所生成的盐具有更强的表面活性，它的 cmc 值比相应的阴、阳离子表面活性剂都要低。进一步研究指出，这种盐是一种由相反离子构成的离子对和各自的疏水基碳链一起组成络合物，具有独特的性质。因而阴离子-阳离子体系被认为是协同作用最显著的二元表面活性剂复合体系。其中效果最佳是 1∶1 的混合表面活性剂溶液，它们之间正负离子电性自行中和，扩散双电层不复存在，电解质加入无显著影响。这一类体系还具有良好的乳化稳定性和泡沫稳定性，这是由于界面络合物分子膜的刚性较强。

表面活性剂复配机理复杂，驱油用表面活性剂涉及的油相为原油，所以作用机理更复杂。

关于原油活性组分与外加表面活性剂间的协同效应未做系统深入的研究。从 20 世纪 80 年代初以来，对原油或酸性模拟油-碱水体系的界面张力机理进行了深入系统地研究；自 20 世纪 90 年代起，对原油或酸性模拟油-复合驱体系的界面张力机理进行研究。在此过程中虽然涉及原油或酸性模拟油-表面活性剂体系的界面张力研究，但均不够独立、系统和深入，导致原油活性组分与复合驱体系化学剂间协同效应的研究结果较为笼统。需要将存在于原油或酸性模拟油-复合驱体系中的多种相互作用尽可能地分离出来，一一进行研究，最终对整个体系的复杂相互作用有一个明确的认识。

另外，模拟油-复合驱体系研究中很少涉及真正的原油活性组分。一般用较纯的有机活性物质进行研究，而原油活性组分，尤其是相对分子质量较大、结果较为复杂的活性组分，在作用机理上与纯的有机活性物质可能有较大差别。研究不同的原油活性组分模拟油与复合驱体系间的界面张力机理，是从理论走向实际应用的重要环节。

第二节　聚合物间的相互作用

研究表明，不同类型聚合物复合会发生不同程度的相互作用，溶液中聚合物微观聚集形态发生了很大变化，导致复合聚合物体系的宏观性能发生改变。通过不同类型聚合物复合，使体系的增黏性、耐温抗盐性得到改善，所以聚合物之间复合也存在加合增效的作用。

一、聚合物之间的相互作用类型

1. 疏水作用

溶剂分子和大分子的某些基团或原子基团间存在选择性分子间力，该作用力把大分子和一些溶剂分子结合成超分子体系时，溶剂能够较好地溶解大分子化合物。疏水作用实际是诸多作用力之和，例如偶极-偶极相互作用、π-π相互作用等。一般疏水性越大，分子间作用力越大，越易聚集。疏水缔合聚合物是一种亲水性大分子链上带有少量疏水基团的水溶性聚合物，在水溶液中具有良好的耐温、耐盐、增黏和储存稳定性。由于其特有的两亲结构使其溶液特性与一般水溶性聚合物溶液大相径庭。在水溶液中，此类两亲聚电解质的疏水基团相互缔合，以及带电离子基团的静电排斥与吸引相互竞争，使大分子链产生分子内或分子间的缔合作用，形成各种不同形态的胶束纳米结构——超分子网络结构。

2. 氢键作用

氢键是缺电子的氢原子与邻近的高电负性原子的相互作用，氢键的形成具有方向性和选择性。根据高分子间可通过氢键、库仑力等形成高分子复合物的原理，通过高分子复合降低组分聚合物链的自由度，增大高分子的流体力学体积，使溶液获得高黏度。

3. 静电作用

高分子内或分子间通过阴阳离子间的静电作用形成复合物，从而改善单一聚合物的性能缺陷，如两性聚合物是在聚合物分子链上同时引入阳离子和阴离子基团。在淡水中，由于聚合物分子内的阴、阳离子基团相互吸引，致使聚合物分子发生卷曲。在盐水中，由于聚合物分子内阴、阳离子基团相互吸引力的削弱或屏蔽，聚合物分子比在淡水中更舒展，宏观上表现为聚合物在盐水中的黏度升高或黏度下降幅度小。

二、不同类型聚合物之间的相互作用规律

（一）离子型聚合物之间的相互作用

聚电解质复合物是带相反电荷的聚电解质之间以静电力缔合而成的超分子，而带相同电荷的聚电解质之间由于静电斥力存在几乎不发生相互缔合。两种带有相反电荷的聚电解质复合时，通常会很快形成高度聚集或宏观絮凝的结构。在极稀溶液中，聚电解质复合物聚集体能保持胶体状态，聚集体粒子尺寸大小随浓度增加而增大。随着浓度升高，形成聚集体沉淀。但 Kotz 等经过大量室内研究发现，当聚电解质总浓度超过一定值后，不会出现相分离，而是形成均相体系，且体系的黏度远高于任一组分的黏度。童真等在考察带相反电荷聚电解质浓溶液复合体系形成宏观均相的可能性时发现，仅当聚电解质所带电荷被完全屏蔽时才可能呈现宏观均相体系。

当复合体系中两种聚电解质的电荷密度相差不大时会在纯水中形成稳定的复合物粒子。光散射研究结果表明，等电荷密度的两种聚电解质复合物几乎呈 Einstein 球状。当聚电解质的电荷密度相差较大时，可获得近似游离大分子的低表观密度线团。Dautzenberg 等也发现，随着两种聚电解质电荷密度差增大，聚集粒子的溶胀程度增加。Abe 用量热方法研究了 PMAA 与季铵盐聚阳离子的复合作用。结果表明，溶剂极性越低，聚电解质复合物（IPEC）越不稳定，最后逐渐分解。这说明二者以静电作用结合，溶剂极性对 IPEC 形成机理的重要性。

疏水聚电解质因其结构中引入了疏水基团，除溶液中聚电解质-聚电解质间的静电相互作用外，还存在疏水缔合作用，可对聚电解质间总的相互作用产生明显影响。一般两种带有相反电荷的疏水改性聚电解质的复合，可使体系倾向于相分离，且复合物体系黏度比任一组分的黏度高几个数量级（Xu et al.，2014）。

聚电解质复合物 IPEC 是通过静电结合的，所以外加盐对其影响很大。盐既会屏蔽高分子的电荷，又可以与相同电荷的聚离子竞争结合点，这两方面的作用均可以减少聚电解质之间的作用。在临界盐浓度时，盐会引起 IPEC 的分解。Magny 等用黏度、荧光方法研究疏水修饰的聚丙酸钠在 NaCl 中的性质，发现在临界盐

浓度时发生聚集转变。在离子修饰的聚丙烯酰胺的 IPEC 溶液中也发现了相似的盐引起结构转变的现象。

（二）疏水缔合型聚合物之间相互作用

尽管疏水修饰的聚合物之间的结合会千差万别，但其共同的一点就是疏水基之间的缔合，以尽最大可能减少与水的接触，这与表面活性剂形成胶束是相似的。疏水修饰的聚合物缔合是一个自聚集（即同一个聚合物分子的疏水链段之间的缔合）与分子间聚集（即不同聚合物分子之间的缔合）之间的平衡。在聚合物浓度较低时，自聚集形成的粒子维度比未修饰的母体聚合物的粒子要小一些；而在较高的聚合物浓度下，分子间聚集逐渐起主导作用，团簇逐渐增大直到形成网状结构，从而导致体系黏度急剧增大，但这种结构黏度不稳定，容易受剪切、温度、矿化度等外界条件的影响。该类型聚合物复合物通常表现出较好的增黏特性和剪切稀释特性，已经在流度控制及涂料行业中得到了应用，所以这类聚合物常常被称为“缔合增稠剂”。

（三）中性聚合物与离子型聚合物之间相互作用

中性大分子与聚电解质在溶液中相互作用形成复合物时，除了通过氢键作用进行复合外，离子-偶极相互作用也是很重要的一种形式。Bimendia 等用黏度法研究了 PMAA-PVP 复合体系，发现复合物在水中以紧密线团结构存在，而在 DMSO 中由于氢键被破坏，复合物结构遭到破坏而分解。Abe 等用量热方法研究了 PMAA-PVP 复合体系发现，在水中和 DMF 中，PMAA 与 PVP 均可按化学计量比以氢键互相结合。刘平等发现在 pH 较高时，PAA 中的羧酸基以离子形式存在，二者以离子-偶极和氢键两种作用力方式进行复合。在中性大分子进行复合时，疏水相互作用也是不可忽视的。Kabanov 等用量热的方法研究了疏水相互作用在 PEO-PMAA 或 PEO-PAA 体系中的重要性。

Prevysh 发现质子给体聚合物 PAA 与三种质子受体聚合物，柔性聚合物（PEO 或 PVP）或半刚性聚合物（HPC）均能形成复合物。复合物稳定性对外加盐的类型和性质很敏感，如 NaCl 可引起盐析效应，而 NaSCN 与 GuSCN 则引起盐溶效应，导致复合物分解。

（四）中性聚合物之间相互作用

中性聚合物之间复合最主要的作用力就是氢键。通过复合可以改善体系的性质，聚丙烯酸（PAA）与聚乙二醇（PEG）在 pH 较低时（此时主要为中性聚合物）主要以氢键进行复合，通过 PAA 的复合作用导致 PEG 中部分有序结构破坏，大大降低了 PEG 的结晶性。

三、聚合物间复合体系的研究及应用

根据大分子之间的复合原理，两种或两种以上的大分子在水溶液中可以通过氢键、静电力、疏水等作用形成超分子复合物，从而显示出不同于单一体系的特征。

按双组分聚合物溶液混合规则，混合溶液黏度与各组分溶液黏度之间满足如下关系：

$$\lg\eta = x\lg\eta_1 + (1-x)\lg\eta_2 \tag{5-8}$$

式中，η为混合溶液黏度；η_1和η_2分别为组分溶液 1、组分溶液 2 的黏度；x 为组分溶液相对于混合溶液的质量分数，如双组分溶液的实验黏度远高于按上式计算的黏度，说明双组分聚合物之间的复合作用增大了分子的流体力学体积，分子运动阻力增加，黏度上升。如果在整个复合比例范围内，复合溶液黏度均高于按混合规则计算的混合溶液黏度，说明该体系复合增黏效果显著。

（一）PVP 与 HPAM 复合体系

聚乙烯吡咯烷酮（PVP）是一种水溶性很好的内酰胺，具有许多独特的物理化学性质，且与许多聚合物都有良好的相容性，可以改善体系的性质。Maltesh 等曾用荧光法研究了芘修饰过的 HPAM 与 PVP 混合体系的特性，证明在 HPAM 浓度较高时，PVP 与 HPAM 之间主要以氢键和静电力作用结合，大大提高了 HPAM 聚合物的增黏性能和耐温抗盐性能。

PVP-HPAM 复合体系流动实验证实（图 5.61），单注 HPAM 时，其阻力系

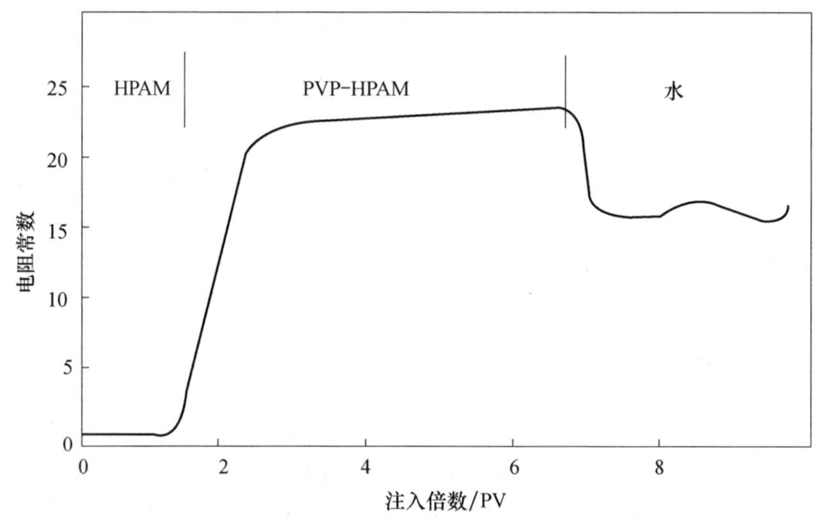

图 5.61　PVP+聚丙烯酰胺复合驱油剂注入过程中阻力系数变化曲线

数逐渐增大，是水驱阻力系数的 2 倍左右。注入 PVP-HPAM 复合体系时，其阻力系数迅速攀高，注入 6.5 倍孔隙体积时，阻力系数是水驱值的 23 倍，后续注水的阻力系数依然可以维持在 15 倍左右。这表明复合体系的阻力系数远远高于单注体系，可以更有效地提高波及体积，防止聚合物溶液沿着高渗透通道窜流，对提高采收率有很好的促进作用。

（二）带有相反电荷聚电解质复合体系

通过具有互补结构的阴离子聚合物羧甲基纤维素（CMC）与阳离子聚合物聚（丙烯酰胺-二甲基二烯丙基氯化铵）[P(AM-DMDAAC)] 间的聚电解质分子复合作用，制备出了聚合物分子复合型 CMC/P(AM-DMDAAC) 新型驱油剂。电导率测定及紫外光谱分析结果表明，CMC 与 P(AM-DMDAAC) 可以在水相通过静电作用形成均相聚电解质复合溶液。由于分子复合形成的独特超分子结构，复合溶液黏度显著增加，分别为单组分聚合物溶液黏度的 5.2 倍和 9.0 倍。在高温和高剪切、高盐环境中的黏度保持能力也明显优于任何一种单组分聚合物。

通过研究 P（AM-AA）、P（AM-DMDAAC）分子复合型聚合物驱油剂，发现高分子复合，分子间作用力大，组分聚合物链的自由度低，在溶液中构象伸展，有利于增加聚合物溶液的黏度；高分子复合，增大了分子的流体力学体积，也有利于增加溶液的黏度。高分子复合所形成的动态网络结构可以抗衡小分子电解质对高分子链电荷的屏蔽作用，可以改善驱油剂的耐温、抗盐、抗剪切性。

复合溶液黏度随 P(AM-DMDAAC)含量的增加而增加。当 P(AM-DMDAAC)含量增加到 50%时，复合溶液黏度最大值是 P（AM-AA）组分聚合物溶液黏度的 3.5 倍，是按共混规则计算的混合溶液黏度的 5.7 倍。但 P（AM-DMDAAC）用量继续增加，复合溶液黏度反而下降。这是因为在 pH 6～10 的水溶液中，P（AM-AA）聚合物将离解成侧链含—COO^-负离子的聚阴离子，P（AM-DMDAAC）聚合物将离解为侧链含 N^+正电荷的聚阳离子，将两种聚合物溶液以一定比例混合时，由于—COO^-负离子和正离子之间的静电相互作用，生成 P（AM-AA）/P（AM-DMDAAC）聚电解质复合物，增大了分子的流体力学体积，分子链构象伸展；而且，适度过量的—COO^-聚阴离子与周围水分子发生水合作用，复合溶液黏度升高但过量的 P（AM-DMDAAC）导致相分离生成复合沉淀产物，降低了溶液中聚合物的浓度。同时由于—COO^-的减少，削弱了复合物分子的水合作用，故溶液表观黏度下降。

研究弱聚电解质 NaPAA 与 PDADMAC 复合体系的黏弹性，不同浓度的 NaPSS 和 10wt%的 PDADMAC 复合体系储存模量 G'和损耗模量 G''随频率ω的变化（图 5.62）。为了便于分辨和比较，不同浓度的曲线沿纵轴方向进行了平移，移动因子在图 5.62 中给出。当 NaPSS 浓度为 0.35wt%时，复合体系的流变行为与高分子稀溶液相似，储存模量 G' 和损耗模量 G'' 与频率成幂指数关系。在整个实验频率范围内，G'' 都与 ω 成比例；在高频区，G' 与 $\omega^{1.2}$ 成比例。在整个频率范围内，储存模量远小于损耗模量。随着 NaPSS 浓度增大，直到 NaPSS 浓度为 1.06wt%时，仍有 G' 小于 G''，但二者比例于 ω 的指数均变小。当 NaPSS 浓度为 1.41wt%、2.11wt%、2.81wt%时，在整个测定的频率区域里 G' 出现平台，G' 大于 G''。该平台位于 NaPSS（0.35wt%）/PDADMAC（10wt%）体系表现出高分子稀溶液流变性的低频一侧，即通常所说的悬浮体的第二平台。这是由于悬浮体的分散相之间形成了松弛时间比分子链缠结松弛时间更长的网络结构，类似于高分子架桥絮凝的情形。此时的模量随频率仍表现出缓慢增长的趋势，可能是因为网络中相邻两个交联点之间的高分子桥链长短存在一定的分布，这种分布使 G' 对 ω 曲线变得少许倾斜。当 NaPSS 浓度为 3.52wt%时，G'' 在整个实验频率范围内都大于 G'，并且 G' 与 $\omega^{0.62}$ 成比例而 G'' 与 $\omega^{0.66}$ 成比例，类似于高分子溶液 Zimm 模型 $\omega\to\infty$ 时的极限情形。

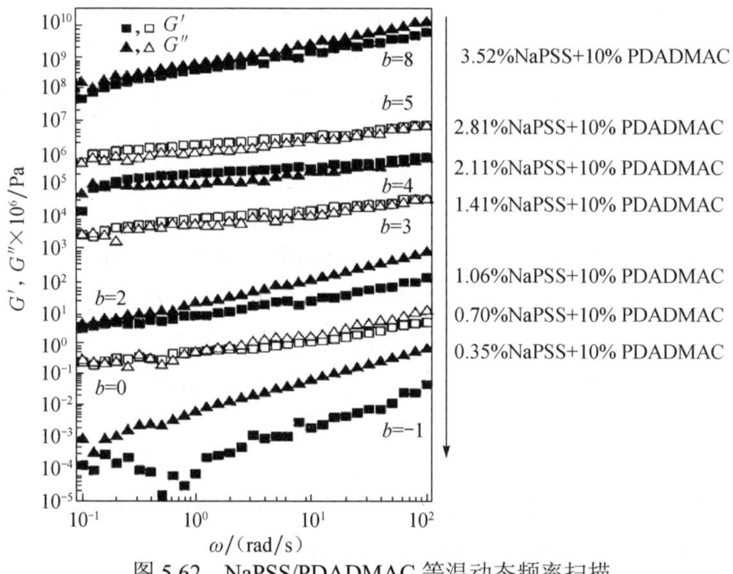

图 5.62　NaPSS/PDADMAC 等温动态频率扫描

利用阴离子聚合物和阳离子聚合物反应生成凝胶状沉淀进行堵水调剖的室内研究已有报道。含有阴离子和阳离子基团的化合物溶液混合时，在一定条件下可以生成不溶性沉淀物。近几年来阳离子聚合物已被用于 HPAM 驱油藏窜聚井的封堵。阳离子聚合物封窜是将阳离子聚合物溶液注入产出 HPAM 的生产井并顶替至目的层内，阳离子聚合物与滞留在地层中的含有阴离子基团 HPAM 反应，生成不溶于水的沉淀物。随着从注聚井流来的 HPAM 量的不断增加，沉淀量不断增加，阻止 HPAM 流入生产井。阳离子聚合物调整注聚剖面是将阳离子聚合物注入注聚井，进入高渗透层和大孔道的阳离子聚合物与滞留其中的 HPAM 反应生成沉淀，使高渗透层和大孔道水相渗透率降低，迫使后续注入的驱替液进入中低渗透层，产生深部调剖作用。

（三）疏水改性型聚丙烯酰胺复合体系

目前，已有文献报道疏水改性聚丙烯酸钠与聚 *N*-异丙基丙烯酰胺的复合作用和疏水化羟乙基纤维素改性物与疏水改性的阴离子或阳离子聚电解质混合水溶液的光散射和黏弹性研究成果。疏水化两性离子纤维素接枝共聚物耐盐增黏性能和抗剪切性能较好，疏水化聚丙烯酰胺具有优良的耐盐增黏性能，但其耐温和抗剪切能力较差，通过把两种聚合物溶液复配，利用高分子复合原理，疏水化两性离子纤维素接枝共聚物与疏水化聚丙烯酰胺之间存在明显协同增黏效应。

疏水化两性离子纤维素接枝共聚物（CGAO）分别与阳离子疏水化聚丙烯酰胺（AMDC）和非离子疏水化聚丙烯酰胺（AMDL）在溶液中相互作用的系统研究成果已有文献报道。把 CGAO 分别与 AMDC 和 AMDL 按照一定比例混合，AMDC 及 AMDL 的质量分数对复合溶液黏性行为影响表现为，复合溶液的黏度均高于按双组分聚合物溶液混合规则计算出的黏度值，说明 CGAO 与 AMDC 或 AMDL 复合产生了很好的增效作用。随着 AMDC 或 AMDL 的复合比增加，η 迅速提高，复合比在 0.18 左右，η 获得最大值。这是因为 AMDC 与 AMDL 为线型柔性链聚合物，CGAO 为（半）刚性链聚合物，柔性链大分子易发生构象转变，疏水支链间作用概率大，因此复合溶液形成了以 CGAO 为骨架，其支链通过疏水缔合、氢键和静电等与 AMDC 或 AMDL 作用，AMDC 或 AMDL 为外围结构，再包容大量水的疏水缔合超分子聚集体。AMDC 或 AMDL 含量提高，复合溶液链团更具柔性，疏水基团间的强疏水缔合作用，以及大分子链相互穿插、交叠、缠结的能力增强，线团体积急剧增大，η 显著上升。但复合比$>$0.18 时，CGAO 含量过低，其骨架作用被削弱，链团易被拆散，η 降低。比较 CGAO/AMDC 与 CGAO/AMDL 发现，即使前者中 AMDC 的分子量、疏水基链长与含量都大于 AMDL，但其复合增黏效果弱于后者。原因在于 CGAO 与 AMDC 中的疏水基团连接的季铵阳离子电性斥力作用妨碍了分子间的疏水缔合作用，因此，CGAO 与非离子的 AMDL 的协同增效性优于 CGAO 与阳离子的 AMDC。

复合溶液浓度对黏度的影响，随着 C 增加，η 提高。当 $C<1500$ mg/L 时，以分子内的疏水缔合作用为主，η 增幅小。而 $C>1500$ mg/L 时，以分子间的疏水缔合作用为主，η 增幅大。相同聚合物浓度时，CGAO/AMDL 的黏度高于 CGAO/AMDC，复合溶液的黏度均大于单一组分的溶液黏度，进一步证实了前述复合增效作用。无机盐对 η 有影响，随着 NaCl 浓度的增大，η 提高，呈现出显著的反聚电解质效应。聚合物浓度与 NaCl 浓度相同时，CGAO/AMDL 的 η 大于

CGAO/AMDC。一方面，NaCl 的加入使溶液极性提高，AMDC 与 AMDL 的自缔合作用及复合聚集体的疏水缔合作用加强，流体力学体积增大；另一方面，极性基团包裹在复合结构体内部，减弱大分子表面电性，即 Na^+对—CH_2COO—的电中和作用被阻止，CGAO 依然保持伸展构象，而 AMDC 的季铵阳离子可被 Cl^-屏蔽使其构象改变，Na^+和 Cl^-可渗入聚集体内部与 CGAO 的带电基团作用，破坏聚集体结构，引起聚集体体积减小。

温度对体系黏度的影响，η 随温度升高呈凸型变化，并且 CGAO/AMDC 的黏度增幅大于 CGAO/AMDL。温度具有以下作用：①温度升高使 CGAO 分子内及其与 AMDC 的静电作用减弱，削弱大分子链的静电束缚，链舒展；②疏水缔合是熵驱动的吸热过程，温度升高，疏水基团含量高的 AMDC 疏水缔合作用增强更显著；③分子热运动加剧，使包裹在聚集体内部未参与疏水缔合作用的疏水基团发挥作用。所有作用的结果使 CGAO/AMDC 的η 提高更多。温度过高（＞60℃）时，聚合物大分子及溶剂分子的剧烈运动破坏了物理交联的疏水缔合聚集体结构，表现为黏度降低。

剪切速率对体系黏度的影响，剪切速率＜$100s^{-1}$ 时，复合溶液显示出剪切增黏，因为在剪切速率较低区间，剪切速率增大时，大分子链沿剪切流动方向取向，分子链伸展，提高了疏水基团的有序性。未参与分子间疏水缔合结构的疏水基团发挥作用，以及大分子链伸展削弱了大分子链内的静电引力作用，分子链更伸展，大分子线团体积增大，黏度上升。但当剪切速率＞100 s^{-1} 时，强剪切应力拆散了物理交联的疏水缔合结构，黏度下降。CGAO/AMDL 的η 增幅大于 CGAO/AMDC，可能是 AMDL 中的五元氮杂环增强了大分子链刚性，分子链更舒展，易形成更大流体力学体积的复合缔合聚集体。

第三节　表面活性剂与聚合物的相互作用

表面活性剂能大大降低地层中原油和水的界面张力，提高驱油效率。聚合物能起到深度调剖，扩大波及体积及控制后继化学剂流速的作用，两者对增油起到很好的协同效应。可见，进行聚合物和表面活性剂驱理论上是一个很好的增油手段，所以聚合物与表面活性剂相互作用在复合驱中显得尤为重要。一般说来，二者共存相互作用造成复合体系与单一体系特征的差异，因此了解聚合物与表面活性剂之间的相互作用，掌握其相互作用的规律，找出其复配协同作用的最佳配比，提高体系的稳定性和有效性已成为复合驱配方研究的重点（Cao et al.，2004；曹绪龙等，2014）。

一、表面活性剂–聚合物体系的性质

在表面活性剂-聚合物体系中，聚合物一般为水溶性的，包括带电荷的水溶性聚合物（即聚电解质）、水溶性非离子均聚物和疏水改性的水溶性非离子共聚物。阳离子表面活性剂与非离子聚合物之间几乎没有相互作用，阴离子表面活性剂-阴离子水溶性聚合物之间强静电排斥力使得两者之间的相互作用力很弱，不能形成表面活性剂-聚合物络合物，所以对该体系的研究很少。因此通常研究以下几种体系：①阳离子表面活性剂-阴离子聚电解质；②阴离子表面活性剂-阳离子聚电解质；③阴离子表面活性剂-均聚物；④阴离子表面活性剂-共聚物；⑤非离子表面活性剂-聚电解质；⑥非离子表面活性剂-均聚物；⑦非离子表面活性剂-共聚物。

（一）表面活性剂-聚合物相互作用类型

由于表面活性剂分子的双亲性，使得表面活性剂分子在界面定向排布，组成有序的分子层，从而具有表面活性。聚合物在溶液中会影响表面活性剂分子在界面的排布，通常两者之间存在以下几种相互作用（图 5.63）：①聚合物与表面活性剂之间存在协同吸附；②聚合物与表面活性剂之间存在排斥力或者两者没有明显的相互作用；③聚合物与表面活性剂之间形成复合物，导致表面活性剂分子更多的存在于体相中，使气液界面上的表面活性剂分子数量减少，产生表面损耗现象，导致表面张力升高；④聚合物与表面活性剂之间存在竞争吸附或者两者互不影响（宋新旺等，2014）。

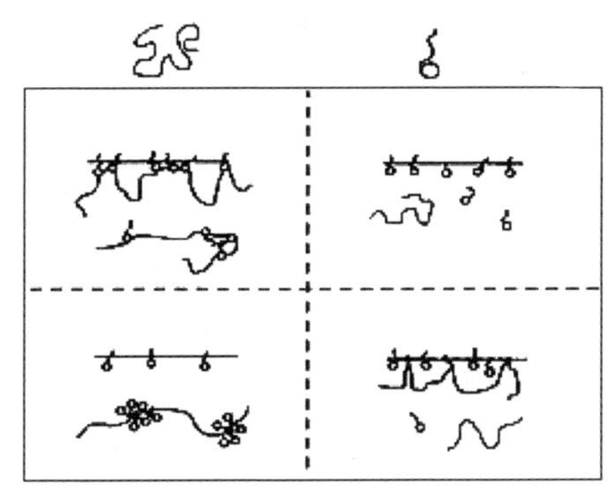

图 5.63　表面活性剂和聚合物相互作用类型示意图

大量的工作和研究集中在中性聚合物与离子表面活性剂以及聚电解质与表面活性剂之间的相互作用。对于中性聚合物与离子表面活性剂而言，两者之间相互结合的主要驱替力是疏水作用力。当聚合物水溶液中加入表面活性剂时，表面活性剂分子将优先分布于聚合物线团区域而不是本体溶液中，对于离子表面活性剂和非离子聚合物而言，两者之间的相互作用分为两种类型：一是靠疏水作用缔合，经过大量的研究提出了经典的串珠模型（图 5.64）：

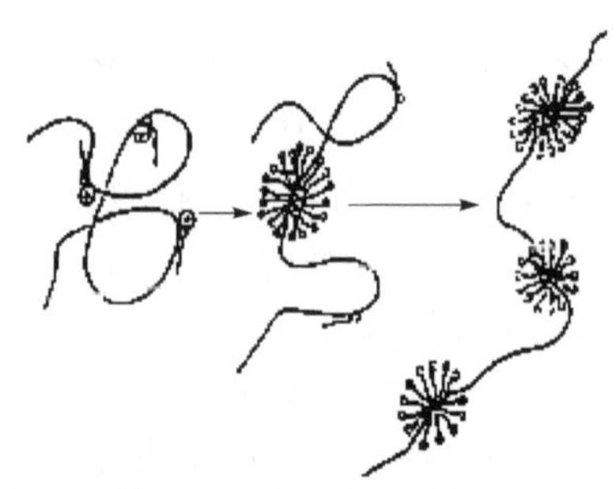

图 5.64 离子表面活性剂与非离子聚合物间的疏水相互作用示意图

另一种则是靠聚合物亲水片段和表面活性剂头基之间的离子-偶极作用（图 5.65）：

图 5.65 聚合物与表面活性剂之间的离子-偶极作用示意图

对于带有相反电荷的聚电解质和表面活性剂之间相互作用的研究比较多。由于存在强烈的静电吸引力，表面活性剂很容易吸附到聚合物链上，促使二者相互作用的驱替力主要是静电力，疏水作用力仅占次要地位。

在给定聚电解质浓度的体系中，逐渐增加表面活性剂的浓度，可得到缔合程度不同的复合物。在低表面活性剂浓度条件下生成的复合物，与聚离子相结合的表面活性剂疏水链指向气相，因此复合物具有高表面活性，这与在中性聚合物体系中所得结果不同。随着表面活性剂离子与聚离子结合程度的增加，聚离子的疏水性逐渐增强。若继续增加表面活性剂浓度，体系出现不溶复合物沉淀。当聚离子上的电荷完全被表面活性剂离子中和时，达到最大沉淀状态。若继续加入表面活性剂，不溶复合物的表面可发生亲水化作用，此时表面活性剂的亲水基指向水相，不溶复合物逐渐被增溶，体系成为透明溶液。虽然在高或低表面活性剂浓度区域内，均可获得复合物的透明溶液，但出现沉淀的范围不仅与表面活性剂浓度有关，与聚合物浓度也有密切关系。

带有相同电荷的聚合物之间的相互作用研究不多，通常认为此类体系存在强烈的静电排斥力，相互作用不会很大，但是在实际应用中，特别是在采油业中广泛使用的表面活性剂大部分为阴离子型表面活性剂，而聚合物也多为高水解性的阴离子聚合物，所以对此类体系的研究有很大应用价值。

（二）聚合物和表面活性剂相互作用的基本特征

表面张力的测量一直是研究聚合物与表面活性剂体系最直接和简便的方法与手段。研究发现当聚合物与表面活性剂之间生成复合物时，在γ-lg$C$ 曲线上出现了两个转折点，相应的临界浓度分别记作 C_1、C_2。C_1＜cmc＜C_2，当表面活性剂浓度很低时，聚合物与表面活性剂间无缔合作用；当表面活性剂浓度增至 C_1 时，二者之间开始缔合，此时表面活性剂浓度称为临界聚集浓度（cac），其值几乎与聚合物的浓度无关，而取决于聚合物与表面活性剂的性质，并且该值总是小于表面活性剂的 cmc，说明聚合物的存在导致表面活性剂离子在聚合物上的结合和簇化作用比表面活性剂单独存在时的胶束化作用更加有利，并且由于此时表面活性剂更倾向于存在于体相中，所以表面张力下降缓慢。当表面活性剂在聚合物上的吸附达到饱和后，表面活性剂分子开始形成胶束，但此浓度要高于其 cmc（Widmyer and Williams，1985）。

（三）聚合物诱导表面活性剂聚集

表面活性剂最突出的特点是能够降低溶液和其他相间的界面张力，特别是离子型表面活性剂，可以通过溶液中的聚合物改性。如图 5.66 所示，聚合物对表面张力的影响随着表面活性剂浓度不同而不同。在较低浓度下，根据聚合物的表面活性，表面张力可能或不能降低，然而，在某浓度下，表面张力大体同聚合物浓度成正比，γ值为常数，最后表面张力值减少，达到没有聚合物时的表面张力值。

聚合物存在时γ 对浓度依赖性解释为，在某一特定浓度，通常是指临界缔合浓度（cac），存在一个表面活性剂缔合到聚合物的起点。随着聚合物达到饱和，表面活性剂的单体浓度活性开始大增，γ 值降低，单体浓度达到 cmc 后γ 值便为常数，开始形成普通的表面活性剂胶束。

直接检测表面活性剂的缔合性（采用表面活性剂选择性电极，平衡透析法，自扩散或者其他波谱技术）如图 5.67 所示的结合等温线，在低浓度下，没有明显的相互作用。在 cmc 时，显示强烈的结合作用。在更高浓度下，出现平台，而后自由表面活性剂浓度进一步升高直到表面活性剂活性或者单体浓度和没有聚合物时所得曲线相交。胶束的形成和 cmc 的降低解释结合等温线具有很强的相似性。

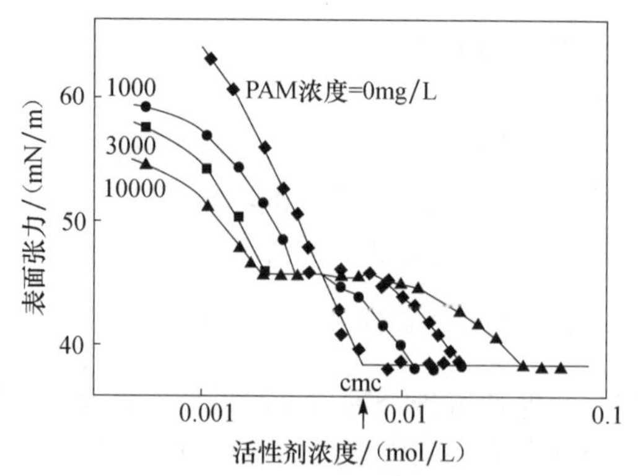

图 5.66　不同聚乙烯吡咯烷酮（PVP）浓度下 SDS 溶液的表面张力

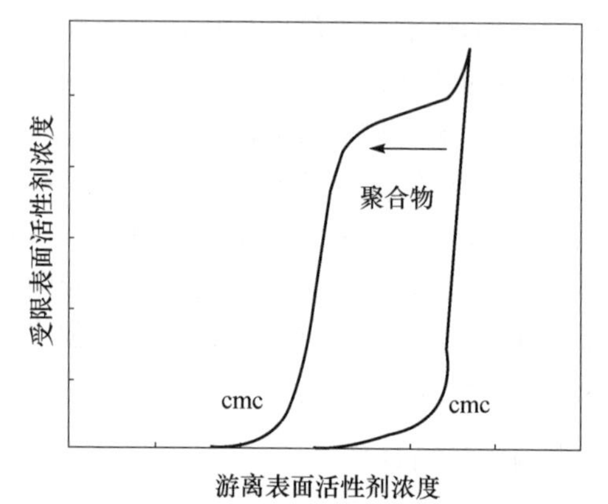

图 5.67　表面活性剂结合到无明显憎水部分聚合物的等温线示意图

可溶性研究支持这种描述，如图 5.68 所示。我们聚合物存在时，可溶性曲线向低表面活性剂浓度偏移，高浓度下与没有聚合物存在时几乎一致。从转折点推

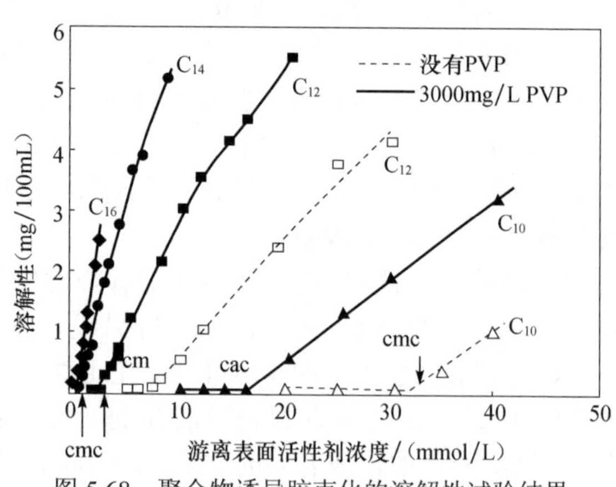

图 5.68　聚合物诱导胶束化的溶解性试验结果

导出 cmc/cac 值，该值随烷烃链增长而降低，其原因与没有聚合物时相同。

聚合物-表面活性剂混合液的结合试验研究可以总结如下：①cac/cmc 对聚合物浓度的依赖性在宽浓度范围内不大；②cac/cmc 不依赖于聚合物的分子量。对于较低分子量的聚合物来说，相互作用减弱；③平台结合力随聚合物浓度线性升高；④阴离子表面活性剂与均聚物有很强的相互作用，非离子和两性离子表面活性剂和均聚物几乎没有很明显的相互作用。

二、体相中聚丙烯酰胺与表面活性剂相互作用

（一）聚合物对表面活性剂混合溶液的表（界）面张力的影响

1. 聚合物对表面活性剂溶液表面张力的影响

测量体系的表面张力是研究聚合物与表面活性剂相互作用简便经典的方法，它可以提供混合物在界面上的排布信息，有助于推测两者之间在体相中有无相互作用。

表 5.19 为 HPAM 和 SDBS、AES 混合溶液的表面张力，可以发现加入 HPAM 之后会导致溶液的表面张力比纯表面活性剂溶液高，由此可以得出两者确实存在相互作用， HPAM 的亲水作用使表面活性剂分子更多存在于水相，减少了界面层上表面活性剂的浓度，从而使表面张力上升。以上几种表面活性剂均为阴离子型，而 HPAM 又为水溶性聚合物，所以 HPAM 与表面活性剂的相互作用主要来源于静电力和氢键，以及表面活性剂的极性头与聚合物极性部分的离子-偶极作用。

表 5.19　HPAM 对 SDBS、AES 溶液表面张力的影响

表面活性剂	不加 HPAM 的 γ/（mN/m）	加入 HPAM 的 γ/（mN/m）
0.01% SDBS	37.0	40.7
0.001% AES	52.8	55.7

由于少量的 Na^+会导致溶液表面张力升高，而 HPAM 水解常会产生 Na^+。实验表明，增加与聚合物相同离子强度的 Na^+，也引起表面张力增大，但是远不如 HPAM 引起的增大程度，因此，HPAM 与表面活性剂的相互作用是导致表面张力升高的主要原因。

聚乙二醇（PEO）的添加对 AS 溶液表面张力的影响如图 5.69 所示。在不同 PEO 浓度情况下，可观察到两种临界浓度：cac（临界准胶束浓度）及 C_2。在第一临界浓度时，C_{AS}(AS 浓度)=cac＜cmc，AS 开始在聚合物链上吸附；在第二临界浓度时，C_{AS}=C_2＞cmc，AS 在聚合物链上达平衡状态；继续升高 AS 浓度，将生成正常 AS 胶束。这与 SDS-PEO 体系非常相似。cac 随 PEO 浓度增加，其值略

有减少，而 C_2 却随 PEO 浓度增加大幅度增加。从图 5.69 可得出在各种聚合物浓度条件下的 cac 及 C_2 值（表 5.20）。

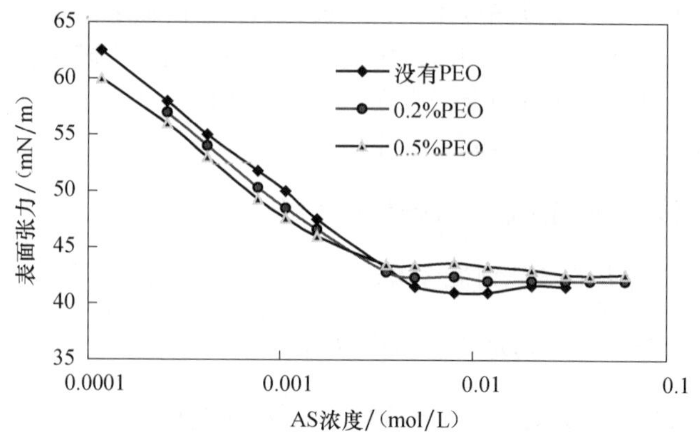

图 5.69　不同浓度 PEO 溶液对 AS 表面张力的影响

表 5.20　不同 PEO 浓度下 AS 溶液的 cac 及 C_2 值

参数	无 PEO	PEO 浓度/(g/100mL)							
		0.2		0.4		0.5		1.0	
	Cmc/(mol/L)	cac/(mol/L)	C_2/(mol/L)	cac/(mol/L)	C_2/(mol/L)	cac/(mol/L)	C_2/(mol/L)	cac/(mol/L)	C_2/(mol/L)
表面张力法	9.1	6.0	14.5			4.9	34.2		
电导法	9.6	6.3	14.2	5.5	25.4	4.8	33.8	5.0	42.5
黏度法	9.8	6.0	14.6	5.3	25.7	4.5	34.6	5.1	44.5
平均（±0.2）	9.5	6.1	14.4	5.4	25.5	4.6	34.3	5.3	43.0

图 5.70 给出将 PEO 添加到 AS 胶束体系（0.02mol/L）中引起的表面张力变化。可以看出，PEO 引起表面张力增加。在低 PEO 浓度时，AS 和 PEO 相互作用，

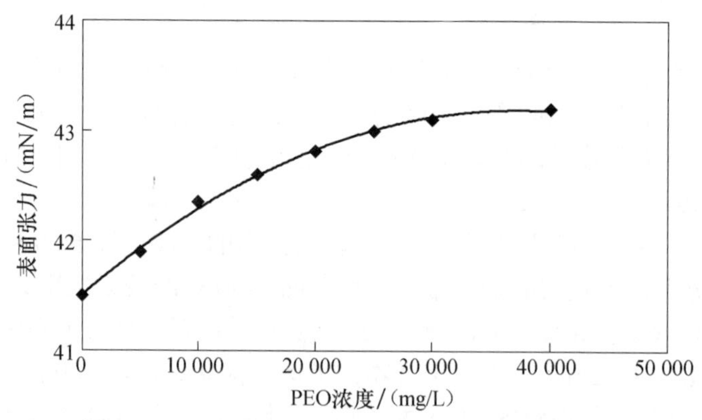

图 5.70　PEO 浓度对 AS 胶束体系表面张力的影响

使 AS 单体浓度减少；在高 PEO 浓度时，表面张力变化趋于平缓至不再变化，意味着表面活性剂单体浓度不再变化，聚合物在气-液表面吸附并不显著。

2. 加入聚合物后表面张力随表面活性剂浓度的变化

由图 5.71 可以看出，加入 HPAM 后，AES 溶液的表面张力曲线在 cmc 附近出现一个明显的平台，在 cmc 之后，溶液的表面张力明显大于不含 HPAM 的溶液。在平台开始出现的浓度，即 C_{AES}=0.01%，AES 与 HPAM 开始在溶液中簇集，而不倾向于在表面吸附，因此表面张力不再继续下降，至 C_{AES}=0.03%，表面活性剂在 HPAM 长链附近的簇集达到饱和。

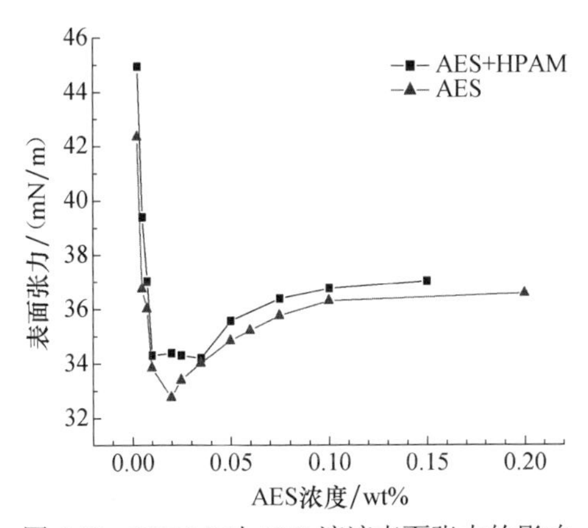

图 5.71　HPAM 对 AES 溶液表面张力的影响

由图 5.72 可以看出，当 SDBS 溶液浓度小于 cmc 时，加入 HPAM 后表面张力降低；大于 cmc 时，加入 HPAM 后表面张力升高（HPAM 的浓度均为 0.1g/L）。这是因为 SDBS 在 cmc 之前加入 HPAM，两者协同吸附在表面上，使表面张力降低。当 SDBS 浓度大于 cmc 时，由于表面活性剂与 HPAM 相互作用，SDBS 更倾向于簇集在 HPAM 的长链周围，存在于体相，使表面上 SDBS 分子数目减少，表面张力升高。另外，HPAM 使 SDBS 临界聚集浓度减小。

3. 聚合物对活性剂混合溶液界面张力的影响

由图 5.73 可以看出，在 0.3% SPS-1+0.1% P1709 表面活性剂复配体系中分别加入 1500mg/L 两种聚合物，由于体系黏度增加，活性剂由水相向油水界面扩散速度减慢，延长达到超低界面张力时间，但是最低界面张力的数量级并没有发生太大变化，表明加入聚合物后仍能保持好的降低界面张力的能力（Ma et al., 2014）。

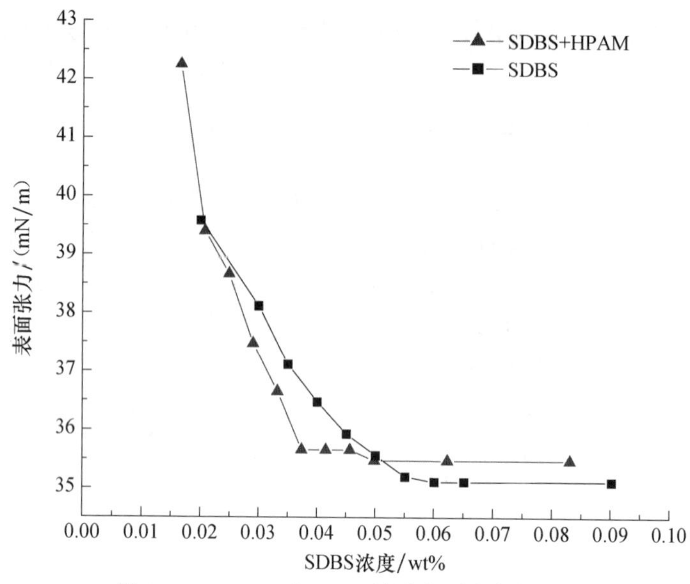

图 5.72　HPAM 对 SDBS 溶液表面张力的影响

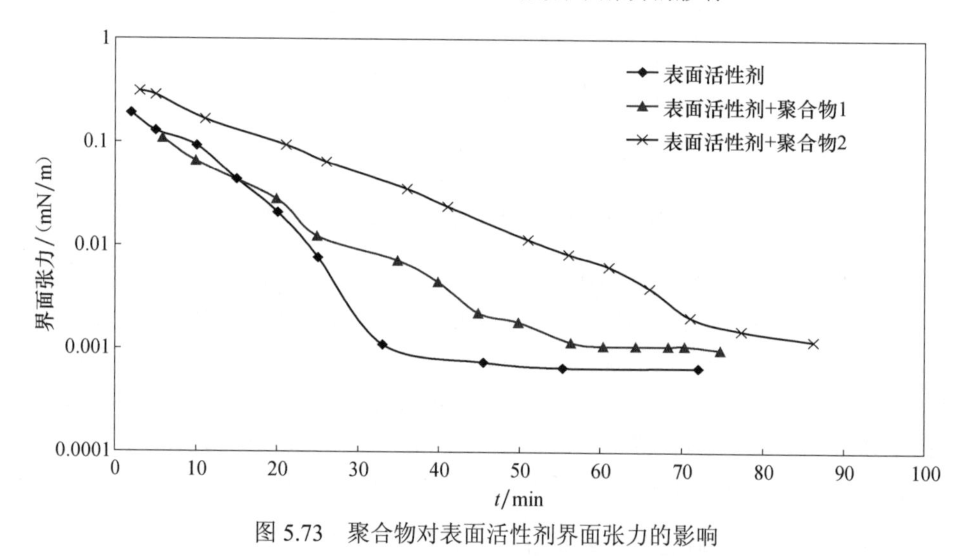

图 5.73　聚合物对表面活性剂界面张力的影响

（二）聚合物与表面活性剂混合溶液的黏度特征

聚合物相对分子质量比较大，在溶液的存在状态、舒展程度直接影响溶液的整体黏度，加入表面活性剂后，会改变聚合物分子的构象和聚合物与溶液之间的内摩擦力，进而影响聚合物的性能，需要对两者混合体系的相对黏度进行测量，采用乌氏黏度计法进行研究。

1. 表面活性剂浓度对混合溶液黏度的影响

固定 HPAM 浓度为 0.01wt%，持续增加表面活性剂浓度，考察其对黏度的影响，如图 5.74 所示。对于 SDBS 和 AES，随着浓度增加，混合溶液相对黏度总体趋势降低，但在两者的 cmc 之前，黏度出现一个小的回升现象，恰好对应于表面活性剂分子开始在聚合物上簇集，导致此时聚合物链上电荷量增加，聚合物链有更舒展的状态，增加了聚合物与溶液的接触面积，相对黏度有一定的回升。继续

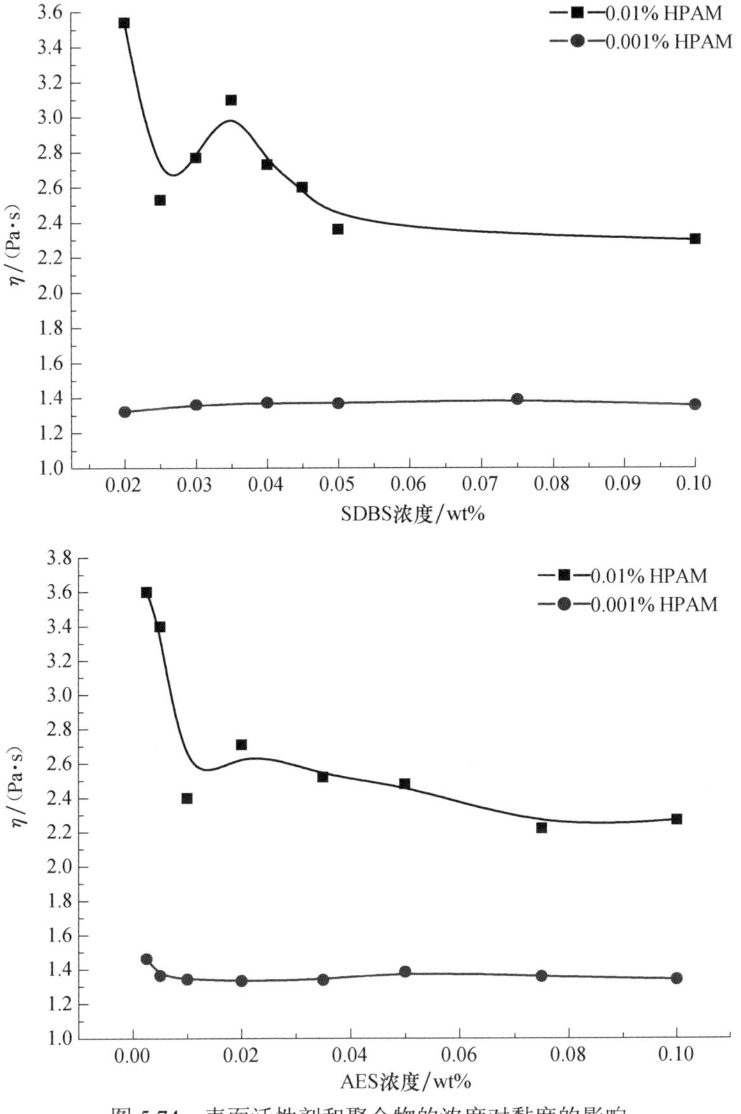

图 5.74　表面活性剂和聚合物的浓度对黏度的影响

增加表面活性剂浓度，由于更多表面活性剂分子在聚合物上聚集，电性斥力增大使分子间摩擦力减小，聚合物链与溶液的接触面积减小，也降低聚合物与水溶液之间的摩擦力，导致相对黏度下降。

另外，AES 和 SDBS 浓度相同时，HPAM 相对黏度差别不是很大，说明此体系中，Na^+离子对聚合物的相对黏度起到了主要作用。因为 SDBS 和 AES 在水溶液中均会水解释放出 Na^+离子，对黏度的影响相当于电解质。由于 HPAM 的抗盐能力比较差， Na^+离子会破坏 HPAM 的水化层，导致溶液黏度降低，从 NaCl 浓度对 HPAM 水溶液的黏度影响上（图 5.75）可以看出。

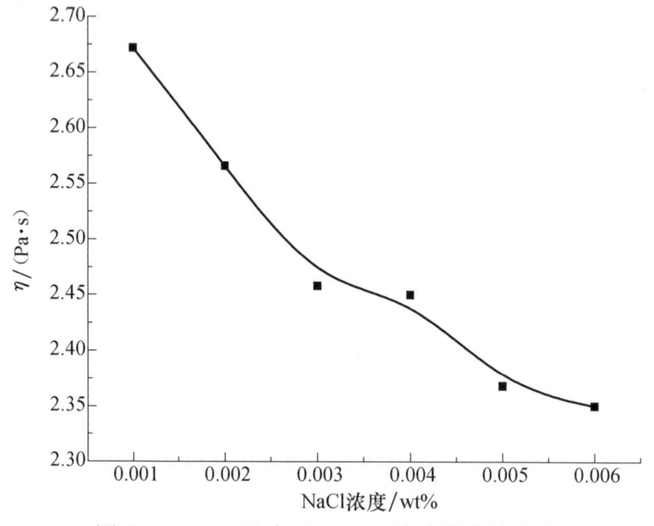

图 5.75 NaCl 浓度对 HPAM 溶液黏度的影响

2. HPAM 浓度对混合溶液黏度的影响

降低 HPAM 浓度为 0.001%时，相对黏度随表面活性剂浓度增加无明显变化，此时表面活性剂虽然与聚合物发生相互作用，降低聚合物黏度，但由于聚合物浓度过低，相对黏度的变化不明显。

3. 月桂酸钠对聚合物溶液比浓黏度的影响

表面活性剂与聚合物相互作用，一方面体现在聚合物对表（界）面性质的影响，另一方面体现在表面活性剂对聚合物黏度的影响。下面研究月桂酸钠（$C_{11}COONa$）和十二烷基硫酸钠（$C_{12}AS$）两种表面活性剂与 PAM 的相互作用。

考虑到矿场应用时注入流体为中性且月桂酸钠受溶液 pH 影响较大情况，实验在 pH 值为 7 的条件下进行。在实验浓度范围内，单一 PAM 水溶液的η_{sp}/C_P^{-1} - C_P^{-1}曲线显示出非聚电解质的黏度行为，可用哈金斯公式表征。但是当聚合物溶液中加入不同浓度的月桂酸钠后，聚合物溶液的η_{sp}/C_P^{-1} - C_P^{-1}曲线偏离了线形关系，实验结果如图 5.76 所示。

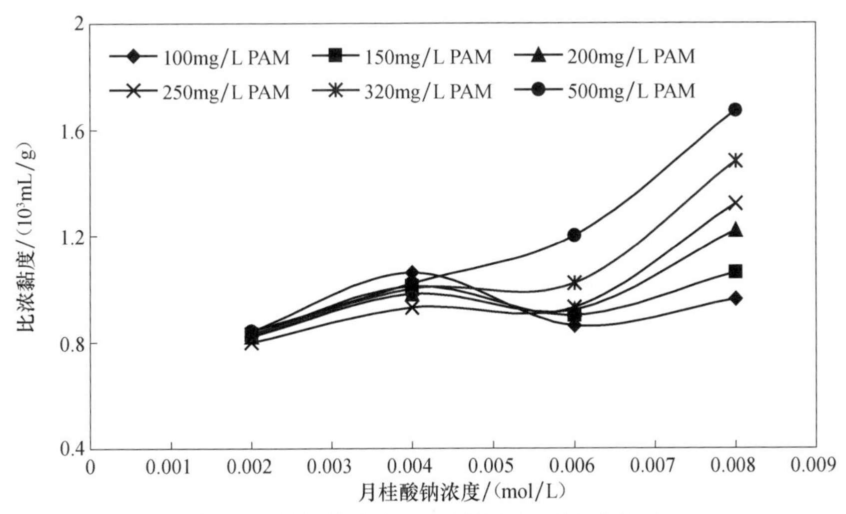

图 5.76　月桂酸钠对 PAM 溶液比浓黏度的影响

由图 5.76 结果可见，在 PAM 溶液中加入 $C_{11}COONa$ 后，其黏度表现出明显的聚电解质特征，并且电黏效应随月桂酸钠浓度增加而增强。用界面张力法测得月桂酸钠的 cmc 为 6.30g/L。核磁共振等研究发现，在 $C_{11}COONa$ 的 cmc 之前，PAM 分子与 $C_{11}COONa$ 分子发生了缔合作用，其中氢键起了主导作用。这一过程可用单个表面活性剂分子（S）与聚合物链（P）之间的逐级缔合方程来描述：

$$P+S \xrightarrow{k_1} PS$$

$$P+S \xrightarrow{k_2} PS_2$$

$$P+S \xrightarrow{k_3} PS_3$$

$$\cdots$$

$$P+S \xrightarrow{k_n} PS_n \tag{5-9}$$

每步缔合过程受质量作用方程控制并受实验条件，如温度、溶剂、离子强度、pH 值等影响。当月桂酸钠浓度大于 cmc 时，PAM 溶液的$\eta_{sp}\times C_P^{-1}$随溶液的稀释而显著升高，这是因为 PAM 与 $C_{11}COONa$ 胶团发生缔合作用，使大分子链上电荷数目增多，高分子链节之间静电斥力使聚合物分子进一步伸展所致。

（三）表面活性剂与聚合物混合体系的紫外光谱吸收特征

1. $C_{12}AS$-PAM 体系的紫外吸收光谱特征

研究同浓度的单一 $C_{12}AS$ 水溶液体系和 $C_{12}AS$-PAM 混合溶液体系的吸收光

谱，发现两个体系吸收光谱在紫外范围内基本重合。即使 $C_{12}AS$ 浓度大于 cmc 时，也未发现红移现象，如在λ=190.0～230.0nm 范围内，5.0×10^{-4}g/mL 的 PAM 溶液的λ_{max}=203.4nm，5.0×10^{-4}g/mL 的 PAM 和 5.0×10^{-4}g/mL 的 $C_{12}AS$ 混合溶液的λ_{max}仍为 203.4nm。

2. $C_{11}COONa$-PAM 体系的紫外吸收光谱特征

不同 pH 条件下单一 PAM 体系、单一 $C_{11}COONa$ 和 PAM-$C_{11}COONa$ 混合溶液体系最大紫外吸收峰波长结果见表 5.21。

表 5.21　不同条件下混合溶液体系最大紫外吸收峰波长

浓度（$\times10^{4}$g/mL）	pH				
	7.0	6.0	4.0	2.5	1.0
C_{PAM}=1.25，$C_{C_{11}COONa}$=0	195.5nm	196.0nm	197.4nm	197.8nm	197.8nm
C_{PAM}=0，$C_{C_{11}COONa}$=1.25				195.4nm	199.4nm

对比实验结果可见，PAM-$C_{11}COONa$ 混合溶液体系的λ_{max}表现出明显的红移现象，在 pH=4 左右时，红移现象最为明显。结合 PAM 和 $C_{11}COONa$ 结构特征和实验结果，可以判定在 PAM-$C_{11}COONa$ 混合溶液体系中有氢键缔合物形成：

$$C_{11}COONa+H_3O^+ \rightleftharpoons C_{11}COOH+H_2O$$
$$C_{11}COOH \rightleftharpoons C_{11}COO^-+H^+ \tag{5-10}$$

$C_{11}COOH$ 作为质子给予体，可以与 PAM 分子上的酰胺基发生氢键缔合。当 pH 较低时，PAM 分子上的酰胺基发生质子化，削弱 PAM-$C_{11}COOH$ 之间形成氢键的能力。pH 较高时，体系中存在较多的 $C_{11}COONa$，不易与 PAM 形成氢键缔合物。因此，λ_{max}的红移现象在 pH 过高或过低时不再发生。该推论亦可对图 5.74 的实验结果作出合理解释，即在 PAM-$C_{11}COONa$ 体系中，以疏水力形成的 $C_{11}COOH$-$C_{11}COO^-$二聚体可通过氢键结合在 PAM 大分子链上，致使大分子链因带电荷而更加伸展，从而在 $C_{11}COONa$ 小于 cmc 值时就出现了电黏效应。随着 $C_{11}COONa$ 加入量的增大，体系中 Na^+浓度增加，破坏大分子链周围水化层的作用增强，大分子链卷曲，溶液黏度降低。当 $C_{11}COONa$ 浓度大于 cmc 时，PAM 可与胶束缔合，致使 PAM 大分子的电荷量显著增加，体系黏度增高。

（四）体相中表面活性剂与聚合物相互作用机理

在 AS-PEO 体系中，表面活性剂在 cac 时开始与 PEO 相互作用，且 cac＜cmc。当达到 AS-PEO 缔合平衡时存在饱和浓度 C_2＜cmc。不同 PEO 浓度下的 cac 及

C_2值以各种物理化学手段予以确认（表 5.20）。

cac 值常小于 cmc 值，意味着形成 AS-PEO 复合物在热力学上比形成 AS 普通胶束更为有利。作为一级近似，应用相分离模型处理无聚合物存在条件下胶束形成的摩尔自由能：

$$\Delta G_{\mathrm{m}}^{0} = RT(2-a)\times \mathrm{lncmc} \tag{5-11}$$

式中，a 为正常胶束的解离度；$\Delta G_{\mathrm{m}}^{0}$ 为 1mol 表面活性剂从溶液中至形成正常胶束的自由能变化。

类似地，$\Delta G_{\mathrm{b}}^{0}$ 表示 1mol 表面活性剂从含聚合物溶液中至形成 AS-PEO 复合物的自由能变化：

$$\Delta G_{\mathrm{b}}^{0} = RT[\ln(2-a)\times \mathrm{lncac} + (\ln C_{\mathrm{p}} / N)] \tag{5-12}$$

式中，N 为聚集体的聚集数，可取值 54；C_{p} 为聚合物浓度，mol/L。

如果定义 $\Delta G_{\mathrm{PS}}^{0} = \Delta G_{\mathrm{b}}^{0} - \Delta G_{\mathrm{m}}^{0}$ 作为下列反应过程的摩尔自由能变化：

$$\text{游离的胶束} \longleftrightarrow \text{聚合物结合的胶束} \tag{5-13}$$

$\Delta G_{\mathrm{PS}}^{0}$ 可以作为一个反映聚合物和表面活性剂相互作用强弱的物理量（Wang，2014）。表 5.22 列出不同 PEO 浓度下的 $\Delta G_{\mathrm{PS}}^{0}$ 值。由此表看出，聚合物浓度增加，相互作用增强，但聚合物浓度增加至 0.5g/100mL 后，对相互作用的强弱再无影响。这意味着再增加聚合物浓度，一些 PEO 分子保留它的正常结构而与 AS 不发生任何作用。

表 5.22　不同 PEO 浓度条件下摩尔自由能的变化值

PEO 浓度/(g/100mL)	$\Delta G_{\mathrm{PS}}^{0}$ /(kJ/mol)	键合比
0.2	−0.30	0.107
0.4	−0.25	0.172
0.5	−1.30	0.218
1.0	−1.25	0.151

如果认为表面活性剂单体的浓度为 cmc，那么 C_2－cmc 可被认为是表面活性剂结合到聚合物中的量。以 0.2g/100mL PEO（0.0455mol/L）/AS 体系为例，C_2 为 14.5mol/L，求出（C_2－cmc），进而得到 PEO 分子中每个结构单元（—CH_2—CH_2—O—）结合 AS 分子数为 0.107。其他 PEO 浓度条件下，其键合比按照同样方法计算得到，列入表 5.22 中。聚合物浓度大于 0.5g/100mL 时，键合比不再发生任何变化。这意味着达到某一聚合物浓度时，聚合物-表面活性剂复合物与表面活性剂胶束之间的化学平衡已经达到，再加入 PEO 分子，对反应平衡不再有任何影响，这与热力学计算结果一致。

另外，从图 5.69 看出，纯 AS 体系和 AS-PEO 体系的表面张力分别在大于 cmc

及 C_2 时相同，这说明聚合物在气-液表面没有显著的吸附。从图 5.70 看出，主要的物理化学性质变化实际上发生在很窄的 PEO 浓度范围内（0～10^4mg/L），进一步添加 PEO，对 AS-PEO 体系的性质变化较小。

借助电导法研究聚合物与表面活性剂之间相互作用。在纯表面活性剂溶液中，电导率-浓度曲线上拐点处表面活性剂浓度即为 cmc。在图 5.77 中，无聚合物（只有 AS）存在条件下，电导率-AS 浓度曲线显示 2 个线性区域，利用线性回归法，求出两条直线交点处 AS 浓度为 9.6×10^{-3}mol/L，与表面张力法得到的 cmc 值接近。在 PEO 与 AS 共存体系中，电导率-AS 浓度曲线上出现 3 个线性区域 2 个拐点，第 1 个拐点为 cac 浓度，第 2 个拐点为 C_2 浓度。利用此方法得到的 cac 及 C_2 值已列在表 5.20 中。

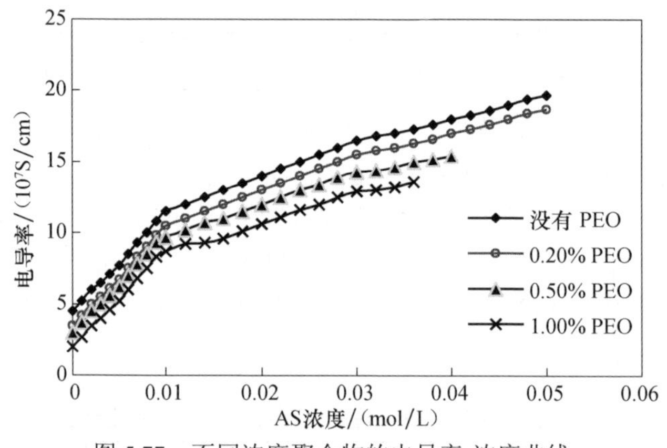

图 5.77　不同浓度聚合物的电导率-浓度曲线

利用线性回归法得到低于 cac、高于 cac 但小于 C_2 的直线区域斜率（3 个线性区域斜率）。斜率之比可近似认为是胶束解离度。第二条直线（cac＜C_{AS}＜C_2）斜率与第一条直线斜率（cac＜C_{AS}）之比为 a_1，代表 AS-PEO 缔合物的反离子解离度。第三条直线（cac＜C_2）与第一条直线之比为 a_2，代表聚合物溶液中正常胶束的解离度。不同聚合物浓度条件下的 a_1、a_2 值分别列入表 5.23 中。

表 5.23　电导法测得的解离度 a_1 及 a_2 值

PEO 浓度/(g/100mL)	a_1	a_2
0	0.36*	
0.2	0.52	0.37
0.4	0.56	0.41
0.5	0.52	0.39
1.0	0.49	0.38

*指普通胶束在无 PEO 存在下的解离度。

考察 AS 浓度为常数而聚合物浓度（C_p）改变时的电导率，结果表明当 AS 浓度接近 cmc 时，添加 PEO 导致电导率值稍微减少。另外，当 AS 浓度大于 cmc 时，电导率值先增加到最大值，然后降低到一定值。

聚集体解离度（a_1）大于正常胶束解离度（a_2）的原因可如下解释：在一定聚合物浓度时，聚合物链进入聚集体内部，正像一般增溶分子醇影响胶束结构那样，降低胶束表面电荷密度，减少缔合反离子数目。a_1 和 a_2 都随聚合物浓度增加而增加，但是，聚合物对聚集体（PEO-AS）的影响大于对正常胶束的影响，所以 $a_1>a_2$。在聚合物浓度很高的条件下，一些聚合物分子包覆于表面活性剂聚集体表面或者维持原来正常结构状态。Dublin 指出，PEO 分子可以与 Na^+结合（包覆于表面活性剂聚集体表面的聚合物分子由于和 Na^+位置相邻，这种可能性极大），限制了 Na^+的迁移能力，致使高 PEO 浓度下，a_1、a_2 减少。

当 AS 浓度接近 cmc（9.6×10^{-3}mol/L）时，添加 PEO 导致电导值稍微降低（图 5.77）。这是因为聚合物加入后表面活性剂聚集体结合到聚合物链上，体积变大，导电时迁移性受到限制，电导值下降。当 AS 浓度远大于 cmc（3.5×10^{-2} mol/L）时，溶液中已经存在许多胶束，加入少量 PEO 时，可以预期表面活性剂形成的解离度，所以电导值会增加；加入大量 PEO 时，基本上所有胶束都结合于聚合物链上，溶液中仅存在 AS 单体分子，若再加入 PEO，AS 单体分子结合于聚合物链上，电导值会降低并出现最大值。

在黏度实验中，聚合物浓度不变，升高 AS 浓度后稀溶液中黏度增加，这意味着 PEO 分子经历了 AS 与聚合物相互作用过程，即 PEO 链由于结合了带负电荷的胶束，因而链之间排斥作用加强，链变得更为伸展。由黏度法所得 cac 及 C_2 值与其他测试方法结果基本一致。

从 ^{13}C 谱化学位移进一步说明 AS 及 PEO 的相互作用。由试验结果知，AS 浓度的增加，引起 PEO 的 ^{13}C 化学位移向高场方向移动，表明 PEO 分子已经进入 PEO-AS 复合物内部。不同浓度的 PEO 加入 AS 胶束溶液（0.02mol/L）后，AS 分子中 C_1 及 C_2 化学位移很小，而 C_{12} 化学位移改变许多。表明 PEO 分子链实际已进入聚集体内部，屏蔽 AS 分子中末端碳原子，使其向高场方向位移。

根据以上讨论，可以推测出 AS-PEO 复合物的结构。AS-PEO 复合物中 PEO 插入 AS 聚集体。但 PEO 链段是否进入 AS 聚集体中心核位置仍然不能确认。从实验结果看，PEO 分子链段至少已进入聚集体疏水部分的栅栏层中。PEO 链中碳骨架与聚集体中表面活性剂疏水基团相接触，聚合物中烷氧基基团与表面活性剂磺酸基团由于离子-偶极相互作用的贡献非常小，所以 PEO-AS 体系中缔合的驱替力是疏水基相互作用，这与 SDS-PEO 体系非常类似。

从以上实验结果得出如下结论：①在 AS-PEO 体系中，表面张力、电导、黏度实验数据都表明，表面活性剂在 cac 时开始与 PEO 相互作用，且 cac＜cmc 达到 AS-PEO 缔合平衡时存在饱和浓度 C_2<cmc；②在中性或弱酸性溶液中，PAM 大分子可与 $C_{11}COOH$ 发生氢键缔合，而 $C_{11}COOH$ 则以疏水力与 $C_{11}COO^-$缔合成二聚体，使 PAM 大分子链上带有大量电荷，使 PAM-$C_{11}COONa$ 混合溶液表现出聚电解质的浓度行为，该体系紫外吸收光谱有红移现象；③就 PAM-$C_{12}AS$ 体系而言，只有 $C_{12}AS$ 浓度大于 cmc 时，通过 $C_{12}AS$ 胶束与 PAM 的离子偶极作用方可观察到溶液的黏度增加，该体系紫外吸收光谱没有红移现象。

三、油水界面上聚丙烯酰胺与表面活性剂相互作用

描述聚合物与表面活性剂相互作用的方法有两种：一是采用聚合物和表面活性剂缔合或者结合来描述两者相互作用；另一个是采用表面活性剂在聚合物链上或附近的胶束化作用。对具有疏水基团的聚合物来说，宜采用结合理论，对于亲水均聚物，胶束形成理论具有明显的优势。

对于离子型表面活性剂和均聚物体系中的聚集态结构，“珍珠项链模型”越来越广泛被接受，即表面活性剂沿高分子链形成分离的胶束团簇。胶束尺寸与添加的聚合物相近，聚集数与未添加聚合物时所形成胶束的聚集数相似或略低。

聚合物存在条件下表面活性剂的化学势能比没有聚合物时低（图 5.78）。这里存在几种相互作用导致了表面活性剂结合作用或者发生聚合物诱发胶束化。在很多方面（表面活性剂烷烃链长度、可溶性、胶束的结构和动力学）与单独表面活性剂的胶束化具有较强的相似性，所以通常疏水烷烃链间的相互作用力对缔合自由能仍起主要作用。

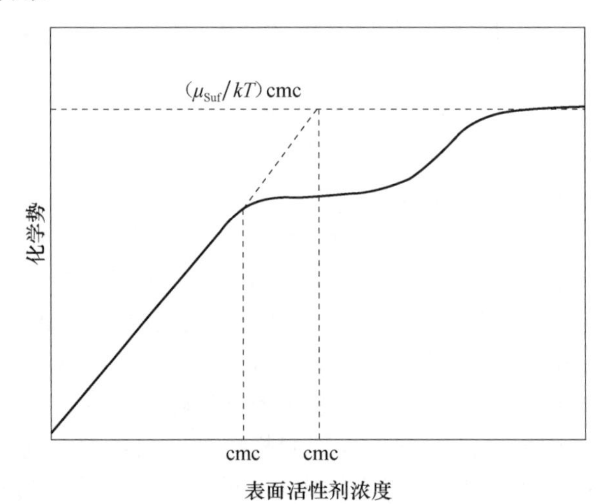

图 5.78　聚合物存在时化学势降低导致低浓度形成胶束

对于具有疏水部分或基团的聚合物，聚合物分子和表面活性剂分子间存在疏

水吸引作用。对于疏水和亲水段的嵌段共聚物，如疏水基团被接枝到亲水聚合物主链上的接枝共聚物，这种相互作用比较强烈。然而，均聚物也具有疏水基团，如疏水性强的聚苯乙烯磺酸盐或疏水性弱的聚乙二醇，这种基团的极化作用随着温度升高而降低。

如果表面活性剂和聚合物带有电荷，静电相互作用很明显；如果电荷相反，则具有强烈的相互作用。然而，必须考虑带电聚合物分子间或者带电表面活性剂分子间的排斥作用。需要特别指出的是，在探讨离子表面活性剂自组装时发现，在聚集体表面的反离子浓度高于本体而造成的熵损失不利于自组装，这解释了为什么离子表面活性剂的cmc比非离子型表面活性剂高出几个数量级。

一种聚合物可以有多种方式来改变熵。如果离子具有相同电荷，体系将有一个简单和相对中等的电解质效应。如果电荷相反，如多价电解质，则由于聚合物和胶束间的缔合作用导致胶束和聚合物分子反离子的释放，其相互作用变得强烈，两种相反电荷聚合物的混合物中也可获得同样效果。在这种情况下，cmc可以降低几个数量级。

另外，非离子共溶质会降低离子表面活性剂的cmc。如果共溶质是弱两性的，它将定位在胶束表面，降低电荷密度，因此降低形成胶束时的熵。这是聚乙二醇使离子型表面活性剂和几种非离子型聚多糖表面活性剂cmc适度降低的机理。

离子型表面活性剂有望与不同类型水溶性聚合物相互作用。对于阴离子来讲，这是正确的。由于具有高度的反离子键合，阳离子具有较弱的相互作用。另外，形成胶束不能进一步稳定化，非离子表面活性剂与疏水均聚物的相互作用较弱，非离子型表面活性剂仅与均聚物相缔合。不过，这与非离子表面活性剂通过疏水作用与含有疏水部分的聚合物相缔合的情况不同。

（一）表面活性剂与表面活性聚合物的缔合作用

水溶性均聚物通过接枝少量疏水基团（典型数据为1%的数量级），如烷基链，形成两性聚合物，它因疏水相互作用具有自缔合趋势。这种弱聚集（图5.79）会导致黏度增加及其他流变学特性的变化，因而在涂料和其他产品采用这种“缔合增稠剂”作为流变改变剂。

表面活性剂与聚合物疏水基团具有强烈相互作用，导致聚合物链具有很强的缔合性，因而黏度很大（李振泉等，2013）。以疏水改性非离子纤维素醋（HM-EHEC）为例说明。如图5.80所示，十二烷基磺酸钠大幅度提高了HM-EHEC的黏度，而对于未改性的EHEC黏度，提高不大。在较高表面活性剂含量下，黏度的作用消失了。从表面活性剂和两性聚合物间形成混合胶束的角度能更好地了解这个体系。为了能够具有交联和相应的黏度效应，单个胶束中必须含有足够数量的憎水基。在更高的表面活性剂浓度下，一个胶束中仅有一个聚合物憎水基，交联作用全部消失。

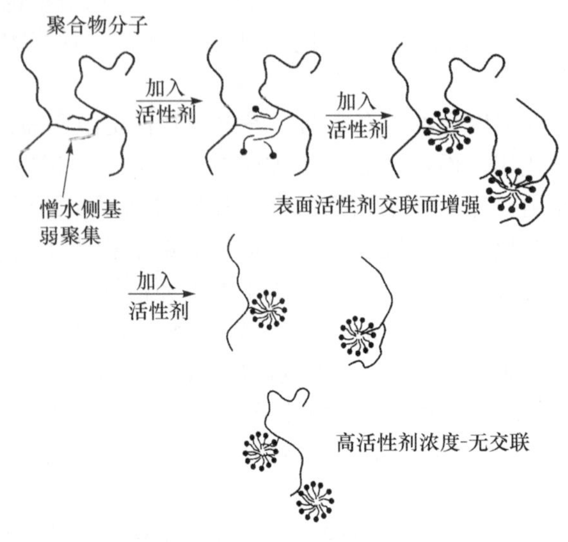

图 5.79　疏水改性的水溶性聚合物的自聚集的强弱取决于表面活性剂和聚合物的化学计量比

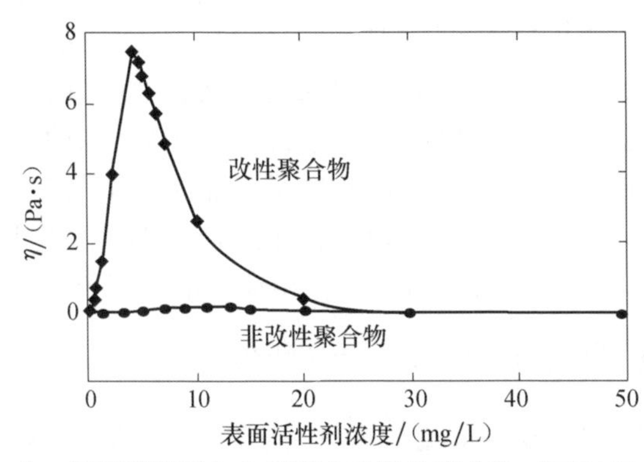

图 5.80　十二烷基磺酸钠加入到疏水改性的聚合物（EHEC）黏度变化

表面活性剂添加到疏水改性水溶性聚合物的黏度效应很明显，但是该影响可以被其他相互作用如静电作用改变。如图 5.81 所示，向疏水改性的聚电解质中添加一种带相反电荷的表面活性剂，其黏度效应要比加到非离子或者带相同电荷的表面活性剂大，然而，即使在后者中仍然有很大的效应，尤其是当亲水接枝物较大时。

表面活性剂和悬浊聚合物的混合物，随着温度的升高极性变小，形成可逆等温凝胶。随着温度升高，诱发凝胶化，而冷却时溶胶熔融。当体系中存在温度诱发的胶束生长或者从胶束到胶囊或者其他自组装结构的中间态时，在非离子型表面活性剂和疏水改性水溶性聚合物的混合物中也可以有此效应（梁晓静等，2013）。

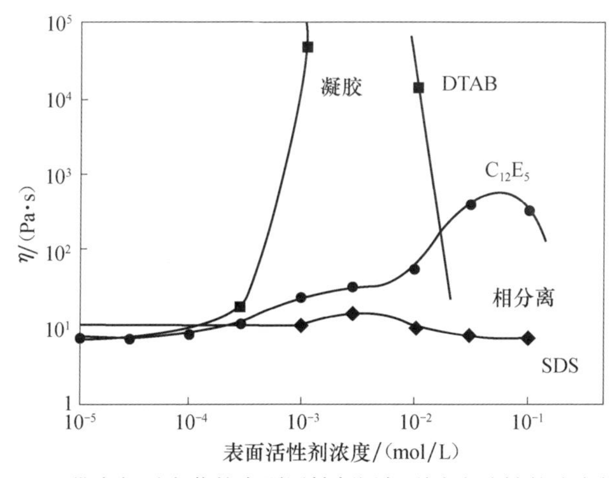

图 5.81　带有相反电荷的表面活性剂添加到疏水改性的聚电解质

图中，疏水改性为聚丙烯酸酯，对于不同类型的表面活性剂具有不同的黏度效应。带有相反电荷的表面活性剂（溴化十二烷基三甲基铵，DTAB），黏度效应要大于非离子型（$C_{12}E_5$）或者其他类型的带电（十二烷基磺酸钠，SDS）

（二）表面活性剂和表面活性聚合物间的相互作用

表面活性剂和表面活性聚合物间相互作用类似于混合胶束的形成，疏水改性的水溶性聚合物（HM-聚合物）可以被看成是改性表面活性剂。它在极低浓度下（在无限稀释时分子内作用的情况下）形成胶束或疏水微区，而这些胶束能够溶解疏水分子。HM-聚合物和表面活性剂与两种表面活性剂一样，具有较强形成混合胶束的能力。即烷基链的计量方法和电荷的计量法是两种化学计量，对于 HM-聚合物-表面活性剂体系十分重要。

由于混合聚集体占主导，直到胶束浓度超出了聚合物疏水基体的浓度后，体系才有低浓度的自由表面活性剂和自由胶束。从这点可以理解如图 5.82 所示的 HM-聚合物表面活性剂的结合等温线。离子表面活性剂对非离子 HM-聚合物的结合作用同它与非离子型表面活性剂胶束的结合作用非常相似，可以划分三种不同的浓度区域。单个离子型表面活性剂分子和非离子型表面活性剂或者 HM-聚合物的胶束间具有高度非协同结合性能。当每个胶束中离子型表面活性剂分子数目超过 1 时，由于表面活性剂和带相同电荷的胶束间键合不利，结合变成反协同作用。最后，当自由表面活性剂浓度等于 cac，即添加均聚物时的 cmc，离子表面活性剂在聚合物上自缔合成胶束。该区域是协同结合区域，对于均聚物而言，它是唯一可见的结合区域。

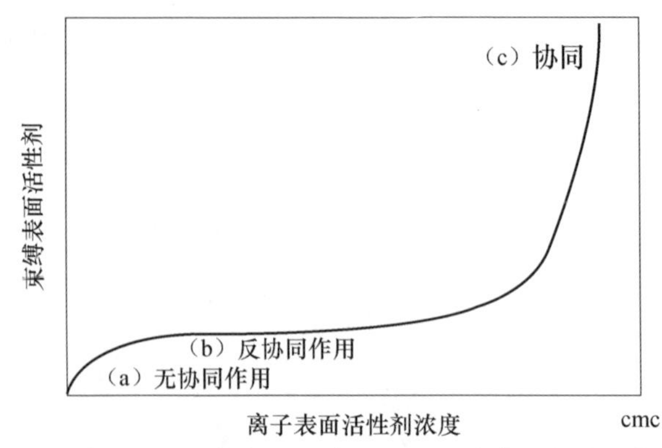

图 5.82　离子表面活性剂和非离子 HM-聚合物间的结合等温线

黏度-表面活性剂浓度曲线的峰值一般出现在 cac 附近。HM-聚合物-表面活性剂混合胶束的组成随着浓度强烈变化，以致表面活性剂成为主导，因此交联作用消失。

（三）聚合物-表面活性剂混合物的相行为

1. 非离子体系

从表面活性剂和 HM-聚合物混合溶液的例子，可以观察到这两种共溶剂间有极大的缔合趋势，还可以看到很多均聚物可以加速离子型表面活性剂形成胶束。然而，缔合作用并不明显，因为大多数聚合物-表面活性剂体系中并不存在纯粹的相互吸引。

在同一溶剂中的两种聚合物，混合熵推动力很弱，通常可以观察到在溶液中存在偏析，其中一层中主要溶有一种聚合物，而另一层中溶有另一种聚合物。相分离的趋势随聚合物分子量增加急剧增加。由于胶束也具有高相对分子质量的特征，相分离是一种很正常的现象。

对于聚合物溶液，可以区分出两种相分离：一种是偏析的，一种是结合的（图 5.83）。如果不存在相互吸引力，便会产生相分离。如果存在适当的吸引力，

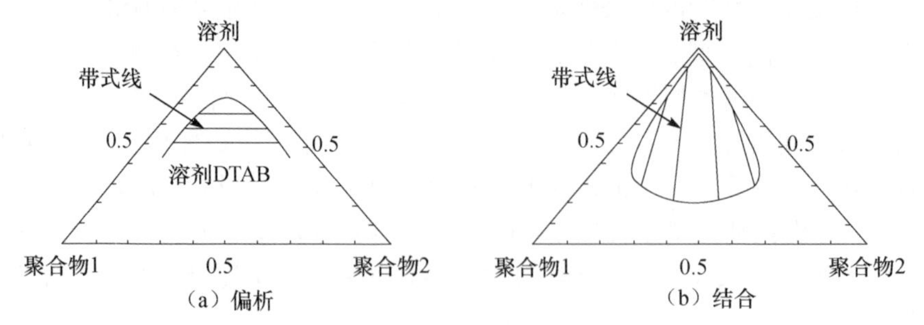

图 5.83　在普通溶液中，两种聚合物的三相图展示了偏析和结合

则能完全混合。两种聚合物间存在很强吸引力的情况下，可以观察到结合的相分离，其中一相中富有两种聚合物，另一相为稀溶液。在这两种情况中，相分离程度均随着聚合物的相对分子质量增加而增加。

对于一个混合聚合物-表面活性剂体系，其行为完全相似。不同在于胶束的“聚合度”。它不像聚合物，不是固定的，而是随着条件（如温度、电解质浓度等）不同而变化。

在图 5.84 中，将聚合物-表面活性混合物（非离子型聚乙二醇表面活性剂和右旋糖苷）与相关聚合物-聚合物混合物（聚乙二醇和右旋糖苷）进行对比，可以看到这两种混合物的相分离在本质上是相同的。

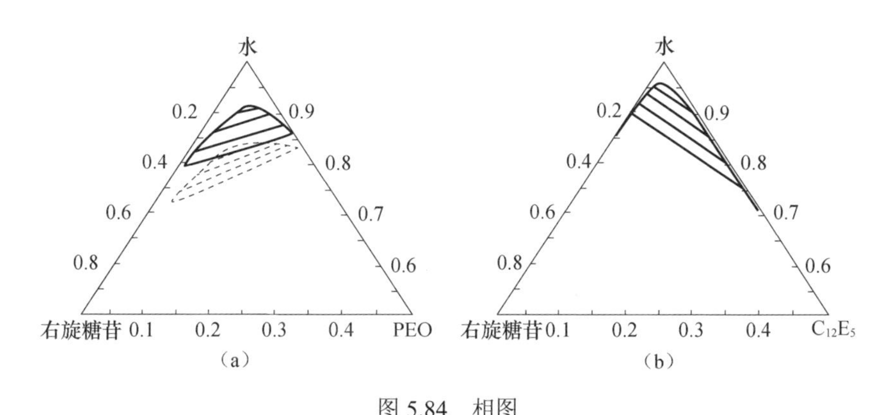

图 5.84　相图

（a）右旋糖酐（相对分子质量 23 000）和聚乙二醇[相对分子质量 23 000（点状线）和相对分子质量 18000（连续曲线）]的混合物溶液；（b）右旋糖苷（相对分子质量 40 000）和 $C_{12}E5$ 的混合物；(在曲线上方是可混合的，而在曲线下方，溶液分成两相)

表面活性剂的改变引起相图的明显变化。因此，$C_{12}E_5$ 可以产生比 $C_{12}E_8$ 更强的偏析，并且偏析随着温度升高而迅速增长。$C_{12}E_8$ 在任何温度下都形成小的粗糙球形胶束，而 $C_{12}E_5$ 形成随着温度迅速增长的大胶束。

偏析相分离不是观察非离子聚合物和非离子表面活性剂时的唯一现象。对于低极性聚合物，因为存在憎水缔合，相分离会是结合型的，尤其是在较高温度下。

2. 电荷的引入

向溶液中引入带电基团对相分离现象具有重要影响。高分子电解质比相应不带电荷的聚合物更易溶，这归因于反离子分布熵。把聚合物分子限定到系统的一部分，由于分子数量少，几乎不消耗熵变。另外，限制型（大量的）反离子会有一个极大的熵损失。在混合物系统中，可以看到因静电荷产生的静电作用。其中一个是在非离子聚合物和离子聚合物的混合溶液中，相分离趋势很弱，在加入电解质时，对相分离的抑制作用大大减少，并且观察到典型的聚合物不相容现象。

在聚合物-表面活性剂溶液中，可以观察到完全类似的效果。即使是引入一点点电荷给聚合物（通过引入带电基团）或胶束（通过加入离子表面活性剂），都会极大地增加聚合物表面活性剂的可混合性。图5.85描述了图5.84所示体系的情况。可以看出增加电解质有削弱电荷增溶效果的趋势。当这些聚合物分子带有相同电荷时，体系又会折回原来非离子混合物的不相容状态。

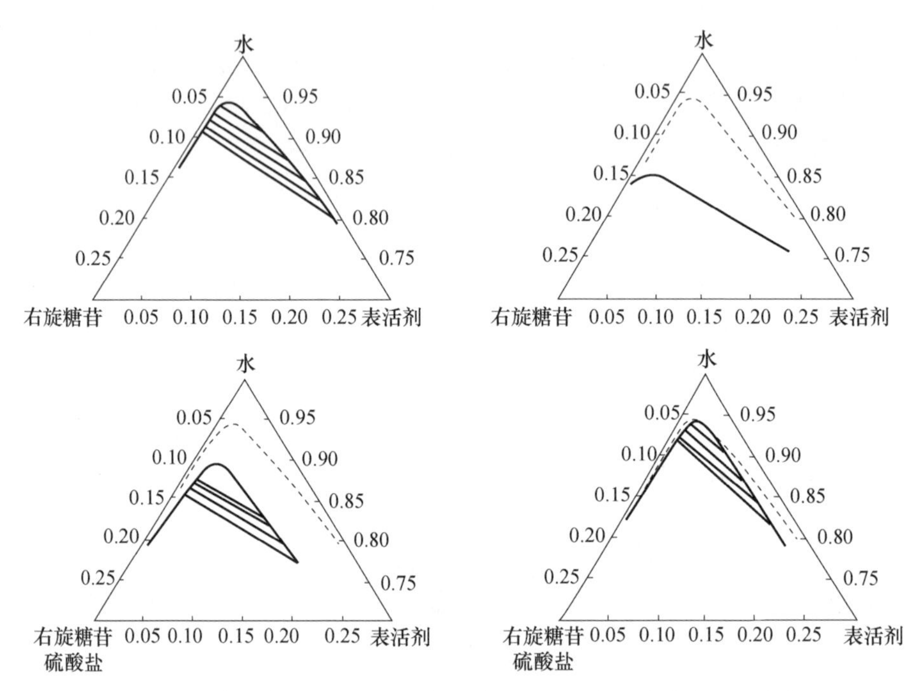

图 5.85 在非离子聚合物和非离子表面活性剂的混合物中引入电荷

离子型表面活性剂倾向于和非离子聚合物缔合。聚合物的极性越低，这种结合越强烈。对于处于浊点的聚合物，即在水中处于溶解极限的聚合物，这种结合是强烈的，并会引起浊点很大的提高。图 5.85 说明了相分离趋势的减少，解释了右旋糖苷和聚乙烯醇表面活性剂混合物（a）中所涉及的体系，在胶束上引入一小部分离子表面活性剂（b），或者在右旋糖苷上引入少数硫酸盐（c），其共混性显著提高。如果加入电解质或者聚合物分子和胶束带电（d），这种现象会减少。在曲线上方是可溶的，而在其下方分离为两相。点划线给出了相关系统的溶解极限。从图 5.86 中，可以看出很低浓度的电解质彻底改变了其行为。在这些体系中存在聚合物诱发形成胶束，由此形成聚合物-表面活性剂配合物的现象。由于聚合物带电，其溶解性增加，将反离子限制在一相中而引起了熵补偿，不过，在加入低浓度电解质时，这种情况会减少，导致浊点大幅度降低。

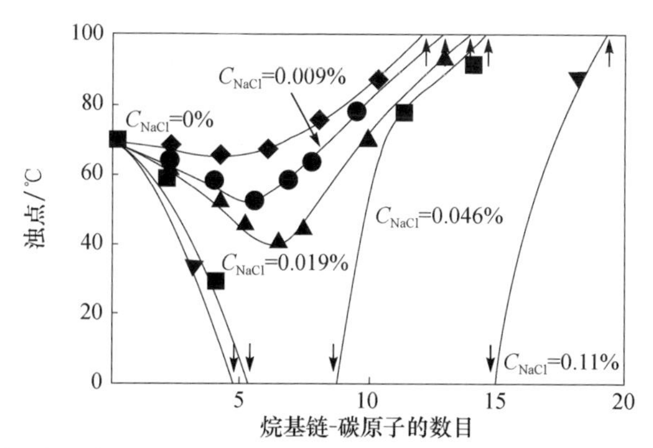

图 5.86　在没有电解质的情况下，浊点处聚合物溶液 0.9%中加入离子表面活性剂可以提高其浊点，而在存在电解质的情况下，则会引起浊点下降

3. 混合的离子型体系

两种带相反电荷聚合物电解质的混合呈现了一种极强的结合行为，这种现象表现为强烈的相分离趋势。聚合物电解质和带相反电荷的表面活性剂混合物也会强烈结合。如图 5.87 所示，长链表面活性剂的 cmc 降低几个数量级，如图 5.88 所示，存在一个很强的结合相分离。聚合物电解质和带相反电荷表面活性剂的混合水溶液会分为一个稀溶液相和一个普通高黏度、同时溶有聚合物和表面活性剂的相。

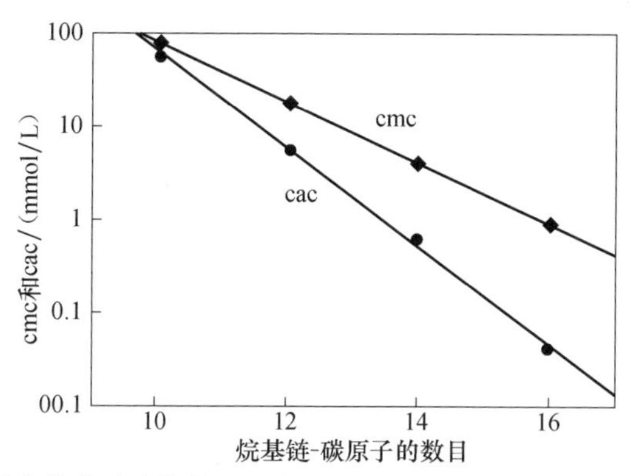

图 5.87　存在带相反电荷的聚合物情况下离子表面活性剂的 cac 的数量级通常比 cmc 的低

在图 5.88 所示体系中，相分离程度随着表面活性剂烷基链长和聚合物分子量的增加而急剧增加。加入电解质，相分离将被减弱，但是在较高电解质浓度下，相分离又会重新产生。然而，就像在图 5.89 中看到的，这个相分离与上一种性质不同。其行为与两种带相反电荷的聚合物混合时所观察到的现象非常相似，可以结合聚合物的不相容性和静电效应很好地解释。反离子的浓度非常高，因此，不像非离

子聚合物那样，存在聚合物电解质的相分离会引起因限定反离子而产生一个很大的熵降。因此，与相应不带电聚合物相比，聚合物电解质是易溶的。在高电解质浓度的情况下，熵的影响被减弱，相分离将与不带电荷的聚合物体系相似。在图 5.87 的例子中，存在一个固有的分离体系，可以从这张相图中的高浓度区看到。

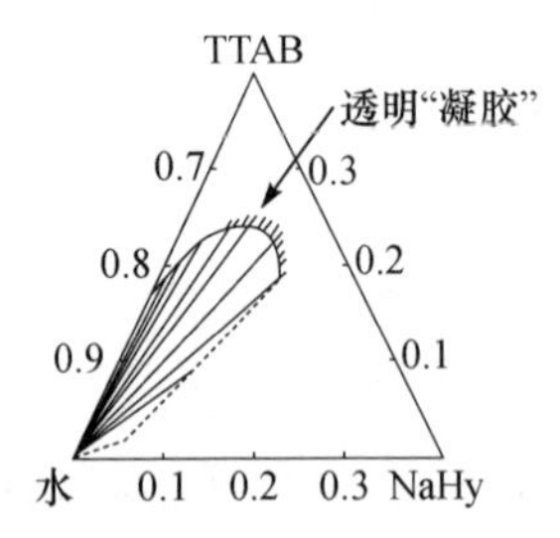

图 5.88　离子表面活性剂与相反电荷聚合物混合引起结合相分离（TTAB 为十四烷基三甲基溴化物；NaHy 为透明质酸钠）

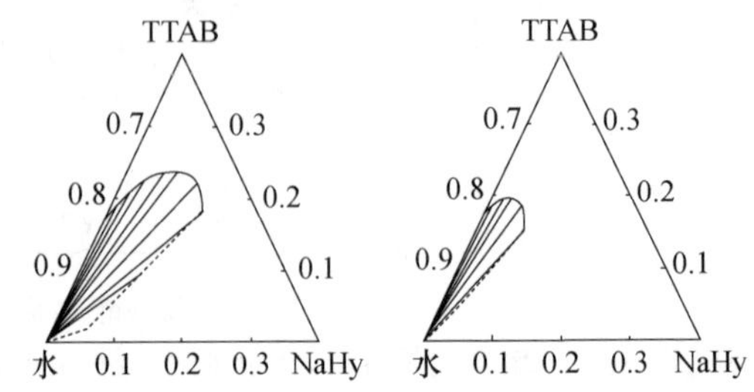

图 5.89　聚电解质和带有相反电荷的表面活性剂的混合物的相分离，当加入电解质时，从结合变化到无相分离，最后到偏析（阳离子表面活性剂十四烷基-三甲基铵溴化物和阴离子聚糖，透明质酸钠的混合物）

在低盐含量的情况下，结合相分离也可以通过反离子分布熵来理解。因有库仑力的作用，在带多电荷胶束和聚合物电解质分子的表面富集反离子。结合时，两种共溶质的反离子转移至本体，熵增加，因此，在无盐时，会出现一种强烈的结合相分离的趋势。

用与聚合物带相同电荷的表面活性剂代替体系所用的表面活性剂时，熵降不再出现，将会产生偏析相分离，如图 5.90 所示。在高盐含量的情况下，相分离加剧，这个与十二烷基磺酸钠胶束的生长有关。

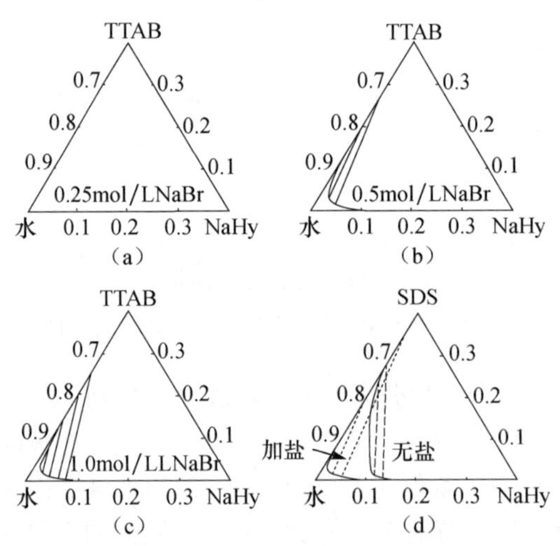

图 5.90　聚合物电解质和带有相同电荷的表面活性剂相混合通常为偏析相分离

（四）聚合物-表面活性剂混合物的相互作用

依据所带电荷总结出聚合物和表面活性剂混合物的相行为。

P^+S^-，P^-S^+不需要添加电解质即可结合，中等浓度电解质时可以混合，高浓度电解质时偏析。

P^-S^+，P^+S^+偏析。

PS 偏析，对于极性较弱聚合物可能会缔合，尤其是在较高温度下。

PS^+，PS^-没有相分离，通过加入盐可以诱发结合或偏析。

PS 体系与 PP 体系相类似，两种聚合物的聚合度及表面活性剂的聚集体决定了相分离程度。由于胶束大小不定且可能随着条件的变化而改变，所以相分离情况是不同的。

PS 体系的相行为也受到两种共混溶液相互作用的影响，如 HM 聚合物中的憎水作用，它在非离子体系中将促进相分离，而在离子体系中将削弱相分离。对于带有相反电荷的聚合物和表面活性剂的混合物，如果对聚合物进行憎水改性，将不利于形成含有化学计量带电聚合物和表面活性剂的浓相和含有过量的聚合物或表面活性剂的稀相。原因是聚合物有与浓相中的胶束憎水结合的趋势，将导致该相失去电荷的化学计量，并有膨胀的趋势。因此，对于憎水改性过的聚合物电解质和与其带相反电荷的表面活性剂的混合物，在超过其限制浓度区后，将会产生结合相分离。

另外，混合两种表面活性剂不会产生偏析相分离。其原因是存在一种强烈的形成混合聚集体的趋势，这种趋势对混合熵具有重要影响。然而，对于两种带有相反电荷的表面活性剂的混合物，通常都会形成结合相分离。

四、气液界面上聚丙烯酰胺与表面活性剂相互作用

HPAM 与表面活性剂产生相互作用，影响溶液的体相性质，对表面活性剂在液膜上的排布、吸附产生一定影响，而表面活性剂在溶液表面单分子层内亲水基间的相互作用以及水化作用会影响液膜的表面黏度，表面活性剂由溶液到界面的吸附又会影响表面膜的弹性，进而影响泡沫的一系列性质，下面从动态表面张力、起泡能力、泡沫的表观黏度、泡沫的析液以及泡沫稳定性等方面研究加入聚合物对泡沫性质的影响。

（一）HPAM 和表面活性剂混合溶液的动态表面张力研究

表面活性剂在溶液中的扩散和吸附等动态行为，对表面活性的发挥起决定作用，直接影响泡沫液膜的稳定性和泡沫液膜的强度，通常表面活性剂分子的吸附速度越快，表面张力下降速度越快，对 Gibbs-Marangni 效应影响越大，使泡沫变薄的部分不易修复，聚合物的加入会对表面活性剂的动态行为产生影响。

采用最大气泡压力法研究 HPAM 对 AES、AOS、SDBS 水溶液动态行为的影响。

n 值反映了吸附初期（$t\to 0$）表面活性剂分子从本体溶液扩散到面下层的扩散过程，对于离子型表面活性剂，n 值越小，扩散势垒越小，表面活性剂扩散越快，越易达到介平衡区，介平衡表面张力γ_m越小，DST 曲线越低。t^*反映了吸附后期（$t\to\infty$）表面活性剂从面下层到溶液表面的吸附过程，t^*越小，吸附势垒越大，表面活性剂分子越不易吸附在溶液表面。二者综合作用决定了表面活性剂分子的扩散吸附过程。$R_{1/2}$ 反映了体系表面张力从溶剂的γ_0到介稳态γ_m的下降速率，该值越大，说明其动态表面活性越高。

由表 5.24 可以看出，SDBS 由本体到面下层的扩散很快，而由面下层到表面的吸附却很慢，这一点与 AES 和 AOS 不同，这可能是由于 SDBS 的亲水基团空间排斥力太大引起的。加入 HPAM 对 AES 和 AOS 的动态行为影响比较大，使表面活性剂分子从本体溶液扩散到面下层的速度和由面下层到溶液表面的吸附过程均减慢，使得 Gibbs-Marangni 效应越显著，增加了泡沫膜的修复能力，泡沫膜的弹性增加，从而泡沫更加稳定。而 HPAM 对 SDBS 的动态过程影响不是很大，说明 SDBS 与 HPAM 的作用不是太大。

表 5.24　动态表面张力参数

体系	n	t^*
AOS	0.17279	0.92809
AES	0.20819	0.52112
SDBS	0.12086	0.00142
AOS+HPAM	0.21873	0.37758
AES+HPAM	0.25345	0.169
SDBS+HPAM	0.13735	0.00131

（二）聚合物对泡沫剂起泡能力的影响

由于聚合物与表面活性剂混合后大大增加了溶液黏度，采用罗氏泡沫仪进行起泡能力测量时，液体的冲击速度不够大，很难使溶液冲击成泡，所以选用旋转起泡仪进行测量。

通常认为，溶液的平衡表面张力越低体系越容易起泡。固定表面活性剂浓度为 0.075%，在此浓度下，分别测量有无 HPAM 体系的表面张力和起泡能力。由表 5.25 可以看出 SDBS 和 AES 的平衡表面张力相差不大，加入聚合物后，相对纯体系而言，表面张力升高。

表 5.25　三种表面活性剂的表面张力数据

表面活性剂	0.075% AOS	0.075% AES	0.075% SDBS
γ/(mN/m)（不含 HPAM）	33.5	35.7	35.5
γ/(mN/m)（含 HPAM）	34.6	36.3	35.1

表 5.25 的数据表明 HPAM 导致了表面活性剂分子在界面吸附的损耗。对于 SDBS，由于其亲水基团特别大，有强烈的空间排斥力，虽然表面张力下降了，但是起泡能力并没有升高。表 5.26 列出了聚合物对溶液起泡能力的影响，结果表明加入 HPAM 能够同时降低 SDBS 和 AES 的起泡能力，其中 AES 的起泡能力下降更明显。

表 5.26　三种表面活性剂的起泡高度

表面活性剂	0.075% AOS	0.075% AES	0.075% SDBS
起泡高度/cm（不含 HPAM）	16.25	15.45	15.92
起泡高度（含 0.01%HPAM）	13.60	11.56	13.15

（三）聚合物对泡沫表观黏度的影响

表观黏度是指表面膜液体单分子层内的黏度，主要是表面活性剂分子在其表面单分子层内的亲水基之间的相互作用以及水化作用引起的，表面黏度越大，膜的强度越大，泡沫的稳定性越好。表面膜的强度与表面吸附分子间的相互作用有关，相互作用越大，膜的强度越大。聚合物的加入减少了表面活性剂分子在界面的排布，两者的相互作用也会影响界面上表面活性剂分子之间的相互作用。

将表面活性剂的浓度固定在 0.075%（均大于 cmc），分别测量纯体系和加入 HPAM 之后的表观黏度。从表 5.27 可以看出，HPAM 对 AES 的表观黏度影响最大。不加 HPAM 时，AES 水溶液所起泡沫的表观黏度最小；加入 HPAM 之后，表观黏度升为最大，说明 HPAM 和界面层的 AES 分子同样会发生作用，由于 HPAM 在界面分子上的吸附，大大地增加了界面膜的强度。

表 5.27　HPAM 对泡沫表观黏度的影响

表面活性剂	0.075% AOS	0.075% AES	0.075% SDBS
表观黏度 η/(Pa・s)（不含 HPAM）	0.929	0.779	0.824
表观黏度 η/(Pa・s)（含 HPAM）	1.373	1.603	1.265

对 HPAM 和 AES 混合溶液泡沫膜上的排布提出如下模型（图 5.91）：

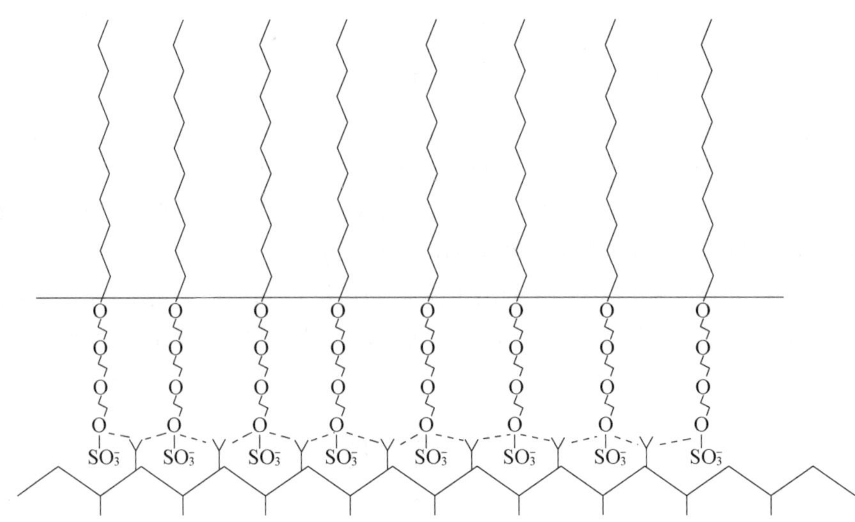

图 5.91　HPAM 在 AES 水溶液界面的示意图

因为 AES 的亲水基带有三个 EO 基团，HPAM 与 EO 基团的氢键作用相当于增加了 AES 分子间的作用，导致了泡沫表观黏度的增强。对于 SDBS 而言，由于 SDBS 的极性头比较大，空间位阻较大，与 HPAM 发生作用的主要是磺酸基团，所以 HPAM 在 SDBS 吸附层上的作用就不像与 AES 那样紧密。

（四）HPAM 对泡沫析液的影响

采用电导法，泡沫携液量的大小是与液膜电导率成正比。从泡沫电导随时间的变化，可以得出有关泡沫析液的数据。

泡沫中液体的析出是气泡相互挤压和重力的结果。当泡沫开始析液时，重力排液占主要作用，随着泡沫膜内液体的逐步析出，膜内液体与表面膜上表面活性剂分子之间的相互作用占据主要位置。加入聚合物增加了本体溶液的黏度，同时会增大与表面的摩擦力，液体更不易排出，这与聚合物与表面活性剂之间的相互作用有关，两者作用越大，液体越不易排出。

由图 5.92 可以看出在重力排液区，加入聚合物对排液影响不明显。当泡沫变薄后，加入聚合物的体系携液量明显多于纯体系，说明 HPAM 与表面膜上的表面活性剂分子之间存在相互作用。

从图 5.93 可以看出，SDBS 与 HPAM 在界面上的相互作用不明显，溶液更易随重力排驱。

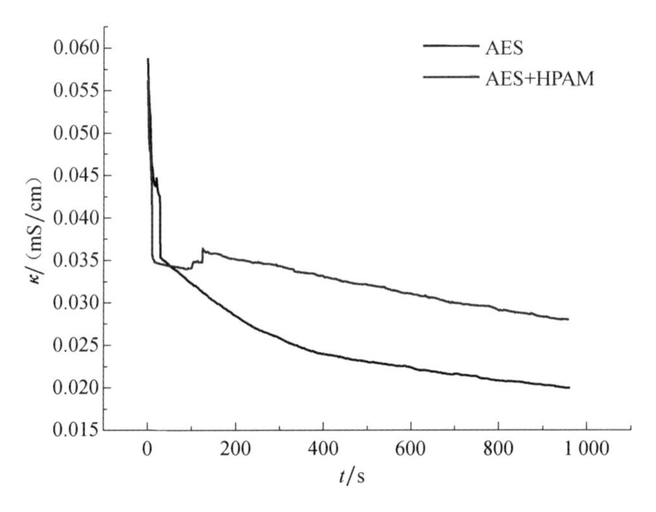

图 5.92　AES 体系泡沫析液电导图

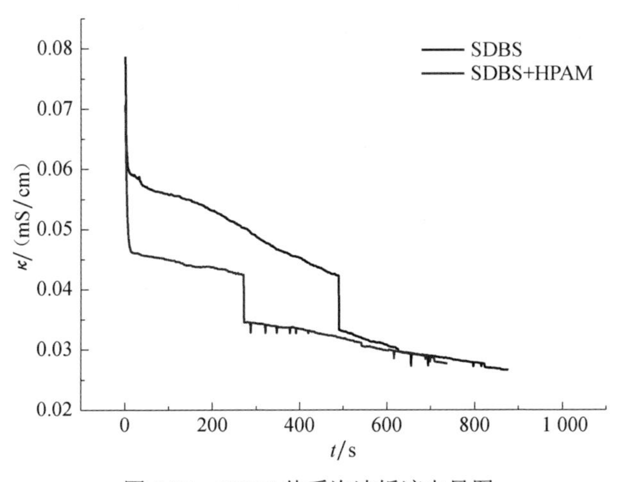

图 5.93　SDBS 体系泡沫析液电导图

（五）HPAM 与表面活性剂相互作用对泡沫稳定性的影响

泡沫的稳定性主要取决于液体析出的快慢和液膜的强度，这是由表面张力、表面黏度、溶液黏度、液膜强度等方面决定。

1.聚合物对泡沫稳定性的影响

从图 5.94 可以看出，在 0.1wt%的 AES 溶液中加入 0.1wt%的 HPAM，会发现泡沫的衰减时间大大增加，这说明 HPAM 增加了泡沫的稳定性和膜的强度，起到了强化泡沫的作用。

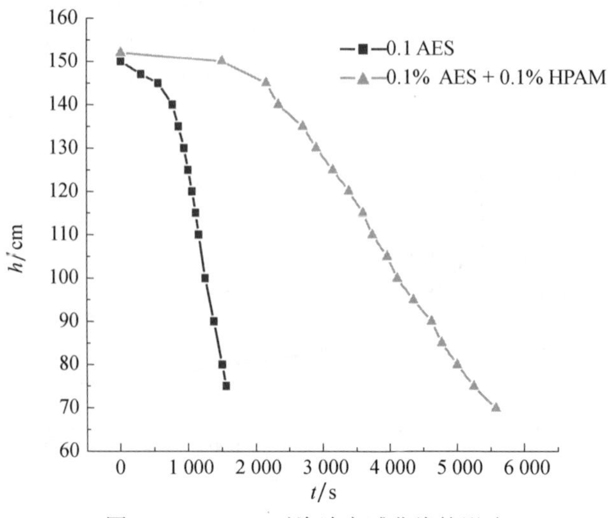

图 5.94 HPAM 对泡沫衰减曲线的影响

在同样的 AES 和 HPAM 浓度下，分别放置 1h、3h、7h、12h 和 24h，测定泡沫的衰减曲线，从图 5.95 可以看出，溶液放置时间越长、析液时间越长，泡沫越稳定。这是因为 HPAM 与表面活性剂的作用需要一定时间，时间足够长，两者完全反应后可以大大提高泡沫的稳定性。

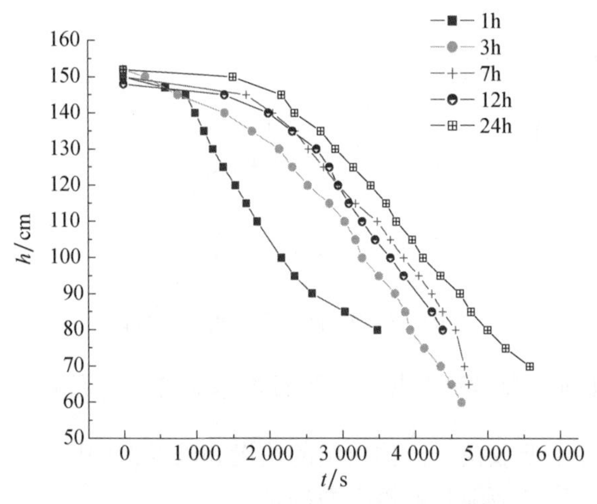

图 5.95 放置时间对泡沫衰减曲线的影响

2. 泡沫稳定性的比较

图 5.96 给出了加入 HPAM 对泡沫稳定衰减的影响。通过比较 ADS、AES、SDBS 的泡沫衰减图发现，未加 HPAM 之前，对于泡沫稳定性而言有，ADS>

AES＞SDBS；当加入 HPAM 之后，发现 AES 的泡沫稳定性急剧增加为原来的两倍，而对于 SDBS 而言，则没有太大的变化，此时泡沫稳定性为 AES＞AOS＞SDBS。

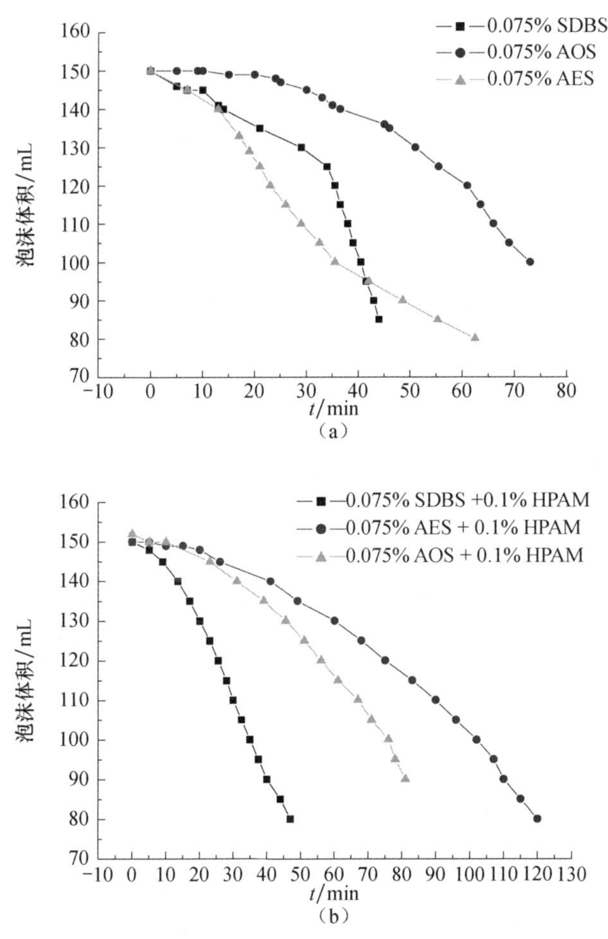

图 5.96　AES、SDBS、AOS 加入 HPAM 的泡沫衰减曲线比较图

对于 AES 和 HPAM 的混合溶液而言，AES 分子的疏水链为直链，在界面排布时的空间位阻小，排列比较紧密，由于两者的氢键作用，导致 HPAM 会吸附于气液界面的面下层，从而增加了泡沫膜的弹性，并且会使二表面膜临近的液体不易排出，液膜厚度变薄的速度较慢，延缓了液膜破灭时间。AOS 溶液中加入 HPAM 之后对泡沫膜的稳定性影响不大，这主要因为界面与体相中不同，此时两者之间的静电斥力起作用。而 SDBS 由于其极性头比较大，作用较弱，反应到界面上则是排列疏松不紧密，泡沫膜的弹性不好，并且在浓度大于 cmc 的情况下，与 AES

相比较，HPAM 更倾向于体相中，在面下层的分布较少，对整个泡沫膜几乎没有影响。

3. 浓度对泡沫稳定性的影响

考察 AES 与 HPAM 在不同配比下对泡沫稳定性的影响。

由图 5.97 可以看出，并非聚合物的浓度越高，泡沫的稳定性就越好，而是存在一个最佳的比例，对于 AES 而言，与 HPAM 的质量比为 0.075%：0.1%时，即 3：4 时泡沫稳定性最好。

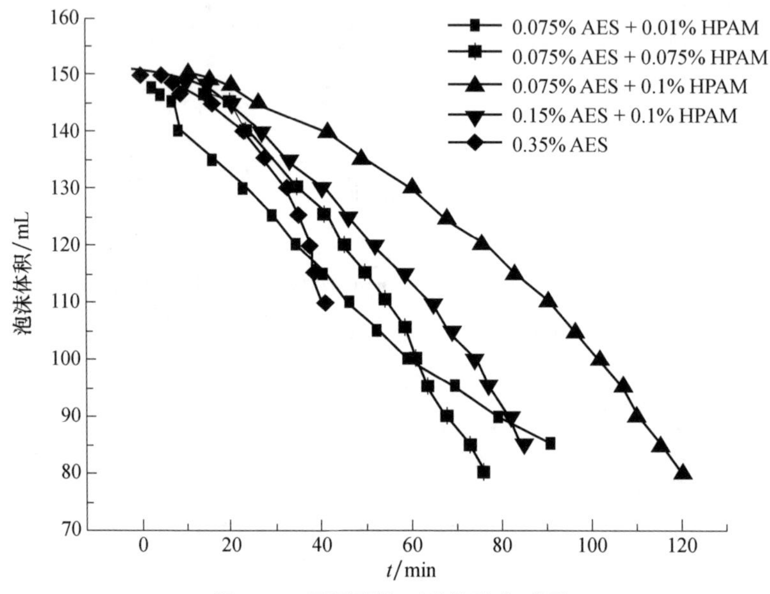

图 5.97　不同配比下的泡沫衰减图

第六章　驱油剂在油藏岩石上的吸附

第一节　表面活性剂在固液界面吸附规律

当气相或液相中的分子（或原子、离子）碰撞到固体表面时，由于它们之间的相互作用，使一些分子（或原子、离子）停留在固体表面上；当体系达到热力学平衡时，固体表面上的气相或液相分子（或原子、离子）的浓度比在气相或液相中的浓度大，这种现象称为吸附作用。通常把固体称为吸附剂，被吸附的物质称为吸附质，吸附质可以是气体或液体。如油砂浸泡在表面活性剂溶液中会发生吸附作用，油砂为吸附剂，表面活性剂为吸附质。吸附作用通常发生在吸附剂的表面上，包括吸附剂的外表面和内表面。

吸附现象很早就被人们发现，并在工农业生产和日常生活中广泛利用。在制糖工业中，用活性炭吸附糖液中的带色杂质，从而得到洁白的产品；分子筛富氧就是利用某些分子筛优先吸附氮的性质来提高空气中氧的浓度。在石油开采和石油加工过程中，吸附现象也经常存在，如利用活性炭回收天然气中的汽油；钻井液处理剂吸附在黏土表面上以改善钻井液的性能；驱油剂在油层中的吸附造成损失从而降低驱油效果等，都是常见的吸附现象。

一般认为，表面活性剂在固体表/界面的富集，即它在表/界面的浓度比它在溶液内部的浓度大的现象，称为表面活性剂在固体表/界面的吸附。

图 6.1 描述了表面活性剂吸附变化过程的一个示意图。从图中可以看出，吸

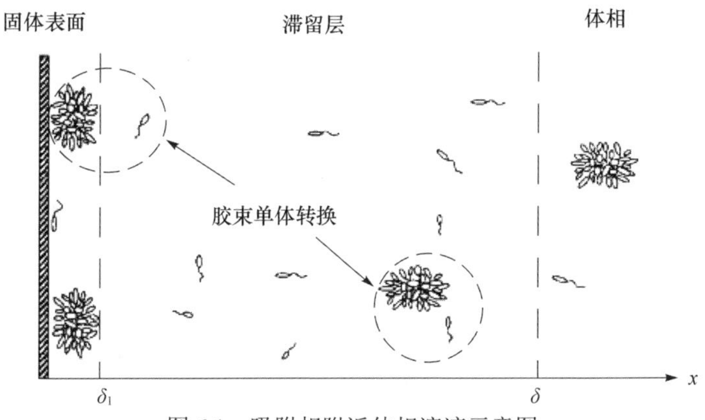

图 6.1　吸附相附近体相溶液示意图

附过程大体可以分为两个阶段：第一阶段是从体相中向面下层扩散的过程，然后是由面下层向吸附相表面扩散的过程，在此过程中，发生了吸附。在吸附相表面附近的滞留层的出现是由于在实验过程中的振荡引起的。

与液体表面一样，固体表面上的分子或原子受到周围分子或原子的作用力是不平衡的，固体表面同样具有表面自由能，固体表面发生吸附现象的根本原因就是表面自由能有自动减小的本能。不过，固体表面现象要比液体表面现象复杂得多，与液体相比，固体表面表现出以下特性。

固体表面原子的活动性，液体表面的分子即使在远低于沸点的温度下也处于激烈的运动之中，表面上的分子与液体内部的分子和气态分子间成动态平衡。固体表面的情况则大不相同，常温下固体的蒸气压一般都很低，其表面原子的蒸发及气态原子向表面的凝聚速度都极小，固体表面原子与气态原子发生交换的可能性极小。另外，根据 Einstein 扩散定律，扩散系数 D 与 t 时间内 Brown 运动的平均位移 x 之间的关系为 $D=X^2/(2t)$，由于扩散系数非常小，固体表面原子在二维表面上的运动也是十分困难的，因此，固体表面原子实际上只能在晶格位置上振动。

固体表面的粗糙性，固体表面不是理想的平面，而是不平坦的粗糙表面。凸出部分的表面自由能比凹入的部分高，吸附活性也相应较大。

固体表面的不完整性，晶格完整的晶体是罕见的，几乎所有的晶体及其表面都会因多种原因而呈现不完整性，晶体表面的不完整性主要包括表面点缺陷、非化学比、位错等，这些因素造成固体表面常形成台阶及不规则的棱、边和角，这些位置的吸附活性通常较高。

固体表面的不均匀性，若将固体表面近似看作一平面，固体表面对吸附分子的作用能不仅与其对表面的垂直距离有关，而且常随其水平位置的改变而变化，即吸附分子在沿着与表面垂直距离相等的平面内运动时，其作用能不一定是常数。根据表面势能分布，可将固体表面分为均匀表面和不均匀表面，固体表面势能沿表面距离的变化线的波谷点常称为吸附中心。固体表面上任何吸附中心间的能量波动相同的表面为均匀表面，否则即为非均匀表面（图 6.2）。

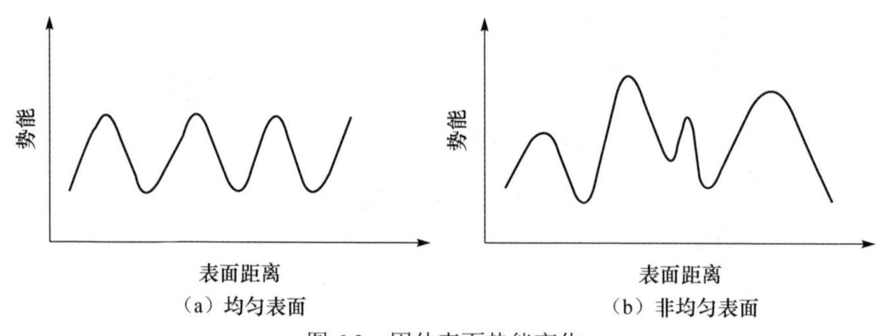

（a）均匀表面　　（b）非均匀表面

图 6.2　固体表面势能变化

一、表面活性剂在固体表面吸附的分类

按照吸附剂与吸附质之间作用力的性质不同，可将吸附分为物理吸附和化学吸附。

物理吸附：吸附剂与吸附质之间的作用力为范德华引力（包括色散力、诱导力和取向力）及氢键。这类吸附没有选择性，吸附速度快，吸附与解吸（与吸附相反的过程）易达平衡，但可因分子间引力大小不同使吸附的难易程度不同，在低温时易发生物理吸附。

化学吸附：吸附剂与吸附质之间的作用力为化学键力。化学吸附的特点是发生了化学反应，生成了表面化合物，吸附力较强、不易脱附、吸附速度慢等。

物理吸附与化学吸附在一定条件下可同时发生，也可相互转化，大多数的吸附属于物理吸附。

按吸附界面的不同，吸附可分为三种和气体在固体表面上的吸附（气-固界面）；固体自溶液中的吸附（液-固界面）；液体对气体或液体对液体的吸附（气-液或液-液界面）。

在以上三种情况中，气体在固体表面上的吸附理论较为成熟，这些理论对固体自溶液中的吸附具有指导作用。

二、表面活性剂在固/液界面吸附的特点

固/液界面发生吸附的根本原因是固/液界面能有自动减小的本能。当纯液体与固体表面接触时，由于固体表面分子对液体分子的作用力大于液体分子间的作用力，液体分子将向固/液界面密集，同时降低固/液界面能。

只是对纯液体而言，其在固/液界面上的密度变化不易测定。如果液体是由两种或多种物质构成的溶液，其各组分在固体表面吸附能力各异，它们在溶液中的浓度将发生变化，即它们在固/液界面上的吸附量不同。固/液界面吸附又称固/液吸附、液相吸附或溶液吸附。

（1）吸附规律复杂。气相吸附时固体表面上有被吸附的气体分子，也可有空白表面。在溶液吸附中，即使溶质的吸附量达到最大值时固/液界面上也不可能没有溶剂分子，固体表面总是被溶质和溶剂的两种分子所占满，不可能有空白部分；在溶液吸附时溶液各组分的竞争吸附是不可避免的，这种竞争吸附实际上是溶质-溶剂、溶质-溶质、溶质-吸附剂、溶剂-吸附剂间作用的综合结果，而且这种复杂的相互作用又可反映到溶解度、温度等影响因素上。因此，溶液中吸附等温线的定量描述大多带有一定的经验性质。

（2）溶液吸附的吸附量大多是根据溶液中某组分在吸附平衡前后浓度的变化确定，即

$$\Gamma_i = \frac{V(C_{0i} - C_i)}{m} \tag{6-1}$$

式中，Γ_i 为平衡浓度为 Ci 时 i 组分的吸附量；C_{0i} 为吸附前后溶液中 i 组分的初始浓度；V 为与质量为 m(g)的吸附剂成平衡的溶液体积。

根据式（6-1）求出的吸附量实际是表观吸附量，忽略了溶剂和其他溶质组分吸附的影响。在稀溶液中表观吸附量与真实吸附量近似相等，但对于浓溶液这种影响不可忽略。当溶剂比溶质吸附还多时，溶质的表观吸附量甚至可出现负值，因此，在浓溶液吸附时必须了解表观吸附量与真实吸附量的关系。

（3）在溶液吸附时溶质、溶剂、吸附剂中杂质的影响不可忽略。如稀溶液中溶剂的杂质与溶质浓度的数量级相近，吸附剂的某些可溶性杂质使得溶液成分复杂化等。

（4）与气相吸附相比，溶液中分子间距离小、作用力大，扩散速度较慢，达到吸附平衡时间较长。对于孔性固体，特别是微孔固体欲达到吸附平衡常需很长时间，并需采取帮助扩散的措施（搅拌、振荡、超声等），这些措施还必须保证不改变各组分和吸附剂的性质和结构。

第二节　表面活性剂吸附等温线

表面活性剂在固相表面的吸附过程是可逆的，存在吸附和脱附（被吸附的分子由于分子热运动而离开吸附剂表面）的动态平衡。吸附开始时，吸附速度（单位时间内单位面积的吸附剂上所吸附的分子数）较大，随着吸附的进行，吸附质在界面上与体相内部的浓度差越来越大，脱附的倾向也越来越大，当吸附速度与脱附速度相等时，吸附达到动态平衡。在一定条件下，当吸附达到动态平衡时，吸附剂所能吸附的吸附质数量称为吸附量。气体的吸附量常以每克吸附剂所能吸附的气体状态下气体的毫升数表示（mL/g）；固体自溶液中的吸附量，常以每克吸附剂所吸附物质的毫克数来表示（mg/g）。

在一定温度时吸附量与浓度之间的平衡关系曲线就是吸附等温线。它表示出体系最基本的吸附性质，也是进一步的吸附理论研究和应用的基础。因此吸附等温线一直是活性剂吸附研究的核心问题。Giles 曾将各种稀溶液-固体界面吸附等温线归纳为四形 18 种。对于表面活性剂在固液界面的吸附来说，具有基本意义的只有三种，分别称为 L 形、S 形、LS 形（双平台形），示意于图 6.3 实验得到的等温线形态虽然很多，但可看作这三者在复杂体系中的变形或复合的结果。

一般表面活性剂的吸附等温线是典型的“S”形曲线（被吸附的表面活性剂密度的对数对表面活性剂溶液平衡浓度作图）。通常“S”形的等温线可以分为四个区域，如图 6.4 所示。

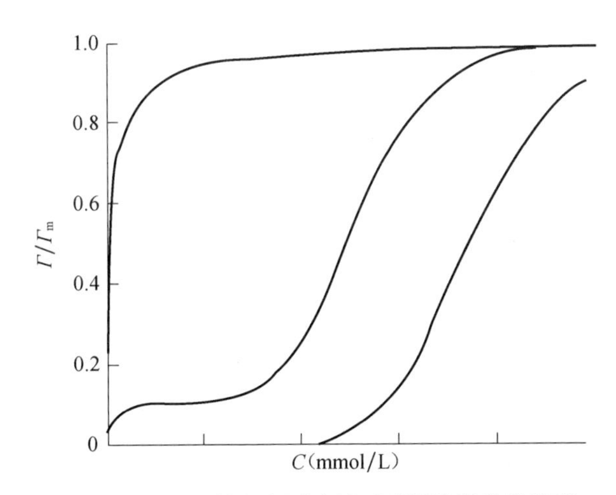

图 6.3　表面活性剂在固液界面吸附等温线的类型

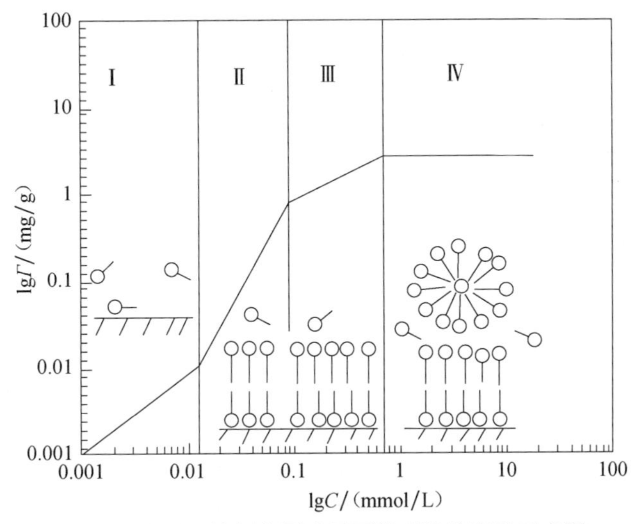

图 6.4　表面活性剂在固液界面的吸附等温线示意图

区域 I 对应很低的表面活性剂浓度和很小的表面活性剂吸附，这个区域一般符合亨利定理，固体表面发生单分子吸附而不发生聚集。

区域 II 的斜率增加很大，表面活性剂在大部分固体表面区域形成聚集，这些被吸附的表面活性剂聚集体根据它们是单分子层或双分子层而称为半胶束或准胶束，前者是一种单分子层结构，表面活性剂的“头”吸附在固体的表面，而“尾”在水溶液相；后者被认为是双层结构，它的下层表面活性剂的“头”吸附在基质的表面，而上层表面活性剂的“头”与溶液相接触。

Ⅰ区和Ⅱ区的转折点代表着第一个被吸附的表面活性剂聚集体的形成，称为cac（临界准胶束浓度）或 hmc（半胶束浓度）。曲线的斜率在Ⅲ区时减小，这时被认为是由表面的亲电基团之间的排斥或者是在低活性部位开始形成准胶束。曲线的最后部分是一个平台，随着表面活性剂浓度增大，表面吸附几乎不发生变化。

第三节　驱油表面活性剂在固/液界面吸附规律

油藏岩石上组成复杂，主要由砂岩和灰岩组成，砂岩由砂粒和胶结物组成。组成砂岩的一些矿物主要有正长石、钠长石、高岭石、蒙脱石、绿泥石、云母等。表面活性剂的两亲性结构特点决定了其在水湿和油湿固体表面均有吸附趋势。表面活性剂在固体表面大量吸附，使表面活性剂的体相浓度降低，在油/水界面或气/水界面的吸附受到影响。表面活性剂在储层油砂表面大量吸附产生的吸附损失，导致成本升高，驱油效率下降，对表面活性剂的实际应用是重要甚至可能是致命的问题，直接影响驱油体系/原油间的界面张力、驱油效率、原油破乳等。以二元驱中的主表面活性剂为石油磺酸盐（主要成分为 SDBS）和烷基酚聚氧乙烯醚（主要成分为 n＝8～9 的 TX-100）为例，介绍磺酸盐表面活性剂与非离子活性剂在地层中的吸附规律。

一、烷基苯磺酸盐（SDBS）在固/液界面的吸附规律

（一）SDBS 在高岭土上的吸附

1. 高岭土结构性质

高岭土主要矿物成分是高岭石，其分子式为 $Al_2O_3 \cdot 2SiO_2 \cdot 2H_2O$（即 $Al_4[Si_4O_{10}](OH)_8$），属三斜晶系，空间群 C1；晶胞参数 a=0.514nm，b=0.893nm，c=0.737nm，α=91.8°，β=104.7°，γ=90°；晶胞分子数 Z=1。高岭石的基本结构单元是由硅氧层和水铝石层构成的单网层，如图 6.5 所示，单网层平行叠放便形成高岭石结构。Al^{3+}配位数为 6，其中 2 个是 O^{2-}，4 个是 OH^-，形成$[AlO_2(OH)_4]$八面体，正是这两个 O^{2-}把水铝石层和硅氧层连接起来。水铝石层中，Al^{3+}占据八面体空隙的 2/3。

结构与性质的关系，根据电价规则可计算出单网层中 O^{2-}的电价是平衡的，即理论上层内是电中性的，所以，高岭石的层间只能靠物理键来结合，这就决定了高岭石也容易解理成片状的小晶体。但单网层在平行叠放时是水铝石层的 OH^-与硅氧层的 O^{2-}相接触，故层间靠氢键来结合。由于氢键结合比分子间力强，所以，

水分子不易进入单网层之间，晶体不会因为水含量增加而膨胀。

图 6.5　高岭土结构图

按照优化的液/固比，配制不同 pH 的高岭土悬浮液，用电泳仪测定其 ζ 电位，作ζ 电位与 pH 关系曲线，求得ζ 电位等于零时的 pH，称为零电位 pH，简称 pH_{zpc}。

由图 6.6 可以看出，高岭土零电位的 pHzpc 值为 4.20，当溶液的 pH＜4.20 时，高岭土的表面带正电；当溶液的 pH＞4.2 时，高岭土的表面带负电，随着 pH 增大，ζ 电位绝对值增大。

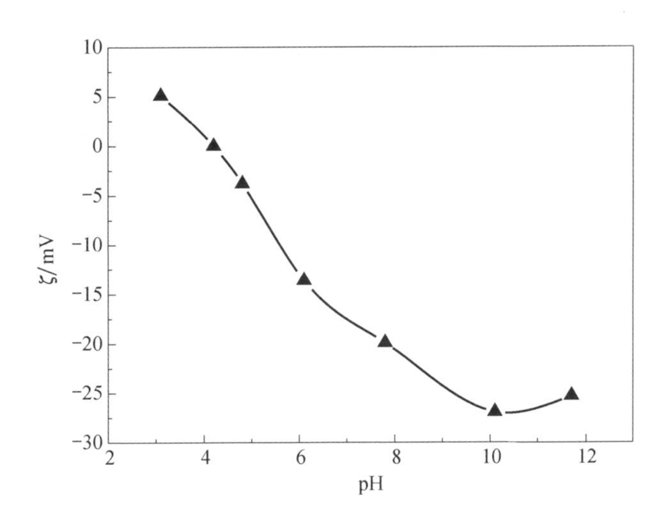

图 6.6　高岭土 ζ 电位与 pH 的关系曲线

2. 吸附等温线

在一定温度时吸附量与溶液浓度中间的平衡关系曲线即为吸附等温线。自吸附等温线的分析，可以了解固体表面吸附表面活性剂的程度，即表面活性剂在固体表面上的浓度，从而可以研究表面性质如何随吸附变化的情形。自吸附等温线亦可了解吸附量与表面活性剂溶液浓度的变化关系，进而比较不同表面活性剂的吸附效率和所能达到的最大吸附程度，提供吸附分子（或离子）在表面上所处状态的线索，使我们对表面活性剂的吸附改变固体表面性质的规律有进一步的认识。

在温度为30℃、液固比为80∶1时，SDBS在高岭土上的吸附等温线如图6.7所示。从图可知，SDBS在高岭土上的吸附等温线属于L形，可分为三个阶段：第一阶段，吸附量随SDBS浓度增加迅速增大；第二阶段，当SDBS的浓度再增加时，吸附量继续增加，但增加量变小，从这一阶段吸附等温线的斜率即可看出；第三阶段是随SDBS的浓度继续增大，吸附量不再增大，达到饱和吸附，出现平台。因为高岭土零电位的pHzpc值为4.20，由于SDBS属于强酸强碱盐，其溶液近乎中性，高岭土在此条件下，其粒子界面带负电。从静电力学的观点，SDBS不会吸附在高岭土上，但是SDBS在高岭土上仍存在较大的吸附，其原因是，由Si—O四面体和Al—OH八面体形成的层状结构，故其在晶层面上，由于晶格离子的取代及晶格缺陷等原因而带负电，保持其电荷平衡；而在Al—OH八面体的棱边上，由于A1—OH的破裂而带正电。其棱边面积一般能占到晶体总比表面积的5%左右。因此，可由高岭土晶层棱边面上的正电荷因静电引力而发生吸附。对这三阶段的吸附解释为，第一阶段由于高岭土棱边和棱角的A1—OH断裂而带正电，而SDBS在水中会发生电离，离解出磺酸基负离子，这些负离子首先与这些正电位发生吸附，因此吸附量随SDBS浓度增加急剧增大；然后，当SDBS的磺酸基负离子覆盖其所有的吸附点后，吸附量随SDBS浓度的进一步增加主要依靠表面活性剂的烃链的疏水作用形成界面半胶束或胶束，随之达到平台。

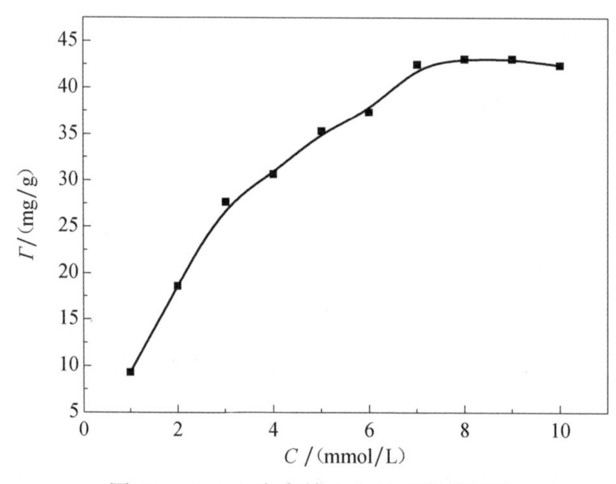

图6.7　SDBS在高岭土上的吸附等温线

3. 温度对吸附的影响

主要考察了三个温度（30℃、50℃和 80℃）下 SDBS 在高岭土上的吸附情况，30℃为常温条件，50℃和 80℃分别为不同情况下的地层温度。

一般来说，吸附是自发的放热过程，故温度升高对吸附不利，吸附量将下降。从实验结果（图 6.8）可知 SDBS 在高岭土上的吸附呈随温度升高吸附量下降的趋势。在 50℃时的吸附量与温度 30℃相比较，减小不是很多，当温度升高到 80℃时，吸附量降低很多。原因是与阴离子表面活性剂的性质有关，当温度升高时 SDBS 在水中的溶解度升高，而溶解度增大表示 SDBS 与水的亲和性增强，SDBS 分子自水中逃离而吸附于固体上的趋势相对减小，故吸附量降低。

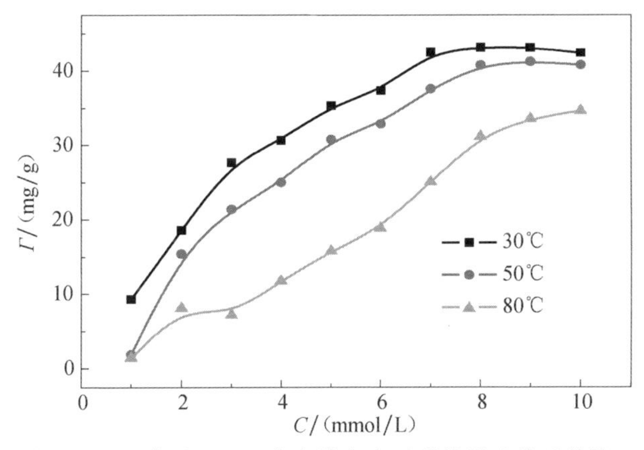

图 6.8 温度对 SDBS 在高岭土上吸附的影响关系曲线

4. pH 变化对吸附的影响

在考察 pH 的改变对表面活性剂吸附的影响时主要选取了三个 pH，分别是 3.33、6.89 和 10.01，分别代表了酸性、中性和碱性条件。

当溶液的 pH 为 3.33 时，小于高岭土的零电位的 pHzpc 值，表面带正电；当溶液的 pH＞4.20 时，高岭土的表面带负电，随着 pH 增大，ζ 电位绝对值增大，即负电性增强。

图 6.9 是在三个不同 pH 下 SDBS 在高岭土上的吸附等温线。从图上可知，SDBS 在高岭土上的吸附随 pH 的增大吸附量呈减小趋势；且在 pH 为 3.33 时，对吸附等温线的形式有较大影响。因在 pH 为 3.33 时整个高岭土表面均显正电性，因此会吸附较多量的 SDBS，导致吸附量增加很快，但当溶液 pH 为 6.89 及 10.01 时，高岭土表面显负电性，此时的吸附只能发生在高岭土的正电吸附位上，因此吸附量较小，且 pH 为 10.01 时，高岭土表面负电位绝对值增大，导致吸附量进一步降低，因吸附机制一样，所以吸附等温线形式未发生变化。

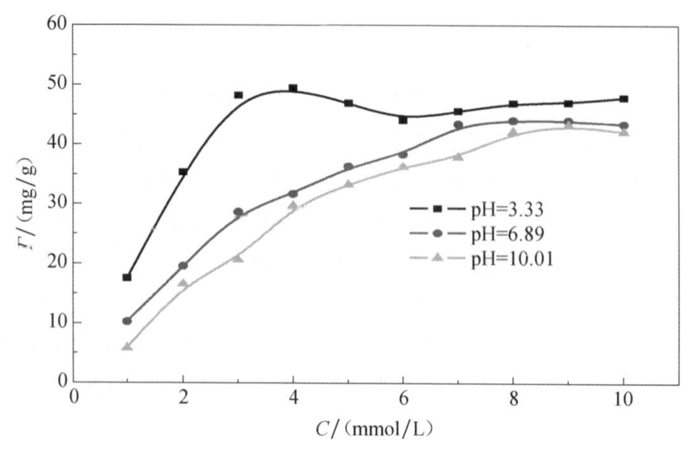

图 6.9　pH 对 SDBS 在高岭土上吸附的影响关系曲线

5. 矿化度（NaCl）对吸附的影响

随着氯化钠浓度的增加，SDBS 的吸附量增加。这可由 Stern-Graham 双电层理论进行解释，在水溶液中，高岭土表面带负电，且形成双电层，氯化钠加入后，能压缩双电层，减少高岭土表面的负电性，同时压缩表面活性剂离子头的离子氛厚度，减小它们之间的排斥作用，也减小了阴离子表面活性剂 SDBS 所带的负电荷，从而使高岭土表面与表面活性剂之间的静电斥力减小，吸附量增加。

6. 二价金属离子对 SDBS 溶解度的影响

SDBS 与非离子表面活性剂相比，抗 Ca^{2+}、Mg^{2+}能力差。根据 Somasun-daran 提出的方法，在 810nm 处测定 Ca^{2+}、Mg^{2+}浓度对 SDBS 溶液透光率的影响，从试验结果知，当 Ca^{2+}浓度等于 5g/L 时，SDBS 浓度在大于 3mmol/L 时，就有不溶物的悬浮体产生，透光率明显下降；Mg^{2+}浓度等于 5g/L 时，透光率随 SDBS 浓度增大呈逐渐减小趋势，不如 Ca^{2+}的影响大，也就是说 SDBS 抗 Ca^{2+}能力要比抗 Mg^{2+}更差一些。

（二）SDBS 在石英砂上的吸附

1. 石英砂结构与性质

石英砂是单层四面体结构（图 6.10），没有层与层间的连接。结构与性质的关系，SiO_2 结构中 Si—O 键的强度很高，键力分别在三维空间比较均匀，因此 SiO_2 晶体的熔点高、硬度大、化学稳定性好，无明显解理。

结构与性质的关系，SiO_2 结构中 Si—O 键的强度很高，键力分别在三维空间比较均匀，因此 SiO_2 晶体的熔点高、硬度大、化学稳定性好，无明显解理。

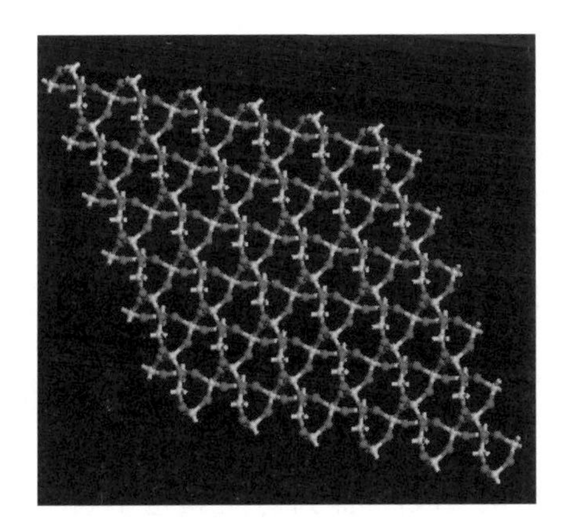

图 6.10　石英砂结构图

由图 6.11 可以看出，石英砂零电位的 pHzpc 值在 2.0 附近，随着 pH 增大，ζ 电位绝对值增大。

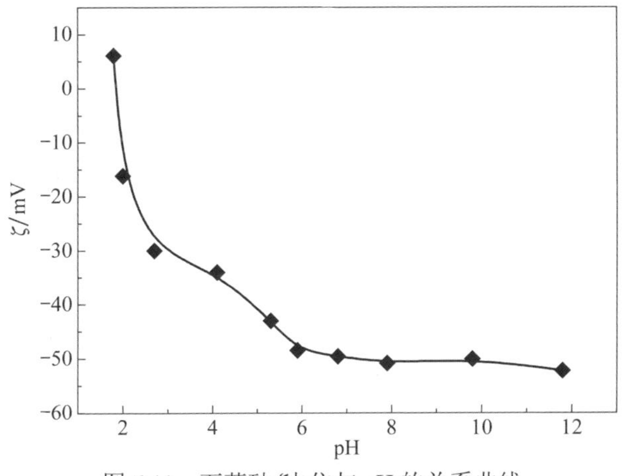

图 6.11　石英砂ζ电位与 pH 的关系曲线

2. 吸附等温线

1）石英砂的处理方法

对石英砂的处理方式为：先用蒸馏水多次煮沸，浸泡，然后用 1mol/L 盐酸浸泡 12h，用蒸馏水洗涤至 $AgNO_3$ 试验无氯离子；对黏土类高岭土和蒙脱土的处理方式为：用蒸馏水多次煮沸，浸泡以除去可溶性盐直至电导率不再在发生变化。最后将所得的吸附剂放入恒温干燥箱中在常温下烘干，待其烘干后，放入研钵中研磨，然后过筛，取 80～120 目颗粒为实验所用。

2）实验步骤

（1）用三次水配制一系列某一表面活性剂溶液，依次测量各个溶液中表面活性剂的浓度。这些浓度就是吸附前的初始浓度，记为 c_0。

（2）将吸附剂和表面活性剂溶液按一定的固/液比加入带塞的安瓿瓶中，振摇混匀后盖好瓶塞，并用胶布进一步将瓶口密封好。

（3）将安瓿瓶置于恒温水浴槽中保持振荡 24h，使吸附剂与表面活性剂溶液充分接触。

（4）取出安瓿瓶，将其中的溶液倒入离心管中，在 3000～4000r/min 的转速下离心分离约 30min。

（5）取出离心管中上层清液，混匀后测定清液中表面活性剂的浓度。这个浓度就是吸附达到平衡时的平衡浓度，记为 C。

图 6.12 是 SDBS 在石英砂上的吸附等温线，与 SDBS 在高岭土和蒙脱土上的吸附相比，从图中可以看出其在石英砂上的吸附量减小很多，可见，SDBS 在地层中的吸附损失主要由高岭土和蒙脱土所引起，这也是由黏土矿物的特殊结构所决定的。有报道说 SDBS 在纯净的石英砂上没有吸附。在本实验中，SDBS 在石英砂上的吸附等温线为 L 形。虽然石英晶体为硅氧四面体结构，但内于表面键的破坏，故其为不完整的四面体，这时这一点导致 SDBS 在石英砂上由一定的吸附。

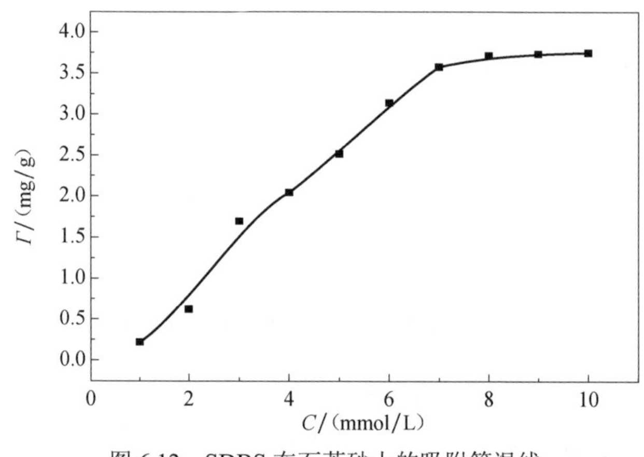

图 6.12　SDBS 在石英砂上的吸附等温线

3. 石英砂吸附 SDBS 前后红外谱图的变化

由 10%的盐酸处理过的干净的石英砂的红外谱图分析如图 6.13 所示。

（1）1076.72cm^{-1} 处是由于 Si—O—Si 的反对称伸缩振动强吸收带，且非常特征。

（2）3434.96cm^{-1} 是 Si—OH 的伸缩振动。

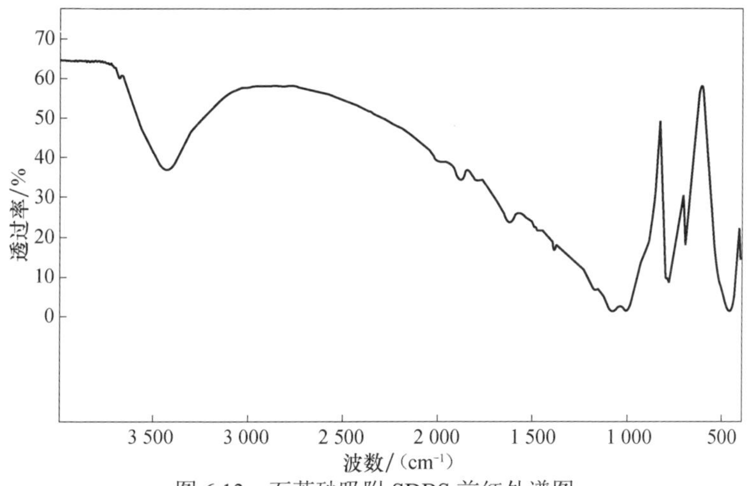

图 6.13 石英砂吸附 SDBS 前红外谱图

（3）778cm^{-1}、693cm^{-1}是 SiO_2 的特征吸收峰。

由石英砂吸附 SDBS 后的红外谱图如图 6.14 所示。

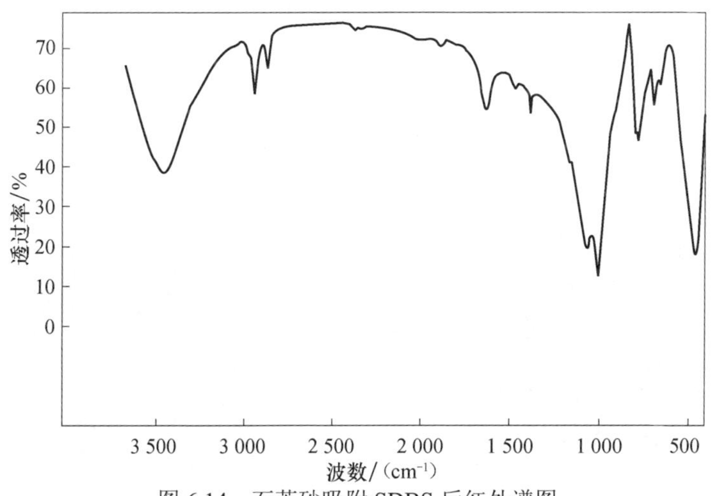

图 6.14 石英砂吸附 SDBS 后红外谱图

（1）2 923.80cm^{-1}、2 852.32cm^{-1}出现了$-CH_3$、$-CH_2-$的对称伸缩和不对称伸缩振动峰。其峰频的出现说明主要是物理吸附。

（2）1 073.00cm^{-1}是石英砂中的 Si—O—Si 的伸缩振动峰，向低频移动了 3cm^{-1}，说明吸附后存在着微弱的电性作用。

4. 温度对 SDBS 吸附的影响

从图 6.15 可以看出 SDBS 在石英砂上的吸附呈随温度升高吸附量下降的趋势，在 80℃时，吸附量降低很多，几乎未发生吸附。

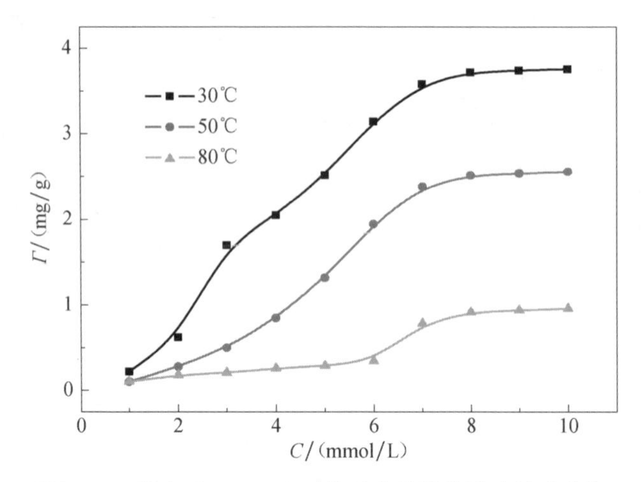

图 6.15　温度对 SDBS 在石英砂上吸附的影响关系曲线

（三）利用 AFM（原子力显微镜）研究 SDBS 的吸附行为

把新鲜剥离的云母片（天然产，1cm×1cm）竖直浸入不同浓度 SDBS 溶液中一定时间，取出后自然晾干，用原子力显微镜在 Contact Model（接触模式）下进行扫描和拍摄，用的是硅悬臂，所有的 AFM 图都是高度信号。

图 6.16 是云母片浸入不同浓度 SDBS 溶液中所得到的 AFM 图像。左图是 SDBS 浓度为 1.4mmol/L（cmc 附近）时的 AFM 图像。右图是 SDBS 浓度为 3.0mmol/L

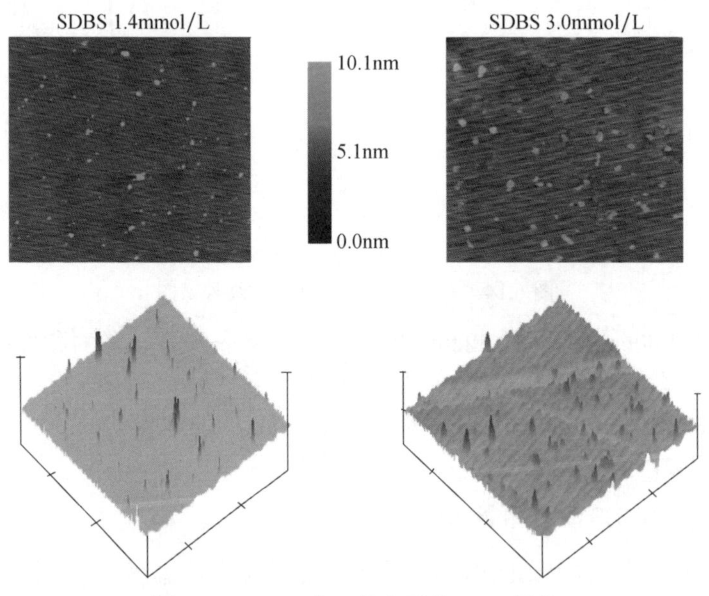

图 6.16　SDBS 在云母表面的 AFM 图像

（2倍cmc）时的AFM图像。上面的图是平面图，下面的图是立体图。由图可见，SDBS浓度在1.4mmol/L时，SDBS分子聚集体以圆柱的形貌吸附于云母表面上，其平均高度大约为10nm。而浓度在3.0mmol/L的时候，其分子聚集体形貌发生了变化，从圆柱的结构形貌转变成了平坦的层状膜结构形貌，吸附层的高度却下降，平均高度为8nm。

新鲜剥离的云母表面由于键的断裂而裸露正电荷，同晶取代及晶格缺陷等又使晶面带负电，所以，云母表面带电是不均衡的。SDBS之所以能被云母吸附，并且出现圆柱及层状膜结构形貌，就是由于云母带电的不均衡性，由于静电引力云母表面裸露的正电位与表面活性剂的阴离子发生作用使之吸附在云母的正电位上。随SDBS浓度的增大，先吸附在正电位上的SDBS分子与体相的SDBS分子由于疏水作用力和范德华力继而发生进一步的吸附，使得结构形貌从圆柱形转变成了平坦的层状膜结构。

二、非离子表面活性剂TX-100在固/液界面的吸附规律

非离子型表面活性剂在固/液界面吸附规律一般认为分为五个阶段。第一阶段是吸附分子平躺在表面上，随表面逐步被覆盖吸附量不断上升。第二阶段时表面被躺满，形成一个吸附平台。若吸附过程到此结束，则形成一个由吸附分子平躺于固体表面构成从吸附层并显示L形等温线。若吸附分子的亲水基或疏水基与固体表面结合较弱，则可能通过改变吸附层的结构而吸附更多的表面活性剂。这是吸附分子仅以结合较强的基团固定于固体表面，其余部分伸向液相，这是吸附的第三阶段。第四阶段是通过吸附分子间的相互作用使吸附量陡然上升。这时吸附层可能有三种，亲水基向外的直立定向单层，表面半胶团和疏水基向外的直立定向单层。在前两种情况下吸附趋于饱和，在疏水基向外的吸附单层上则可发生疏水缔合，使更多的表面活性剂进入吸附层，形成吸附双分子层或吸附胶团后吸附趋于饱和，这是吸附的第五阶段。

（一）非离子表面活性剂TX-100在高岭土上的吸附规律

非离子表面活性剂TX-100为烷基酚基聚氧乙烯醚，从图6.17知，TX-100在高岭土上的吸附等温线属于典型的“S”形，通常认为“S”形曲线和多平台曲线是发生了多层吸附的结果。其吸附等温线大致可分为三个阶段，第一个阶段随TX-100浓度的增加吸附量缓慢增加，有少量的TX-100吸附在固体表面，吸附遵循亨利规则。吸附质分子之间距离较远，它们之间的相互作用可以忽略，主要是范德华力，因此吸附由TX-100的亲水部分（即乙氧基团）所决定；再随着TX-100浓度的增加，吸附量显著增加，吸附等温线显示为斜率增加，这一阶段主要是TX-100分子之间的相互作用，使得吸附量显著上升；然后吸附量增加变缓，到达

一个吸附平衡。

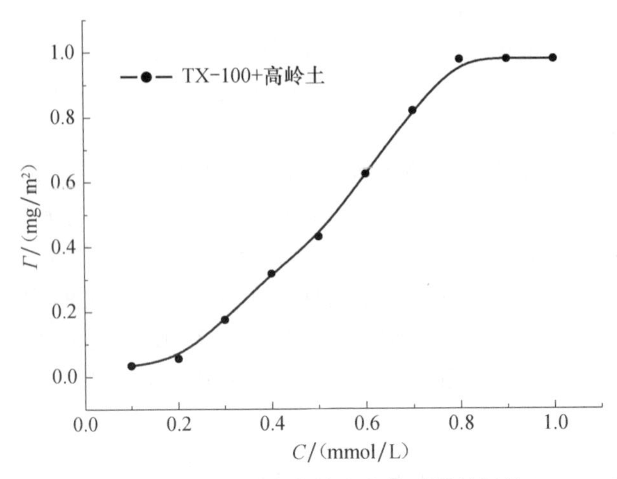

图 6.17　TX-100 在高岭土上的吸附等温线

TX-100 分子不带电，极性头含有聚氧乙烯 EO 基团，而高岭土的基本结构单元是由硅氧层和水铝石层构成的单网层，层间靠物理键来结合，因此 EO 基团在高岭土表面以氢键相互作用结合是吸附的主要机制。另外，TX-100 分子中含有富电子苯环，在电场的作用下发生π电子极化，使表面活性剂分子产生偶极矩，与高岭土表面的正电场相互吸引，也使得高岭土对 TX-100 的吸附增强。在表面活性剂浓度增大后，吸附在表面上的表面活性剂与溶液中的表面活性剂以疏水作用而互相吸引，表面活性剂聚集体逐渐在表面形成，吸附量显著增大，直至在表面吸附达到饱和。

（二）TX-100 在蒙脱土上的吸附规律

1. 蒙脱土结构与性质

蒙脱土也是一种黏土类矿物，属单斜晶系，空间群 C2；理论化学式为 $Al_2[Si_4O_{10}](OH)_8 \cdot nH_2O$；晶胞参数 a=0.515nm，b=0.894nm，c=1.520nm，β=90°；单位晶胞中 Z=2。实际化学式为（Al_2-$x$$Mg_x$）$[Si_4O_{10}](OH)_2 \cdot (Na_x \cdot nH_2O)$，式中 x=0.33，晶胞参数 a≈0.532nm，b≈0.906nm，c 的数值随含水量而变化，无水时 c≈0.960nm。

蒙脱土具有复网层结构，由两层硅氧四面体层和夹在中间的水铝石层所组成。理论上复网层内呈电中性，层间靠分子间力结合。实际上，由于结构中 Al^{3+}可被 Mg^{2+}取代，使复网层并不呈电中性，带有少量负电荷（一般为−0.33e，也可有很大变化）；因而复网层之间有斥力，使略带正电性的水化正离子易于进入层间；与

此同时，水分子也易渗透进入层间，使晶胞 c 轴膨胀，随含水量变化，由 0.960nm 变化至 2.140nm，因此，蒙脱土又称为膨润土。

结构中的离子置换现象：由于晶格中可发生多种离子置换，使蒙脱土的组成常与理论化学式有出入。其中硅氧四面体层内的 Si^{4+}可以被 Al^{3+}或 P^{5+}等取代，这种取代量是有限的；八面体层（即水铝石层）中的 Al^{3+}可被 Mg^{2+}、Ca^{2+}、Fe^{2+}、Zn^{2+}或 Li^{+}等所取代，取代量可以从极少量到全部被取代。

结构与性质关系：蒙脱土晶胞 c 轴长度随含水量而变化，甚至空气湿度的波动也能导致 c 轴参数的变化，所以，晶体易于膨胀或压缩。加水膨胀，加热脱水并产生较大收缩，一直干燥到脱去结构水之前，其晶格结构不会被破坏。随层间水进入的正离子使复网层电价平衡，它们容易被交换，使矿物具有很高的阳离子交换能力。

蒙脱土ζ 电位与 pH 的关系曲线如图 6.18 所示。蒙脱土的等电点小于 2.0pH 对蒙脱土ζ 电位没有太大影响，只有在强酸性环境中才表现出电位升高的现象。这是由于颗粒表面电荷来源不同：一方面是晶体结构内部发生同晶置换所致的结构电荷，这部分电荷的数量取决于晶格中的离子取代数量，与外界环境（pH 和离子活度）无关，是永久不变的；另一方面颗粒在粉碎过程中，晶格结构中裸露的 Al—OH 和 Si—OH 键被破坏，O^{2-}与 H^{+}形成羟基，受外界环境（pH）的影响既可作为酸也可作为碱，是可变的侧面电荷。当可变电荷占颗粒总电荷的比例很小时，其ζ 电位就主要由结构电荷决定，因此 pH 对其颗粒ζ 电位影响较小。当 pH 大于 11 时，ζ 电位出现随 pH 增大而减小的反常现象，这是颗粒不能满足 Smoluchowski 方程的假设导致松弛效应造成的。

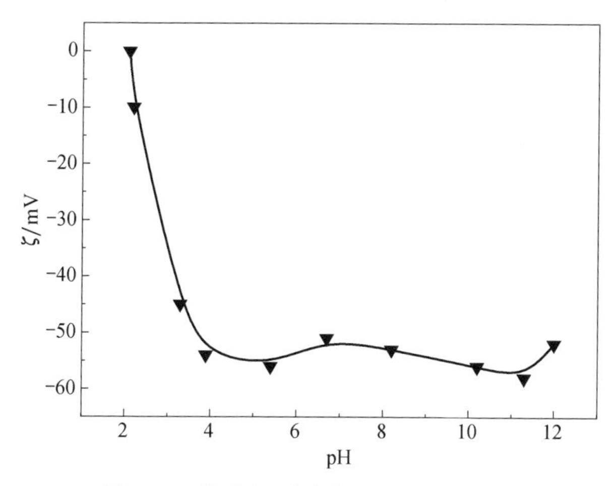

图 6.18　蒙脱土ζ电位与 pH 的关系曲线

2. TX-100 在蒙脱土上的吸附规律

从图 6.19 可知，TX-100 在蒙脱土上的吸附等温线也属于典型的“S”形，也可分为三个阶段。虽然吸附量也高于在高岭土上的吸附量，但是并没有像 SDBS 在蒙脱土上的吸附一样出现更大幅度的上升，可能是因为 TX-100 形成的胶团体积较大，不能进入蒙脱土的层间，因此吸附量只是有限程度地增加。

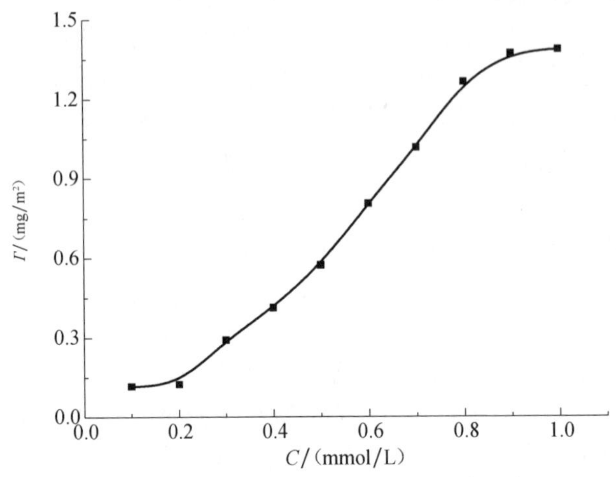

图 6.19 TX-100 在蒙脱土上的吸附等温线

（三）TX-100 在石英砂上的吸附规律

图 6.20 是 TX-100 在石英砂上的吸附等温线，也呈“S”形。与 TX-100 在高岭土和蒙脱石上吸附等温线相比，吸附量上升略缓慢，但吸附量也较大，甚至高于在高岭上的吸附量。

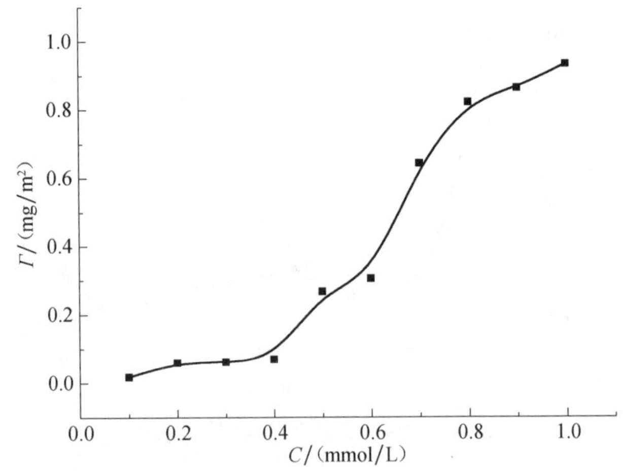

图 6.20 TX-100 在石英砂上的浓度与吸附量关系曲线

（四）温度对 TX-100 吸附的影响

主要考察了三个温度（30℃、50℃和 80℃）下 TX-100 的吸附情况，30℃为常温条件，50℃和 80℃分别为不同情况下的地层温度。同时考察了非离子表面活性剂 TX-100 在三种吸附剂上的吸附影响变化曲线。图 6.21 为 TX-100 在石英砂上的吸附影响变化曲线。从这三个图中可看出随着温度升高，TX-100 在三种吸附剂上的吸附量均呈上升的趋势。因为非离子表面活性剂 TX-100 在水中的溶解是依靠其亲水基团（聚氧乙烯基）与溶剂水的亲和性（形成氢键），当温度升高时，破坏了表面活性剂的亲水性，聚氧乙烯基更不易与水分子结合，即逃离水的趋势增强，使之表面吸附量随温度升高而增加。当温度升高到 80℃时，已超过 TX-100 的浊点温度，其在水中的溶解度急剧下降，在固液界面吸附的趋势明显增加，因此吸附量显著增加。

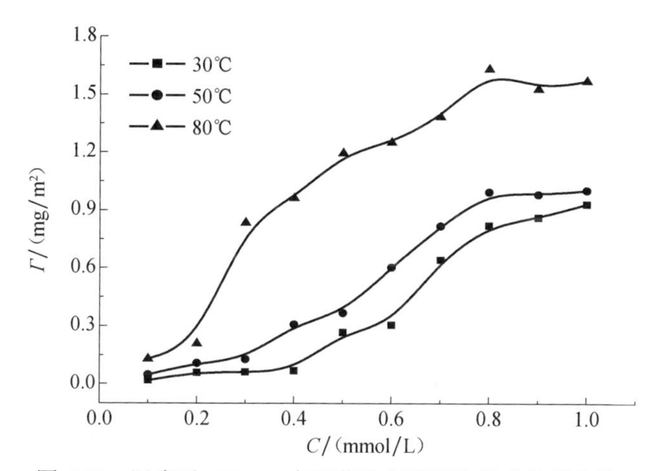

图 6.21　温度对 TX-100 在石英砂上吸附的影响关系曲线

（五）pH 变化对吸附的影响

在考察 pH 的改变对表面活性剂吸附的影响时主要选取了三个 pH，分别是 3.33、6.89 和 10.01，分别代表了酸性、中性和碱性条件。

TX-100 在三种吸附剂上的吸附量均随着 pH 的增大而有所增加，主要原因是 pH 较低时，溶液中含有大量 H^+、EO 基团与质子化了的水分子间亲和作用增强，以氢键作用在固体表面吸附的趋势降低，吸附量有所减小。随着 pH 的增大，EO 基团的水合作用减弱，在固体表面吸附的趋势增强。

另外，由于高岭土表面也可与质子化的水分子以氢键结合，而与 TX-100 以氢键结合的效应受到影响，而 pH 升高后，高岭土表面不再与质子化的水分子以氢键结合，而表面性剂的吸附量明显增大。

（六）矿化度（NaCl）对吸附的影响

NaCl 浓度对 TX-100 在三种吸附剂上吸附的结果表明 TX-100 在三种吸附剂上的吸附量随中性电解质 NaCl 浓度的增加而增大。对于非离子表面活性剂有一个特性，即在温度升高到一定数值时出现混浊，称为“浊点”。一般来讲，电解质可降低非离子表面活性剂的浊点，这就是电解质的盐析作用。它与降低 cmc，增加胶团聚集数相应，使得表面活性剂易缔合成更大的胶团，到一定程度即分离出新相，溶液出现混浊。盐析作用随电解质浓度的增加而增强。因此表现为随 NaCl 浓度的增加，盐析作用增强，使得 TX-100 在高岭土上的吸附量降低。

虽然无机电解质对非离子表面活性剂溶液性质的影响主要是“盐析作用”，但也不能完全忽略电性相互作用。对于聚氧乙烯链为极性头的非离子表面活性剂 TX-100 来说，链中的氧原子可以通过氢键与 H_2O 及 H_3O^+结合，从而使 TX-100 分子带有一些正电性，因此使 TX-100 通过电性的相互作用发生一定的吸附。

（七）电解质类型对 TX-100 吸附的影响

一般来说，无机电解质盐效应是正负离子作用的总和。在浓度相同的情况下（1g/L），电解质盐析作用大小顺序是 $CaCl_2 > MgCl_2 >$ NaCl，盐析作用越强，提高表面活性剂疏水性的作用越强，越易使表面活性剂在界面上吸附。如图 6.22 所示电解质类型对 TX-100 在石英砂上吸附的影响关系曲线。

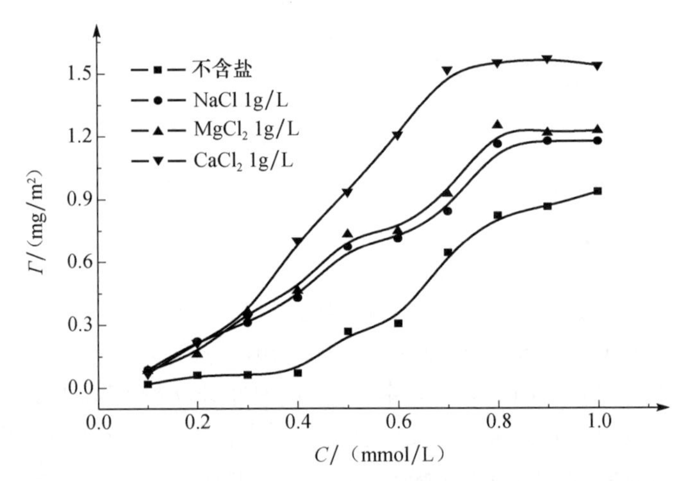

图 6.22　电解质类型对 TX-100 在石英砂上吸附的影响关系曲线

通过对非离子表面活性剂 TX-100 在高岭土、蒙脱土和石英砂上的吸附行为，研究和温度、盐度、电解质类型、pH 及聚合物的加入对吸附的影响研究表明：①TX-100 在高岭土和蒙脱土上的吸附量较大，远大于在石英砂上的吸附；②温度升高，TX-100在三种吸附剂上的吸附量均呈增大的趋势；③增大pH，TX-100在三种吸附剂上的吸附量均呈减小的趋势；④随NaCl浓度的增加，TX-100在三种吸附剂上的吸附量逐渐增大；⑤Ca^{2+}、Mg^{2+}与相同浓度Na^{+}比较，更能促进TX-100的吸附。

（八）利用AFM研究TX-100的吸附行为

采用AFM（原子力显微镜）以云母片作基片探讨了TX-100分子的吸附形貌如图6.23所示。同时还考察了电解质浓度及类型对吸附的影响。实验结果表明，电解质能够促进TX-100的吸附，当TX-100溶液中含有Ca^{2+}、Mg^{2+}时，所形成的吸附层是一个非常松散的结构，附着力不是很强。同时还考察了其他类型表面活性剂的吸附形貌。

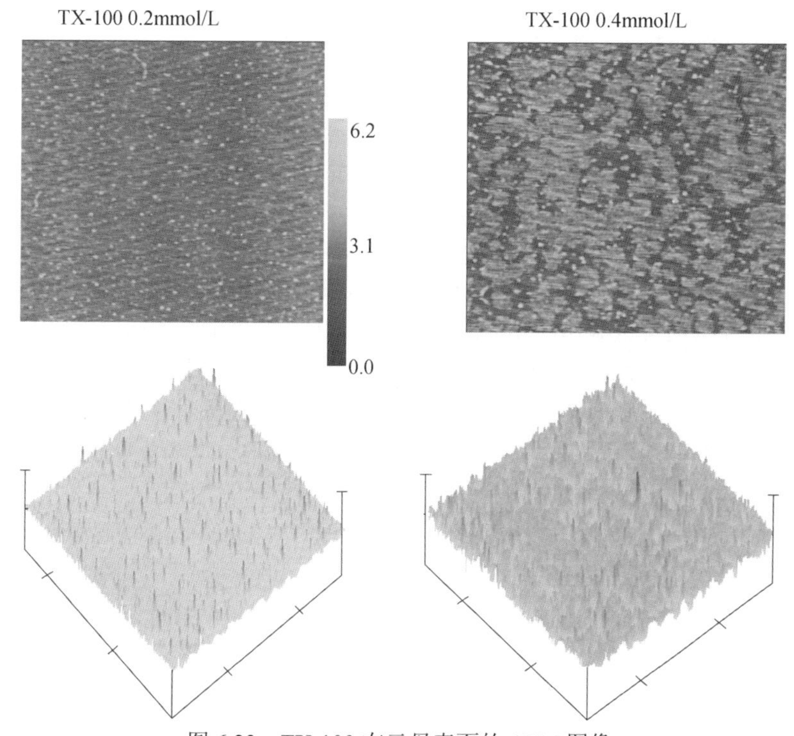

图6.23 TX-100在云母表面的AFM图像

非离子表面活性剂在固体表面的吸附主要是基于范德华力和氢键作用力，先前吸附的表面活性剂分子因疏水作用而吸引更多的分子吸附。

TX-100在云母上的吸附量明显比SDBS在其上面的吸附量大。TX-100在云母上主要是通过聚氧乙烯链上的氧原子与云母上—OH形成氢键而吸附，导致吸附量较大，并且随 TX-100 浓度的增加，吸附量显著增大，呈片状结构平铺在云母表面。

三、胜利石油磺酸盐的吸附规律

（一）胜利石油磺酸盐的静态吸附特征

胜利石油磺酸盐在驱油过程中在油藏中的吸附损耗直接影响驱油效率，测定其在油砂上的吸附特征，研究其在油砂上的吸附机理，对驱油配方和驱油机理的研究具有十分重要的意义（王红艳、叶仲斌、张继超等，2006）。

试验条件如下所述。

吸附剂：石英砂（30～40 目：17%；40～60 目：46%；60～80 目：26%；80～150 目：11%）。

胜利石油磺酸盐：平均分子当量为 400。

胜利石油磺酸盐浓度测定方法：HPLC 法。

试验方法，将一定量石英砂与表面活性剂溶液混合后，放入水浴振荡器中，在试验温度下振荡，取上层清液用一次性 0.45μm 微孔过滤膜过滤后用高效液相色谱法测定其剩余浓度，计算吸附量。

1. 低浓度下胜利石油磺酸盐的吸附

油砂表面的正电位是引起表面活性剂吸附的主要原因，在油砂与溶液接触过程中，表面活性剂与试验水中的以及从油砂上交换下来的二价离子相互作用生成的沉淀也是表面活性剂损失的重要原因。从图 6.24 结果可以看出，在低浓度条件下，石油磺酸盐的浓度低于其 cmc 值，以单分子形式在固体表面吸附，未达到饱和，基本呈线性吸附。

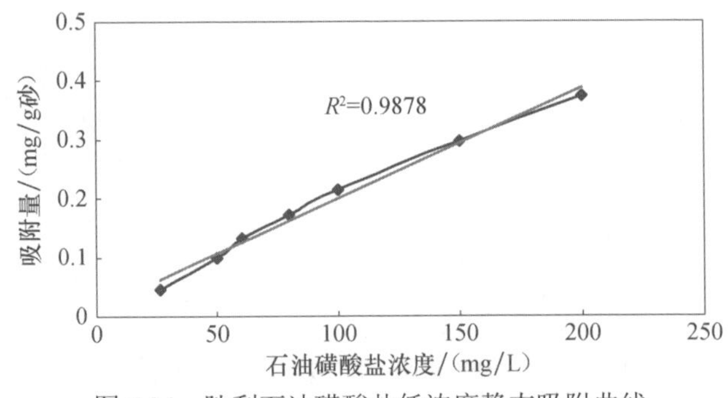

图 6.24 胜利石油磺酸盐低浓度静态吸附曲线

2. 助剂对胜利石油磺酸盐吸附的影响

单一胜利石油磺酸盐降低界面张力的能力是有限的，助剂 1#的加入可以使油水界面张力达到超低（图 6.25）。对加入助剂后胜利石油磺酸盐的吸附等温线进行了试验。

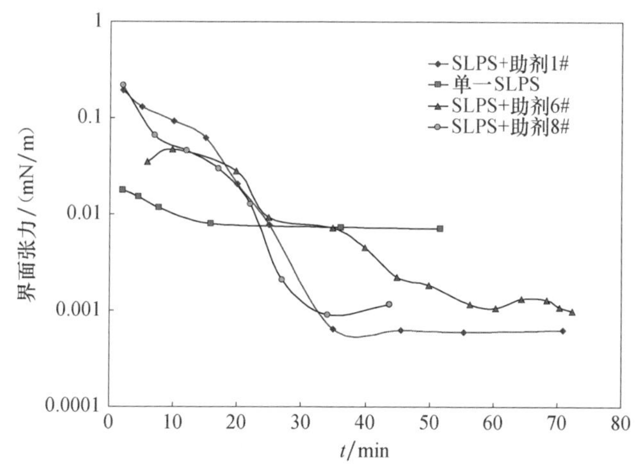

图 6.25　单一 SLPS 与 SLPS 复配体系界面张力比较

试验温度：70℃。

固液比：1∶3。

振荡时间：24h。

吸附剂：孤岛反排洗净油砂。

从图 6.26 结果可以看出加入助剂后胜利石油磺酸盐的吸附量减少。这是由于助剂 1#是有非离子和阴离子组成的混合物，加入后 1#助剂的非离子部分优先吸附的结果。胜利石油磺酸盐在石英砂上的吸附并没有表现出最大吸附特征。这主要是由于胜利石油磺酸盐是一个由挥发分、无机盐、未磺化油、活性组分及其他

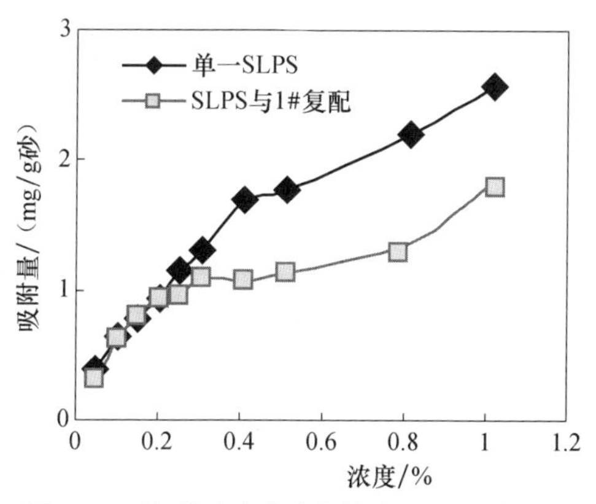

图 6.26　胜利石油磺酸盐静态吸附试验结果

杂质组成的一个混合物，这些组分对胜利石油磺酸盐的吸附量及吸附等温线均有不同程度的影响，特别是其中的未磺化油含量对胜利石油磺酸盐吸附等温线形状影响较大。图 6.27 为助剂在较低浓度下的吸附等温线，条件同上。

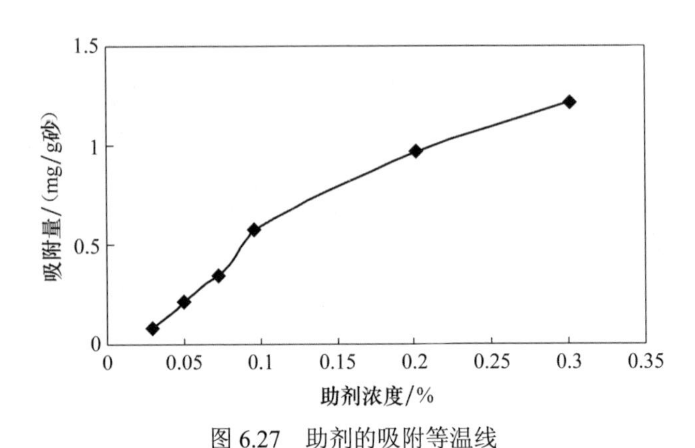

图 6.27　助剂的吸附等温线

（二）胜利石油磺酸盐动态吸附损耗

1. 连续注入（胜利石油磺酸盐的最大吸附量）

实验条件如下所述。

模型：石英砂充填的管式模型，$K=1\,500\times10^{-3}\mu m^2$；长 30cm、50cm、100cm，直径 1.5cm。

活性剂：SLPS+助剂 1#。

聚合物：3530，恒聚。

温度：70℃。

注入方式：注入水饱和，转注不同配方及配方段塞。

胜利石油磺酸盐与助剂的测定方法：高效液相色谱法。

试验方法：动态吸附试验在直径为 2.0cm，长度为 20cm 的模型上进行，孔隙体积 65mL。试验前对模型抽空、饱和水。注入化学剂直至检测出口浓度至平衡。

试验流程：

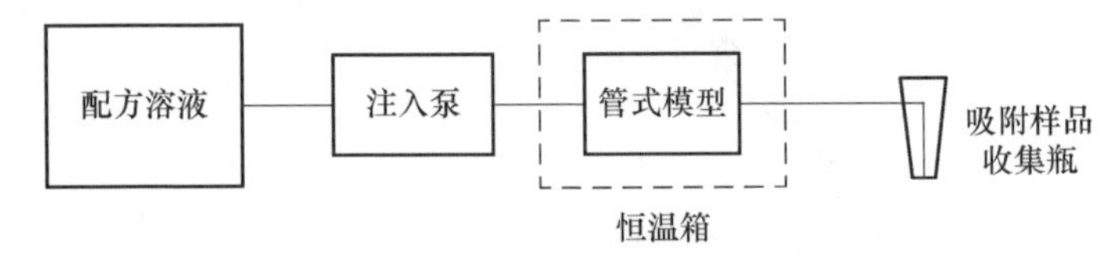

按上述试验方法，进行了胜利石油磺酸盐在孤东油砂上的动态吸附试验，结果如图 6.28 所示。由图看出，当吸附液中胜利石油磺酸盐浓度在 500～8 500mg/L

时，胜利石油磺酸盐浓度与吸附量呈线性关系。当浓度高于10000mg/L时，吸附量不再随浓度而变化，此时的吸附量为胜利石油磺酸盐在油砂上吸附的最大量（4.6mg/g砂）。需要注意的是，吸附量最大值到达的早晚取决于注入速度。因此，在试验中取油藏实际注入速度是必要的（王红艳，2005）。

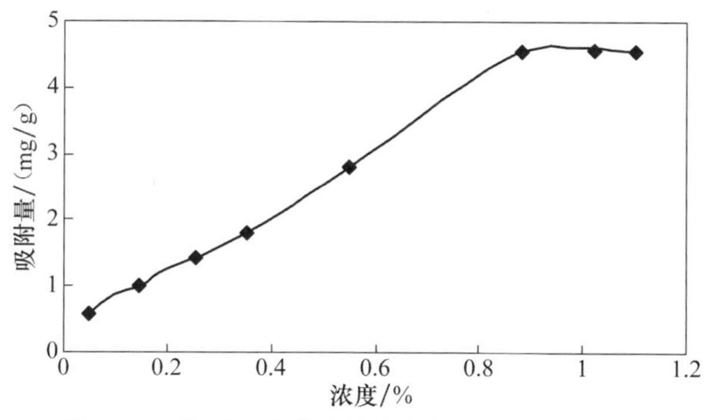

图6.28　胜利石油磺酸盐浓度与吸附量关系曲线

2. 段塞注入

试验方法，段塞注入试验在直径为1.5cm、长度为30cm、50cm、100cm的管式模型上进行。试验前对模型抽空、饱和水。注入0.3PV的驱替液，然后转水驱，检测出口浓度至浓度为0时结束试验。

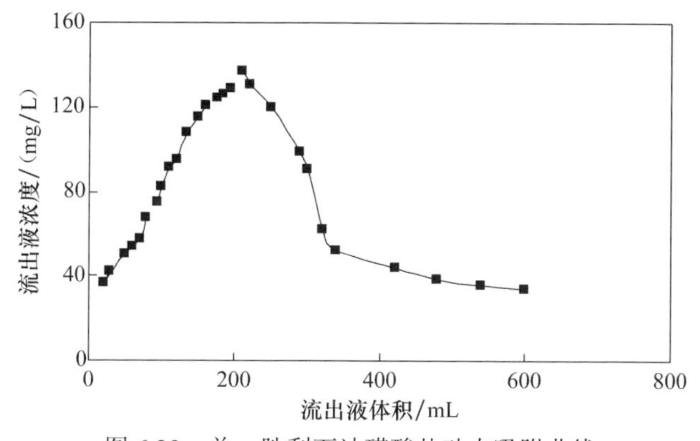

图6.29　单一胜利石油磺酸盐动态吸附曲线

图6.29为单一胜利石油磺酸盐在长30cm的管式模型上的动态吸附曲线，注入浓度为0.3%，计算的胜利石油磺酸盐的吸附量为11.6%（以活性物计算）。与静态吸附量比较，动态吸附量高，吸附量为8.7mg/g砂。

图6.30和图6.31的动态吸附曲线结果为注入胜利石油磺酸盐与1#的混合物，

可以看出，它们之间存在一定的色谱分离现象，两种活性剂峰值到达时间差值约为 0.5PV。由室内试验界面张力等值图结果知胜利石油磺酸盐与助剂 1#总浓度为 0.25 时，其界面张力即可达到超低。由试验结果知只要适当增大注入液浓度，二者的复配协同效应可以发挥作用，只是在驱替液前沿由于地下水的稀释与吸附作用的存在二者的协同作用会受到一定影响（于群等，2015）。

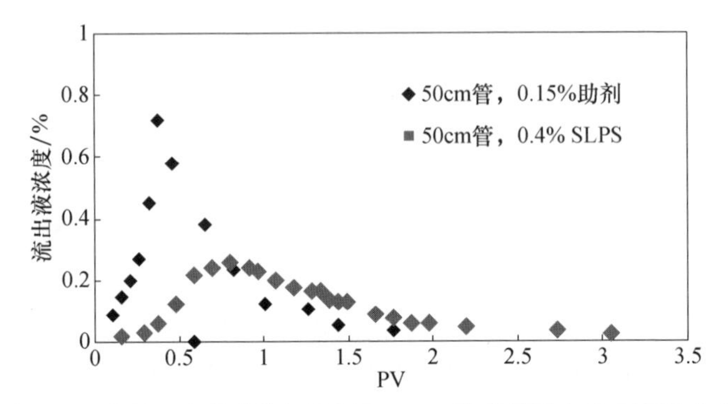

图 6.30　胜利石油磺酸盐与助剂在 50cm 管式模型上动态吸附曲线

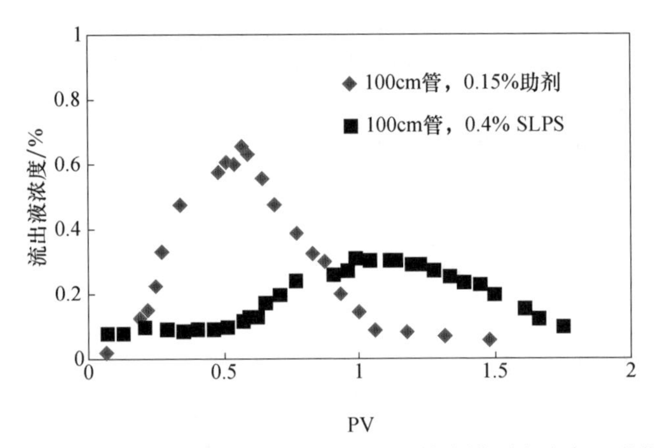

图 6.31　胜利石油磺酸盐与助剂在 100cm 管式模型上动态吸附曲线

第四节　分子动力学模拟研究表面活性剂在固/液界面的吸附行为

一、模型建立和模拟方法

首先利用 Cerius^2 程序搭建由表面活性剂 TX-100 组成的单层膜，采用全部顺

式构象并垂直于由 x、y 轴组成的平面，根据构建的水分子盒子以及表面活性剂 TX-100 的盒子的尺寸构建石英固体的盒子大小，然后利用 Cerius 程序的表面构建模块（Surface Builder）构建一个表面活性剂在石英表面吸附的层状结构，并将构建的石英层状结构进行了固定（Constraint）在分子力学优化和分子动力学模拟时不考虑石英面内原子间的相互作用，只考虑表面活性剂分子内原子间的作用及表面活性剂与石英表面之间的作用。由于在模拟过程中必须采用周期性边界条件，为了减小由于在 Z 方向上周期重复性对体系的影响，我们把 z 轴扩大到 15nm。

运动方程采用 Velocity Verlet 算法进行积分，积分时间步长为 0.002ps。模拟中选择 COMPASS 力场，采用 NVT 系综进行动力学模拟计算，模拟温度控制在 298K，通过 Hoover-Nose 方法保持温度恒定，弛豫时间选择 0.2ps 用 Ewald 加和方法处理长程静电相互作用，van der Waals 相互作用的截断半径选择 1.5nm。执行 500ps 的平衡动力学以后，至少 1.5ns 的模拟时间过程收集动力学信息。在这个阶段，每 0.2ps 的时间间隔储存体系坐标以备后续分析，模拟选择 lfs 的步幅。分子动力学模拟步骤如下：对于得到的模型先利用分子力学方法进行体系的能量极小化（energy minimization），体系能量的最小化采用的是 Smart Minimization 方法同单体数目的表面活性剂与石英及高岭石表面在 298K 时分别进行动力学模拟。

二、不同浓度的表面活性剂在石英表面的吸附动力学模拟

根据实验中的条件，模拟了不同浓度的表面活性剂在石英表面的吸附，在模拟条件都相同的条件下，改变表面活性剂的个数来体现不同浓度的表面活性剂在石英表面的吸附，在这里的表面活性剂浓度只是相对的浓度，并不是实验中的浓度，目的是考察看不同浓度条件下表面活性剂在石英表面吸附的影响。在模拟达到平衡后去掉了体系中的水分子，以便清楚地看出表面活性剂在石英表面的吸附层结构，以及表面活性剂与石英表面的吸附作用机制。

图 6.32～图 6.34 分别为 18、24 和 32 个表面活性剂在石英表面的吸附，并且是分子动力学模拟达到平衡后的吸附图形，从图 6.35 中可以看出，随着表面活性剂浓度的增加，吸附密度逐渐增加，且吸附层由开始比较疏松的吸附状态到越来越紧密的层状吸附结构，从表面活性剂在石英表面的吸附密度图 6.32 也能清晰地发现这种现象。在有 18 个表面活性剂在石英表面吸附的时候，从吸附密度图看出最后的吸附层状态是一个比较完美的球状结构，随着表面活性剂浓度的增加，在石英表面的铺展面积增加，吸附层也是一个类似于球状的结构。与表面活性剂的密度图相对的水在石英表面的吸附密度图反映了水的吸附情况，从图 6.35 水在石英表面的吸附密度图看出，随着表面活性剂浓度的增加，水的吸附密度逐渐的减小，这是因为石英表面是亲水性表面，这样在石英的表面会有水分子吸附在石英

表面及附近，随着表面活性剂浓度的增加，会有更多的表面活性剂吸附在石英表面，这样水分子在石英表面的吸附密度就会减少，所以水分子在石英表面的吸附密度与表面活性剂的吸附密度图是相对的，是符合实际的。

图 6.32 18 个表面活性剂在石英表面的吸附（文后附彩图）

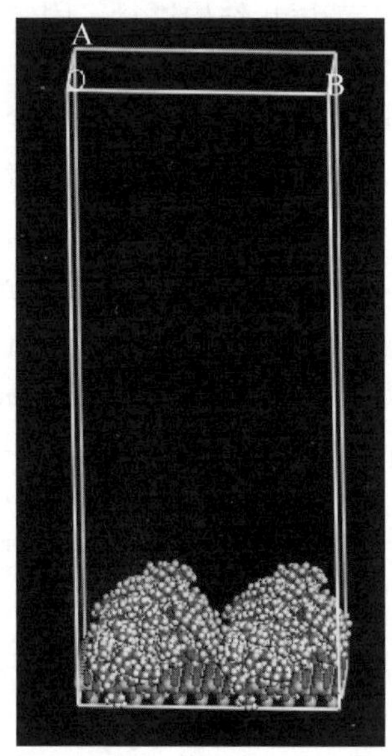

图 6.33 24 个表面活性剂在石英表面的吸附（文后附彩图）

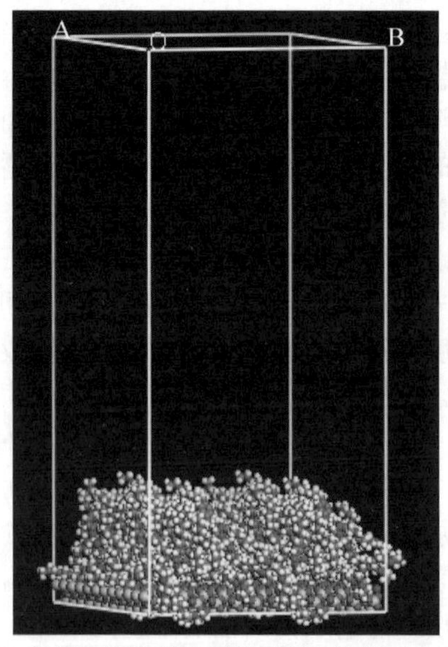

图 6.34 32 个表面活性剂在石英表面的吸附（文后附彩图）

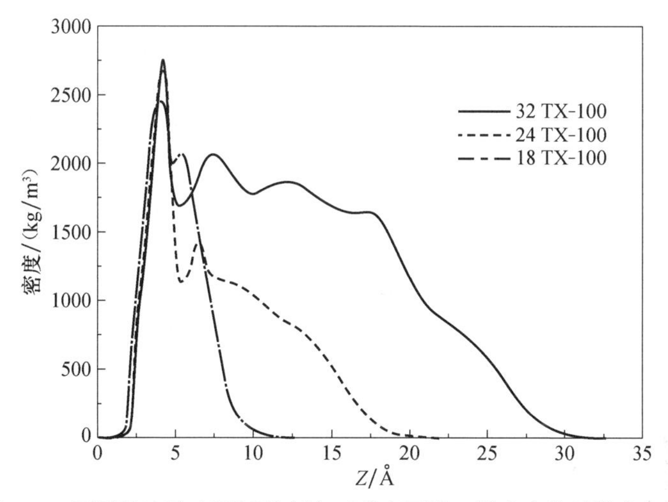

图 6.35　不同浓度的表面活性剂在石英表面沿 Z 轴方向的吸附密度图

三、相同浓度的表面活性剂在石英表面和高岭石表面的吸附动力学模拟

图 6.36 和图 6.37 是 24 个表面活性剂分别在石英和高岭石表面的吸附，两者的模拟条件相同，模拟步数都为 1ns 得到的稳定态吸附结果，从图中看出，相同浓度的表面活性剂 TX-100 在不同的固体表面的吸附结果是不同的，在高岭石表面的吸附层比在石英表面的吸附层更加的铺展，且表面活性剂更易在高岭石的表面吸附，但是表面活性剂在石英表面的吸附层比在高岭石表面的吸附层更紧密。

图 6.36　TX-100 在石英表面的吸附
（文后附彩图）

图 6.37　TX-100 在高岭石表面的吸附
（文后附彩图）

采用分子动力学方法研究了非离子型表面活性剂 TX-100 在石英和高岭石表面的吸附结构及动力学性质。选择不同浓度的表面活性剂在以上两种固体表面进行吸附，通过动力学模拟结果看出，非离子型表面活性剂 TX-100 在石英表面在低浓度时易形成球状的吸附层结构，随着表面活性剂浓度的增加，逐渐由球状变

为层状并平铺在石英表面，从吸附密度图得到随着表面活性剂浓度的增加，吸附量也随着增加的结论。而在高岭石表面的吸附，表面活性剂在低浓度时形成层状结构，并且平铺在高岭石的表面，从其吸附的密度图也得到随着表面活性剂浓度的增加吸附量增加的结论。在该体系中加入 Ca^{2+}、Mg^{2+}、Na^{+}以后，从模拟的结果来看，在石英表面和高岭石表面都有 Ca^{2+}、Mg^{2+}、Na^{+}的吸附，采用扩散系数来比较了 Ca^{2+}、Mg^{2+}、Na^{+}在这两种固体表面的吸附，得到了在石英和高岭石表面 Ca^{2+}的吸附最多，其次是 Mg^{2+}，最少的是 Na^{+}，而且 Mg^{2+} 和 Ca^{2+}在石英上的吸附要比在高岭石上吸附得多，但是 Na^{+}是在石英上的吸附要比在高岭石上的吸附多一些。由于 Ca^{2+}、Mg^{2+}、Na^{+}的影响，相同浓度的表面活性剂在石英表面的吸附层结构较没加 Ca^{2+}、Mg^{2+}、Na^{+}时由较紧密的球状变为更加松散的层状结构。在高岭石上，加入 Ca^{2+}、Mg^{2+}、Na^{+}以后，由于该模拟过程采用的是周期性边界条件，所以表面活性剂的部分烷基链伸向盒子外边，但是吸附层的厚度没有变化，由于是相同数量的表面活性剂吸附在高岭石的表面，由此说明较加入 Ca^{2+}、Mg^{2+}、Na^{+}之前要松散，这样就很容易从固体表面脱附，以上现象与 AFM 得到的实验结果一致。 主要是因为 Ca^{2+}和 Mg^{2+}与固体表面都有静电相互作用，所以会有部分 Ca^{2+}和 Mg^{2+}在固体表面吸附，由于 TX-100 与固体表面主要通过氢键发生相互作用，而氢键相互作用是与距离有关的，有部分 Ca^{2+}和 Mg^{2+}在固体表面吸附时，这样就使 TX-100 与固体表面直接吸附的有效面积减小，有部分的 TX-100 与固体表面的氢键相互作用被 Ca^{2+} 和 Mg^{2+}隔开，这样就加大了它们之间相互作用的距离，此时这部分的氢键相互作用减弱，导致出现吸附层是一个非常松散的结构。

分子模拟技术能够多层次地提供表面活性剂分子在固体表面上吸附行为信息，加强我们对其吸附机制的理解，洞悉分子结构与性质的内在联系，指导表面活性剂技术在吸附领域中的开发和应用，具有重要的理论意义和应用价值。

第五节　聚合物在固体表面吸附

一、聚合物在固液表面吸附的机理

储油砂岩所带电荷主要有永久性电荷和可变性电荷两种。永久性电荷是晶体结构内部发生同晶置换所致的结构电荷，这部分电荷的数量取决于晶格中的离子取代数量，与外界环境（pH 和离子活度）无关，是永久不变的；可变性电荷是晶格结构中裸露的Al—OH和Si—OH键被破坏，O^{2-}与H^{+}形成羟基，受外界环境（pH）的影响既可作为酸也可作为碱，是可变的侧面电荷，可变性电荷随 pH 的变化而变化。砂岩表面裸露的羟基可与水溶液的H^{+}或OH^{-}结合，使砂岩表面带正电（与

H^+结合）或带负电（与 OH^-结合）。在酸性（pH 为 2～4）条件下，随着 pH 降低，油砂表面可变电荷的正电性逐渐增加，随 pH 的增加，油砂表面的可变负电荷增多，具体地说，在物质表面上，由于分子力的不对称作用而存在一种过剩的表面自由能，而物质总是力图缩小其表面自由能，即表面张力。这种缩小的趋势可以通过减少表面积来满足，也可以通过吸附与其相邻的物质分子以减少其本身的表面自由能，这就是吸附的原理。

固液界面发生吸附的根本原因是固液界面能有自动减小的本能。当纯液体与固体表面接触时，由于固体表面分子对液体分子的作用力大于液体分子间的作用力，液体分子将向固液界面密集，同时降低固液界面能。

吸附是聚合物在岩石表面的浓集现象，聚合物在岩石表面上的吸附为单分子层吸附，聚合物主要通过多重氢键、范德华力、化学键（配伍键）和静电力吸附。

聚合物在固液界面的吸附有物理吸附和化学吸附两种。物理吸附：吸附剂与吸附质之间的作用力为范德华引力（包括色散力、诱导力和取向力）及氢键。物理吸附的特点是吸附力较弱、易脱附、无选择性、吸附速度快等。被吸附分子不是紧贴在吸附剂表面上的某一特定位置，而是悬浮在靠近吸附质表面的空间中，所以这种吸附是非选择性的，且能形成多层重叠的分子层吸附。物理吸附又是可逆的，在温度上升或介质中吸附质浓度下降时会发生解吸。化学吸附：吸附剂与吸附质之间的作用力为化学键力。化学吸附的特点是发生了化学反应，生成了表面化合物，吸附力较强、不易脱附、吸附速度慢等。通常在化学吸附中只形成单分子吸附层，且吸附质分子被吸附在固体表面的固定位置上，不能在左右前后方向上迁移。这种吸附一般是不可逆的，但在超过一定温度时也可能被解吸。

一般认为引起聚合物吸附的机理有如下四种：表面吸附、机械捕集、流体动力学捕集和聚合物分子之间的相互作用。对上述机理分别解释如下。

（一）表面吸附

所谓表面吸附是指由于聚合物分子与岩石表面之间的相互作用（包括氢键和静电作用等）而引起的聚合物在岩石表面的吸附。部分水解聚丙烯酰胺（HPAM）是聚丙烯酰胺经碱作用的水解产物。部分水解聚丙烯酰胺溶于水后，羧钠基可发生电离，形成带负电的聚离子。带负电基团—COO^-与羧钠基（—COONa）处于电离平衡状态。部分水解聚丙烯酰胺电离后羧基上带负电，它与矿物之间就可能因静电作用而产生吸附。对于具有层状结构的黏土矿物来说，它是由硅氧四面体片和铝氧八面体片按一定规律相互交替组成，相邻两晶层有范德华力、氢键、静电引力等作用力。在天然条件下，不同电荷的等大半径的离子相互置换，致使这类矿物大多带负电。如 Si^{4+}被 Al^{3+}置换后就产生一个负电荷。这种带电是物质内部结构原因引起的，与溶液的浓度无关。除此之外，端面 Si—O 和 Al—O 键断裂所形成的羟基化和离子可造成矿物颗粒边部（或端面）带电荷。这种端面带电特性与溶液的浓度或 pH 有关。在酸性介质条件下，黏土矿物芯片端面带正电荷，表面为负电荷；而在碱性介质条件下，黏土矿物芯片的端面和表面均为负电荷，因此黏土矿物颗粒的电荷分布是不均匀的。黏土颗粒在零点电荷时，颗粒的端面和内部层面上都可能是带电的，也显示吸附性，而其他矿物在零点电荷没有这种吸附特性。其他矿物由于选择性溶解或不同 pH 溶液对表面氢氧根的解离所产生的表面物质的水解，致使矿物表面带电，一般在低 pH 下表面带正电，在高 pH 下表面带负电。上述情况就是聚合物与矿物表面发生静电吸附和产生范德华引力的原因。除静电吸附外，还有氢键产生的吸附。油层岩石长期处于水浸条件下，表面可发生羟基化反应，表面上产生羟基。岩石表面上的羟基可通过氢键与 HPAM 中的羧酸根相连接，也可与 HPAM 中的酰胺基通过氢键相连接。一个聚合物分子链上有大量可形成氢键的基团，这些基团在颗粒表面上的吸附仅是点接触，大分子链则以线团的形式存在于溶液中。部分水解聚丙烯酰胺的酰胺基和羧基的亲水性能，使留在溶液中分子线团上的大量亲水基团吸附大量的水，从而抑制了水的流动。

（二）机械捕集

所谓机械捕集是指较大的聚合物分子未能通过狭窄的流动通道，而堵塞在其中造成了聚合物在多孔介质中的吸附。简单地说，机械捕集类似于过滤，即一些较大的聚合物分子被较小的孔隙所“滤出”。一些学者认为，机械捕集主要发生在那些入口端大（足以使聚合物分子进入）而出口端小（聚合物分子不能流出）或出口端封闭的孔道。当聚合物分子进入上述孔道后，流动就受到了限制，但水仍可以在这些孔道内流动。由于水在这些孔道内缓慢流动，使得聚合物分子在孔道的出口端被逐渐地压紧。由于聚合物分子在狭窄的流动通道被捕集造成堵塞，从而使后续的更多的聚合物分子被捕集。

（三）流体动力学捕集

流体动力学捕集的概念是人们根据实验观察到的现象提出来的。人们在实验中发现，当流速增大时，聚合物的吸附量也增加；当流速降低或停止流动一定时间之后再恢复流动，一部分吸附的聚合物又会重新流出孔道，使聚合物的吸附量下降。由此可见，聚合物在岩心中的吸附与流速有关，换言之，吸附的聚合物中有一部分是由于流体动力学效应产生的。出现 HPAM 的水动力学吸附现象，是 HPAM 受到不同的外力作用时，其分子链构象发生变化的结果。在一定的外力作用下，溶液中的 HPAM 构象处于一种平衡状态，增加作用力使多孔介质中的 HPAM 受到更大的拉伸和剪切作用，HPAM 分子链尺寸和水动力学体积增大；拉伸取向作用和多孔介质中孔道的曲折性并不一致，因此造成更多的 HPAM 分子被吸附。HPAM 的相对分子质量越高，其构象变化对外力的改变越敏感。但是当降低注入速度时，HPAM 的分子链生发收缩，构象恢复为初始的平衡状态，它会脱离吸附的位置而重新回到水流中，在这一过程中将产生附加残余效应。再次提高注入速度，HPAM 在新的位置上会再次发生水动力。

（四）聚合物分子之间的相互作用

在低浓度条件下，聚合物的吸附量随着聚合物浓度的增大而增大。对此有学者提出了一种称之为分子间相互作用的吸附机理。稀溶液中，聚合物分子被溶剂相互隔离，浓度增加时，聚合物分子彼此接触，必然产生相互作用。浓溶液中，聚合物分子的缠结变得十分明显。假设聚合物稀溶液流经孔隙介质时有一个聚合物分子吸附在缝隙位置中，那么其他分子在自由溶剂中仍有足够的空间能从旁边绕过吸附的分子。然而在浓溶液中，一个吸附的分子会使几个聚合物分子失去流动性。

所谓动态吸附是指聚合物在其流动过程中或流经多孔介质之后的吸附。在动态吸附中，上述四种机理的聚合物吸附都有。如图 6.38 所示虽然静态吸附中没有聚合物的机械捕集部分和流体动力学捕集部分，但静态吸附量一般高于聚合物的动态吸附量。这是由于如下原因：第一，一方面，静态试验用松散砂，动态试验用胶结岩心；另一方面，聚合物流经的多孔介质（即胶结岩心）中存在聚合物不可及体积，也就是说聚合物并未流经多孔介质的所有孔隙。因此，动态吸附中聚合物所接触的岩石表面积要小，因而表面吸附要小。第二，动态试验中，岩心有可能要经过溶剂的冲洗，因而吸附量要小。

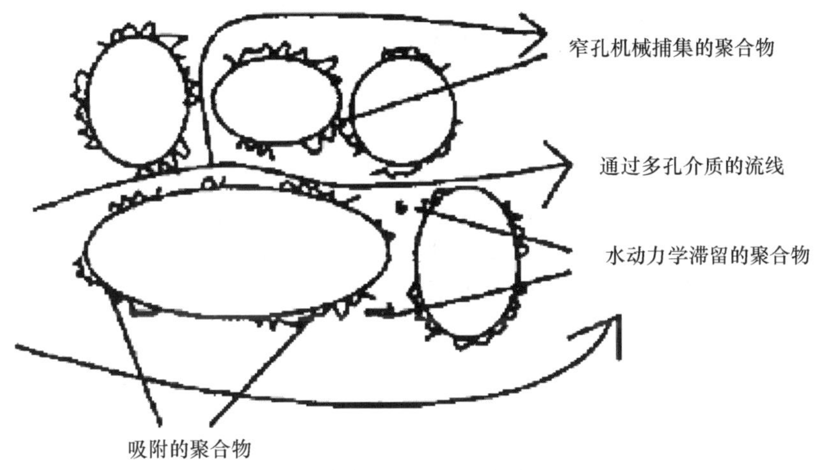

图 6.38　聚合物动态吸附机理示意图

与低分子吸附相比，聚合物吸附有下列特点。

1）吸附的构象多

构象多是由于聚合物只有少量链段吸附在固液界面上，其余链段则以环或悬空端的形式伸展到界面外所引起。

2）达到吸附平衡的时间长

由于聚合物扩散至界面上的速度慢，在界面上达到最稳定构象的时间也长。

3）吸附后不易解吸

不易解吸是由两个原因引起的：一个原因是聚合物解吸附，各吸附链段不能同时解吸；另一个原因是即使解吸了，与未解吸聚合物分子的纠缠也使它不易离开界面。

4）聚合物的吸附常是多级吸附

多级吸附是由聚合物分子的多分散性所决定的。

5）有些聚合物的吸附量随温度的变化规律反常

有些聚合物的吸附量是随着温度升高而增加的，因为温度升高时，这些聚合物可在溶液中有足够的能量采取易为界面吸附的构象。

二、聚合物在固体上表面的吸附类型及测量方法

吸附是聚合物分子滞留于孔隙介质中的重要机理之一，它的后果是降低溶液黏度，在研究油层是否适合注聚合物溶液时，有必要研究该油层岩石对聚合物分子的吸附作用。吸附分为静态吸附和动态吸附两种。静态吸附是指当聚合物溶液与岩石颗粒长期接触达到吸附平衡后，单位岩石表面积或单位岩石颗粒质量所吸附聚合物的质量，单位用 μg/g 表示。吸附量的大小与聚合物的类型、相对分子质量、水解度、溶剂的盐度、离子硬度、岩石颗粒的成分和表面性质、环境温度等因素有关。静态吸附是聚合物驱初步筛选的一项重要工作，通过试验可以获得一定条件下的吸附规律，但值得注意的是静态吸附试验所获得的结果并不代表油藏实际的吸附规律。

静态吸附量的测定：采用静态法可以测得聚合物的静态吸附量。具体做法是：用一定量的已知浓度的聚合物溶液浸泡一定质量的岩心粉末，在密封恒温条件下保存一定时间，并在保存期内定期摇动小瓶以保证固液间的良好接触。一定时间之后，再测定聚合物浓度。由吸附前后聚合物浓度差得到聚合物在岩心粉末上的吸附量。

静态吸附量为

$$A_d=V(C_o-C_c)/m \tag{6-2}$$

式中，A_d 为静态吸附量（固相）；C_o 为吸附前的聚合物浓度，mg/L；C_c 为吸附后

的聚合物浓度，mg/L；m 为固相质量，g；V 为液相体积，mL。

静态吸附不能反映聚合物吸附中的机械捕集部分和流体动力学捕集部分，因此，用静态吸附试验来反映现场聚合物驱过程中的聚合物的吸附情况偏差较大。但由于其方法简单，在聚合物的初选中仍被广泛应用。此外，在研究吸附问题时，静态吸附法仍是一种不可取代的方法。当吸附时间足够长时可以得到聚合物的饱和吸附，反之则为聚合物的不饱和吸附。

动态吸附是指聚合物溶液流经多孔介质时，由于吸附而使聚合物分子吸附在多孔介质中，从而引起油层渗透率的降低。动态吸附包括以下几个方面。

1）聚合物在多孔介质流动过程中的吸附

聚合物在多孔介质流动过程中的吸附这一概念是显而易见的，这对于研究聚合物流动过程中的吸附规律是有用的。聚合物在多孔介质流动过程中的吸附又可分为饱和吸附和非饱和吸附。顾名思义，饱和吸附是指聚合物在岩心中的吸附达到饱和，继续注聚合物不再有吸附发生。而非饱和吸附则反之。在同一聚合物浓度下，当聚合物流过岩心的孔隙体积足够大，也就是说注入时间足够长时可以得到饱和吸附，反之则为非饱和吸附。在岩心试验中，一般流出液的聚合物浓度等于注入液的聚合物浓度时即认为岩心中聚合物的吸附已达到饱和。

2）聚合物流经多孔介质之后的吸附

聚合物流经多孔介质之后的吸附是指聚合物溶液段塞用溶剂驱替之后在岩心中的吸附。用溶剂（一般为水）驱替的过程又称转注水，这一过程可能产生如下影响：第一，由注聚合物转为注水时一般都会出现驱替暂停。而由流体动力学捕集的机理我们知道，驱替暂停将使得流体动力学捕集量下降。第二，室内的动态吸附试验一般都采用恒速法。转注水时，随着聚合物段塞逐渐被驱出，岩心内的压力随之下降，而压力下降使得部分在高压下被迫进入孔隙内的聚合物重新泄出，由此造成机械捕集量的下降。第三，转注水时，由于扩散和黏性指进，突破和扩散的水使得聚合物的浓度下降，从而减少了由于聚合物分子间相互作用而产生的吸附。第四，转注水时，由于水洗有可能造成一部分聚合物的脱附而使吸附量减少。可以看出，转注水使得聚合物流经多孔介质之后的吸附量小于其在多孔介质流动过程中的吸附量。同样，聚合物流经多孔介质之后的吸附也可分为饱和吸附和非饱和吸附。在聚合物驱数值模拟研究中，聚合物的最大吸附量是一项重要的物化参数。该参数要通过测定不同浓度下的聚合物流经多孔介质之后的饱和吸附量来获得。

动态吸附量的测定包括以下几种方法。

1）聚合物流经多孔介质之后的吸附量的测定

测定聚合物流经多孔介质之后的吸附量可以采用两种方法：一种是聚合物/示踪剂大段塞法，另一种是物质平衡法。

（1）聚合物/示踪剂大段塞法。聚合物/示踪剂大段塞法是在岩心中注入含有非吸附性示踪剂的聚合物大段塞。在岩心中聚合物的吸附达到饱和之后，用盐水驱替直到流出液中的聚合物浓度接近于0。在整个注入和驱替过程中收集不同孔隙体积的流出液，称重并测定其中的聚合物的浓度和示踪剂浓度。聚合物和示踪剂的归一化浓度对注入孔隙体积倍数作图，得到整个流动过程中聚合物和示踪剂的浓度剖面。根据示踪剂与聚合物浓度剖面之间的差来计算聚合物的吸附量。可以看出，用聚合物/示踪剂大段塞法所测出的是聚合物流经多孔介质之后的饱和吸附量。与下面的物质平衡法相比，该法的优点是较为精确，而且可以在测得吸附量的同时测出聚合物的不可及/排斥体积。该法的缺点是费时较长，分析工作量较大。

（2）物质平衡法。物质平衡法是在岩心中注入一个已知浓度的聚合物段塞并用盐水驱替直到流出液中的聚合物浓度接近于0。在整个注入和驱替过程中收集不同孔隙体积的流出液，称重并测定流出液中聚合物的浓度。根据物质平衡原则，由注入岩心的聚合物总量与流出岩心的聚合物总量之差来计算聚合物流经岩心后的吸附量。

可以看出，用物质平衡法既可测定饱和吸附量又可测定非饱和吸附量。当注入的聚合物段塞足够大或段塞虽小但注入的足够多，足以使岩心中聚合物的吸附达到饱和时，所测出的就是饱和吸附量；而当聚合物段塞较小，注入的数量又不够多时，所测得的就是非饱和吸附量。采用物质平衡法测定聚合物的饱和吸附量可以有两种方式，一种是注一个聚合物大段塞（又称单段塞注入）直至岩心中聚合物的吸附达到饱和；另一种是注入多个同一浓度的聚合物小段塞直到岩心中聚合物的吸附达到饱和。第二种方法实际上是物质平衡法的多次运用。其饱和吸附量应为各小段塞所得吸附量的累计。由于第二种方法需要多次交替注聚合物和注水，操作烦琐，故此法并不实用，但该法在比较非饱和情况下单段塞注入与复合段塞注入的吸附量差异时是十分有用的。

2）聚合物在多孔介质流动过程中的吸附量的测定

采用循环法可测定聚合物在多孔介质流动过程中的吸附量。方法是将一容器内浓度已知的聚合物溶液循环通过岩心，一定时间后，再测该容器中的聚合物浓度。由该容器内聚合物的损失量确定聚合物在岩心中的吸附量。当聚合物流过岩心的孔隙体积足够大，也就是说循环时间足够长时，则得到流动过程中的饱和吸附量，反之则得到流动过程中的非饱和吸附量。综上所述，聚合物的滞留类型可简单概括如下：

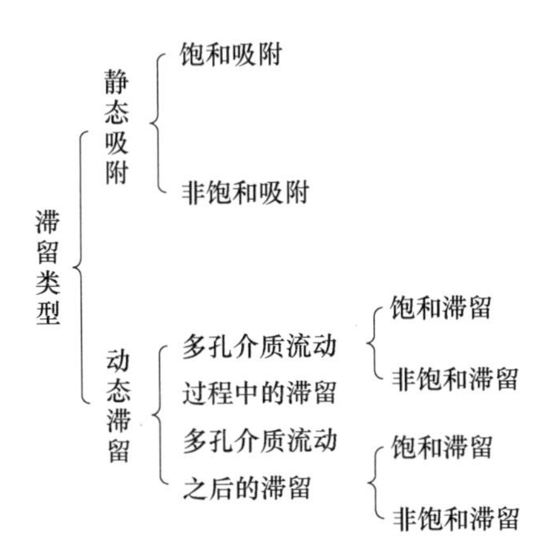

三、影响聚合物吸附的主要因素

（一）聚合物的种类

不同类型的聚合物对岩石的吸附量是不同的，这主要与聚合物的分子结构及合成工艺有关。一般对于表现负电性的岩石表面对阳离子型聚合物的吸附速度和吸附量都大于阴离子型聚合物的吸附。

（二）聚合物的结构和性质

在相对分子质量较低时，吸附量随相对分子质量的增加而增大，但当相对分子质量较高时，吸附量不再随相对分子质量而变化。而水解度对聚合物吸附有较大的影响，一般聚合物的吸附量随水解度的增加而降低。当部分水解聚丙烯酰胺水解度增加时，由于分子链上阴离子基团之间的电荷排斥作用增大，每个聚合物分子线团的体积增加、聚合物分子线团密度降低，致使聚合物在多孔介质中的吸附量和滞留量减少。因为对于部分水解聚丙烯酰胺聚合物而言，当平均分子量相差不大时，溶液中聚合物分子的无规线团密度主要取决于分子链上羧基数目，因此吸附损耗量主要决定于水解度，其次是平均分子量。

（三）油层温度

油层的温度越高，聚合物的吸附量越少，聚合物在岩石表面上的吸附，既有化学吸附又有物理吸附，吸附是放热的，所以当温度升高时，吸附反应向解吸附的方向发展，吸附量减小。

（四）油层岩石的矿物组成

吸附量随岩石结构及成分不同而异。岩石类型不同，所含成分不同，结构不同，对吸附的影响也不同。吸附量还随岩石比表面积的增大而增强。大量的研究表明，岩石对吸附量的影响按吸附量从大到小的排序为：黏土矿物＞碳酸岩＞砂岩＞蒙脱石＞伊利石＞高岭石＞长石＞石英。部分水解聚丙烯酰胺在一元骨架矿物上的吸附损耗量大小排列顺序为：石英＞钾长石＞斜长石；在二元骨架矿物上的吸附损耗量大小排列顺序为：石英+钾长石＞石英+斜长石＞钾长石+斜长石。

（五）地层水的矿化度和硬度

聚合物在油层多孔介质中的吸附量的大小主要由两部分组成：一是聚合物在岩层表面中的吸附；二是由于机械捕集作用导致聚合物油藏多孔介质中的滞留。随矿化度的增加而增加，溶液中一价和二价阳离子数量增多，阳离子抑制了羧基的解离，使聚合物水动力学尺寸变小，增加了分子的吸附点数，单位表面积上可吸附的高分子数目增多，所以使聚合物在多孔介质的表面上吸附量增加；同时，由于聚合物的水动力学体积变小，减小由于机械捕集作用而吸附在多孔介质的聚合物的量。对于吸附作用和滞留作用对聚合物在油藏多孔介质中总的吸附量的贡献而言，由于分子尺寸变小降低聚合物滞留的量远大于因吸附而增加的量，因此，随着矿化度的增加，聚合物在多孔介质内的总吸附量是减小的，并且二价离子的影响比一价离子的影响更强烈。

（六）聚合物溶液的浓度

HPAM 的吸附等温线符合 Langmuir 模型，吸附量随聚合物溶液浓度的升高而增大，当聚合物溶液与岩石颗粒长期接触达到吸附平衡后，单位岩石表面积或单位岩石颗粒质量所吸附聚合物的质量不再增加，达到饱和吸附。聚合物浓度明显影响聚丙烯酰胺分子在石英砂表面上的吸附，从而影响聚丙烯酰胺改变石英颗粒润湿性的能力。在聚合物驱所用的浓度范围内，聚合物浓度越高，这种能力越强。

（七）聚合物溶液的注入速度

随着注入速度的增加，聚合物分子所受的剪切力增加，沿流动方向取向，使得聚合物分子更容易进入小孔隙，从而增加了聚合物分子在多孔介质中的吸附。

（八）油层的渗透率和孔隙结构

低渗透的岩心比较致密，孔隙狭窄，岩心的比表面大，吸附量增大；另外，由于聚合物分子的有效尺寸与岩心的孔道尺寸的比值也增大，从而聚合物分子在多孔介质内的机械捕集也较大，聚合物的吸附量增大。

（九）润湿性的影响

聚丙烯酰胺在油藏岩石上的吸附在很大程度上取决于岩石表面润湿性，在水湿岩石上的吸附量远大于在油湿岩石上的吸附量，加入碱剂能抑制聚合物的吸附。

四、不同类型聚合物在固体表面的吸附规律

吸附量的测定是聚合物驱初步筛选聚合物的一项重要工作。聚合物在岩石颗粒表面上的吸附作用造成了聚合物的损失，降低了聚合物溶液中的聚合物浓度。

驱油用聚合物主要是聚丙烯酰胺和黄原胶。黄原胶增稠性能好，吸附性低，不会由于多孔岩石的强烈吸附而损失。聚丙烯酰胺在岩石表面的吸附相对较严重，按所带电荷性质，可分为非离子型聚丙烯酰胺（NPAM）、阴离子聚丙烯酰胺（APAM）、阳离子聚丙烯酰胺（CPAM）和两性聚丙烯酰胺。不同电性的聚丙烯酰胺具有不同吸附行为和环境响应性，因而具有不同的性能。非离子型聚丙烯酰胺主要由丙烯酰胺均聚物组成，因其电中性，使聚合物的溶液性质及吸附行为对水溶液的pH和盐浓度依赖性较小，从而适用于较宽的pH范围和较高浓度的盐水体系。阴离子聚丙烯酰胺系列产品主要由带羧酸基或磺酸基的结构单元与丙烯酰胺组成，阴离子基团间强烈的静电排斥作用使聚合物分子链高度扩张，产生很大的流体力学体积，从而具有较高的增稠性和较大的絮凝能力，主要适用于低盐溶液和碱性介质中。阳离子聚丙烯酰胺为含阳离子性结构单元的丙烯酰胺共聚物，阳电荷的引入增强了其对带负电荷胶体、聚合物和固体表面的吸附行为，并产生较强的电中和作用，增强了吸附、黏合、除浊、脱色、絮凝等功能。两性聚丙烯酰胺是指分子链上同时含有正负离子基团，因其显著的耐盐性能，被认为是用于高盐度储层和海上采油时提高原油采收率（EOR）的新一代聚合物。

（一）阴离子型聚合物

对于聚丙烯酰胺，一般来说，当聚合物浓度一定时，它在一定介质上的吸附量随着时间的增加在开始一段时间增加很快，然后增加速率和幅度都减缓，最终达到吸附平衡，对于达到吸附平衡的时间会因为聚合物种类、浓度和介质环境条件的不同而不同，在吸附发生过程中首先是聚合物分子由体相中向介质表面运移并发生形态改变，以适应能量最低，吸附最稳定的原理。分子间还会相互竞争，逐步选择自己的最佳位置，这些过程都决定了吸附平衡滞后，其滞后时间从几小时到几周不等。一般来说，聚合物吸附量随分子量的增加而缓慢减小，

而水解度对聚合物吸附有较大的影响，当部分水解聚丙烯酰胺平均分子量和水解度增加时，每个分子线团的体积增加，密度降低，在多孔介质中的吸附量减小。水溶液含盐度增加有利于吸附，二价和多价阳离子对分子线团的压缩度比碱土金属离子高 10%～30%。存在多价金属时，吸附量将随离子基团解离度及阳离子价态发生交换，二价离子使聚合物分子线团结构压缩，导致聚合物的吸附量增大，在水湿岩石上的吸附量远大于在油湿岩石上的吸附量，温度升高不利于吸附，聚合物浓度增加吸附量增加。HPAM 在碳酸钙界面上的吸附量大于在二氧化硅界面上的吸附量，因碳酸钙界面上的 Ca^{2+}对 HPAM 中的—COO^-有显著的相互作用。

HPAM 在蒙脱石界面上的吸附量大于在伊利石和高岭石界面上的吸附量，因蒙脱石有易于膨胀和分散的片状结构。HPAM 溶液中的盐含量增加时，HPAM 在砂岩界面上的吸附量增加，因盐可压缩 HPAM 和砂岩界面上的扩散双电层，使它们电性排斥减小。

未水解的和部分水解的聚丙烯酰胺在不同的吸附剂上的吸附都可用 Langmiur 型吸附等温线来表征；由于羧基与表面多价阳离子之间的氢键结合和化学结合，吸附现象呈现高度的不可逆性；聚丙烯酰胺的吸附量很大程度上取决于吸附剂表面的润湿性，在油湿的表面上聚丙烯酰胺几乎没有吸附；随无机电解质浓度的增加，聚丙烯酰胺的吸附量增加，无机盐的影响可由线团结构的变化来解释；静态和动态条件下测量的吸附量差别较大。

（二）阳离子聚合物

提高采收率用聚合物在油藏岩石表面上的吸附主要与分子电性、分子构型等因素有关。油藏岩石表面通常呈负电性，聚合物分子的负电性越强，吸附量越低；聚合物分子链的刚性越强，越不易形成缠绕吸附。含阳离子基团的聚合物样品最易在呈负电性的油藏岩石表面吸附，非极性的样品次之。阳离子聚合物在多孔介质中的吸附主要受静电引力和水动力的影响。在低的聚合物注入速度时，静电引力起主导作用；而在较高注入速度时，水动力起主导作用。聚合物注入速度增加，吸附层厚度呈线性增加。盐水注入速度对吸附层厚度也有一定影响，吸附层厚度随盐水注速增加而增加。提高聚合物溶液和后置盐水溶液的注入速度，有利于改善地层岩石的聚合物吸附能力。

许多岩石在原始状态下，表面都带负电荷，于是溶液中的阳离子将在这些岩石表面形成一个吸附层，并被阳离子和阴离子组成的扩散层所围绕。吸附程度与流速无关。聚合物分子流过多孔介质，特别是流过天然岩心的机械吸附作用，主要是由于空隙尺寸分布不均而引起的。

水溶性阳离子聚合物中含有阳离子基团，带正电荷，与非阳离子聚合物相比，在表面带负电的岩石表面吸附时，有速度快、效率高、时效长等突出的优点。吸附是吸附质的一种内在特性。当聚合物溶液和多孔介质表面接触时，会产生吸附。由于阳离子聚合物具有较高的阳离子密度，而岩石表面带负电荷，所以静电引力对阳离子聚合物在固液界面上吸附起主要作用。聚合物在多孔介质中流动时，还受水动力的拉伸和剪切作用，分子链构象发生变化。由于拉伸作用取向和孔道的曲折性并不一致，一方面垂直于孔壁的水动力将聚合物分子推到孔道表面和聚合物吸附层，增加吸附层厚度；另一方面平行于孔壁的剪切力将吸附的聚合物分子拽离吸附层，降低吸附层厚度。因此，阳离子聚合物在多孔介质中的吸附主要是静电吸附和水动力学吸附的综合作用。

1. 物理吸附作用强

物理吸附是靠吸附剂与吸附质之间分子间引力产生的。黏土颗粒与阳离子聚合物作用的一个显著特点就是两者分子间范德华引力大，吸附稳定性高。这主要是因为阳离子聚合物分子结构中存在着有助于分子链伸展的基团，这样就有效地增大了黏土颗粒的吸附表面积。

2. 化学吸附能力好

化学吸附是靠吸附剂与吸附质之间的化学键力而产生的。阳离子聚合物正是通过大分子链上众多正电性基团与带负电荷的黏土颗粒之间的静电引力而发生强烈的化学吸附。

3. 离子交换吸附趋势大

在黏土形成过程中，黏土晶体电荷一般显负电，根据电中性原理，即有等当量的反号离子（阳离子）吸附在黏土表面上。这样阳离子聚合物链上众多的正电性基团便可与黏土晶层间以及表面上的低价阳离子，如 Na^+、K^+、Ca^{2+}、Mg^{2+}等，发生阳离子交换吸附。

4. 吸附性能不受 pH 影响

阳离子聚合物多为季胺盐类，从其分子机构上分析发现分子中与 N 相连的有四个烃基，其性能基本不受酸碱影响，在酸、碱、中性环境中同样有效，而不像伯胺或仲胺型阳离子聚合物往往在碱性溶液中才能达到等电点，正是由于季胺盐类阳离子聚合物具有上述特性，使得季胺型阳离子聚合物在黏土颗粒上常常形成不可逆的永久性吸附，一旦阳离子聚合物吸附在黏土上以后，则很难发生解吸或被其他低价离子所交换，因为一个含有多季氮原子的功能高分子吸附在黏土上要同时发生多点解吸的概率是很小的。

（三）缔合聚合物

缔合聚合物在吸附剂上的吸附规律不符合 Langmuir 等温吸附，其曲线形状为开口向下的抛物线，即随着缔合聚合物浓度的增加，吸附量逐渐增大并达到一个最大值，之后，随着聚合物浓度的增加，吸附量逐渐降低。出现这种情况的主要原因可能是缔合聚合物在孔隙介质上发生了多分子层吸附。

（四）两性水溶性聚合物

两性水溶性聚合物，其分子链上同时含有正负离子基团，具有聚电解质的溶液性质和良好的吸附性能。两性水溶性聚合物能同时与不同电性的粒子发生吸附作用，从而更好地分散污垢微粒。两性聚合物的阳离子基团可能会造成聚合物在地层中吸附量大幅度增大，至于两性聚合物在不同岩石表面的吸附规律、吸附量的大小还存在一定的争议，有待深入研究。

五、聚合物在固液表面吸附特性对驱油效率的影响

众所周知，砂岩是多孔介质，成岩矿物组合具有多样性，孔隙结构复杂，内表面积很大。聚合物溶液在砂岩孔隙中流动时，极易发生吸附。黏土矿物对聚合物的吸附起主导作用，当聚合物溶液在地层孔隙中流动时，聚合物在岩石孔隙表面上的吸附不是均一的单分子层吸附，这种动态条件下的吸附使孔隙喉道变窄，对地层的渗透率影响较大。如图 6.39 所示，岩性及盐水组成在很大程度上影响吸附行为，吸附的聚合物层造成孔喉和孔道体积的减小，这对多孔介质渗透性的降低起重要作用。

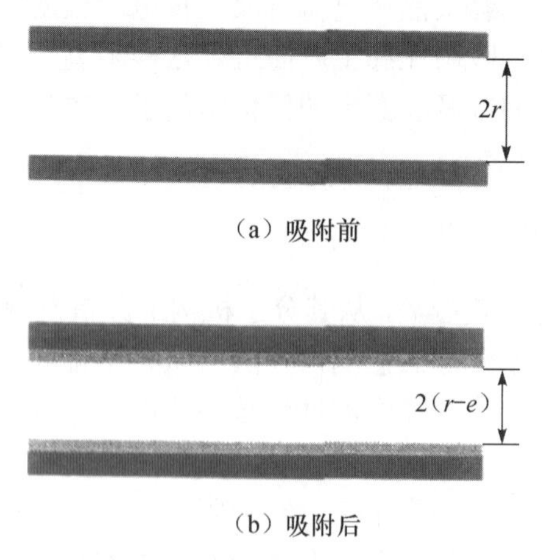

图 6.39　聚合物在孔隙中的吸附

（一）当聚合物作为驱油剂时

由于静电引力、范德华力和氢键的作用，聚合物可以吸附在岩石孔隙表面，一定量的吸附对提高原油采收率是有利的。因为吸附在岩石表面的聚合物分子对水相中的水分子、聚合物分子有较强的作用力，可以降低水相的渗透率，达到聚合物的流度控制目的。

（1）聚合物的相对分子质量越大，黏度和分子体积越大，渗透率下降系数也越大。

（2）随矿化度的增加，黏度和分子体积越小，所以渗透率下降系数降低。

（3）随着温度的升高，聚合物溶液的黏度和吸附量降低，渗透率下降系数降低。

（4）注入速度增加，聚合物分子比较容易进入较小孔隙，从而增加了聚合物在孔隙介质中的吸附，所以渗透率下降系数增加。

（5）渗透率下降系数随岩石渗透率的增加而降低，因为聚合物溶液流经低渗透率岩石时产生较大的吸附量。

聚合物在油层中流动时由于受孔隙结构及渗透率大小不均匀的影响会在岩石表面产生机械捕集和水动力学捕集。同时由于岩石表面的性质、组成、岩石的矿物等因素也会在岩石表面产生吸附。聚合物吸附造成流动阻力增加，而且还会延迟聚合物溶液和富集油带的推进速度。同时化学剂吸附量过高，将导致原来室内精心筛选得到的注入体系和配方在油层中的有效驱替距离大幅度降低，最终导致化学驱的失败。HPAM 在油层表面的吸附问题使其黏度逐渐减少，特别是在近井地带吸附大，则会使注入压力提高。聚合物在岩石表面上的吸附造成了聚合物的损失，同时降低了溶液中聚合物的浓度，降低了聚合物溶液的黏度，降低了聚合物对流度的控制能力。减少吸附的方法有：一是提高水解度，可用于 Ca^{2+}、Mg^{2+} 含量不高的地层水中；二是用低相对分子质量的 HPAM 作前置液，让其先行在地层表面吸附，减少后来注入的高相对分子质量增黏能力强的 HPAM 的吸附，这部分被吸附的小相对分子质量的 HPAM 称为聚合物保持剂或牺牲剂。

（二）当聚合物作调剖剂时

组成岩石矿物的黏土矿物晶层表面带电性是调剖剂吸附的主要原因。蒙脱石在形成过程中，硅氧四面体中的 Si^{4+} 或 Al^{3+}，常被 Mg^{2+} 或 Fe^{2+} 置换，以及晶层边角的“破键”和晶格缺陷使晶层表面带负电，黏土表面吸附 Na^{+} 和 Ca^{2+} 等离子。在水溶液中，阳离子解离形成双电层，黏土表面显示正电性。调剖剂中的主剂 HPAM 分子链中带有—COOH 基团，在水溶液中 H^{+} 解离，形成表面带负电的基团，因此，HPAM 极易吸附在岩石表面上。又因为孔隙结构复杂，岩石具有很大的比表面，岩石表面对调剖剂的吸附量很大；另外，由于岩石孔隙收缩、扩张变形，极易使聚合物大分子在孔隙中产生机械吸附和水力捕集，直接导致注入的聚合物溶液质量浓度降低，影响凝胶的形成和强度。溶液的矿化度明显影响聚内烯酰胺分子在石英砂表面上的吸附，从而影响聚丙烯酰胺改变石英颗粒润湿性的能力。在所关心的矿化度范围内，溶液矿化度越高，这种能力越小。

酸性和碱性增加，均使调剖剂吸附量增加。在酸性条件下，调剖剂溶液很容易形成絮状物沉淀，造成溶液的质量浓度降低；加入碱后，pH 增加，聚合物的水解度增加，聚合物分子的截面积增大，与岩石表面接触的分子数减少，吸附量降低；当 pH 增加到一定值后，聚合物的水解度不再增加，而其中的阳离子抑制了羧基的解离，从而使聚合物分子收缩，吸附量增加；当 pH 太高时，调剖剂很快成胶，吸附量显著增加。

由于聚合物注速越高，吸附层越厚，阻力系数越大，而且在小孔道形成桥式吸附堵塞小孔道。因此实际注聚合物时，可适当提高注速，使之在近井地带低渗层表面产生堵塞，从而使更多的聚合物进入高渗产水层，在高渗层产生更大的残余阻力系数，有利于堵水。由于吸附、絮凝使高渗层渗透率降低，后续水波及体积明显增加，因此提高采收率的幅度较大。

第七章　驱油体系在多孔介质中的渗流

第一节　低张力泡沫体系在多孔介质中的渗流规律

泡沫驱油效果取决于泡沫在多孔介质中的渗流特性和破裂再生的能力。泡沫作为气液两相体系，从热力学角度分析其本身是不稳定体系，在没有外力影响条件下其最终将破灭。因此必须在泡沫稳定性同再生能力之间寻求一种平衡，对泡沫体系的稳定性、再生能力进行研究，保证泡沫的稳定和不断生成是泡沫驱成功实施的关键。

一、低张力泡沫体系再生动力学条件

泡沫在多孔介质中的再生机理与生成机理类似，分析影响泡沫生成机理的因素，可以从某种意义上反映泡沫再生的影响因素和规律。泡沫在多孔介质的运移过程中发生破灭之后，形成气液两相流动，其中液相及起泡剂溶液发生了如下变化：由于岩石颗粒的吸附作用及地层水的稀释作用，泡沫剂的浓度降低，溶液中含有原油并处于含油环境中。故泡沫在多孔介质中破灭之后能否再生，要受起泡剂浓度及含油饱和度的影响（侯健等，2012）。

（一）泡沫的生成与破灭

泡沫在多孔介质中并不是以连续整体运移，而是一个不断破灭与再生的过程。泡沫在多孔介质中渗流时，当表面活性剂浓度过低、气液比过大时，气泡与气泡之间的液膜很薄，孔隙中的毛管力较大，难以形成稳定的泡沫，泡沫很容易聚并和破裂。气液两相在多孔介质中能否再次生成新的泡沫，决定了现场泡沫驱油的效果（郭兰磊，2012；李向良等，2015）。

泡沫在多孔介质中是不断生成与破灭的，图 7.1 是实验过程中采集到的泡沫生成与破灭同时存在的图片。

从图中可以看到多孔介质中泡沫在运移过程中同时发生了生成与破灭，这在多孔介质内部驱替过程当中是大量存在的，泡沫在多孔介质中由于受到剪切等作用，使得体积较大、占据较多空隙喉道的气泡更容易被截断，大气泡变成小气泡，数量也由少变多，在能量充足的情况下，泡沫的生成明显多于泡沫的聚并。

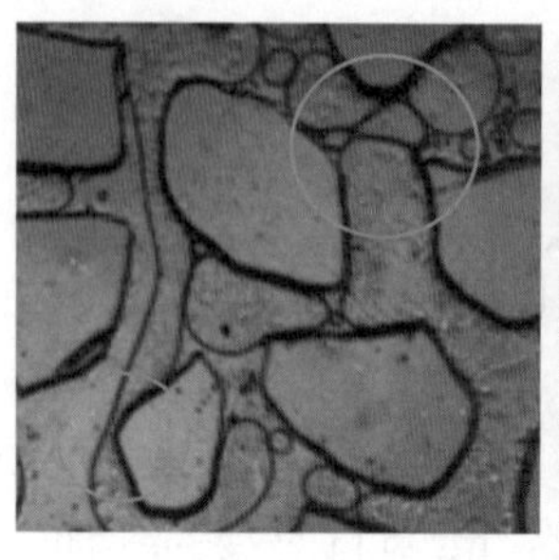
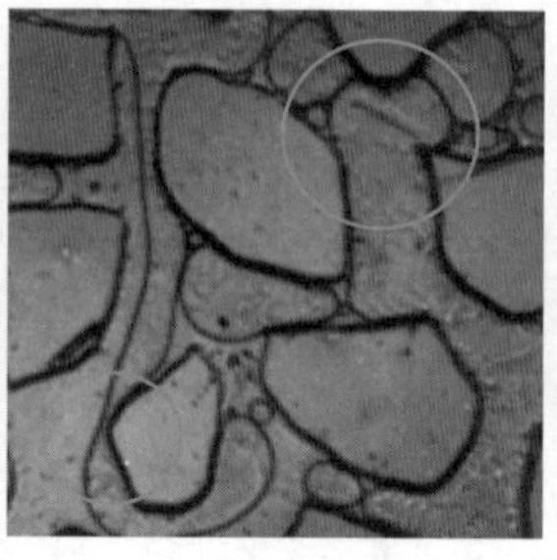
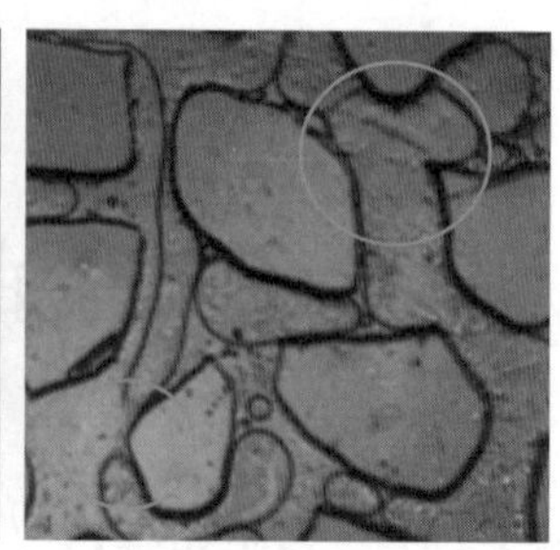

图 7.1　泡沫生成及聚并

同时由于泡沫是热力学不稳定体系，自由能具有自发减小的倾向，导致泡沫最终聚并破灭，直至气、液完全分离。在多孔介质中泡沫生成初期，泡沫生成速率大于破灭速率，随着泡沫增多，尺寸变小，生成速率逐渐变小，破灭速率逐渐增大，最终生成速率等于破灭速率，泡沫的生成状态在多孔介质中达到一种平衡，使得对于多孔介质的封堵性能达到稳定。

（二）泡沫在多孔介质中的分布形态和运移方式

由于泡沫具有很高的封堵能力，因此其在多孔介质中的分布形态直接影响着对流体的流动。液相在液膜和小孔隙中以连续方式流动，而气体则是通过液膜在孔隙喉道处的变形破裂并在通过喉道后重新生成的不连续方式进行流动的。通过可视化研究、气相示踪剂实验及 CT 研究表明，润湿的水相主要集中在小孔隙中流动，泡沫以气泡链的形式在较大的孔隙中运移，而有相当多的泡沫被捕集在中间大小的孔隙中。

可视化的微观模型研究结果表明，泡沫的捕集是一个间歇过程。在稳定状态下，任何阶段都只是有部分泡沫在流动，大部分泡沫在少数渗流的主通道中以气泡链的形式运移。随着泡沫的产生和破灭，体系压力发生的微小变化都可能导致被捕集泡沫的重新流动或流动泡沫重新被捕集。影响泡沫捕集的最重要因素是压力梯度、气体流速、孔隙几何形状和泡沫结构。

由微观实验可观察到，泡沫主要是以气泡的变形和分割方式通过多孔介质的，如图 7.2 所示。泡沫在多孔介质中运移时，大泡沫运移速度要比小泡沫运移速度慢。

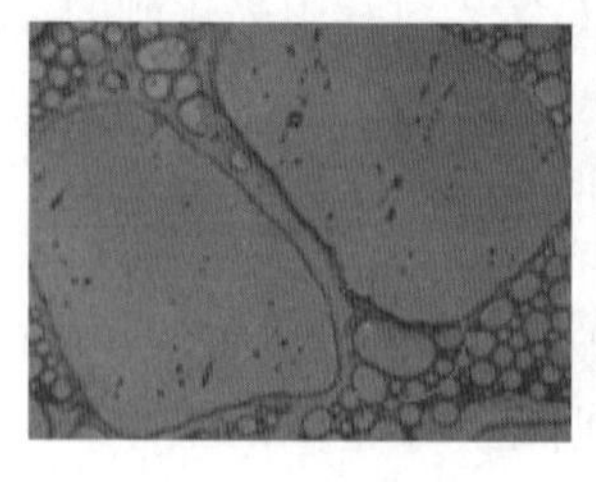
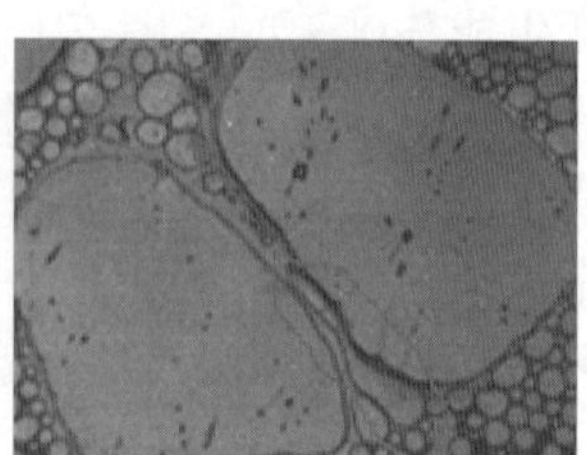
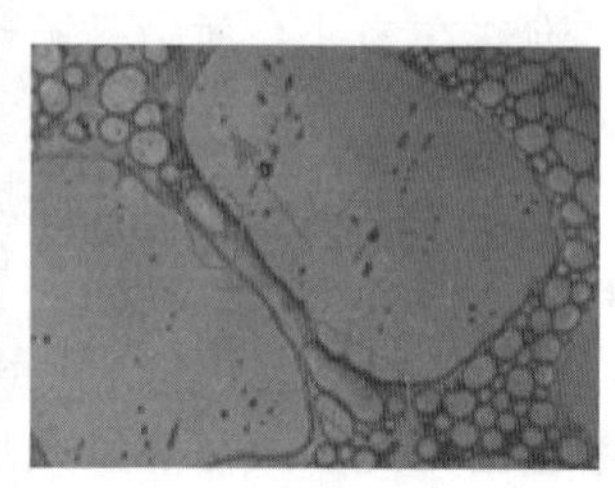

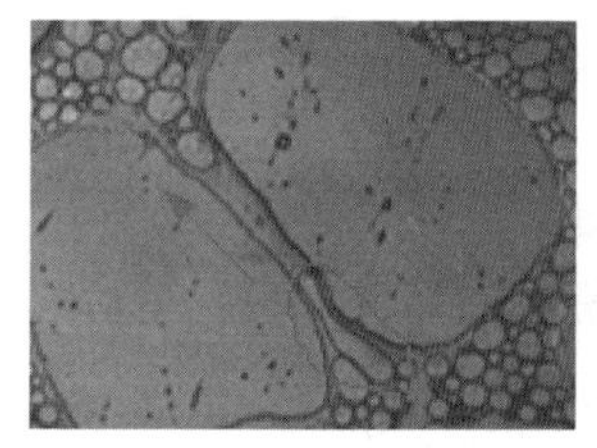
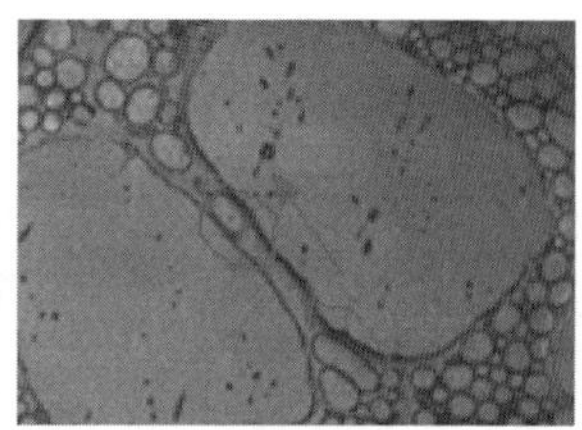
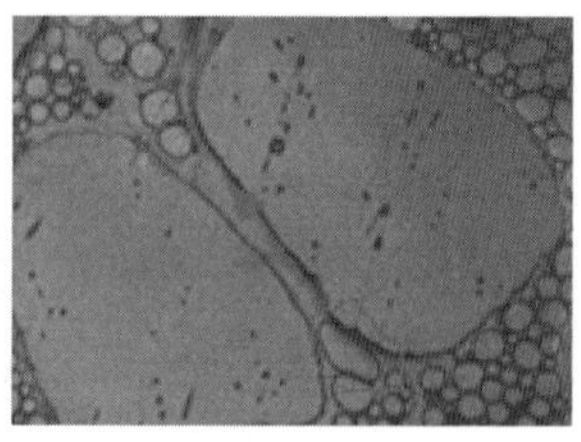

图 7.2 泡沫在多孔介质中的运移方式

主要由于在流动状态下，黏滞力使液体进入管壁和膜内边界之间的滑动层，结果气泡被拉伸变形。此外，由于孔隙的不规则性，造成气泡两端曲率不同，于是产生了叠加的气液界面阻力效应——贾敏效应。这些因素造成大气泡变形大，流动阻力也大，而小气泡因变形小，流动阻力也相对较小。

（三）流速对气液两相及低张力泡沫体系渗流阻力的影响

流动速率通常与整个泡沫体系的流动性或泡沫流动过程中的压力梯度相关。注入速度大且能量充足，则更容易生成泡沫，同时流速增加，泡沫受到的剪切速率增大，由于泡沫的剪切变稀特性又使表观黏度降低，所以流动阻力是由这两方面的因素共同影响的，如果发生气泡截断的条件具备，随着孔隙中气体速度的提高，细小的孔隙被气体侵入，形成泡沫的数量也会增加。

泡沫流动与气液两相流动的主要差别在于孔隙中液膜（或泡沫）数量的多少。在泡沫流动中，由于液膜的存在，流动阻力大大增加。因此可以通过对比泡沫流动与相同气液比条件下气液两相流动的阻力因子来反映泡沫的生成情况。

气液两相流阻力因子随注入量的变化如图 7.3 所示。可以看出气液两相流流动阻力随注入速度的增加而增加，到达 1.0mL/min 后，阻力因子变化趋于平缓，

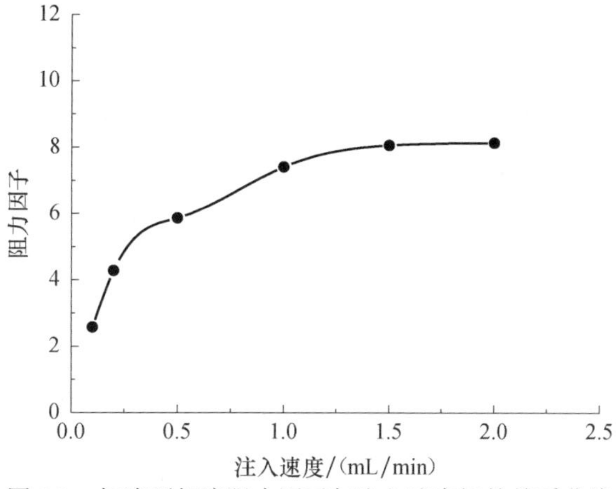

图 7.3 气液两相流阻力因子与注入速度间的关系曲线

并且气液两相流的阻力因子值并不是很大，单纯的气液两相流在一定程度上增大了渗流阻力，但幅度有限。

泡沫流动阻力因子随注入量的变化如图 7.4 所示。可以看出，泡沫在岩心中渗流的阻力因子随着注入速率的增加逐渐增大，当泡沫的注入速率为 0.1mL/min（0.6m/d）时，其阻力因子比较小，但较水驱有所提高，说明在该注入速率下，岩心中能产生泡沫，但是产生得泡沫数量较少，封堵效果也较差。当注入速率增加到 0.5min/L 时，阻力因子增加得非常显著，而注入速率超过 1mL/min 后，泡沫的阻力因子虽略有增加，但增大幅度逐渐变缓，最终趋于平稳。当注入速率低时，提供的剪切能量较少，不足以克服发泡所需要的能量，产生的泡沫数量较少，泡沫稳定性差，从而导致阻力因子上升幅度比较小，表现为流动阻力小。当达到一定的注入速率后，产生的流动压差变大，能够产生足够多的泡沫，此时渗流阻力增大。

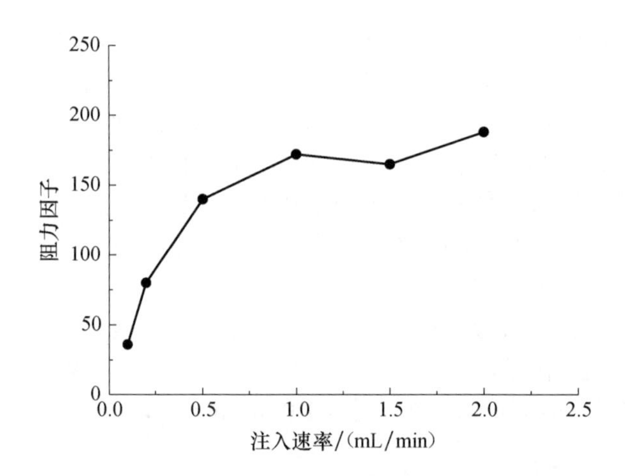

图 7.4　低张力泡沫体系中注入速率对渗流阻力因子的影响曲线

对比泡沫与气液两相流动的阻力因子，结果如图 7.5 所示。可以看出当注入速率达到 0.5mL/min 以后，两者阻力因子之比基本保持在一定水平，说明在注入速率为 0.5mL/min 时，泡沫大量生成，因此确定该体系泡沫形成的临界速率为 0.5mL/min。

（四）气液比对低张力泡沫体系生成泡沫的影响

气液两相流阻力因子随气液比的变化如图 7.6 所示。从图中可以看出随着气液比的增大，气液两相流阻力因子先增大后减小，在 1∶1～2∶1 之间达到最大，但阻力因子也不是很大，之后继续增大气液比，阻力因子逐渐降低，气体的增多导致气体在岩心中的窜流，封堵作用减弱。

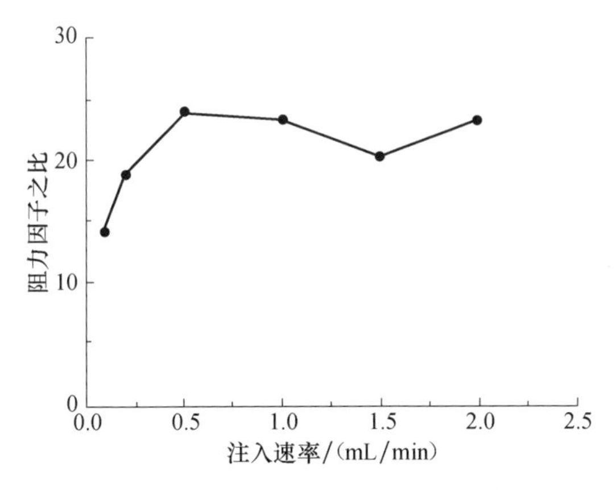

图 7.5　泡沫与气液两相流阻力因子之比

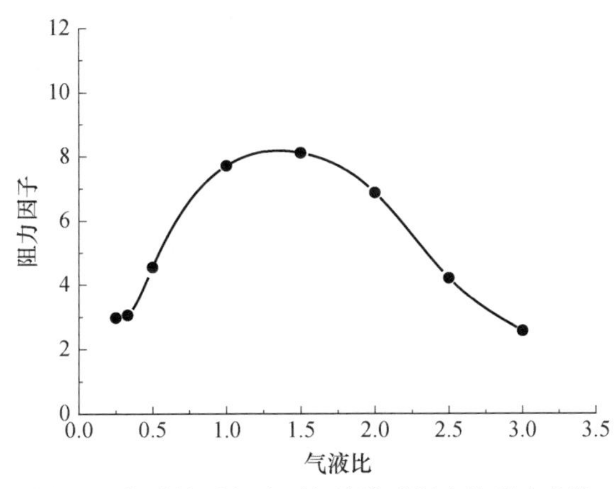

图 7.6　气液比对气液两相流流动阻力的影响曲线

泡沫流体阻力因子随气液比的变化如图 7.7 所示。从图中可以看出随着气液比的增大，泡沫在多孔介质中的流动阻力呈现先增大后减小的趋势，最高点附近所对应的即为临界毛管力。在气液比较小时，气相含量低，多孔介质中形成的泡沫数量较少，且泡沫结构多表现为分散在液相中的不相互接触的球形气泡，气泡少贾敏效应叠加效果差，通过多孔介质的渗流阻力较小。随着气液比的增加，泡沫数量增多，泡沫在多孔介质中的贾敏效应增强，通过多孔介质的流动阻力越来越大，表现出岩心两端压差增大。而当气液比较大时，气相含量大，形成泡沫液膜厚度变薄，由于临界毛管力的作用，形成的泡沫不稳定，多孔介质中泡沫的尺寸变大，泡沫很容易聚并和破裂，当气量继续增加时，可能出现气窜，较难形成有效的泡沫封堵，表现为通过多孔介质的流动阻力变小，泡沫驱气液比并不是越大，对渗流阻力的提高越有利。

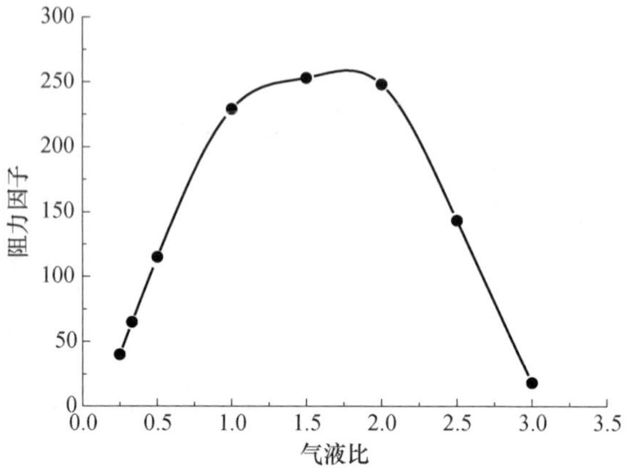

图 7.7　气液比对泡沫流动阻力的影响曲线

对比泡沫与气液两相流动的阻力因子，结果如图 7.8 所示。可以看出泡沫驱具有更强的封堵能力，泡沫能够在岩心中形成并稳定存在。其变化趋势与图 7.7 中基本一致。

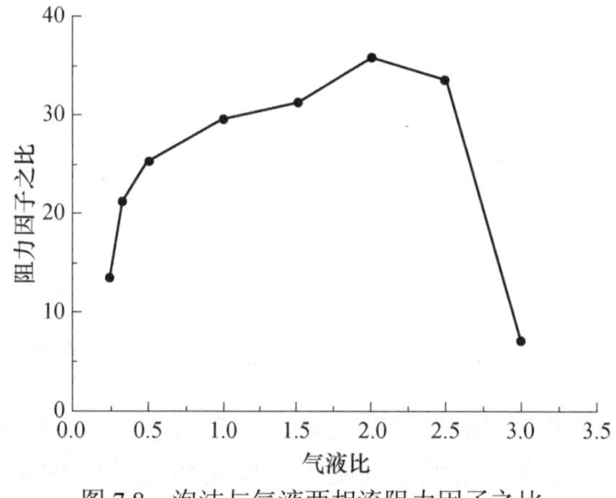

图 7.8　泡沫与气液两相流阻力因子之比

（五）渗透率对低张力泡沫体系生成泡沫的影响

前人对微观渗流机理的研究表明，多孔介质的孔隙收敛、发散结构影响泡沫的生成与聚并，因此泡沫的大小也受孔隙结构、喉道大小和平均孔隙直径的影响，而多孔介质的渗透率是表征孔隙结构的一个重要参数，因此研究渗透率变化对泡沫渗流阻力的影响有重要意义。

气液两相流阻力因子随渗透率的变化如图 7.9 所示。可以看出，气液两相流阻力因子随渗透率增加，总体呈下降趋势。由于其阻力因子变化不大，规律性不太明显。

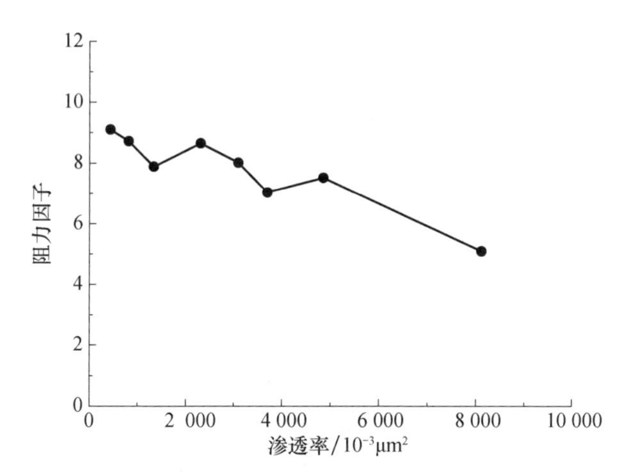

图 7.9　气液两相流阻力因子与岩心渗透率关系曲线

泡沫阻力因子随渗透率的变化如图 7.10 所示。可以看出，随着岩心渗透率的增大，其阻力因子呈现先增大后减小的趋势，在 $1000\times10^{-3}\mu m^2$ 开始增速变缓，超过 $3000\times10^{-3}\mu m^2$ 之后，泡沫封堵性能迅速减弱。在相同气液比下，渗透率较低时，毛管力较大，泡沫容易破灭，形成的泡沫稳定性较差；随着渗透率的增加，毛管力降低，泡沫稳定性增加，阻力因子随之增加；渗透率进一步增加，被捕集泡沫所占比例降低，流动泡沫所占比例增加，阻力因子随之下降，封堵能力减弱。

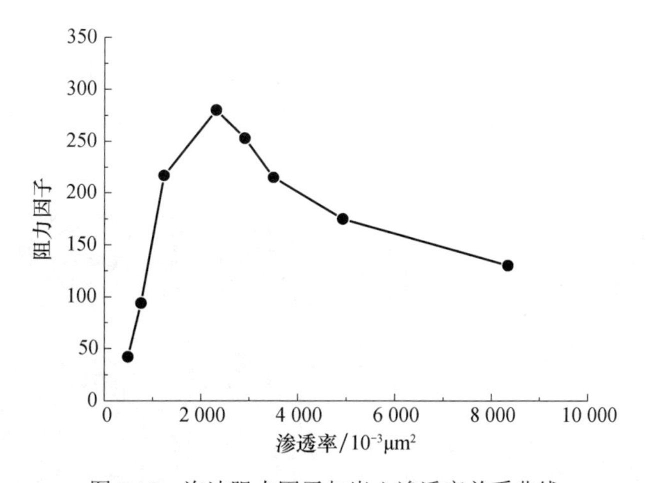

图 7.10　泡沫阻力因子与岩心渗透率关系曲线

图 7.11 为泡沫与气液两相流阻力因子之比，从结果看，其变化趋势与泡沫阻力因子变化趋势基本一致。

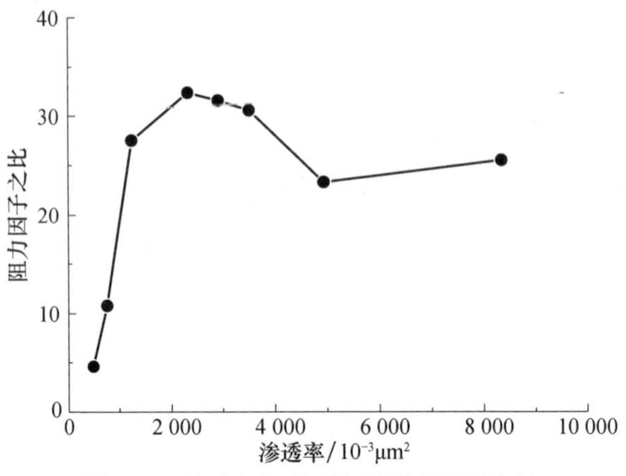

图 7.11　泡沫与气液两相流阻力因子之比

（六）流速对泡沫生成状态的影响

通过微观可视化实验，分析不同流速条件下泡沫的生成情况，观测泡沫生成后的状态。不同注入速率下泡沫的生成和存在状态如图 7.12～图 7.16 所示。可以看出，随着注入速率的增大，生成的泡沫数量增多，泡沫尺寸减小，分布更均匀更致密，当注入速率达到 0.4mL/min 时泡沫生成状态最佳，并且气泡在多孔介质中紧密排列，多呈现多边形堆积，表观黏度较大，在孔隙中进行封堵，注入速率增大到 1.0mL/min 时泡沫尺寸进一步减小，但由于流速过快，泡沫在孔隙中较难形成有效堆积封堵，减小了泡沫的封堵性能，由于这两方面的因素影响，进一步提高流速，对于渗流阻力的提高没有较明显的效果。同时可视化实验与前面的驱替实验相互印证，泡沫的渗流阻力随着注入速率的增大而增大，在注入速率大于一定值后，继续增大注入速率，对泡沫质量和渗流阻力的提高并不是很明显。

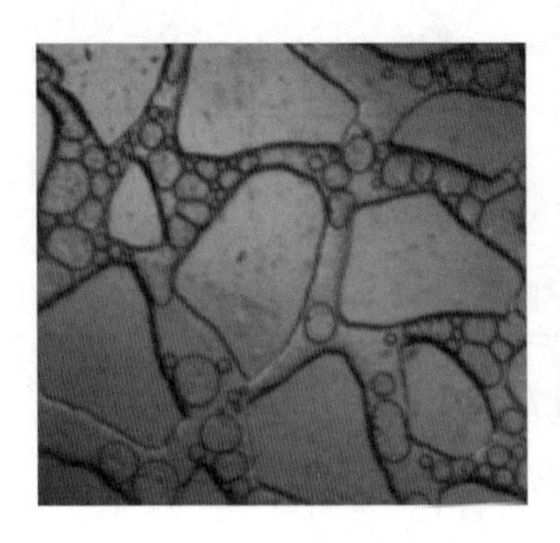
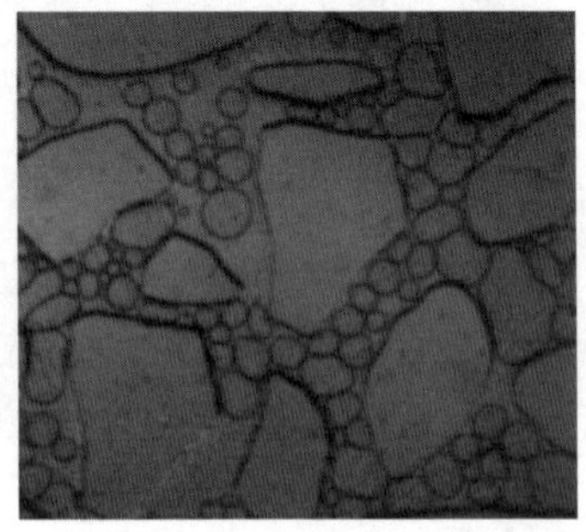

图 7.12　泡沫的生成情况（注入速率为 0.05mL/min）

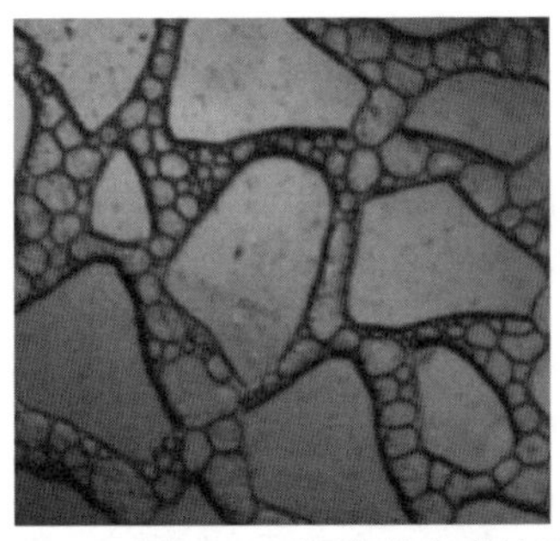
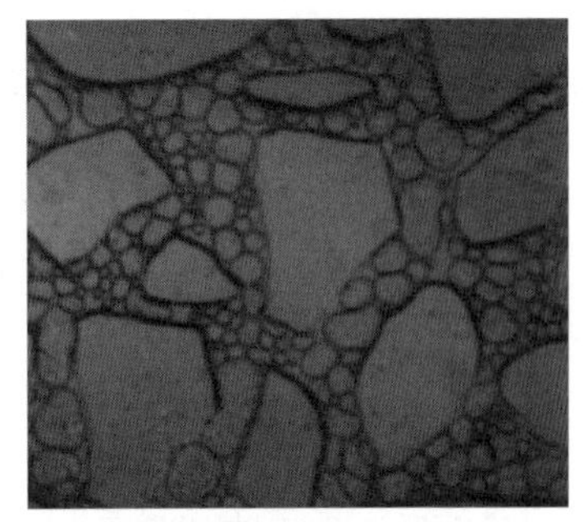

图 7.13　泡沫的生成情况（注入速率为 0.1mL/min）

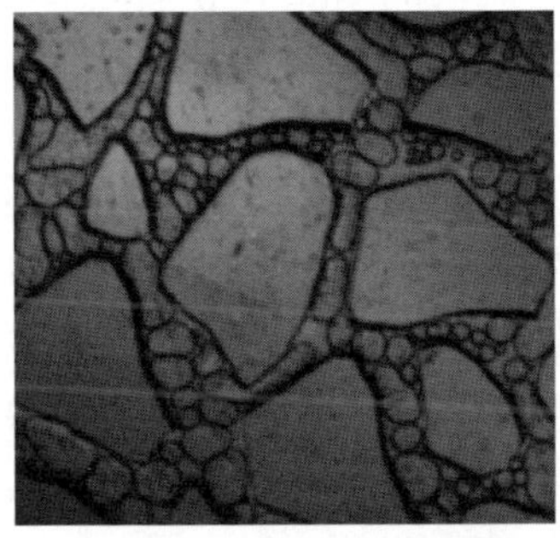
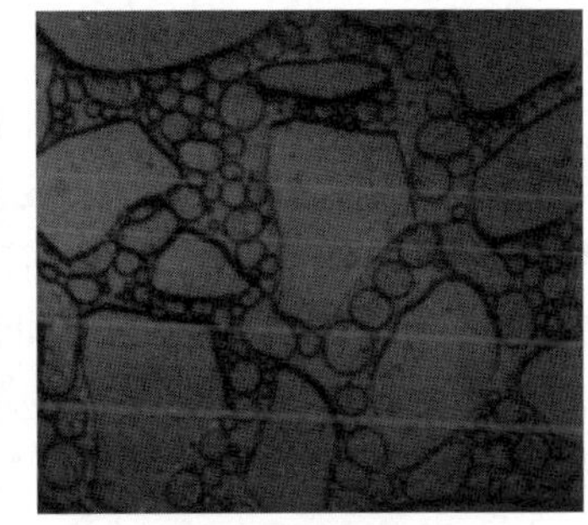

图 7.14　泡沫的生成情况（注入速率为 0.2mL/min）

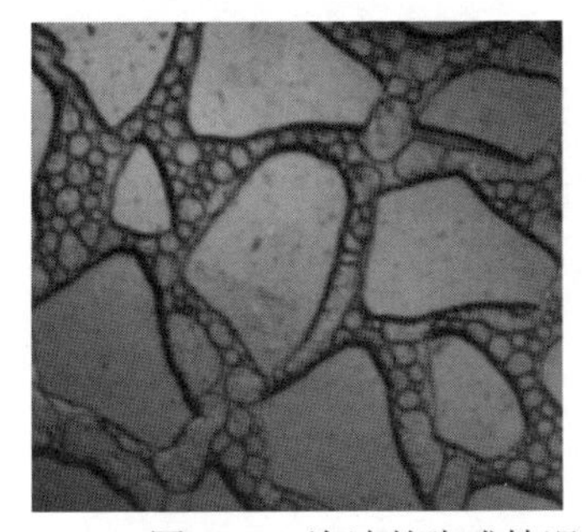
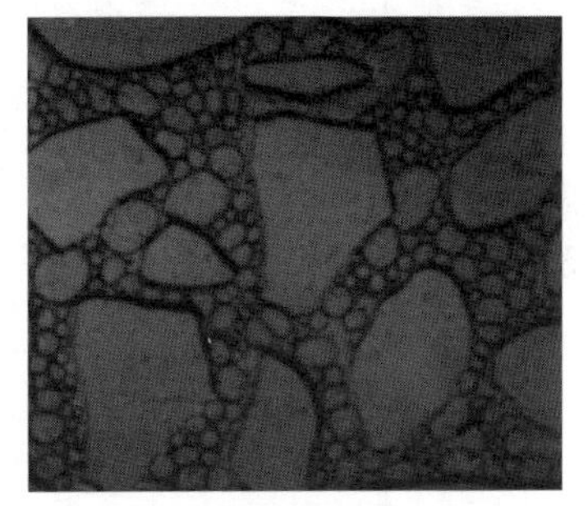

图 7.15　泡沫的生成情况（注入速率为 0.4mL/min）

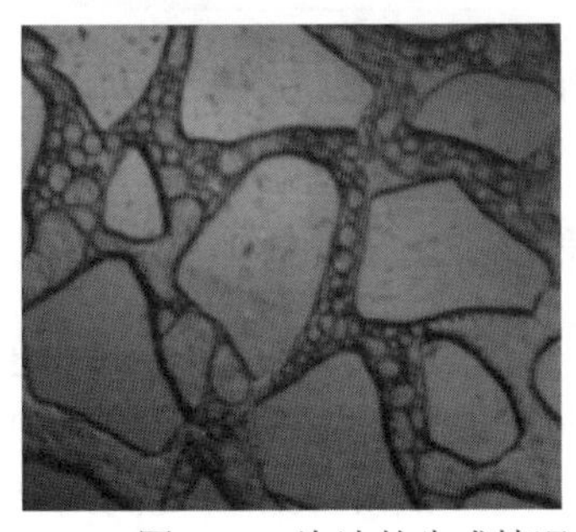
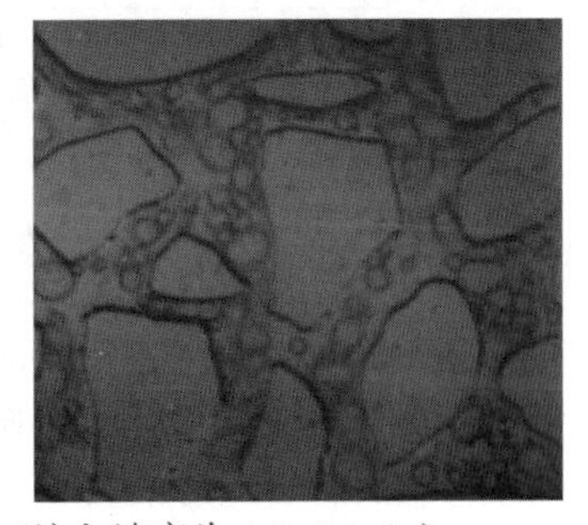

图 7.16　泡沫的生成情况（注入速率为 1.0mL/min）

二、低张力泡沫剂浓度对泡沫再生的影响

起泡剂注入地层之后，除了在岩石表面吸附损耗之外，还不可避免地会受到地层水的稀释作用，二者均会导致起泡剂浓度的降低，而是否有足够高的起泡剂浓度是影响泡沫能否再生的关键因素。

（一）低张力泡沫剂浓度对表面张力的影响

表面张力是评价表面活性剂表面活性高低的一个重要指标，一般来说表面张力越小，越有利于泡沫的形成与稳定。根据悬滴法原理采用 The Tracker 表面/界面张力流变仪，测定了 80℃时不同浓度的 DLF 低张力起泡剂地层水溶液的表面张力，实验结果如图 7.17 所示。可以看出，低张力表面活性剂溶液的表面张力随着表面活性剂浓度的增加而减小，对于表面张力下降非常明显，浓度达到 0.6%时，继续增大浓度对表面张力的降低几乎没有影响，该点即为低张力泡沫体系的 cmc。表面活性剂在气液表面的吸附导致了表面张力的降低，当起泡剂的浓度达到一定值时，起泡剂在气和液的表面吸附量达到饱和，表面张力达到最低，继续增大浓度对其吸附量没有较大影响，所以表面张力也没有明显下降，这与起泡剂的本身性能有关。

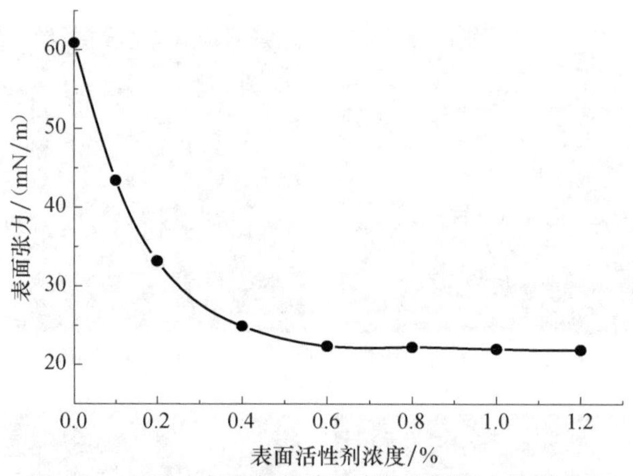

图 7.17　低张力起泡剂溶液浓度与表面张力关系曲线

（二）低张力泡沫剂浓度对起泡能力和稳定性的影响

图7.18为搅拌法测得的低张力表面活性剂的起泡体积和半衰期随浓度的变化曲线。可以看出，表面活性剂的起泡体积和半衰期都随着浓度的增加而增加，但增加浓度对于起泡体积的增加影响较小，对于泡沫半衰期的提高具有非常好的效果，当表面活性剂的浓度达到 0.6%之后，起泡体积趋于稳定，继续提高起泡剂浓

度对起泡体积及半衰期影响较小。

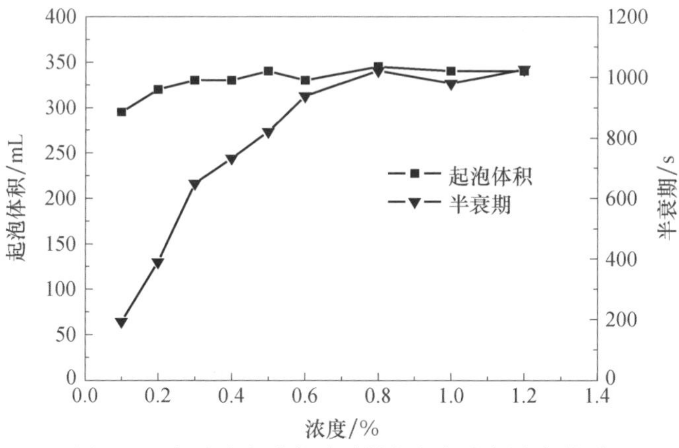

图 7.18　低张力起泡剂泡沫性能与起泡剂浓度关系

图 7.19 和图 7.20 为 Foamscan 采集的不同起泡剂浓度条件下形成泡沫的形态。可以看出，随着起泡剂浓度的增加，形成的泡沫越小越均匀。

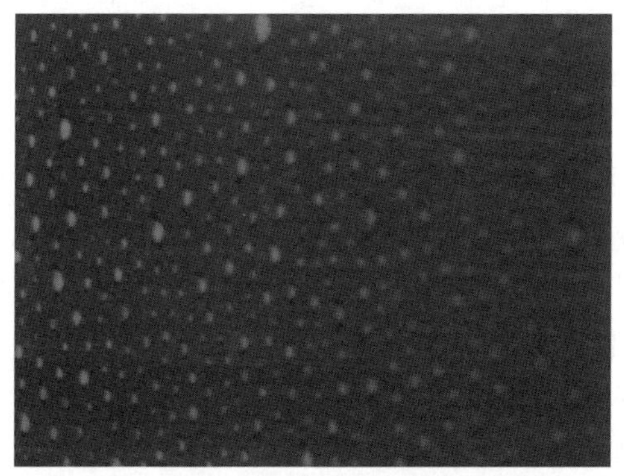

图 7.19　起泡剂浓度 1%时形成泡沫图像

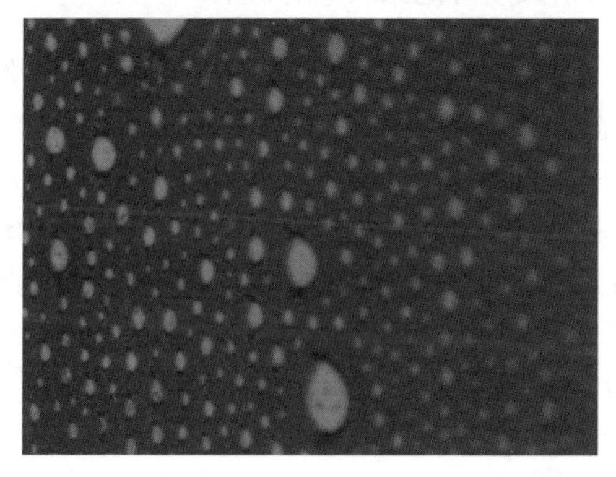

图 7.20　起泡剂浓度 0.2%时形成泡沫图像

（三）不同地带泡沫液起泡性能评价

用 100cm 岩心管进行泡沫驱替实验，通过评价不同阶段产出泡沫液模拟泡沫驱过程中，前沿地带、中部地带和后沿地带的泡沫液，分别对这三段产出液进行起泡能力和稳定性的评价，结果如图 7.21 所示。

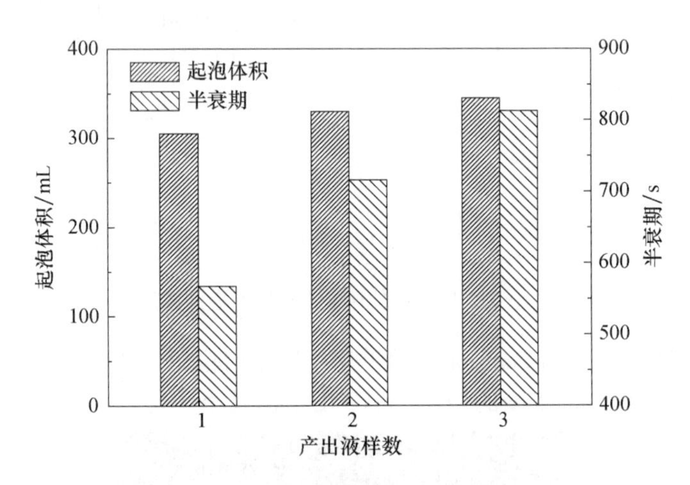

图 7.21　驱替不同阶段泡沫液泡沫性能

从图 7.21 可以看出，随着起泡剂溶液逐渐产出，起泡体积及半衰期都随之增加，起泡体积增幅较小，半衰期增幅较大，起泡性能的降低主要是由于地层水的稀释及起泡剂在地层中的吸附损耗造成的起泡剂浓度降低。与之前的起泡性能实验比较，第一次产出液浓度在 0.3%左右，第二次在 0.4%左右，第三次在 0.5%左右，说明地层中不同部位的起泡剂浓度有差距，地层水的稀释以及地层的吸附对起泡剂浓度有一定的影响，建议在实际应用中，先注一段起泡剂溶液前置液。

（四）低张力泡沫剂浓度对泡沫状态的影响

通过微观可视化实验，分析低张力起泡剂在不同浓度下泡沫的生成情况，观测泡沫生成后的状态，分析起泡剂浓度对泡沫生成状态的影响。注入速率为 0.4mL/min 时，起泡剂不同浓度下泡沫的生成情况如图 7.22 所示。

从图 7.22 中可以看出随着起泡剂浓度的增加，泡沫在多孔介质中的生成状态越来越好，泡沫尺寸越来越小，逐渐变得均匀，浓度在 0.1%时，气泡较大且气泡尺寸不均匀，浓度在 0.2%时生成的气泡直径略大于孔隙尺寸，浓度 0.4%时，起泡尺寸变小，直径与孔隙尺寸相当，但泡沫尺寸不均匀，浓度 0.6%时，起泡尺寸进一步变小，直径小于孔隙直径，生成的泡沫比较均匀，浓度 1.2%时，泡沫生成状态变得更加均匀和细密。

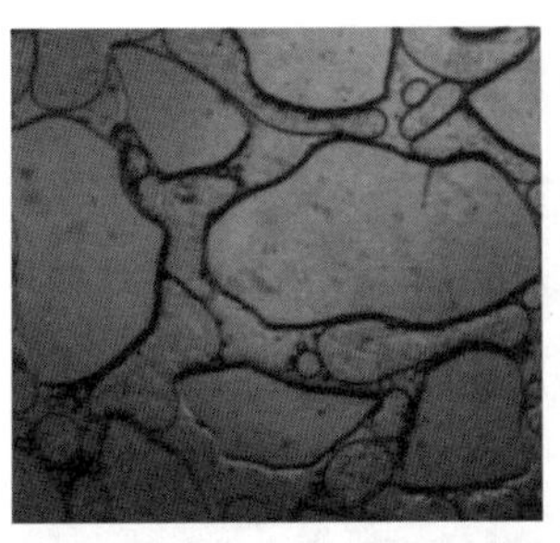
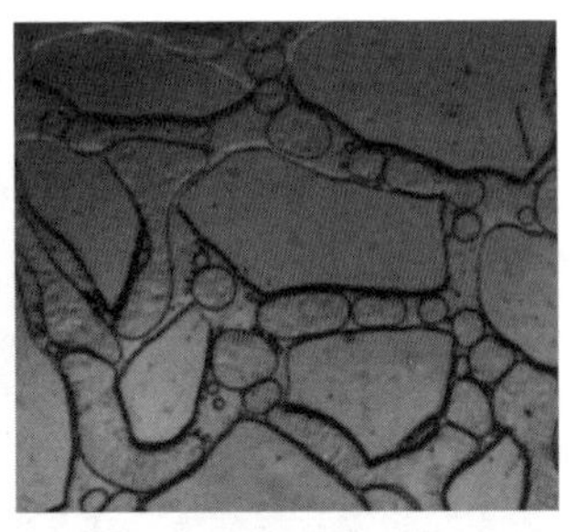

（a）浓度为0.1%

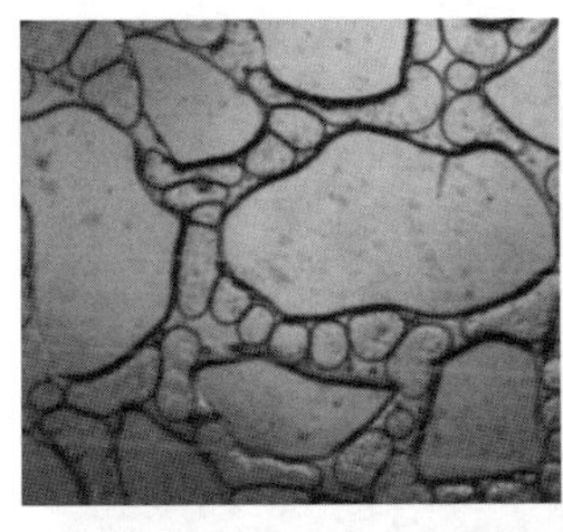
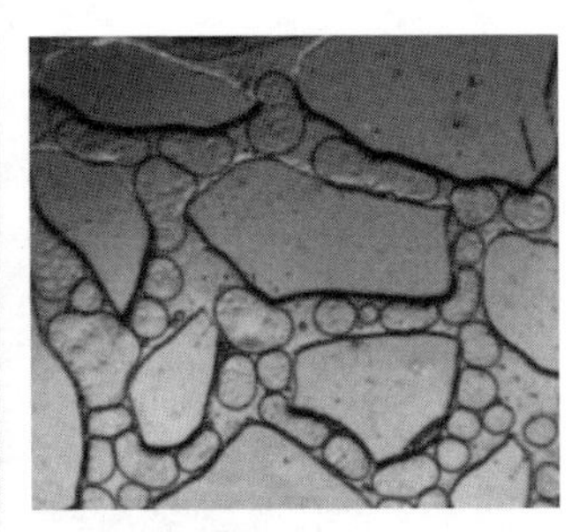

（b）浓度为0.2%

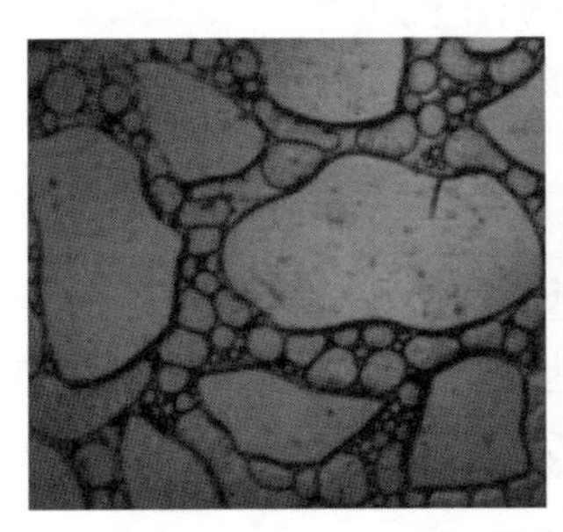
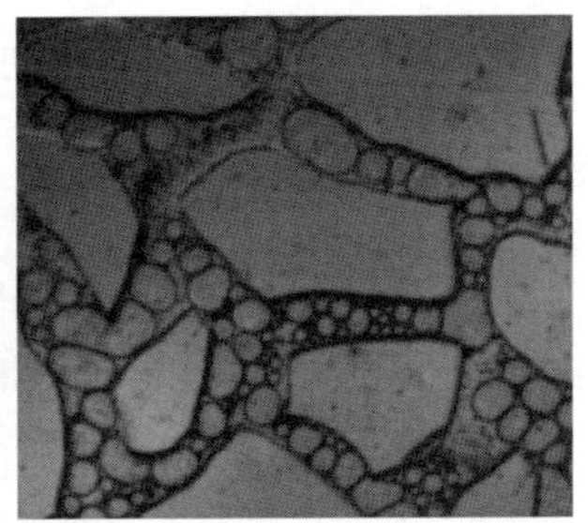

（c） 浓度为0.4%

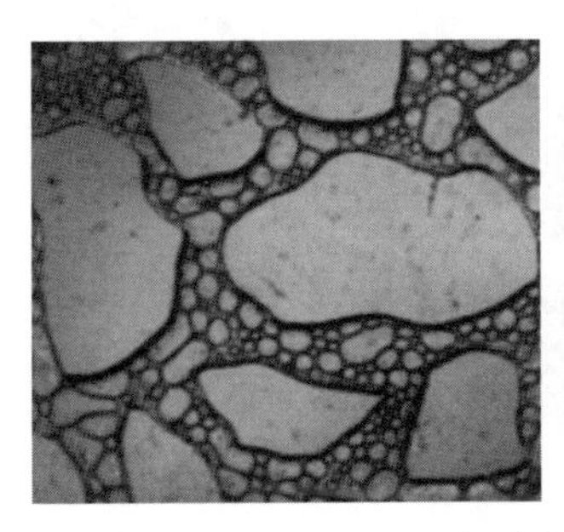
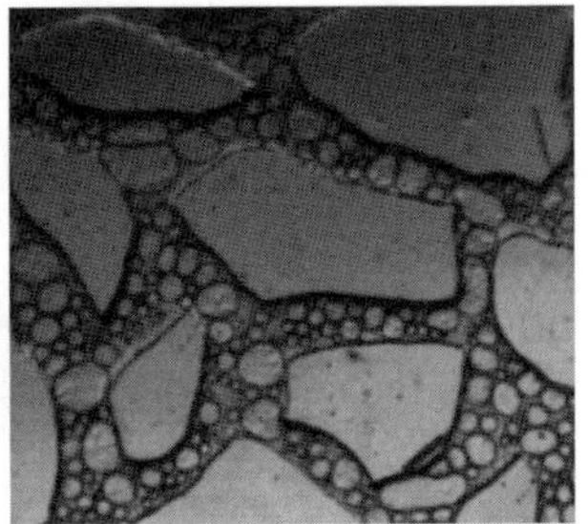

（d）浓度为0.6%

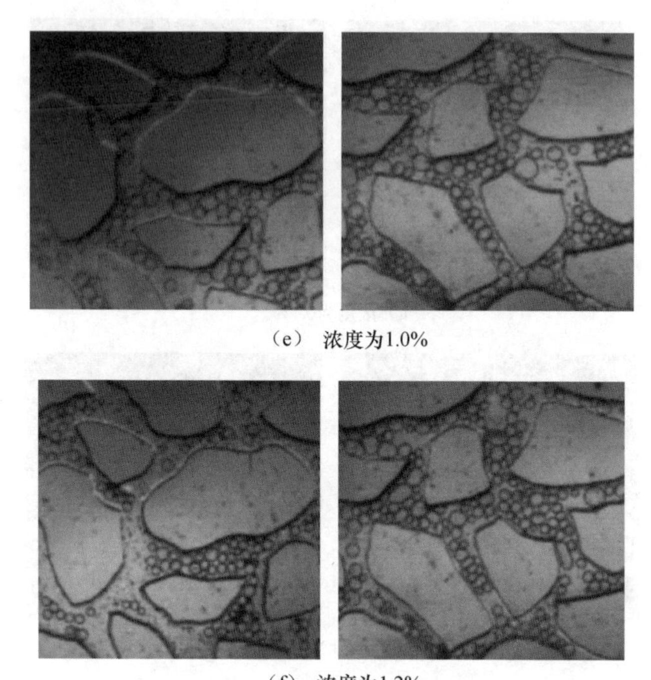

（e） 浓度为1.0%

（f） 浓度为1.2%

图 7.22　不同起泡剂浓度下泡沫生成情况

（五）长岩心中泡沫生成及封堵特征

地层对起泡剂具有吸附作用，同时地层水还对起泡剂具有稀释作用，对于起泡性能会有一定的影响，起泡剂能否在地层中产生泡沫，形成封堵，通过长岩心实验进行分析，实验结果如图 7.23 和图 7.24 所示。

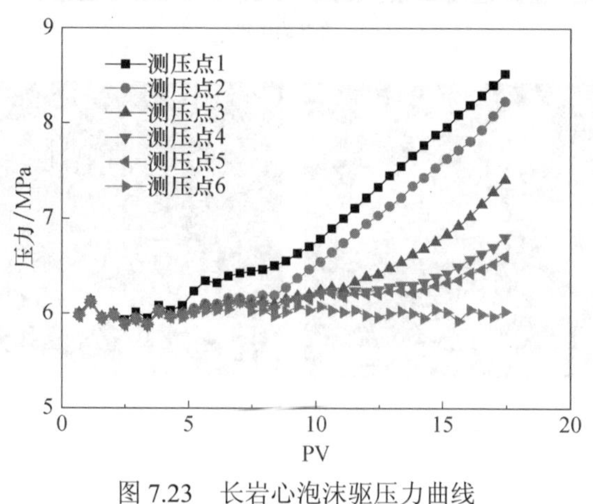

图 7.23　长岩心泡沫驱压力曲线

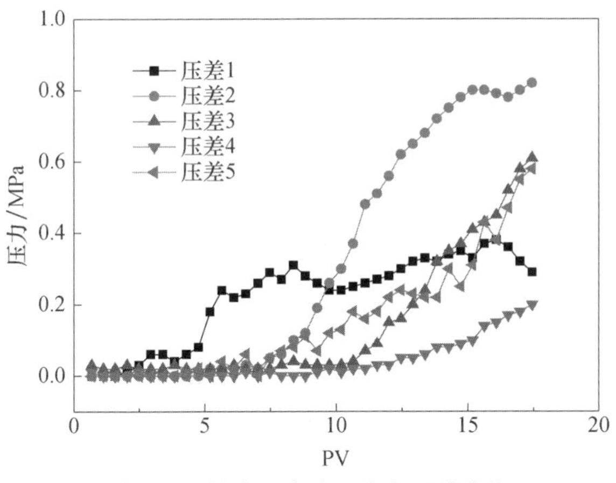

图 7.24　长岩心泡沫驱分段压差曲线

由实验结果可以看出，随着泡沫的注入，2PV 时岩心入口端首先起压，随着泡沫的继续注入岩心的中后部陆续起压，在 7 个 PV 的时候岩心第一段压差开始趋于平稳，压差在 0.3MPa 左右，说明起泡剂和气体在第一段岩心中混合形成泡沫趋于一种稳定状态，即从入口端到第一段结束，由于剪切强度（泡沫流过的长度）的限制，泡沫不能达到均匀状态，故在第一段岩心中压差只能到达一定值。第一段压差趋于稳定时，第二段的压差迅速上升，在达到 15 个 PV 时第二段压差趋于平稳，并且压差最终高于第一段，压差在 0.8MPa，比第一段压差高了 0.5MPa，说明泡沫经过第二段岩心的剪切作用，生成状态更为均匀，封堵性能更强。同时后面几段岩心的压差迅速增加，实验驱替到 18 个 PV，与之前测压段具有相同的规律，后面岩心测压段的压差将逐渐稳定。

三、原油饱和度对泡沫再生的影响

（一）含油量对低张力泡沫体系起泡性能的影响

采用 Waring Blender 评价方法，起泡剂溶液中加入原油后搅拌，依据实验结果作起泡剂溶液的起泡体积和半衰期随含油量变化的曲线，如图 7.25 所示。

从图 7.25 可以看出，随着含油饱和度的增加，该低张力起泡剂的起泡体积略有减少，在 30%含油饱和度下仍能保持较高的起泡体积，半衰期随着含油饱和度的增加逐渐减少，但即使含油饱和度达到 30%仍能具有 200s 的半衰期时间，说明 DLF 低张力起泡剂具有较好的耐油性能。这主要是因为在含油饱和度较低的条件下加入 DLF 起泡剂后，在搅拌器的高速搅拌下对原油具有很好的乳化作用，被乳化后的原油对产生的泡沫有稳定作用，图 7.26 可以看出，原油以小液滴的形式分散在泡沫液膜当中，在较高的含油饱和度下，原油对泡沫的消泡作用更加明显，使得泡沫稳定性变差，半衰期减小，但仍具有较好的稳定性。

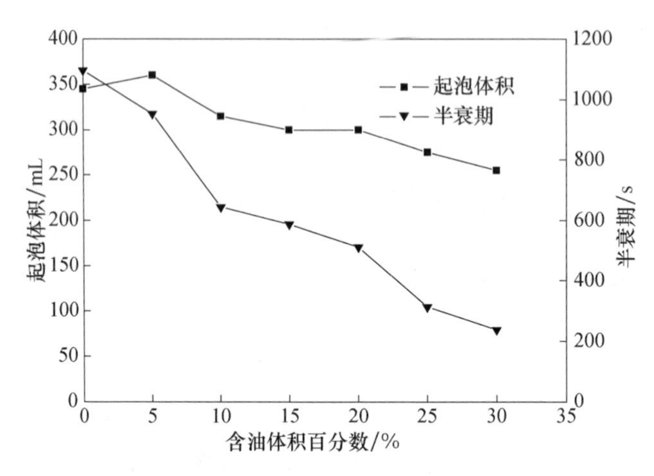

图 7.25　含油饱和度与低张力起泡剂起泡性能关系曲线

图 7.26　含油饱和度 5%下泡沫的生成状态

（二）不同驱油阶段产出水起泡能力和稳定性评价

用 100cm 岩心管饱和原油，水驱至残余油饱和度，再进行泡沫驱，通过收集不同阶段产出泡沫液模拟泡沫驱过程中，前沿地带、中部地带和后沿地带的泡沫液，分别对这三段液体进行起泡能力和稳定性的评价。实验结果如图 7.27 所示。

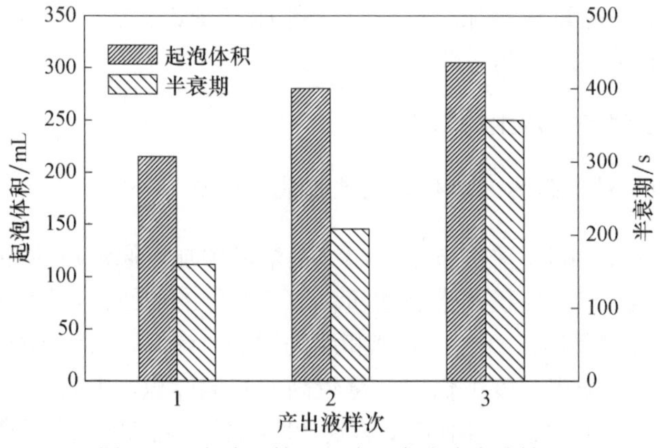

图 7.27　含油驱替不同阶段泡沫液泡沫性能

从图 7.27 可以看出，含油产出液的起泡体积及半衰期都随产出阶段的增加而增大，且增幅也明显。这主要受两方面因素的影响：一是由于地层流体对起泡剂的稀释及地层的吸附作用，前期产出液起泡剂浓度较低，随着驱替时间的延长，吸附逐渐趋于饱和，产出液中起泡剂浓度增加；二是原油的影响，由于起泡剂对原油的洗脱作用，前期产出液中原油含量较高，对产出液的起泡性能有较大的影响，随着地层含油饱和度降低，产出液中原油含量逐渐降低，起泡性能增强。

（三）原油对泡沫生成的影响

原油对泡沫有破坏和抑制作用，油的存在将降低泡沫在多孔介质中的封堵能力，进而会影响到泡沫在多孔介质中的渗流规律。通过可视化实验，评价在含油条件下泡沫的生成情况，观测泡沫在通过含油多孔介质后的生成状态，验证原油对泡沫生成的影响。

1. 流速对泡沫生成的影响

含油条件下，注入速率对泡沫生成的影响如图 7.28 所示。从图中可以看出，在含油条件下，注入速率对形成泡沫的形态具有明显影响，随着注入速率的增加，产生泡沫的尺寸降低，气泡呈多边形，堆积紧密。速度较小时形成的泡沫不均匀且气泡不易堆积。

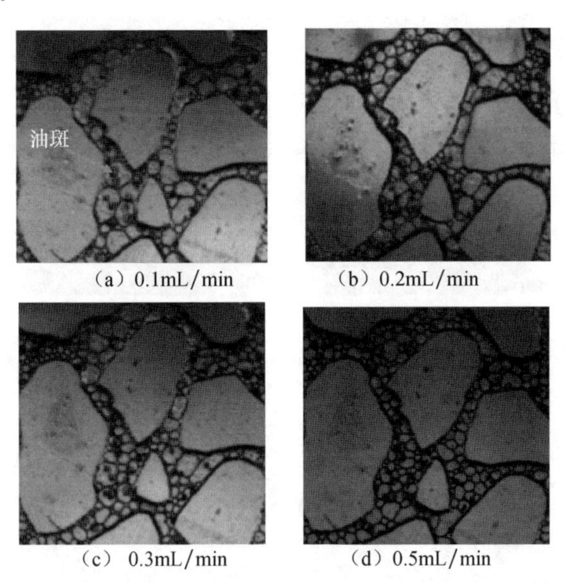

（a）0.1mL/min　（b）0.2mL/min　（c）0.3mL/min　（d）0.5mL/min

图 7.28　含油条件下不同注入速率对泡沫产生的影响

2. 静态含油及无油条件下泡沫的聚并

图 7.29 是不含油泡沫聚并的状态图。可以看出，静态不含油条件下，由于气体的扩散，使得高压力的小气泡中的气体扩散到低压力的大气泡中，最终小气泡消失，大气泡增大，同时在不含油情况下泡沫聚并缓慢。

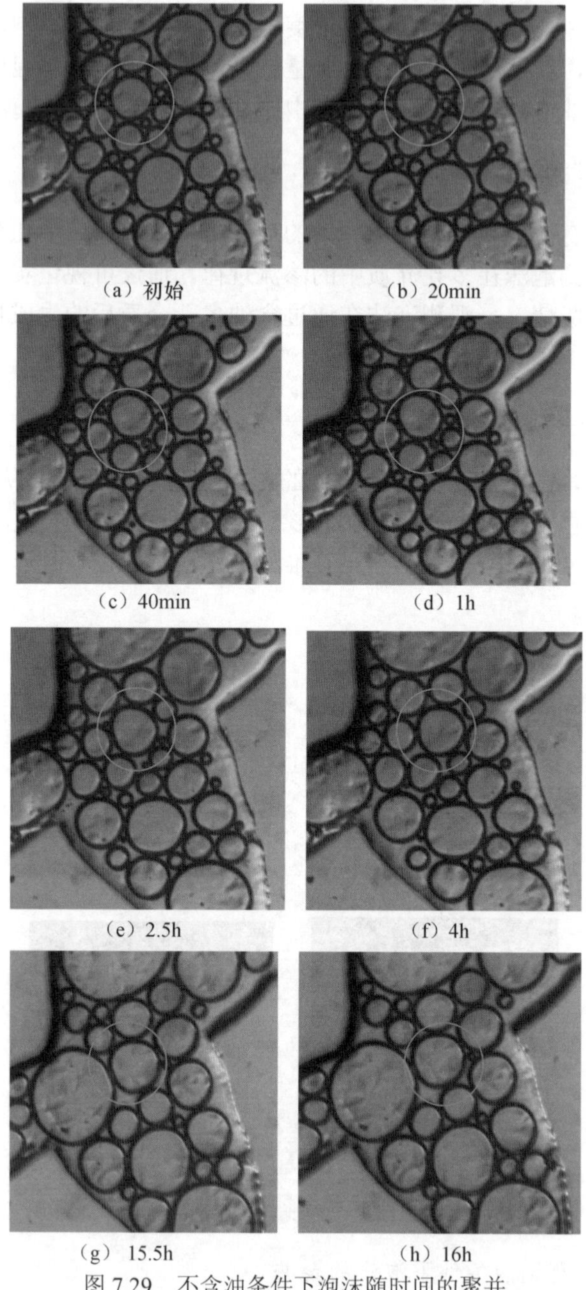

（a）初始　（b）20min　（c）40min　（d）1h　（e）2.5h　（f）4h　（g）15.5h　（h）16h

图 7.29　不含油条件下泡沫随时间的聚并

图 7.30 是含油泡沫的聚并图。可以观察到，静态含油条件下，泡沫聚并方式与不含油条件下相同，主要是气体从小气泡中扩散到大气泡中，最终以大气泡存在，原油加速了聚并的速率，说明原油不仅能够破坏液膜的稳定性，而且还可以

提高气泡间气体的扩散速率，对于泡沫的稳定具有消极作用。

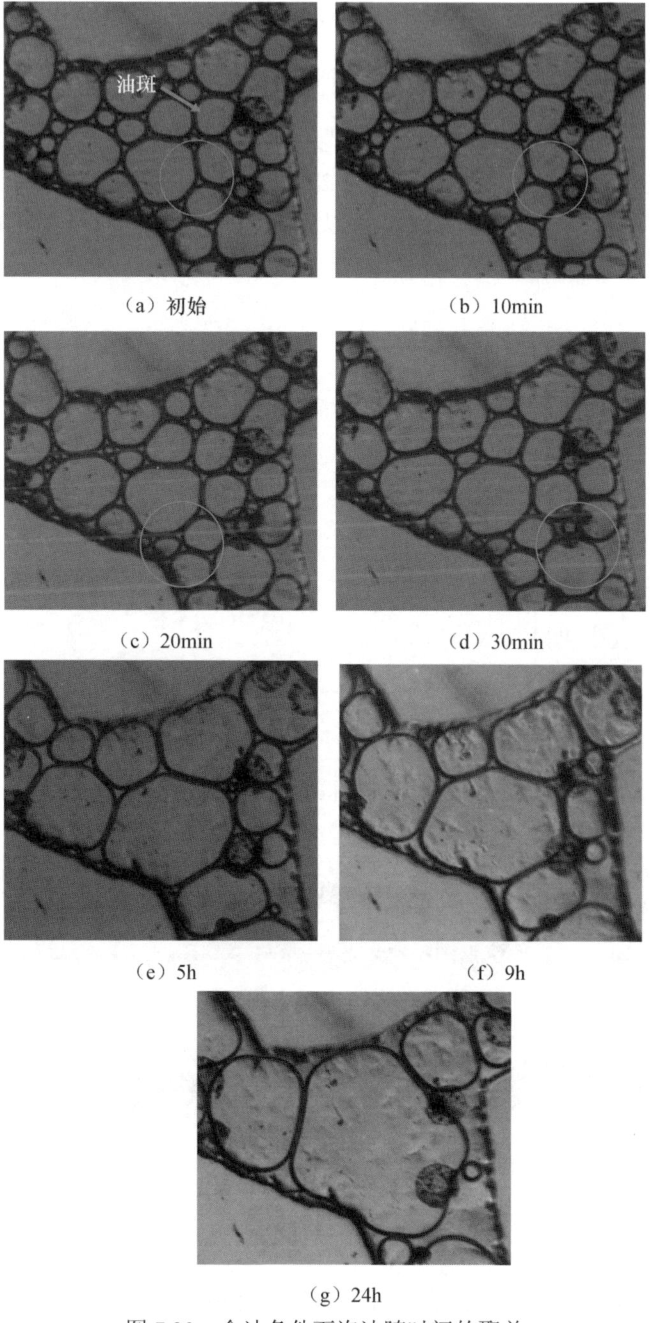

（a）初始　（b）10min

（c）20min　（d）30min

（e）5h　（f）9h

（g）24h

图 7.30　含油条件下泡沫随时间的聚并

（四）长岩心泡沫驱油过程中泡沫生成及封堵特征

采用多点测压长岩心，模拟地层中泡沫驱油过程，研究在含油条件下各段岩心泡沫生成情况，泡沫的生成规律及封堵特征，并分析各段压力随时间的变化规律。

图 7.31 是泡沫驱的采收率曲线。可以看出，水驱结束时采收率为 34%，通过泡沫驱最终采收率为 56%，提高采收率 22%，说明泡沫驱起到了非常有效的驱油作用。同时从取出的岩样（图 7.32），可以看出，注入前端岩心被洗刷得非常干净，残余油饱和度非常低。

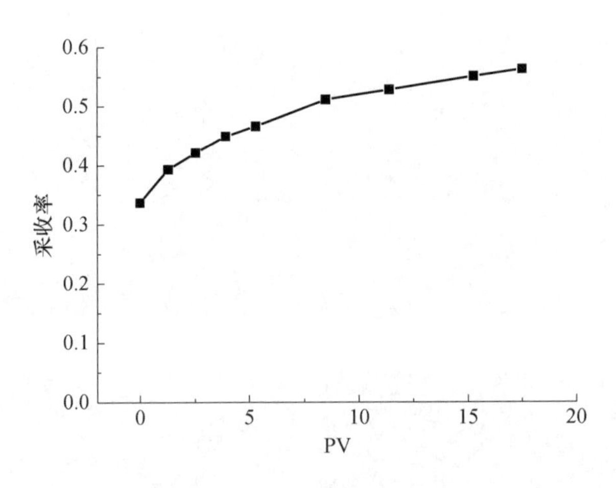

图 7.31　泡沫驱采收率曲线

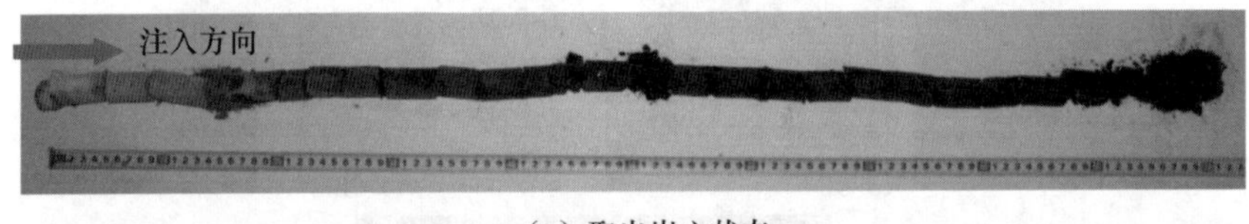

（a）取出岩心状态

（b）取出岩心从中间剖开状态

图 7.32　含油长岩心产出状态

图 7.33 和图 7.34 分别为含油岩心水驱后泡沫驱长岩心各点压力曲线和分段压差曲线。从图中可以看出，随着低张力泡沫的注入，长岩心入口端压力逐渐开始

上升，并随着泡沫将原油驱出，岩心各测压点压力都相应增加。在入口端由于低张力的洗油能力较强，入口端原油基本被完全驱替出来，含油饱和度较低，且岩心的吸附逐渐趋于饱和，溶液中起泡剂浓度较高，能够形成稳定且具有较好封堵性能的泡沫。后端含油饱和度高，且由于吸附作用和稀释作用，溶液中起泡剂浓度较低，影响泡沫的生成，并反映在分段压差上。第一段压力迅速增加，后端岩心由于前端泡沫剂的稀释、吸附、消耗及原油对泡沫的消泡作用，泡沫性能逐渐变差，对于岩心的封堵能力下降，7PV 后由于泡沫在岩心中吸附趋于饱和、岩心含油饱和度继续降低及起泡剂对原油乳化效果增强，泡沫对于岩心的封堵能力开始缓慢上升，封堵压差逐渐增大。

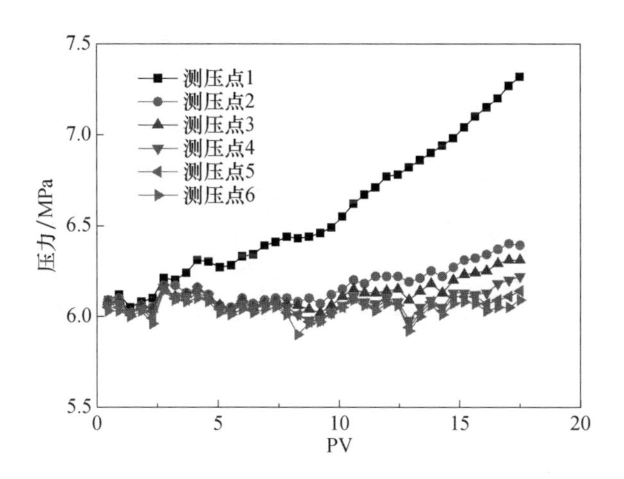

图 7.33　含油岩心水驱后泡沫驱长岩心各点压力曲线

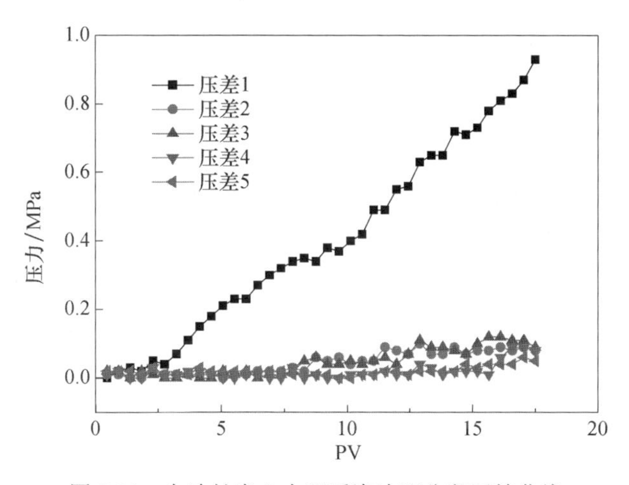

图 7.34　含油长岩心水驱后泡沫驱分段压差曲线

四、低张力泡沫体系的选择性封堵特征

利用可视化模型，进行实时监控和拍摄泡沫在多孔介质中的产生、破灭、再生等直观特征及泡沫在多孔介质中的驱油特征。图 7.35 为同一模型不同位置上的泡沫形态。

可以看出，泡沫在含水较高的孔隙中形成较为容易，并且泡沫比较细小丰富，泡沫基本上充满了整个介质；泡沫在含水较低的孔隙中形成较为困难，并且稳定性较差，在短时间里迅速破灭。由此可知，随含油饱和度的增加，泡沫密度减小，封堵能力降低。

（a）低含油饱和度　　（b）高含油饱和度

图 7.35　同一模型不同位置上的泡沫形态

不同渗透率双管模型驱油试验模拟了地层非均质条件下的驱油状况。图 7.36 为高、低渗透率模型产液百分数曲线。可以看出，注水后期高渗管产液量为 100%，低渗管不产液；注入低张力泡沫段塞后，高渗管产液量减少，低渗管产液量增加，并且低渗管产液量一直高于高渗管，从而证实了低张力复合泡沫具有更好的封堵高渗层的能力，更有利于增大波及体积、提高低渗层采收率。

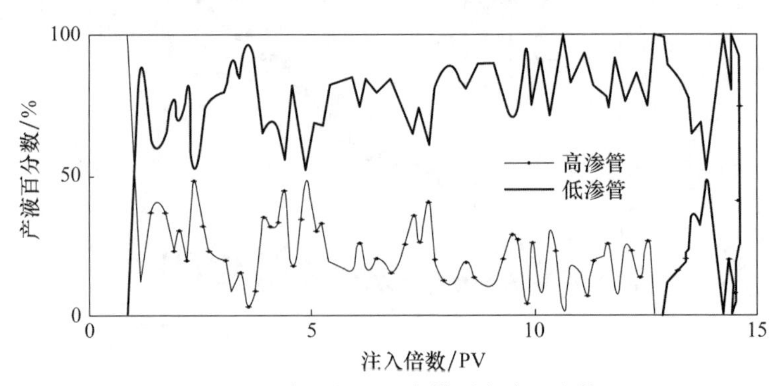

图 7.36　高、低渗透率模型产液百分数

第二节　非均相复合驱驱油体系渗流规律

非均相复合驱是将黏弹性颗粒驱油剂（PPG）、聚合物、表面活性剂组合在一起的驱油方式，是近年来针对高温高盐油藏、聚合物驱后油藏、非均质严重油藏等系列苛刻油藏条件开发而建立的新型驱油技术。

一、有效封堵

PPG 颗粒注入过程中首先以堆积封堵作用为主，形成较高的阻力系数，达到启动压力时颗粒会变形通过孔喉，达到深部运移的目的（Jiang and Hang，2014；姜祖明等，2015）。

图 7.37 和表 7.1 是黏弹性颗粒驱油剂（PPG）与聚合物在多孔介质中的运移封堵结构。可以看出，聚合物作为均匀溶液，在岩心中运移较平稳，岩心各测压点压力几乎同时呈规律性增高，但封堵效果不明显，岩心进口的注入压力最高不到 0.04MPa。由于黏弹性颗粒驱油剂具有较好的黏弹性，其在多孔介质中能建立良好的流动阻力，注入黏弹性颗粒驱油剂后压力上升明显，最高注入压力为 0.35MPa，有明显的封堵效果；且黏弹性颗粒驱油剂颗粒在岩心孔隙中不断重复堆积—压力升高—变形通过—压力降低的过程，实现了在岩心内部的运移并进入岩心深部，产生了良好的调驱效果。在后续水驱阶段，黏弹性颗粒驱油剂的继续运移使驱替过程持续有效，测压点的压力缓慢下降说明后续水驱岩心渗透率恢复能力较好。

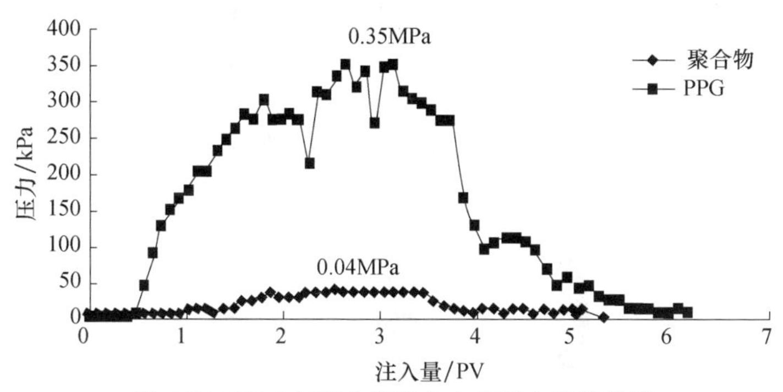

图 7.37　PPG 与聚合物岩心内部压力传递曲线

表 7.1　PPG 与聚合物阻力系数和残余阻力系数

样品	阻力系数	残余阻力系数
聚合物	12	1.8
PPG	154	4.2

不同粒径PPG在不同渗透率下的渗流特征结果如图7.38所示。在$250\times10^{-3}\mu m^2$渗透率下，60～100目及100～150目颗粒难以注入，150～200目颗粒在1/4处压力上升明显，可在岩心内部运移，能适用于低渗条件；在$1500\times10^{-3}\mu m^2$、$8000\times10^{-3}\mu m^2$渗透率下，60～100目、100～150目及150～200目三种粒径颗粒均可进入岩心内部，且颗粒粒径越大，封堵能力越强。

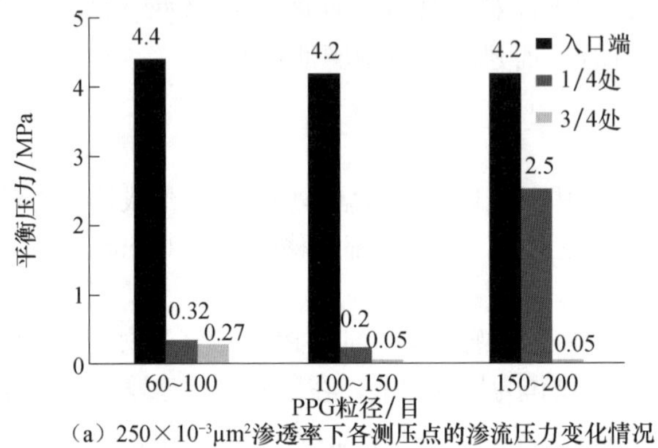

（a）$250\times10^{-3}\mu m^2$渗透率下各测压点的渗流压力变化情况

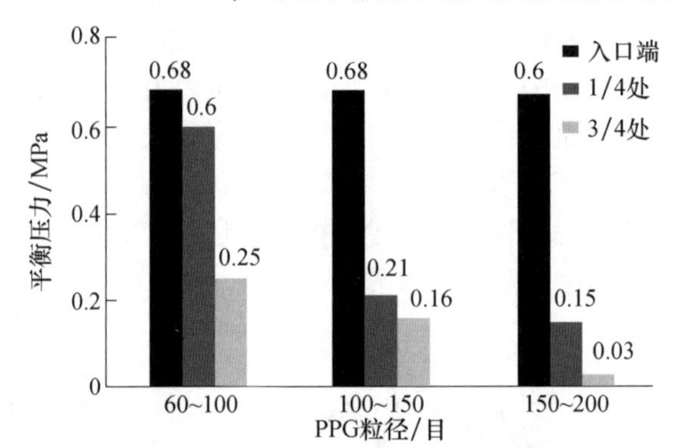

（b）$1\,500\times10^{-3}\mu m^2$渗透率下各测压点的渗流压力变化情况

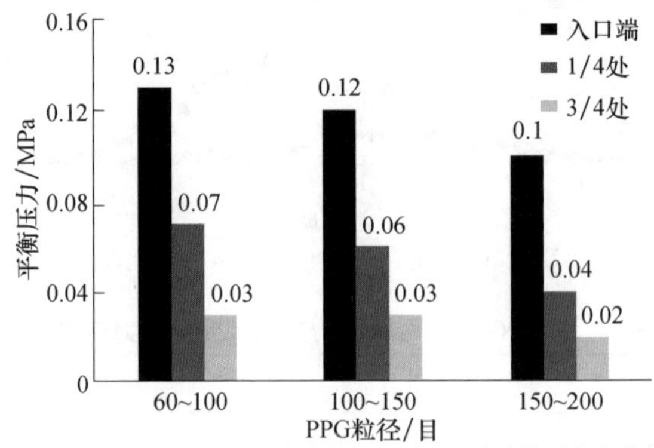

（c）$8\,000\times10^{-3}\mu m^2$渗透率下各测压点的渗流压力变化情况

图7.38　不同粒径PPG在不同渗透率下的渗流压力变化情况

在此基础上，研究发现，黏弹性颗粒驱油剂与地层渗透率之间存在一定的配伍关系，只有当地层渗透率与颗粒尺寸相匹配时，非均相复合驱体系才能有效地实现调驱、封堵等作用效果。由此可见，黏弹性颗粒驱油剂的粒径与油藏的渗透率、孔喉的配伍关系直接影响着产品的筛选、配方设计及矿场应用。通过对上述物理模拟试验结果进行汇总处理，得到了黏弹性颗粒驱油剂与地层孔喉尺寸的关系（图 7.39），即黏弹性颗粒驱油剂溶胀后粒径中值与孔喉直径之比小于 50 时，PPG 在多孔介质中主要以运移为主；黏弹性颗粒驱油剂溶胀后粒径中值与孔喉直径之比在 50～90 时，PPG 在多孔介质中可产生良好的调驱效果；黏弹性颗粒驱油剂溶胀后粒径中值与孔喉直径之比在 90～120 时，PPG 在多孔介质中主要以运移为主；黏弹性颗粒驱油剂溶胀后粒径中值与孔喉直径之比在大于 120 时，PPG 在多孔介质中易发生端面封堵现象。

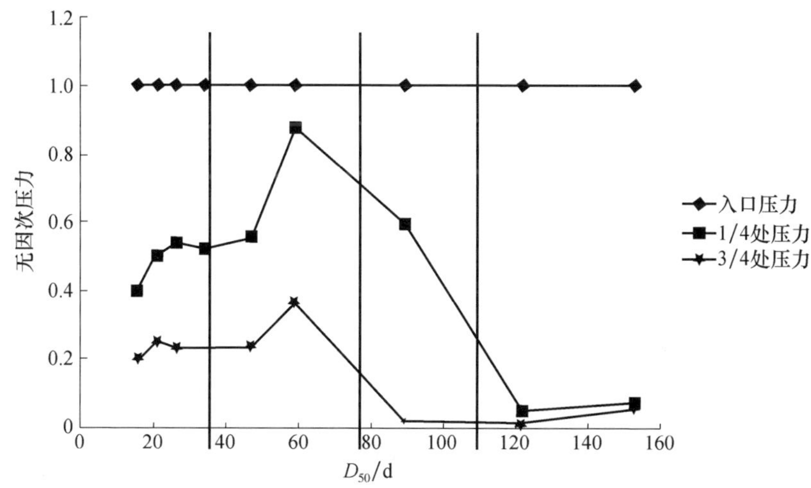

图 7.39　不同粒径黏弹性颗粒驱油剂在不同渗透率模型中无因次压力变化图

二、液流转向

PPG 颗粒能够在岩心中不断地变形通过、运移，并且在后续水驱阶段持续有效，能够继续发挥剖面调整作用，具有长期持续的剖面调整和驱替能力。

图 7.40 和图 7.41 体现了非均相复合驱体系扩大波及体积的另一个原因，即液流转向作用。由结果可以看出，聚合物注入后，高渗模型产液百分数由 75%下降至 55%，低渗模型产液百分数由 25%升至 45%，岩心非均质性得到改善，但转后续水驱后开始变差，总注入量达 2.5 倍孔隙体积后，调整非均质性基本失效。在聚合物驱后注入非均相体系后，出现了低渗模型产液百分数超过高渗模型的现象，高渗模型的分流量由近 98%迅速下降至 5%，低渗模型分流量由约 2%迅速上升至 95%，且因 PPG 非连续性运移，分流量出现波动性变化。这种分流量调整在后续

水驱阶段持续有效。总体来说，非均相复合驱体系注入曲线的波动反映了孔隙级别的“驱替—堵塞—驱替”交替过程，流体转向能力优于聚合物，可以实现高低渗分流量的反转。

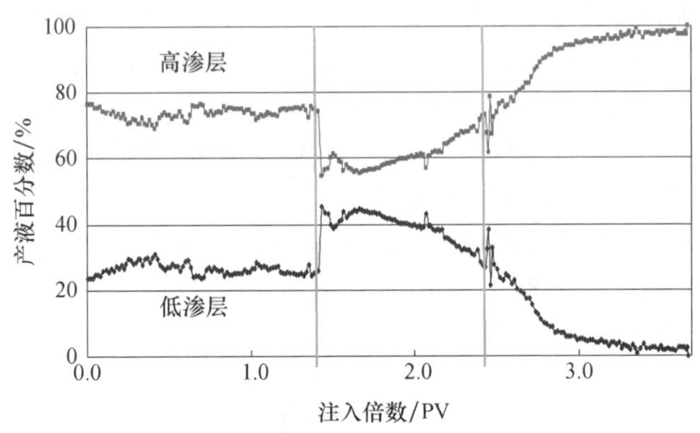

图 7.40　聚合物体系分流量曲线

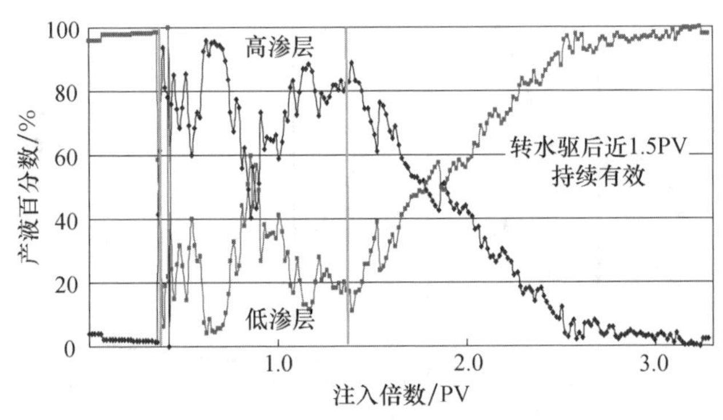

图 7.41　非均相复合驱体系分流量曲线

利用 2cm×2cm 玻璃蚀刻模型观察非均相复合驱体系的微观驱油过程，如图 7.42 所示。在微观驱油过程中，初始阶段非均相复合驱体系进入易流动区中间低渗区，随后模型上部高渗区被驱动，随着黏弹性颗粒驱油剂的运移封堵，模型下半部低渗区被驱动，最终将原油驱出。

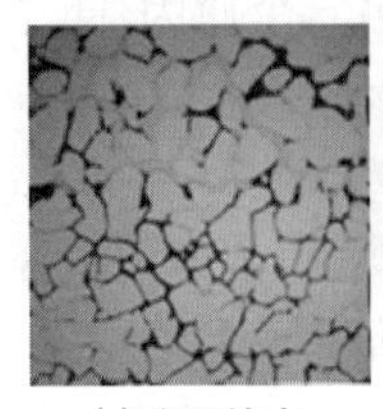
(a)聚驱结束

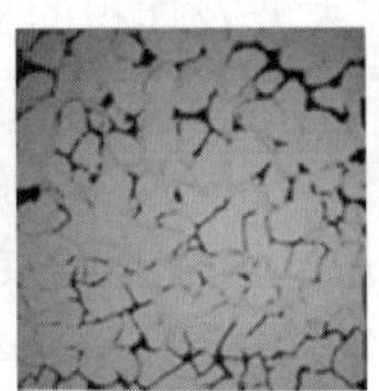
（b）中间低渗驱动

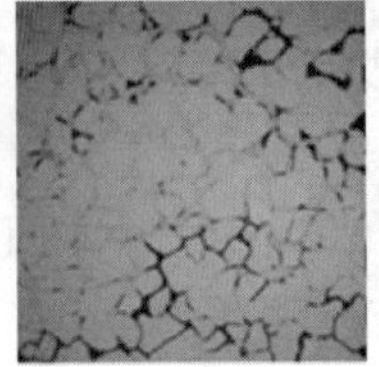
（c）上部高渗驱动

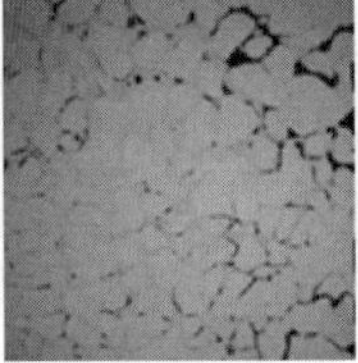
（d）下部低渗驱动

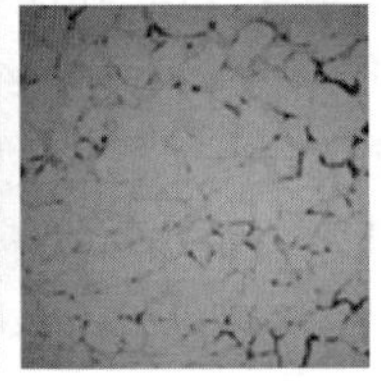
（e）结束

图 7.42　非均相复合驱体系微观驱油实验结果

三、均衡驱替

PPG 优先进入高渗区域，随着注入量的增加，高渗区域颗粒累加导致压力升高，形成封堵墙，使 PPG 转向低渗区域，驱替低渗区域剩余油，从而保证 PPG 在非均质岩心中均匀推进。

采用可视填砂模型进一步明晰黏弹性颗粒驱油剂的渗流规律及运移特征。分布图如图 7.43 所示。注入过程中，黏弹性颗粒驱油剂在非均质条带中能够较均匀地推进。这是因为：当模型中刚开始注入 PPG 时，黏弹性颗粒驱油剂会优先进入高渗透层，随着其注入量的增加，颗粒会堵塞在高渗透层的孔隙和喉道处，造成该处压力升高，渗透率降低，流动阻力增大，从而使后续的液流转向至低渗透层流动；由于黏弹性颗粒驱油剂具有一定的黏弹性，当压力升高到足以使某一条带中堵塞的颗粒变形通过喉道时，该条带又开始流入黏弹性颗粒驱油剂。在整个注入过程中黏弹性颗粒驱油剂不断地通过堵塞—压力升高—变形通过的方式在各个渗透率条带中进行交替封堵，使液流不断转向，从而使黏弹性颗粒驱油剂更好地在不同渗透率条带中较为均匀地推进，明显改善模型的非均质性。研究表明黏弹性颗粒驱油剂具有交替封堵、均匀驱替的特点，能够显著改善油藏的非均质性，提高驱替效率。

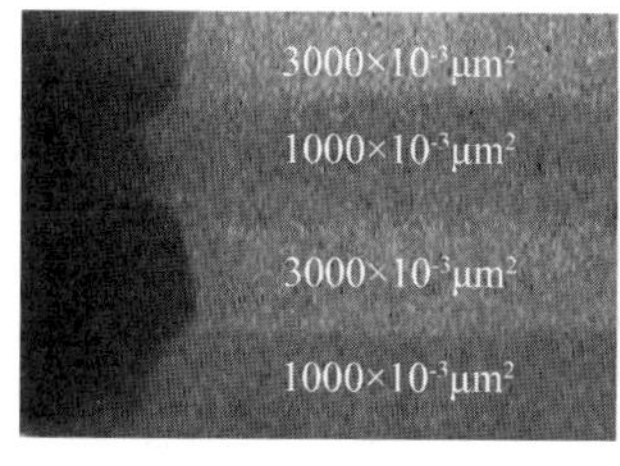

（a）0.3PV

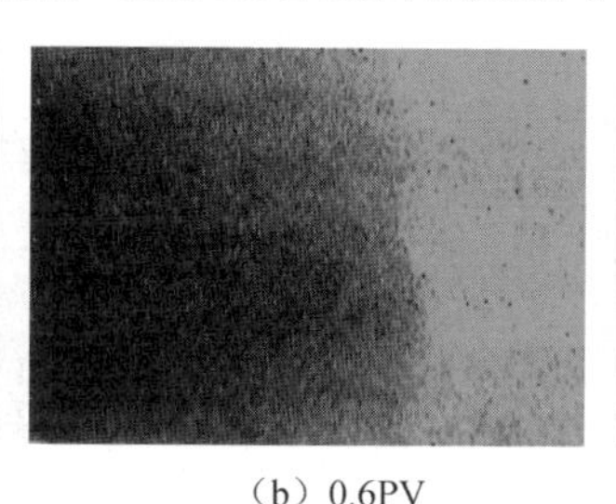

（b）0.6PV

（c）0.9PV

图 7.43 PPG 注入过程中在非均质模型中的分布图

四、调洗协同

PPG 通过剖面调整扩大波及区域，使二元体系能够进入剩余油富集的低渗区域，改善低渗油藏的开发状况，从而大幅度提高采收率。

通过可视化物理模拟驱替平面模型实验考察非均相复合驱油体系各组分调剖与洗油效率之间的协同作用，结果见表 7.2 和图 7.44。结果表明，非均相复合驱各组分间具有良好的协同作用。

表 7.2 不同驱替方式提高采收率对比结果

聚合物驱后的驱替方式	活性剂驱	聚驱	BPPG 驱	非均相驱
与井网调整相比提高采收率/%	0.65	3.98	6.26	15.09

聚驱后
活性剂驱

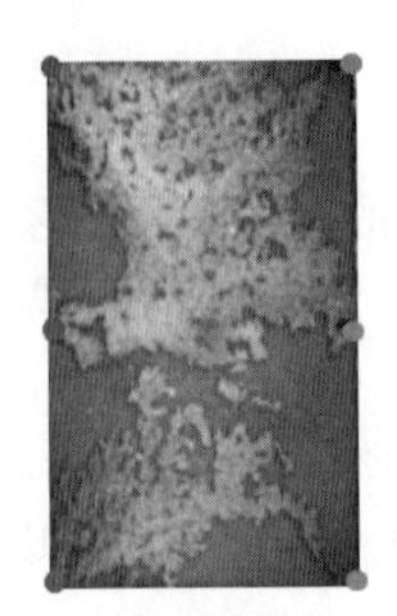

聚驱后
聚合物驱

聚驱后
PPG驱

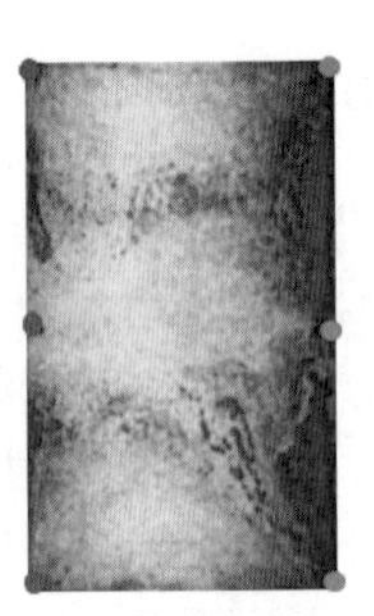

聚驱后
非均相驱

图 7.44　可视化物理模拟驱替平面模型实验

第八章　加合增效在化学驱油体系设计中的应用

为解决单一聚合物驱提高采收率幅度有限（6%～10%）、三元复合驱含碱结垢、乳化严重的难题，开展了表面活性剂致效机制研究，揭示了阴、非离子表面活性剂加合增效机制，认为在无碱条件下可实现超低油水界面张力，提出了“油剂相似富集，阴非加合增效，聚表抑制分离”的二元复合致效机理，指导研发新型复合驱油体系，实现了二元复合驱油技术的工业化应用。

针对Ⅲ类高温高盐油藏、Ⅳ类大孔道油藏和聚合物驱后油藏提高采收率的难题，从微观机理入手，开展驱油剂与原油、驱油剂之间、驱油剂与岩石之间的相互作用及驱油剂在多孔介质中的渗流机制研究，阐明加合增效的途径与条件，提出了驱油剂加合增效理论，指导研发了非均相复合驱、强化聚合物驱、乳液表面活性剂驱、低张力泡沫驱等新型驱油体系，创新形成了多元多相组合式驱油方法，扩大了化学驱的应用范围。

第一节　二元复合驱油体系设计

为了克服三元复合驱的弊端，胜利油田开展了无碱二元复合驱油体系研究，并于2003年9月开展了国内第一个二元驱先导试验——孤东七区西 $Ng5^4$-6^1 单元二元复合驱先导试验，试验取得明显的降水增油效果，目前二元复合驱油技术已经在胜利油田Ⅰ类高温高盐油田工业化推广（赵方剑等，2015）。

孤岛油田东区是受构造控制的Ⅱ类高温高盐普通稠油油藏，地层温度71℃，配注水钙、镁离子230mg/L，地面原油黏度1 500～3 000mPa·s。1975年6月投入开发，1978年3月注水开发，目前已进入特高含水开发阶段，综合含水95.0%。针对这类油藏特点如何更大幅度地提高采收率急需研究人员深入研究，特别是针对Ⅱ类油藏配方体系该如何设计，因此开展孤岛东区高温高钙稠油油藏二元复合驱配方设计将为同类型油藏提高采收率研究提供指导。

一、油剂相似富集

（一）普通稠油油藏石油磺酸盐界面张力

1. 矿场在用二元驱配方界面张力

超低油水界面张力是评价二元复合驱活性剂配方活性的关键。孤岛东区属于高温高盐III-2类普通稠油油藏，胜利油田Ⅰ类油藏二元驱矿场应用配方对该类油藏原油的适应性研究。从表8.1中结果可以看出，无论是孤岛油田其他单元还是孤东油田应用效果很好的活性剂配方，均不能使该区块油水界面张力达到超低，必须选择新的活性剂开展体系设计。

表8.1　二元驱矿场应用配方在孤岛东区的适应性

序号	体系	IFT/(mN/m)	备注
1	0.3% SLPS+0.1% P1709	1.3×10^{-1}	孤岛中一区配方
2	0.2% SLPS+0.1% W-5	6.9×10^{-2}	孤岛B61配方
3	0.27% SLPS+0.13% YD3	1.7×10^{-2}	孤东六区配方
4	0.3% SLPS+0.1% 1#	1.7×10^{-2}	孤东七区配方

2. 石油磺酸盐当量分布对界面张力的影响

磺酸盐类活性剂是目前应用最为广泛的驱油活性剂，特别是石油磺酸盐，来源于原油，与原油适应性好，在疏水尾链含碳数相同的情况下，含芳环、支化程度高的表面活性剂结构与原油相似，既有利于界面活性发挥，又有利于界面有序、密集排布，界面效能更高，降低原油界面张力的能力强（王帅等，2012）。但是从表8.2中结果可以看出，不同厂家生产的不同类型的单一磺酸盐活性剂也不能使该区块油水界面张力达到超低，从SLPS质谱扫描图8.1可以看出，对于胜利油田Ⅰ类油藏应用的SLPS其分子当量（质荷比）主要分布在150～350（王红艳，2006）。而孤岛东区原油属于稠油油藏，其胶质沥青质含量较高，平均分子量为420，因此必须提高石油磺酸盐分子量才能更好地适应孤岛东区原油降低界面张力的要求。增加了SLPS中大分子量成分，使其分子当量为380～480的分布从Ⅰ类油藏的10%增加到40%，如图8.2所示，分子当量小于300的分布减少到30%，SLPS分子当量增加后活性增加，界面张力值下降了一个数量级。

表8.2　磺酸盐类活性剂界面张力试验

序号	体系	IFT/(mN/m)
1	0.3% SLPS-0	1.2×10^{-1}
2	0.3% MPS-1	球
3	0.3% MPS	1.0×10^{-1}
4	0.3% AOS	3.7×10^{-2}
5	0.3% SYPS-1	1.8×10^{-1}
6	0.3% SY-4	1.6×10^{-1}

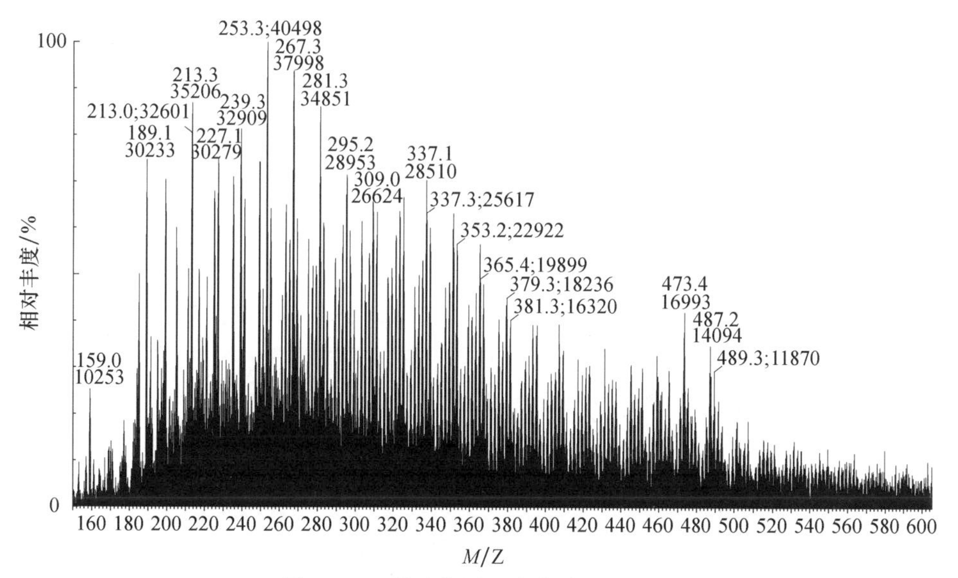

图 8.1 Ⅰ类油藏用石油磺酸盐质谱图

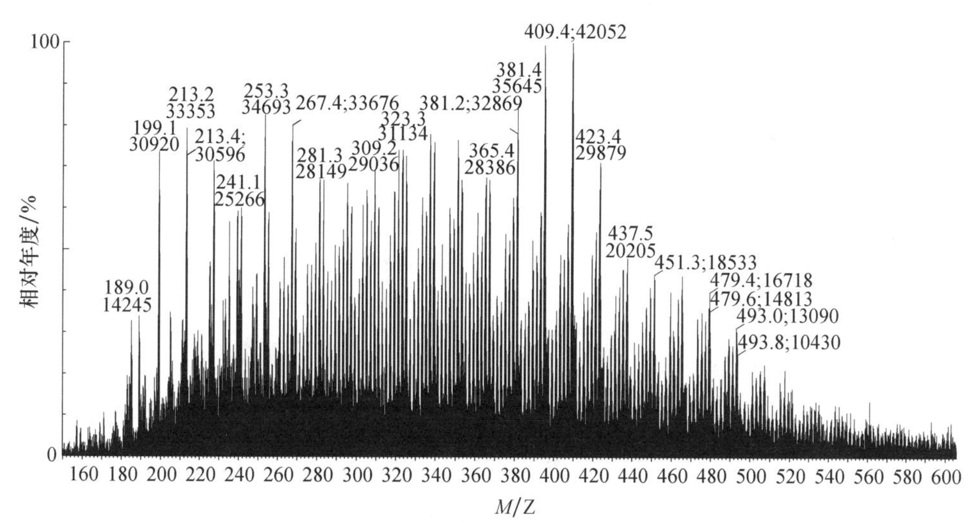

图 8.2 Ⅱ类油藏用石油磺酸盐质谱图

（二）阴非复配方界面张力的影响

有效降低油水界面张力、控制化学剂的吸附损耗与色谱分离是二元复合驱的技术关键。磺酸盐表面活性剂的界面效率高，但其分子在油水界面并非均匀吸附，达到饱和吸附时，界面层内仍存在大量空腔，界面饱和吸附量低。选择极性头尺寸适当的非离子型表面活性剂，其分子簇“楔入”界面层中离子型表面活性剂的空腔，界面上表面活性剂的吸附总量增大，可使界面张力进一步降低（周国华等，2002）。加入碳链匹配的烷醇酰胺类非离子型表面活性剂 gd-1，使之形成的“分子簇”尺寸与石油磺酸盐形成的界面层空腔尺寸匹配，从图 8.3 与图 8.4 界面张力对比结果可以看出，I 类油藏用石油磺酸盐与 gd-1 活性剂与孤岛东区原油界面张力只有 10^{-2}mN/m。而 II 类油藏用石油磺酸盐与 gd-1 活性剂与孤岛东区原油界面张力可以达到 10^{-3}mN/m。

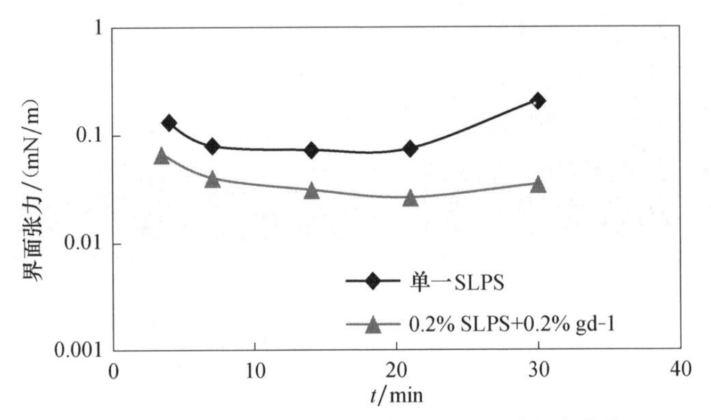

图 8.3　I 类油藏用石油磺酸盐配方界面张力曲线

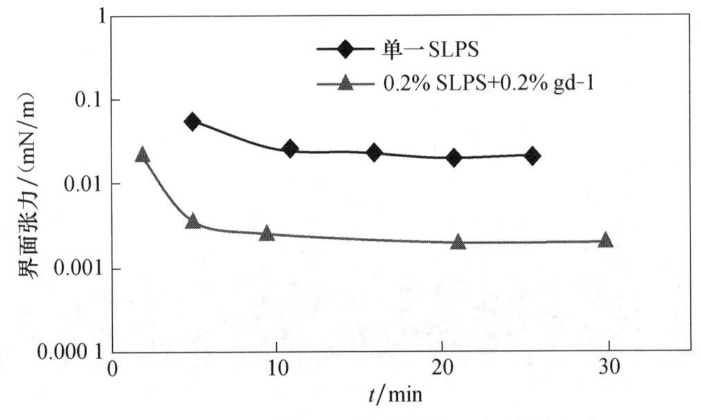

图 8.4　II 类油藏用石油磺酸盐配方界面张力

二、阴非加合增效

二元驱中应用的主表面活性剂为石油磺酸盐，它是一种阴离子表面活性剂，而油田地层水中钙镁离子含量较高，易形成石油磺酸钙沉淀（石油磺酸盐的溶度积 $K_{sp}=10^{-8}\sim10^{-9}$）。由于电性作用石油磺酸钙晶体易聚集形成大颗粒沉淀，所以要求体系在高钙镁条件下仍能保持良好的低界面张力。

（一）单一磺酸盐体系抗钙、镁能力

配置 0.4%石油磺酸盐活性剂，SLPS 以孤岛东区注入水为基础，加入 $CaCl_2$，观察现象，测定界面张力。

实验结果见表 8.3，加入 Ca^{2+}浓度小于 300mg/L 时体系稳定，浓度大于 400mg/L 时发生浑浊现象，到了 500mg/L，体系中溶剂全部沉淀，静置后变成澄清透明溶液。随着钙离子浓度的增加，界面张力增加。磺酸盐阴离子表面活性剂耐温性能好，但抗盐能力差。

表 8.3　单一 SLPS 体系抗钙能力

加入 Ca^{2+}浓度/(mg/L)	实验现象	界面张力/(mN/m)
0		5.2×10^{-2}
200	轻微混浊	6.7×10^{-2}
300	轻微混浊	6.8×10^{-2}
400	溶液混浊	8.7×10^{-2}
500	溶液浑浊产生颗粒沉淀	3.7×10^{-1}

（二）磺酸盐复配体系抗钙、镁能力

增大石油磺酸钙的溶度积的途径有两种：①改变磺酸盐结构，增加疏水链的支链则不易生成石油磺酸钙沉淀，当磺酸盐疏水链为支链时，由于体积的作用有助于阻止沉淀的生成，但是改变胜利石油磺酸盐的结构比较困难；②改变地层条件（温度 *T*、压力 *P* 或加入助剂），但是对于一定的地层温度压力是一定的，只有通过加入结构适宜的助表面活性剂增大石油磺酸钙的溶度积。

对于生成的石油磺酸钙沉淀，加入助剂后在水溶液中解离生成的阴离子在与微晶碰撞时，会发生物理化学吸附现象而使微晶表面形成双电层。加入的表面活性剂的链状结构可吸附多个相同电荷的微晶，它们之间的静电斥力可阻止微晶的相互碰撞，从而避免了大晶体的形成。在吸附产物又碰到其他离子时，会把已吸附的晶体转移过去，出现晶粒的均匀分散现象。从而阻碍晶粒间及晶粒与金属表面间的碰撞，减少溶液中的晶核数，进而将稳定在水溶液中。

配置 0.3%石油磺酸盐 SLPS＋0.1%gd-1 活性剂，以孤岛东区注入水为基础，加入 $CaCl_2$，观察现象，测定界面张力，实验结果见表 8.4。

表 8.4　抗 Ca^{2+}、Mg^{2+}能力实验结果

加入 Ca^{2+}浓度/(mg/L)	实验现象	界面张力/(mN/m)
300	均匀溶液	2.1×10^{-3}
450	均匀溶液	3.8×10^{-3}

续表

加入 Ca^{2+}浓度/(mg/L)	实验现象	界面张力/(mN/m)
550	均匀溶液	9.2×10^{-3}
650	溶液浑浊	4.6×10^{-2}
800	溶液浑浊，产生黑色颗粒沉淀	1.14×10^{-1}

实验发现，加入 Ca^{2+}浓度在 300～550mg/L 时体系稳定，界面张力均能达到超低：浓度大于 650mg/L 时发生浑浊现象；浓度大于 800mg/L 时，体系中的溶剂开始沉淀，静置后变成澄清透明溶液。随着钙、镁离子浓度的增加，界面张力增加。

由于孤岛东区属于高温高钙油藏，活性剂配方体系的抗钙能力需要提高，石油磺酸盐的抗钙能力有限，对比表 8.3、表 8.4 可以看出，由于生成石油磺酸钙沉淀，单一 SLPS 的界面张力随着钙离子浓度的增加而变差，而选择的 gd-1 活性剂与其 3∶1 复配后，钙离子浓度达到 500mg/L 界面张力均能达到超低，说明 SLPS 与非离子活性剂 3∶1 复配界面活性与抗钙能力最佳。

三、聚表抑制分离

（一）聚合物对活性剂色谱分离的影响

表面活性剂的吸附损耗是制约化学驱油应用的重要因素，影响化学驱提高采收率的效益甚至成败。对于表面活性剂复配体系，由于不同表面活性剂的吸附差异等因素会造成色谱分离，影响驱油效果，因此控制色谱分离非常重要。吸附机制研究表明，离子型表面活性剂在固体表面的吸附以电性相互作用为主，非离子表面活性剂的吸附以极性相互作用为主，均可以用 Langmuir 吸附等温线描述（式 8-1），

$$\Gamma=\frac{ac}{1+bc} \tag{8-1}$$

式中，a 为吸附常数 1；b 为吸附常数 2；c 为表面活性剂浓度。

复配表面活性剂体系因吸附产生的色谱分离与表面特性吸附常数 a 之比有关，定义两种表面活性剂的特性吸附常数之比为色谱分离参数，选择合适的表面活性剂可使色谱分离控制在合理的范围内，使复配表面活性剂体系在油藏内保持超低界面张力。对于磺酸盐型表面活性剂与非离子型表面活性剂，其特性吸附常数 a 之比应控制在 5 以内，色谱分离不会影响体系达到超低界面张力（图 8.5）。

聚合物占据固体表面的吸附位可降低表面活性剂的吸附损耗，表面活性剂复配也可以降低单剂的吸附损耗。以吸附常数比为指标优化表面活性剂结构，能够抑制色谱分离。这些新认识为控制表面活性剂的吸附损耗和色谱分离指明了方向。

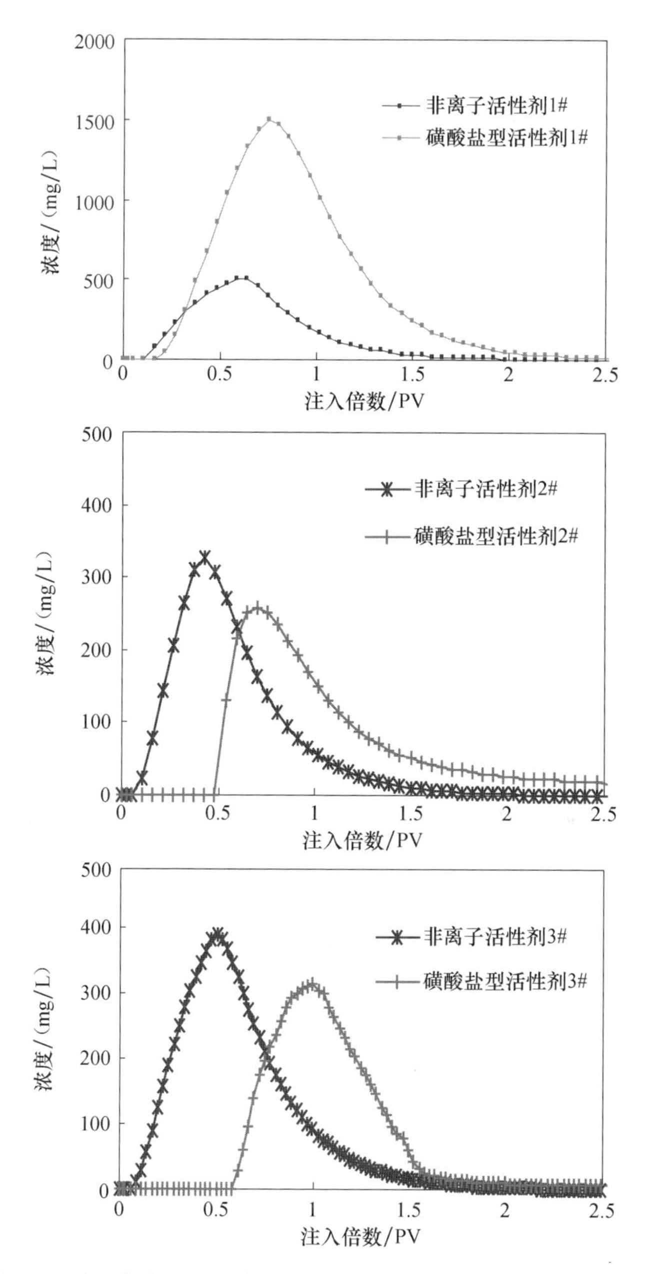

图 8.5 不同磺酸盐型/非离子型表面活性剂复配体系的色谱分离图

（二）聚合物对体系界面张力的影响

由聚合物与表面活性剂相互作用可知，活性剂体系中加入聚丙烯酰胺类聚合物，会存在一定的相互作用，因此在设计完成活性剂配方后需开展聚合物对活性剂体系界面张力试验。在（0.3%胜利石油磺酸盐 SLPS+0.1% gd-1 活性剂）复配体系中加入 1500mg/L 的 1#、5#聚合物，由于体系黏度的增加，使得活性剂由水相向油水界面扩散速率减慢，因而使得达到超低界面张力时间加长，但是最低界面张力的数量级并没有发生太大变化，这表明加入聚合物后仍能保持好的降低界面张力的能力（图 8.6）。

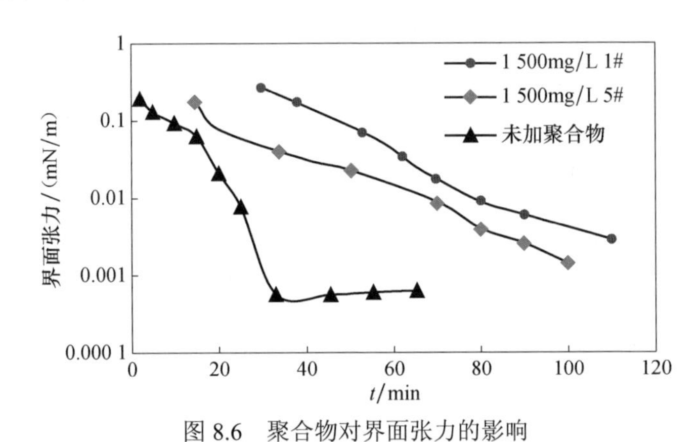

图 8.6　聚合物对界面张力的影响

（三）聚合物与活性剂之间的协同效应

通过单一聚合物（1500mg/L）、复配活性剂体系（0.3%胜利石油磺酸盐 SLPS 与 0.1% gd-1 活性剂）、聚合物+复配活性剂体系驱油试验，结果见表 8.5。聚合物+复配活性剂体系提高采收率幅度比单一聚合物、复配活性剂体系结果之和大，表明聚合物与表面活性剂在提高原油采收率上的作用并非简单的加合。在岩心中滞留的聚合物可以阻碍活性剂运移速率，增加活性剂与原油的接触时间。另外，聚合物扩大了活性剂的波及体积，增加了活性剂与原油的接触空间，从而更大幅度地提高原油采收率。

表 8.5　聚合物与表面活性剂的协同效应结果

编号	注入体系	注入段塞/PV	提高采收率/%
1	单一聚合物（A）	0.3	11.5
2	0.3% SLPS+0.1% gd-1（B）	0.3	2.3
3	A+B	0.6	18.6

同等经济和相同段塞大小条件下，不同驱油体系提高采收率试验对比（表 8.6）可以发现，聚合物与活性剂复配的二元体系驱油效果好于单一聚合物驱。

表 8.6　与聚合物相同经济条件下的对比

模型编号	配方	提高采收率/%
11#	0.3% SLPS+0.1% gd-1+0.15% P	18.1
18#	0.15% P（0.54PV）	15.2
6#	0.15% P（0.3PV）	11.7

在该区块油水条件下，0.3%石油磺酸盐界面张力可达 10^{-2}mN/m 数量级。在此基础上，选择疏水碳链长度适中、特性吸附常数 a 与石油磺酸盐接近的非离子型表面活性剂作为复配表面活性剂，填充石油磺酸盐在油水界面的空腔，提高表面活性剂的界面密度，在石油磺酸盐浓度为 0.1%～0.45%、非离子表面活性剂浓度为 0.05%～0.15%的较宽浓度范围内油水界面张力达到 10^{-3}mN/m 数量级。

四、矿场应用

孤岛油田东区北 Ng3-4 单元地质储量 1092×10^4t，注入井 45 口，受效油井 70 口，综合含水为 94.7%，2008 年 7 月 5 日投注，2010 年 1 月 1 日注入二元主体段塞，从图 8.7 孤岛东区北 Ng3-4 二元驱生产曲线可以看出，二元驱效果明显，目前含水为 80.4%，降低了 14.3 个百分点，日油也从 279t/d 上升到了 791t/d。2014 年 9 月已经累计增油 49.6×10^4t，提高采收率 4.54%，预测提高采收率 9.3%。孤岛东区矿场试验的成功为今后高温高钙稠油油藏复合驱配方设计提供了有力支持。

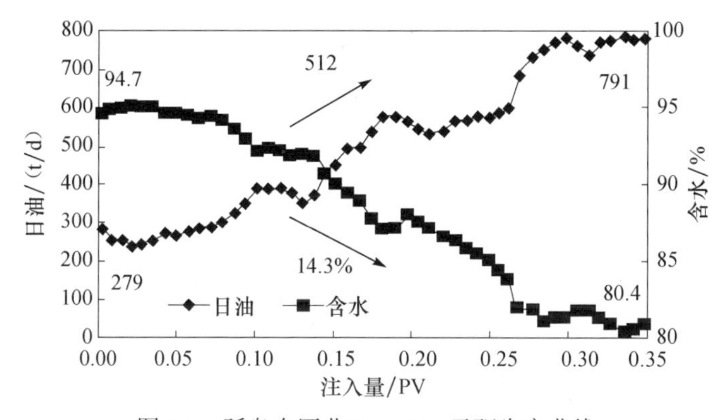

图 8.7　孤岛东区北 Ng3-4 二元驱生产曲线

第二节　泡沫复合驱油体系设计

一、低张力泡沫剂的研制

低张力泡沫体系与强化泡沫体系相比体系组成简单，但是体系设计的难度大幅度增加。分子工程学研究认为，低张力泡沫剂分子存在气液及油水两个界面上，气液界面要求活性剂分子链相对较短，支化度低，形成的泡沫相对稳定；而油水界面要求活性剂分子链相对较长，支化度较高，与油具有一定的相似度，形成的油水界面张力低，因此单一的活性剂分子很难同时达到两种界面对活性剂性能的要求。通过分子模拟，设计出了结构合理的活性剂分子——烷基醇聚氧乙烯醚羧酸盐，可以达到降低张力与良好泡沫性能的双重作用，其结构式为

$$\left.\begin{matrix}R_1\\R_2\end{matrix}\right\rangle CHCH_2O(CH_2CH_2O)_nCH_2COONa$$

通过调节 R_1、R_2 和 n 值，得到不同型号的泡沫剂产品。针对胜二区的地层条件进行了界面性质和泡沫性能的测试，实验结果见图 8.8 和表 8.7。综合考虑产品的起泡性能、降低界面张力性能和经济性，最终确定 3#作为最终产品。

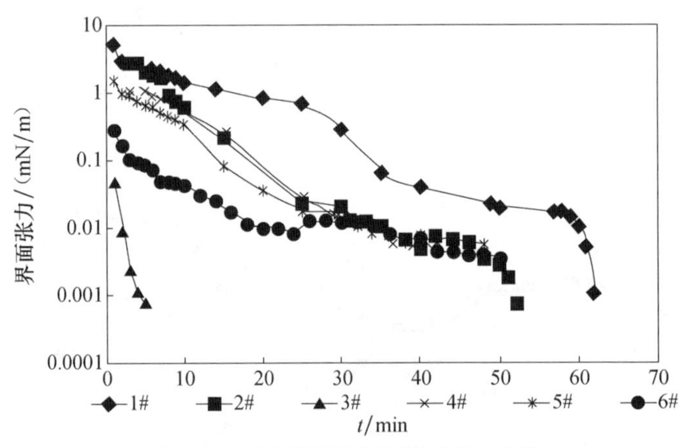

图 8.8　不同型号样品的界面张力曲线

表 8.7　不同型号样品的泡沫性能（Foamscan 法）

样品	发泡体积/mL	泡沫半衰期/min
1#	211	＞133

续表

样品	发泡体积/mL	泡沫半衰期/min
2#	210	＞167
3#	210	＞167
4#	210	＞167
5#	210	＞167
6#	207	32

二、低张力泡沫剂的封堵性能

不同的泡沫体系起泡能力、稳定性不同，在多孔介质中的封堵调剖能力不尽相同，图 8.9 为无油模型低张力泡沫剂 3#封堵能力曲线。从图中低张力泡沫体系封堵能力曲线可以看出，在无油条件下，低张力泡沫剂 3#具有较好的封堵调剖作用，并且不同测压点间压差分布均匀，说明泡沫在多孔介质中具有良好的调剖运移能力。

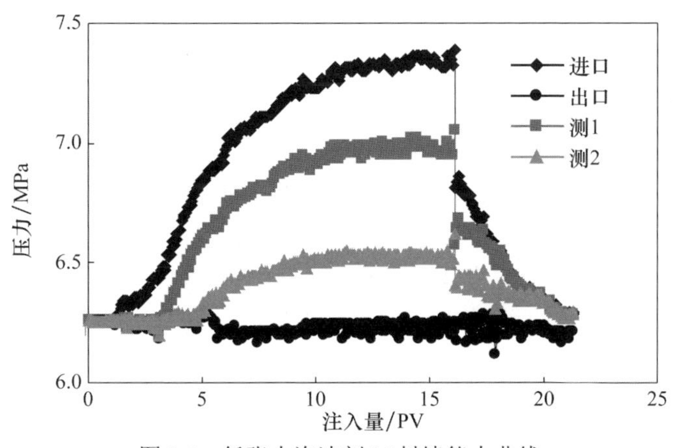

图 8.9　低张力泡沫剂 3#封堵能力曲线

大部分泡沫体系起泡能力强，在静态条件下具有较好的稳定性，但在油藏条件下，形不成良好的封堵作用。因此，测定残余油条件下泡沫体系的封堵能力，是一项测定泡沫优劣的必要参数。图 8.10 为水驱后注入低张力泡沫的封堵压差变化曲线，人造管式模型长度为 30cm，模型渗透率为 2.43μm^2，泡沫剂浓度为 0.5%，原油取自胜二区 2-5X119 井。从曲线可以看出，注入泡沫剂 3#后，其封堵压差和水驱压差相比变化不大，说明泡沫剂 3#在残余油条件下封堵调剖能力较差。因此有必要对泡沫驱油体系进行性能优化。

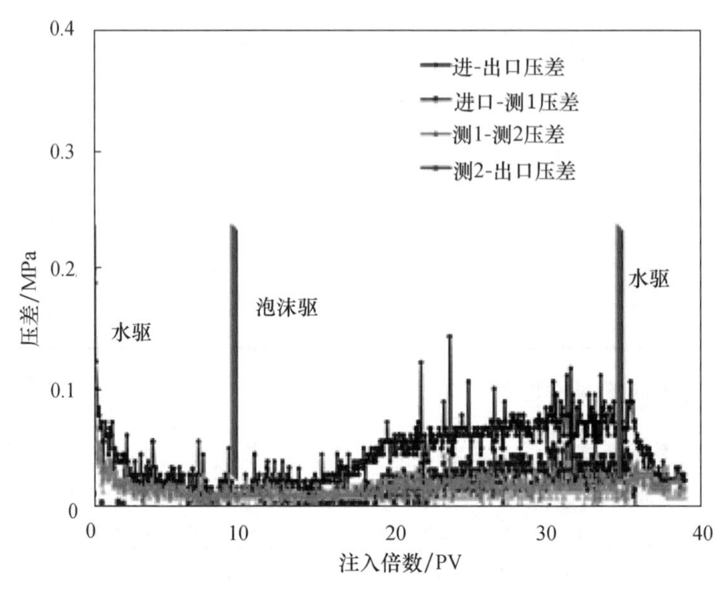

图 8.10　低张力泡沫体系封堵压差变化曲线（文后附彩图）

试验条件，温度 80℃，压力 6MPa，矿化物 17800mg/L

三、低张力泡沫体系的研制及性能评价

（一）低张力泡沫体系的确定

低张力泡沫剂样品 3#具有较好的泡沫及界面性能，但耐油性较差，通过加合增效理论指导，分别将不同类型助剂与 3#进行复配，调整配比，研制出了综合性能较好的低张力泡沫配方体系 DLF-1，与原配方性能对比见表 8.8，可以看出改进后配方界面性能和泡沫性能均得到了提高。

表 8.8　原低张力泡沫剂与改进后性能对比

配方	界面张力/(mN/m)	起泡体积/mL	泡沫半衰期/min
3#	0.0032	205	85
DLF-1	0.0048	210	95

（二）吸附损耗

不同浓度低张力泡沫剂DLF-1 模拟液在油砂上吸附前后的油水界面张力结果见表 8.9。低张力泡沫剂溶液的浓度与最低油水界面张力关系曲线如图 8.11 所示。从图中可以看出，在实验浓度范围内，低张力泡沫剂 DLF-1 模拟液在油砂上吸附前后的油水界面张力没有什么明显的改变，在低浓度条件下（0.05%～0.4%），低张力泡沫剂 DLF-1 的油水界面张力均可达到 10^{-2}mN/m 数量级，在较高的浓度范围内（0.5%～1.0%），低张力泡沫剂 DLF-1 溶液吸附前后的界面张力都能达到超低（10^{-3}mN/m）。

表 8.9　不同浓度 DLF-1 吸附前后油水界面张力值

样品浓度/%	吸附前界面张力/(10^{-2}mN/m)	吸附后界面张力/(10^{-2}mN/m)
0.05	4.08	4.03
0.1	1.85	2.30
0.2	1.61	1.40
0.3	0.90	1.10
0.4	0.09	0.08
0.5	0.11	0.09
0.7	0.06	0.04
1.0	0.07	0.06

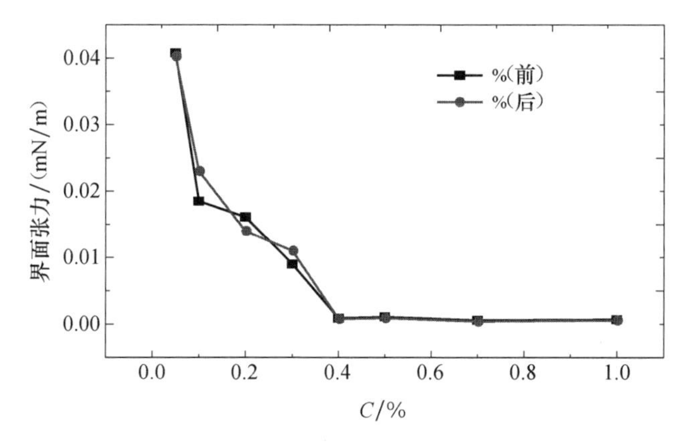

图 8.11　DLF-1 浓度与最低界面张力关系曲线

利用 Foamscan 法对不同浓度低张力泡沫剂 DLF-1 模拟液吸附前后的泡沫性质进行了测定，测定结果见表 8.10。在实验浓度范围内，低张力泡沫剂 DLF-1 模拟液在油砂上吸附后的起泡性能没有发生改变，但在低浓度（0.05%～0.1%）时，低张力泡沫剂溶液的泡沫稳定性稍有降低。

表 8.10　不同浓度 DLF–1 吸附前后泡沫性能数据表

样品浓度/%	吸附前起泡体积/mL	吸附后起泡体积/mL	吸附前泡沫半衰期/min	吸附后泡沫半衰期/min
0.05	201	200	72	70
0.1	204	202	90	80
0.2	203	198	102	90

续表

样品浓度/%	吸附前起泡体积/mL	吸附后起泡体积/mL	吸附前泡沫半衰期/min	吸附后泡沫半衰期/min
0.3	206	206	113	110
0.4	206	205	122	120
0.5	207	205	127	125
0.7	207	206	125	122
1.0	208	208	126	123

结合前面的吸附损耗和油水界面张力结果，主要是由于低张力泡沫剂 DLF-1 模拟液在油砂上吸附损耗很小，所以 DLF-1 溶液浓度在吸附前后没有发生明显的变化，因此其吸附后的油水界面张力和泡沫性质都不发生改变。

（三）洗油性能

分别测定水、DP-4 及低张力泡沫剂 DLF-1 的洗油效率，实验结果如表 8.11 所示，可以看出 DLF-1 的洗油效率远远大于 DP-4 的洗油效率。这一数据在图 8.12 也得到了印证。可以看出，水+原油的颜色几乎透明，DP-4+原油呈现褐色，而 DLF-1+原油已接近黑色，可见 DLF-1 的洗油效果最好。

表 8.11　原低张力泡沫剂与改进后性能对比

配方	水+原油	DP-4+原油	DLF-1+原油
洗油效率/%	2.3	46.2	77.1

图 8.12　洗油性能测试不同样品对比图

（四）耐油性

泡沫剂 DLF-1 主要成分为阴-非离子表面活性剂 3#和阴离子表面活性剂 GM-3。在原油存在的情况下，组分 3#和泡沫剂 DLF-1 的泡沫性能和界面张力值列于表 8.12 中。从表中可以看出，组分 3#的抗油性能较差，仅 13min，加入 GM-3 后，泡沫剂 DLF-1 的泡沫半衰期增长至 21min。随着 GM-3 的加入，体系的泡沫性能逐渐增加。这主要是由于 AEC 分子中存在聚氧乙烯基团，在水溶液中能形成氢键，带有弱正电性，当 AEC 分子插入 GM-3 分子间时，能减弱 GM-3 分子间的静电斥力，增加表面活性剂分子的吸附量，进一步降低表面张力，有利于增大起泡高度；另外，表面活性剂吸附量的增加，增大了溶液的表面黏度，增加了假乳液膜的强度，有利于泡沫的稳定，使得泡沫不易破裂，从而抗油能力增加。

表 8.12　泡沫剂的泡沫性能和界面性能

样品+原油	泡沫半衰期/min	界面张力/(10^{-3}mN/m)
3#0.5%	13	0.11
DLF-10.5%	21	3.44

室温下采用 Waring Blender 法，分别测定单独的泡沫剂溶液和与不同质量原油混合后溶液的发泡体积、泡沫半衰期，实验结果如表 8.13 所示，0.5% DP-4 溶液加 1g 油后起泡体积降低，半衰期大为缩短，与 DLF-1 样品相比耐油性稍差。对于 0.3%的 DLF-1 溶液，随着加油量的增加，其起泡体积降低幅度不是很大，半衰期仍能坚持较长时间，可见其有相对较好的耐油性能。

表 8.13　不同样品的泡沫性能

配方	发泡体积/mL	泡沫半衰期/min
0.3% DLF-1	120	4320
0.3% DLF-1+1g 原油	90	4320
0.3% DLF-1+3g 原油	70	4320
0.5% DP-4	340	2640
0.5% DP-4+1g 原油	240	360

（五）封堵性能

图 8.13 为长 30cm 的人造管式模型上测定的水驱后注入低张力泡沫体系 DLF-1 的封堵压差变化曲线，图 8.14 为驱替过程中阻力因子与注入倍数的关系曲线，其中模型渗透率为 2.70μm^2，采用胜二区 2-5 斜 119 井原油，泡沫剂浓度 0.5%。可以看出，泡沫体系 DLF-1 封堵压差远大于水驱压差，在残油条件下起到了较好的封堵调剖作用。相比之前的体系 3#，封堵压差从 0.08MPa 上升到 0.28MPa，驱油性能更强；阻力因子达到 15，从而证明了该泡沫体系具有很好的泡沫稳定性。

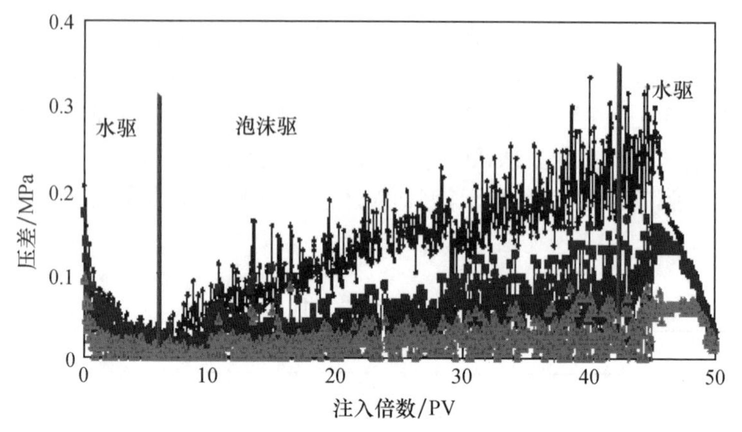

图 8.13　低张力泡沫体系 DLF-1 封堵压差变化曲线（文后附彩图）

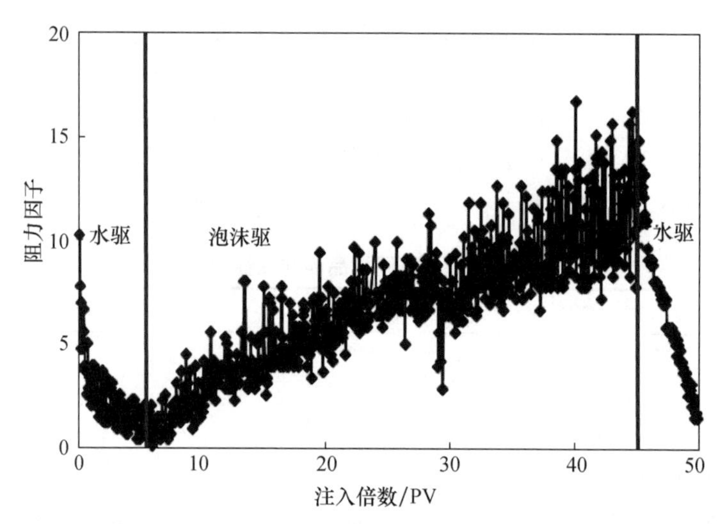

图 8.14　低张力泡沫体系 DLF-1 阻力因子与注入倍数关系曲线（文后附彩图）

（六）驱油性能

泡沫体系的性能最终体现在驱油效果上，泡沫体系的特点在于改善油藏的非均质性，实验采用双管模型模拟油藏的非均质性，实验温度及油水样品模拟胜二区油藏条件，渗透率级差为 1∶3，高渗模型渗透率为 2.1μm^2，低渗模型渗透率为 0.7μm^2。

图 8.15 为双管模型综合采收率及含水变化曲线，图 8.16 为高低渗模型含水百分数曲线。在综合注入模拟地层水后，产出液综合含水达到 98%，转注低张力泡沫体系，由于高渗模型油砂中的残余油被冲洗的相对干净，原油对泡沫的消泡作用减弱，泡沫稳定性增强，综合含水大幅下降，采收率提高 25%，高低渗模型的

产液百分数发生翻转，证明低张力泡沫体系具有选择性封堵的作用，能够大幅度提高低渗模型的采收率。

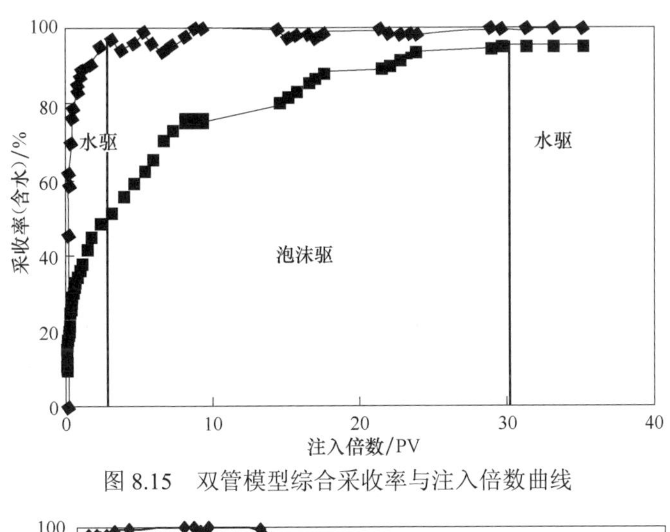

图 8.15　双管模型综合采收率与注入倍数曲线

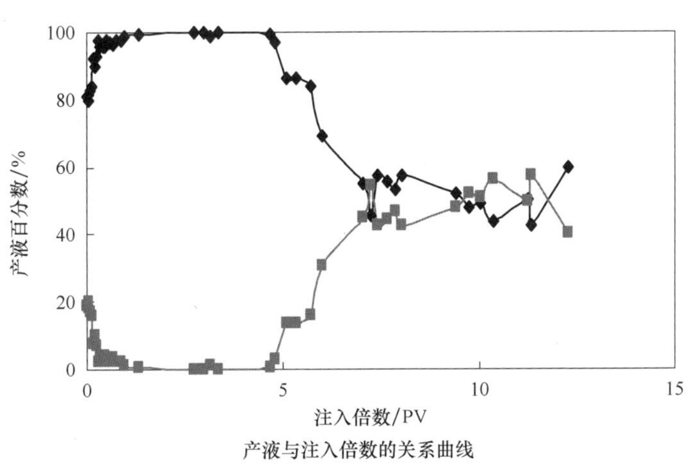

图 8.16　双管模型高低渗模型产液分数曲线

第三节　非均相复合驱油体系设计

一、PPG 与聚合物加合增效作用

在非均相体系中，聚合物具有流度调节、悬浮 PPG 的作用，可防止颗粒沉降。实验测定了不同浓度、不同配比的体系黏度和弹性模量，测试温度为 70℃，注入水矿化度 6684mg/L，确定了聚合物（HPAM）与 PPG 间的最佳配比及浓度结果见表 8.14。

表 8.14　HPAM、PPG 单一及复配体系黏弹性能

样品	c/(mg/L)	表观黏度 η/(mPa・s)	G'/ Pa	δ/(°)
HPAM	1 500	26.4	0.02	84.6
PPG	1 500	24.1	0.52	15.2
PPG+HPAM	1 500+1 500	51.3	1.09	26.6
	1 200+1 200	34.8	1.01	37.9
	900+900	27.8	0.68	32.0

由表 8.14 可知，HPAM 与 PPG 复配后体系弹性模量明显高于 HPAM、PPG 单一体系弹性模量之和，且随着浓度升高，黏度和弹性模量 G' 均呈升高趋势。结合流度比与提高采收率关系（流度比 0.15～0.4），建议使用总浓度为 2 400mg/L。由表 8.15 可知，复配体系总浓度为 2 400mg/L 不变的情况下，聚合物比例增加，黏度升高明显，PPG 含量升高弹性模量升高。综合考虑，选择 PPG 与 HPAM 配比为 1∶1。

表 8.15　HPAM 与 PPG 不同配比复配体系的黏弹性能

样品	c/(mg /L)	表观黏度 η/(mPa・s)	G'/ Pa	δ/(°)
PPG+HPAM	1 200+1 200	34.8	0.95	37.9
	800+1 600	35.5	0.83	22.3
	1 600+800	21.5	0.99	19.6

二、PPG 及聚合物对油-水界面张力的影响

（一）PPG 对油水界面张力的影响

由于非均相复合驱油体系黏度的增加不但影响表面活性剂由体相向界面的扩散速率还会影响表面活性剂在油水界面的高效排布，因此研究前二者对界面张力影响尤为重要。表 8.16 和图 8.17 给出了单一表面活性剂体系及由 PPG、聚合物和表面活性剂组成的非均相复合驱体系的界面张力测试结果。从试验结果来看，非均相复合驱油体系与原油间的界面张力为 5.9×10^{-3}mN/m，比单一表面活性剂体系原油间界面张力略有增加；同时由于非均相复合驱油体系黏度比单一表面活性剂体系黏度大幅增加，使得达到超低界面张力的时间增加，但仍然达到超低界面张力的要求（10^{-3}mN/m 数量级），因此非均相复合驱油体系有较高的驱油效率。

表 8.16　单一活性剂与复合体系界面张力测试结果

体系及组成	界面张力/(mN/m)
单一活性剂（0.2% SLPS+0.2% 1#）	4.7×10^{-3}
非均相体系（0.2% SLPS+0.2% 1#+1 000mg/L PPG+1 000mg/L 5#）	5.9×10^{-3}

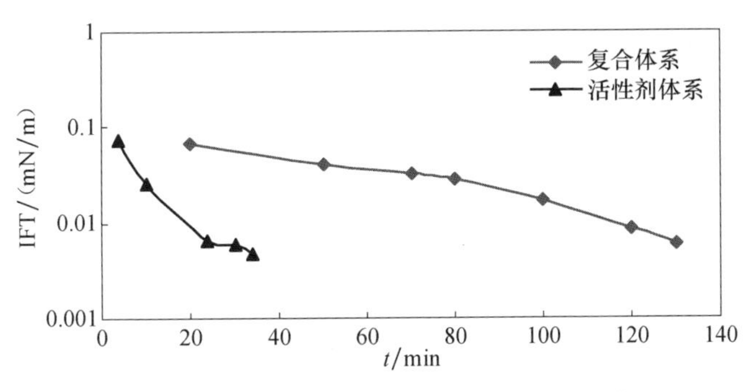

图 8.17　非均相复合驱油体系界面张力测试结果

（二）聚合物对油水界面张力的影响

在各表面活性剂复配体系中加入 1 800mg/L 聚合物，考察了 2#、3#、4#、5# 四种聚合物对界面张力的影响，结果见表 8.17。可以看出，3#聚合物虽然可使体系的界面张力达到超低界面张力，但体系黏度降低；2#、5#、8#三种聚合物不但可使体系的界面张力达到超低水平，同时略有增黏效果，表现出良好的配伍性（孙焕泉等，2007）。

表 8.17　聚合物对复配体系界面张力的影响

序号	体系	IFT/(mN/m)	黏度/(mPa · s)
1	0.18% 2#		26.8
2	0.18% 2#+0.2% SLPS+0.2%GO2-2B1	8.0×10^{-3}	31.9
3	0.18% 2#+0.2% SLPS+0.2%GO2-2B2	5.2×10^{-3}	31.8
4	0.18% 2#+0.2% SLPS+0.2%GO2-2B3	2.7×10^{-3}	28.9
5	0.18% 2#+0.2%　SLPS+0.2% 1#	6.7×10^{-3}	31.7
6	0.18% 3#		28.6
7	0.18% 3#+0.2% SLPS+0.2% GO2-2B1	5.9×10^{-3}	19.8
8	0.18% 3#+0.2% SLPS+0.2% GO2-2B2	1.8×10^{-3}	20.1
9	0.18% 3#+0.2% SLPS+0.2% GO2-2B3	2.2×10^{-3}	20.9
10	0.18% 3#+0.2%　SLPS+0.2% 1#	5.0×10^{-3}	25.0
11	0.18% 5#		28.0
12	0.18% 5#+0.2% SLPS+0.2% GO2-2B1	8.5×10^{-3}	28.3
13	0.18% 5#+0.2% SLPS+0.2% GO2-2B2	4.9×10^{-3}	28.7

续表

序号	体系	IFT/(mN/m)	黏度/(mPa・s)
14	0.18% 5#+0.2% SLPS+0.2% GO2-2B3	1.8×10^{-3}	28.5
15	0.18% 5#+0.2% SLPS+0.2% 1#	6.5×10^{-3}	28.9
16	0.18% 8#		24.1
17	0.18% 8#+0.2% SLPS+0.2% GO2-2B1	6.9×10^{-3}	32.3
18	0.18% 8#+0.2% SLPS+0.2% GO2-2B2	3.8×10^{-3}	26.9
19	0.18% 8#+0.2% SLPS+0.2% GO2-2B3	4.1×10^{-3}	27.5
20	0.18% 8#+0.2% SLPS+0.2% 1#	5.4×10^{-3}	28.6

三、非均相复合驱的色谱分离

非均相复合驱借助的是 PPG、聚合物、表面活性剂各组分之间有效的协同效应来提高体系黏度、降低体系界面张力从而提高驱油体系的波及体积与洗油效率。由于驱油体系所含化学组分多，驱油机理复杂，复合驱各组分在地层运移过程中表现出的吸附滞留与色谱分离是影响非均相复合驱体系驱油效果的重要因素（王红艳，2006；于群等，2015）。因此研究色谱分离目的就是确定化学剂协同效应发挥的最低浓度，指导各化学剂用量，确保矿场实施成功率。

试验条件：温度：70℃；油砂：孤岛中一区 Ng3 油砂。

试验方法：在直径为 1.0cm、长度为 100cm 的模型上进行。试验前对模型抽空、饱和水。注入 0.3PV 的驱替液，然后转水驱，检测出口浓度至浓度为 0 时结束试验。绘制注入倍数与化学剂浓度曲线，图 8.18 为非均相复合驱体系各组分的色谱分离情况。

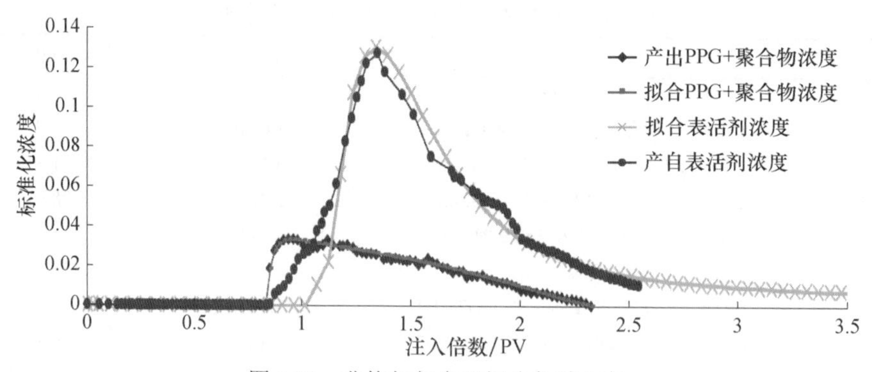

图 8.18 非均相复合驱组分色谱分离

在注入 0.8PV 时，化学剂开始被检测出，其中聚合物与 PPG 最早达到峰值，这是因为聚合物与 PPG 分子量较大，在运移过程中只能进入油砂中的大孔隙，不能进入小孔隙，所以最先出峰。活性剂对油砂的吸附量较大，滞留时间长，所以出峰时间晚。在注入 2.5PV 时化学剂浓度降至较低水平。可以看出非均相复合驱体系各组分之间的色谱分离现象总体并不严重。

四、物理模拟试验

物理模拟试验是室内评价复合驱的一个重要环节。它通过在实验室模拟地层条件（包括地层实际温度、压力、渗透率、含油饱和度等）对筛选配方进行注入浓度、注入段塞、注入时机等实验，可以对配方进行进一步优化，制定合适的注入方案。

（一）体系浓度及配比优化

岩心模型：用石英砂充填的双管模型，长 30cm，直径 2.5cm，高管渗透率为 $3000\times10^{-3}\mu m^2$，低管渗透率为 $1000\times10^{-3}\mu m^2$。

试验步骤：模型抽空饱和水，饱和油，然后水驱至含水 92%～94%，转注化学剂段塞，最后水驱至含水 98%～100%。

为了最大程度地发挥驱油体系的技术优势和驱油效果，开展了非均相复合驱油体系的浓度最优化设计，考察了不同浓度及配比条件下的驱油效果结果见表 8.18。

表 8.18　非均相复合驱油体系驱油效果

总浓度/(mg/L)	PPG：聚合物	最终采收率%	EOR
2400	1：2	63.4	13.2
	1：1	66.9	16.7
	2：1	61.2	11.0
2000	1：1	64.2	14.0

驱油实验结果表明，PPG 与聚合物在总浓度为 2400mg/L 条件下以 1：1 复配时驱油效果最佳。

（二）非均相复合驱与二元驱、单一聚合物驱对比试验

1. 水驱后驱油效果对比

对比注入段塞都为 0.3PV，1800mg/L 聚合物驱，1800mg/LPPG 驱，0.4%表面活性剂+1800mg/L 聚合物，0.4%表面活性剂+900mg/L PPG+900mg/L 聚合物的双管驱油效果结果见表 8.19。

驱油结果表明，PPG 能够有效地改善剩余油丰富的低渗管的开发状况；非均

相复合驱由于兼具 PPG 突出的剖面调整能力，同时发挥了表面活性剂的洗油能力，因此，提高采收率效果比聚合物驱、PPG 驱、二元驱的都高。

表 8.19　不同驱油体系的驱油效果

驱替方式	注入段塞	综合采收率/%	提高采收率/%
水驱	0	46.9	0
聚合物驱	0.3PV，1800mg/L P	53.1	6.2
PPG 驱	0.3PV，1800mg/L PPG	60.5	13.6
二元驱	0.3PV，0.4% S+1800mg/L P	60.3	13.4
非均相复合驱	0.3PV，0.4% S+900mg/L PPG+900mg/L P	69.3	22.4

2. 聚合物驱后驱油效果对比

岩心模型：用石英砂充填的管子模型：长 30cm，直径 2.5cm，渗透率级差为 1000：$5000\times10^{-3}\mu m^2$。

驱油步骤：岩心抽空—饱和水—饱和油—水驱至含水 94%，转注 0.3PV 1800mg/L 聚合物段塞；后续水驱至含水 94%～95%，转注 0.3PV 非均相复合驱油体系，后续水驱至含水 98%结束，结果见图 8.19，同时对比了聚合物驱后不同体系的驱油效果，结果见表 8.20。

结果表明，聚合物驱后非均相复合驱能够一步提高采收率 13.6%，明显优于聚合物驱后二元驱 4.8%的驱油效果。可见非均相复合驱能够有效改善剩余油丰富的低渗区域的开发状况，是最佳发挥驱油体系优点的提高采收率方法。

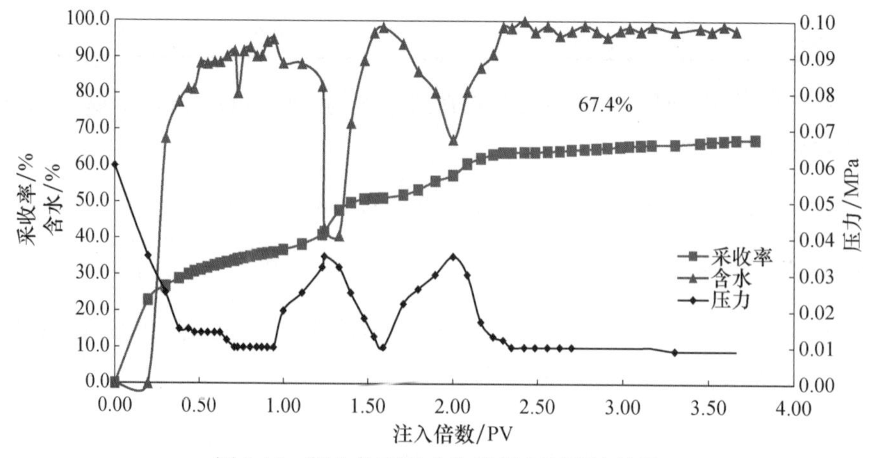

图 8.19　聚合物驱后非均相复合驱驱油效果

表 8.20 聚合物驱后不同体系驱油效果对比

驱替方式		最终采收率/%	比水驱提高采收率/%	比聚驱提高采收率/%
水驱		45.2	—	—
聚合物驱		53.8	8.6	
聚合物驱后	聚合物驱	56.8	11.6	3.0
	二元驱	58.6	13.4	4.8
	PPG+聚合物	61.3	16.1	7.5
	PPG+聚合物+表面活性剂	67.4	22.2	13.6

五、矿场应用

孤岛油田中一区 Ng3 聚驱后井网调整非均相复合驱先导试验区地质储量 123 万 t，设计 15 口注入井和 10 口生产井。先导试验于 2010 年 10 月 31 日开始化学驱前置段塞注入（聚合物+黏弹性颗粒 PPG），2011 年 11 月 16 日投注非均相主体段塞（聚合物+表面活性剂+黏弹性颗粒 PPG）。先导试验矿场实施后降水增油效果显著，日产油量由 3.3t/d 上升至 79t/d，综合含水由 98.2%下降到 81.3%，最大下降 16.9 个百分点，（见图 8.20）已增油 8.15 万 t，提高采收率 6.62 个百分点，预测提高采收率 8.5 个百分点，最终采收率 63.6%。

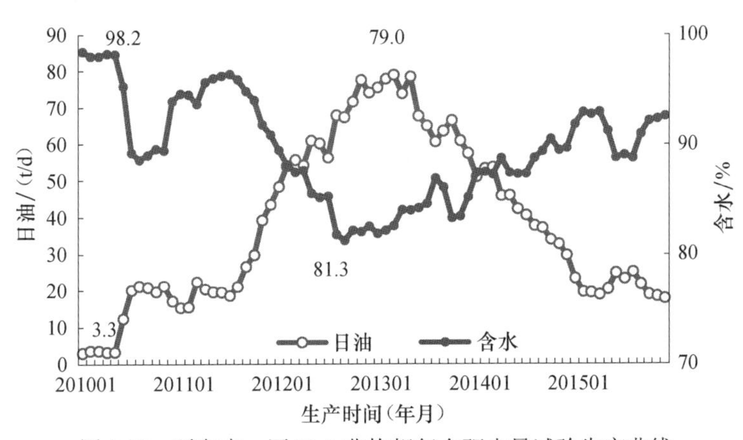

图 8.20 孤岛中一区 Ng3 非均相复合驱先导试验生产曲线

目前已形成了一套完善的非均相复合驱配套技术，适用于高温高盐油藏、聚合物驱后油藏、非均质严重油藏，目前在已进入工业化扩大试验阶段，至 2015 年底已推广单元 4 个，覆盖地质储量 1380 万 t。预计可推广聚驱后储量 2.6 亿 t，增加可采储量 2200 万 t。

参考文献

曹绪龙, 李静, 杨勇, 等. 2014. 表面活性剂对驱油聚合物界面剪切流变性质的影响. 物理化学学报, 30(5): 908-916

曹绪龙, 李阳, 蒋生祥, 等. 2005. 驱油用聚丙烯酰胺溶液的界面扩张流变特征研究. 石油大学学报(自然科学版), 29(2): 70-72

曹绪龙, 王得顺, 李秀兰. 2001. 孤岛油田西区复合驱界面张力研究. 油气地质与采收率, 8(1): 64-66

曹绪龙, 薛怀艳, 王其伟. 1993. 孤东 5^{2+3} 层原油复合驱体系相性质研究. 油田化学, (3): 234-237

董大鹏. 2007. 低渗透油田油水两相渗流机理研究. 成都: 成都理工大学硕士学位论文

董林芳, 徐志成, 曹绪龙, 等. 2013. 稳态荧光探针法研究对-烷基-苄基聚氧乙烯醚羧酸甜菜碱的聚集行为. 影像科学与光化学, 31(3): 215-220

高芒来, 王建设. 2004. 分子沉积膜驱剂对曲藏矿物润湿性的影响. 西安石油大学学报(自然科学版), 19(6): 48-51

郭兰磊. 2012. 泡沫体系多流态渗流特征试验. 中国石油大学学报(自然科学版), 36(3): 126-129

郭兰磊. 2013. 超高分子量缔合聚合物溶液的流变特征及微观结构研究. 石油钻采工艺, 35(5): 97-99

侯健, 李振泉, 杜庆军, 等. 2012. 多孔介质中流动泡沫结构图像的实时采集与定量描述. 石油学报, 33(4): 658-662

姜颜波, 徐志成, 靳志强, 等. 2014. 新型 Guerbet 两性离子表面活性剂的溶液性质. 石油化工, 43(6): 687-692

姜祖明, 曹绪龙, 李振泉. 2015. 部分交联聚丙烯酰胺悬浮液的触变性及屈服应力. 石油学报 (石油加工), 31(4): 996-1002

李静, 杨勇, 曹绪龙, 等. 2014. 不同结构驱油聚合物的界面剪切流变性质. 高等学校化学学报, 35(4): 791-797

李向良, 杜庆军, 夏志增, 等. 2015. 泡沫在多孔介质中生成与破灭速度的影响因素分析. 科技导报, 33(8): 68-72

李振泉, 宋新旺, 曹绪龙, 等. 2013. 油田用表面活性剂与疏水缔合聚合物相互作用研究. 石油化工高等学校学报, 26(4): 52-56

梁晓静, 孙焕泉, 李振泉, 等. 2013. 磺酸盐表面活性剂与疏水缔合聚合物作用的热力学. 油田化学, 226-230

刘坤, 宋新旺, 曹绪龙, 等. 2003. 生物聚合物黄孢胶驱油研究. 油气地质与采收率, 10(5): 68-70

潘斌林. 2014. APEC(Na)降低油水界面张力影响因素研究. 油田化学, 31(1): 95-97

宋万超, 张以根, 王友启, 等. 1994. 孤东油田碱-表面活性剂-聚合物复合驱油先导试验效果及动态特点. 油

气采收率技术, (2): 8-12

宋新旺, 祝仰文, 郭淑凤, 等. 2014. 表面活性剂与聚合物间相互作用的研究. 石油化工, 43(9): 1031-1034

孙焕泉, 李振泉, 曹绪龙, 等. 2007. 二元复合驱油技术. 北京: 中国科学技术出版社

王宝瑜, 曹绪龙, 崔晓红, 等. 1994. 三元复合驱油体系中化学剂在孤东油砂上的吸附损耗. 油田化学, (4): 336-339

王红艳, 叶仲斌, 张继超, 等. 2006. 复合化学驱油体系吸附滞留与色谱分离研究. 西南石油学院学报, 28(2): 64-66

王红艳. 2005. 胜利石油磺酸盐驱油体系的动态吸附研究. 精细石油化工进展, 6(3): 28-29

王红艳. 2006. 系列化石油磺酸盐与胜利原油相互作用研究. 精细石油化工进展, 7(1): 15-17

王帅, 李振泉, 张继超, 等. 2012. 石油磺酸盐的结构与界面活性的关系及其质量评价研究. 石油化工, 41 (5): 573-576

魏发林，岳湘安，张继红，等.2003.润湿反转剂提高灰岩裂缝油藏基质系统水驱采收率实验.油气地质与采收率，10(4):42-44

鄢捷年. 1998. 油藏岩石润湿性对注水过程中驱油效率的影响. 石油大学学报(自然科学版), 22(3): 43-46

姚国玉, 刘福海, 刘卫东. 2003. 季铵盐型表面活性剂的驱油机理研究. 西南石油学院学报, 25(6): 43-45

叶仲斌, 杨清彦, 金映辉. 1999. 聚丙烯酰胺对砂岩润湿性的影响. 西南石油学院学报, 21(2): 9-12

于群, 郭淑凤, 李青华, 等. 2015. 石油磺酸盐/烷醇酰胺复配体系吸附损耗及色谱分离研究. 精细石油化工, 32(5): 68-71

元福卿, 王其伟, 李宗阳, 等. 2015. 油相对泡沫稳定性的影响规律. 油气地质与采收率, 22(1): 118-121

张公社, 汪伟英. 2000. pH 值改变对岩石表面润湿性的影响. 中国海上油气(地质),14 (2)： 129-131

赵方剑, 吕远, 李超, 等. 2015. 胜利油田孤东原油超低界面张力驱油体系研究. 西安石油大学学报(自然科学版), 30(1): 72-75

周国华, 曹绪龙, 李秀兰, 等. 2002. 表面活性剂在胜利油田复合驱中的应用. 精细石油化工进展, 3(2): 5-9

Alami E, Beinert G, Marie P, et al. 2002. Alkanediyl-alpha, omegabis (dimethylalkylammonium bromide) surfactants. 3. Behavior at the air-water interface. Langmuir, 9(6): 1465-1467

And S N, Eastoe J, Penfold J. 2000.What is so special about aerosol-OT? 1. aqueous systems. Langmuir, 6(23) 8733-8740

Bandyopadhyay S, Shelley J C, Tarek M, et al. 1998. Surfactant aggregation at a hydrophobic surface. Journal of Physical Chemistry B, 102(33): 6318-6322

Bellocq A M，Bourbon D，Lemanceau B. 1981. Three-dimensional phase diagrams and interfacial tensions of the water-dodecane-pentanol-sodium octylbenzene sulfonate system.Journal of Colloid & Interface Science，79(2):419-431

Bocker J, Schlenkrich M, Bopp P, et al. 1992. Molecular dynamics simulation of an-hexadecyltrimethylammonium chloride monolayer. Physical Chemistry, 96(96): 9915-9922

Cao X L, Li Y, Jiang S, et al. 2004. A study of dilational rheological properties of polymers at interfaces. Journal of Colloid and Interface Science, 270(2):295-298

Cao X L, Tong D K, Wang R H. 2004. Exact solutions for nonlinear transient flow model including a quadratic gradient term. Applied mathematics and mechanics(English Edition), 25(1): 102-109

Cash R L, Cayias J L, Fournier G. et al. 1977. The application of low interfacial tension Scaling rules to binary hydrocarbon mixtures . Journal of Colloid and Interface Science, 59(2): 30-34

Cazabat A M, Langevin D, Pouchelon A. 1980. Light-scattering study of water-oil microemulsions. Journal of Colloid & interface Science，73(1):1-12

Clark S R, Pitts M J, Smith S M. 1988. Design and application of an alkaline-surfactant-polymer recovery system to the West Kiehl Field//SPE Rocky Mountain Regional Meeting.Casper

Clint J H. 1992. Surfactant Aggregation Glasgow & London: Blackie, Ch 10

Español P, Warren P. 1995. Statistical mechanics of dissipative particle dynamics. Europhysics Letters, 30(4):191-196

Hu S S, Zhang L, Cao X L, et al.2015.Influence of crude oil components on interfacial dilational properties of hydrophobically modified polyacrylamide. Energy and Fuels, 29(3):1594-1572

Jiang Z M, Hang G S.2014.Flow Mechanism of Partially Cross-linked Polyacrylamide in Porous Media.Journal of Dispersion Science and Technology, 35(9):1270-1277

Karaborni S, Os N M V, Esselink K, et al. 1993. Molecular dynamics simulations of oil solubilization in surfactant solutions. Langmuir, 9(5):1175-1178

Li H R, Li Z Q, Song X W, et al.2015.Effect of organic alkalis on interfacial tensions of surfactant/polymer solutions against hydrocarbons.Energy and Fuels, 29:459-466

Li Y, Cao X L.2000. Practice and knowledge of polymer flooding in high temperature and high salinity reservoirs of shengli petroliferous area//SPE Asia and Pacific Annual Technical Conference and Exhibition, Kuala Lumpur

Liu K, Zhang L, Cao X L, et al. 2011.Dilational properties of N-acyltaurates with aromatic side chains at waterair and waterdecane interfaces. Journal of Chemical & Engineering Data, 56(10):3925-3932

Liu Z Y, Zhang L, Cao X L, et al. 2013.Effect of electrolytes on interfacial tensions of alkyl ether carboxylate solutions. Energy & Fuels, 27(6):3122-3129

Luan Y, Xu G, Yuan S, et al. 2002.Investigations on NaDEHP and AOT: Coputer simulation and surface tension measurements.Colloids and Surfaces A,210(1):61-68

Ma B D, Gao B Y, Zhang L, et al.2014.Influence of polymer on dynamic interfacial tensions of EOR surfactant solutions. Journal of Applied Polymer Science, 131(15):app.40562(1-5)

Manne S, Cleveland J P, Gaub H E, et al. 1994. Direct visualization of surfactant hemimicelles by force microscopy of the electrical double layer. Langmuir, 10(12):4409-4413

Manne S, Gaub H E. 1995. Molecular organization of surfactants at solid/liquid interfaces. Science, 270(5241):1480-1482

Menger F M, Keiper J S. 2000. Gemini surfactants. Angewandte Chemie, 39(11):1906-1920

Miguel E D, Gama M M T D. 1997.Phase equilibria of model ternary mixtures: theory and computer simulation. Journal of Chemical Physics , 107(107): 6366-6378

Morrow N R. 1990. Wettability and its Effect on Oil Recovery. JPT: 1476-1484

Peltonen L, Hirvonen J, Yliruusi J. 2001. The behavior of sorbitan surfactants at the water-oil interface: Straight-chained hydrocarbons from pentane to dodecane as an oil phase. Journal of Colloid & Interface Science, 240(1): 272-276

Rao V V S, Fix R J, Zettlemoyer A C. 1968. Surface activity of sodium salts of alpha -sulfo fatty esters. The Oil/Water Interface, Journal of the American Oil Chemists' Society, 45(6): 449-452

Rosen M J , Zhu Z H, Gao T.1993. Synergism in binary mixture of surfactants:11.mixtures containing mono-and disulfonated alkyl-and dialkyldiphenylethers. Journal of Colloid & Interface Science, 157:1(157):254-259

Rosen M J. 1979. Surfactants and Interfacial Phenomena// Mittal K L. Solution Chemistry of Surfatants. New York:Plenum: 337-388

Ruckenstein E，Chi J C.1975.Stability of microemulsions.Journal of the Chemical Society Faraday Transactions II, 71(2):1690-1707

Salager J L, Mongan J C. 1979. Optimum formuation of surfactant/water/oil system for mimum interfacial tension or phase behavior. Society of Petroleum Engineers Journal, 19(2):107-115

Schweighofer K J, Ulrich Essmann A, Berkowitz M. 1997. Simulation of Sodium Dodecyl Sulfate at the Water-Vapor and Water-Carbon Tetrachloride Interfaces at Low Surface Coverage. Journal of Physical Chemistry B, 101(19):3793-3799

Senapati S, Berkowitz M L. 2001. Computer simulation study of the interface width of the liquid/liquid interface. Physical Review Letters, 87(17):19-29

Shelley M Y, Sprik M, Shelley J C. 1999. Pattern formation in a self-assembled soap monolayer on the surface of water: A computer simulation study. Langmuir, 16(2):626-630

Song X W , Zhang L , Cao X L, et al. 2012.Surface dilational rheological and lamella properties of branched alkyl benzene sulfonate solutions.Colloids and Surfaces A:Physicochemical and Engineering Aspects, 412(20):64-71

Song X W, Zhao R H, Cao X L, et al. 2013.Dynamic interfacial tensions between offshore crude oil and enhanced oil recovery surfactants. Journal of Dispersion Science and Technology, 34(2):234-239

Stegemeier G L.1974. Reletionship of trapped oil saturation to petrophysical properties of porous media//SPE Improved Oil Recovery Symposium, Tulsa

Sun H Q, Zhang L, Li Z Q.2011.Interfacial dilational rheology related to enhance oil recovery.Soft Matter, 7(17):7601-7609.

Wang C L, Cao X L, Wang B Y. 1997. Design and application of ASP system to the close well spacing, Gudong oilfield//SPE Annual Improving Oil Recovery Conference, Tulsa

Wang L C, Liu S J, Zhang J C, et al.2014.Studies of synergism in binary alkylbenzene sulfonate mixtures for producing low interfacial tensions at oil/water interface. Journal of Dispersion Science and Technoloy, 35(2):307-312

Widmyer R H , Williams D B.1985. Performance evaluation of the salem unit surfactant/polymer pilot.//The 60th Annual Technical Confence of SPE, Las Vegas

Xu L L, Che L X, Zheng J, et al.2014.Synthesis and thermal degradation property study of N-vinylpyrrolidone and acrylamide Copolymer.RSC Advances, 4(63):33269-33278

Zana R, In M, Levy H, et al. 1997.Alkanediyl-Alpha, Omega-bis(dimethylalkylammonium Bromide). 7. Fluorescence probing studies of micelle micropolarity and microviscosity. Langmuir, 13(21):5552-5557

Zhang J C, Guo L L, Zhang L, et al.2013.Surface dilational properties of sodium 4-(1-methyl)-alkyl benzene sulfonates: Effect of alkyl chain length. Zeitschrift Für Physikalische Chemie, 227(4):429-439

Zhao R H, Huang H Y, Wang H Y, et al.2013.Effect of organic additives and crude oil fractions on interfacial tensions of alkyl benzene sulfonates. Journal of Dispersion Science and Technology, 34(5):623-631

Zhu Y, Xu Y T, Huang G S.2013.Synthesis and aqueous solution properties of novel thermosensitive polyacrylamide derivatives.Journal of Applied Polymer Science, 130(2):776-775

彩　　图

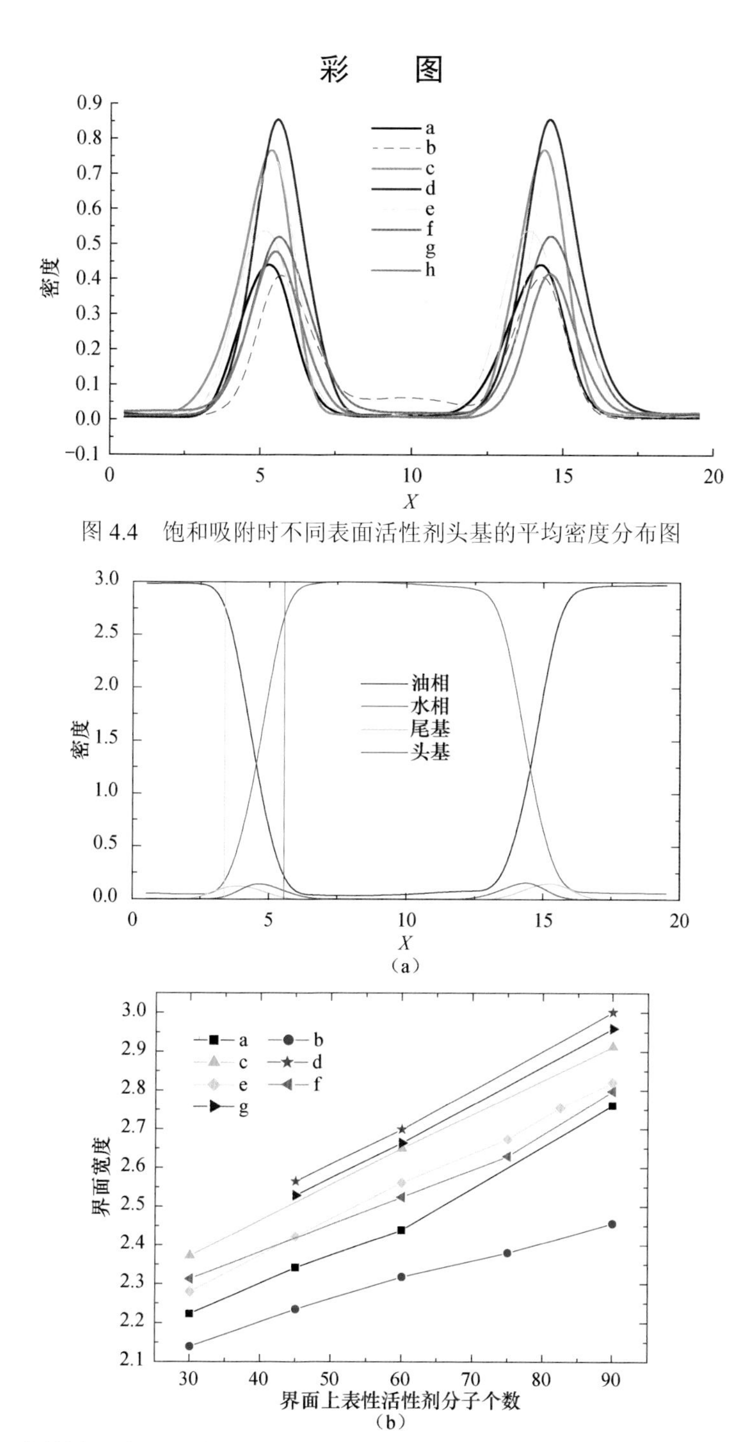

图 4.4　饱和吸附时不同表面活性剂头基的平均密度分布图

图 4.7　表面活性剂层的界面宽度的定义（a）和不同表面活性剂在油水界面的界面宽度（b）

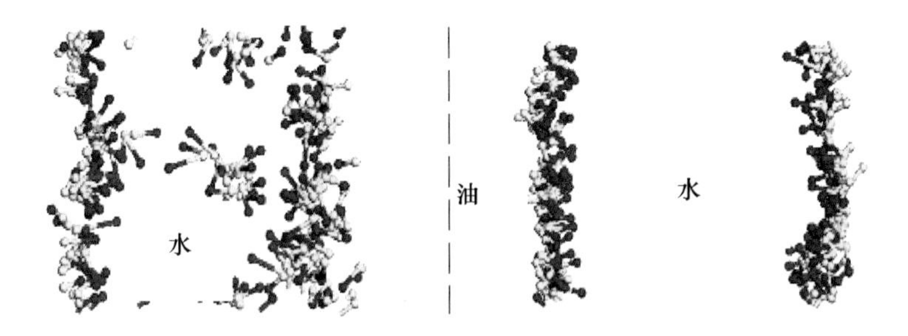

图 4.9 浓度为 0.06 时，SDBS 在甲苯/水体系（左）、OAS 在正辛烷/水体系（右）中的形态

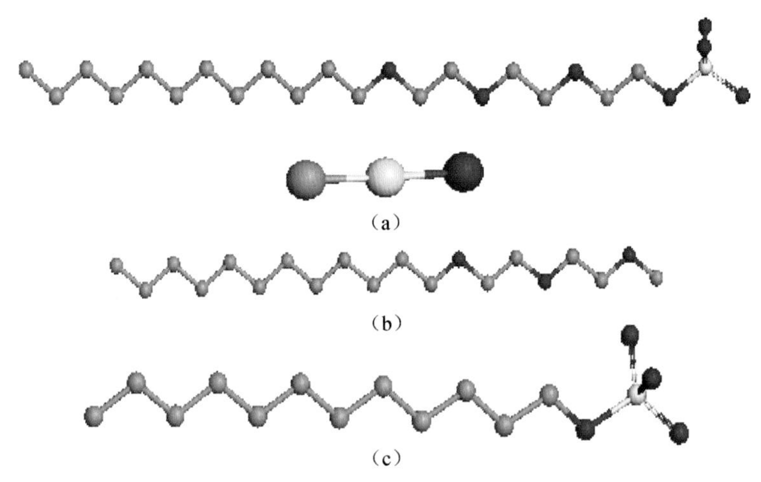

图 4.10 双头基表面活性剂结构示意图及简化图（a）和与其相对比的单头基表面活性剂结构示意图［（b）、（c）］

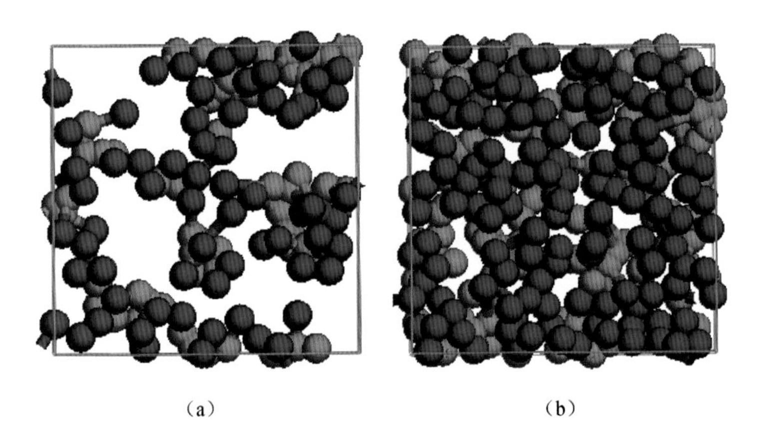

图 4.13 饱和吸附点时，$C_{16}H_{33}SO_3Na$ 正辛烷/水界面剖面图（a）和 $C_{16}H_{33}SO_3Na$/十六烷/水界面剖面图（b）

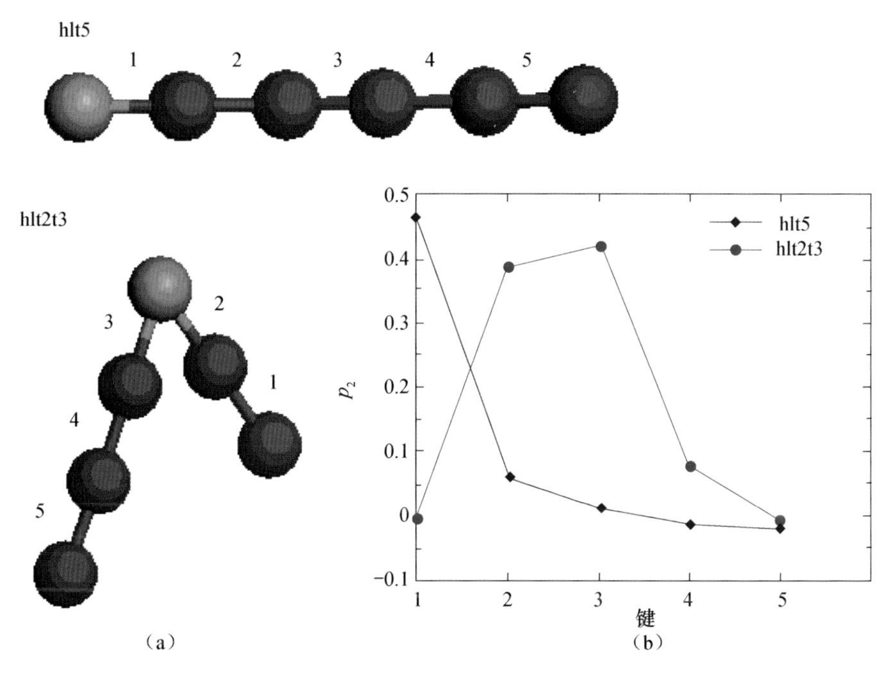

图 4.21　单链与分支表面活性剂结构简图（a）和不同珠子的有序性参数（b）

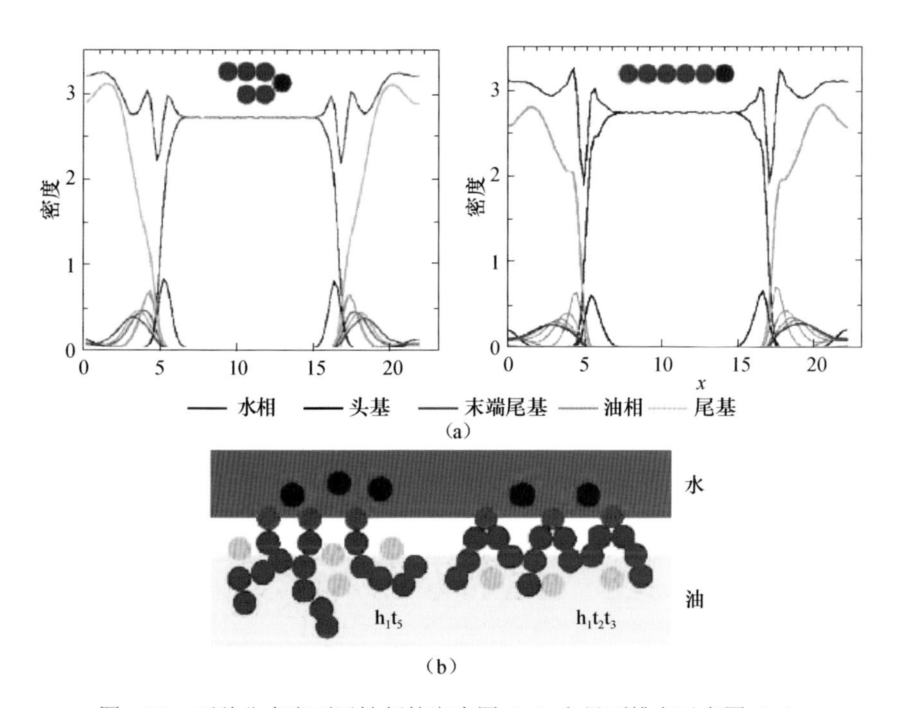

图 4.22　两种分支表面活性剂的密度图（a）和界面排布示意图（b）

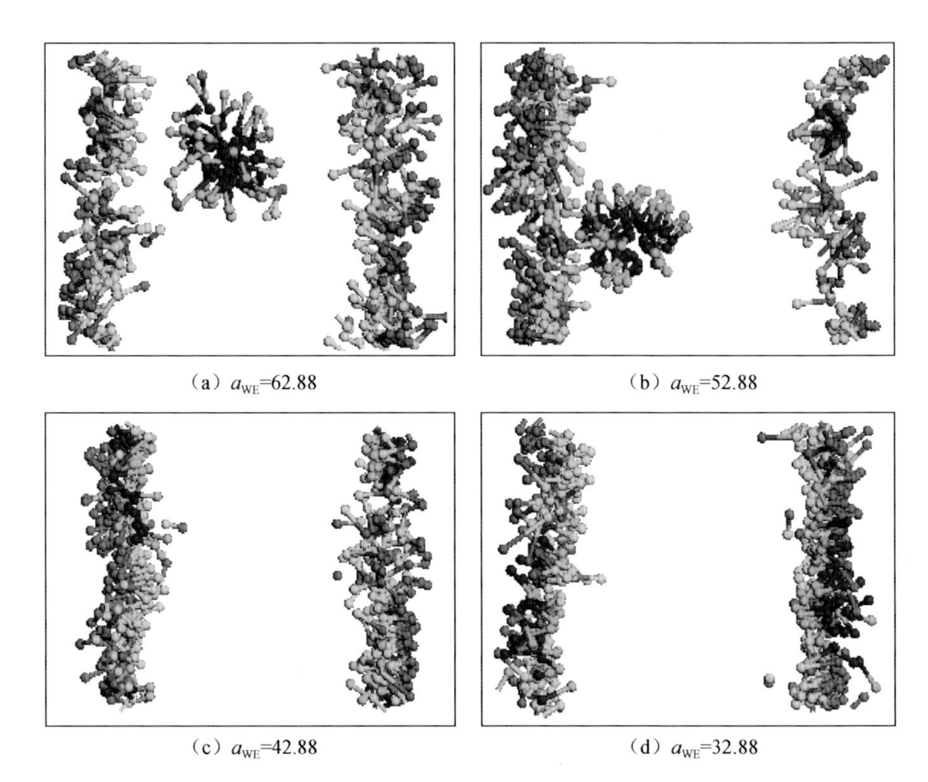
(a) a_{WE}=62.88　(b) a_{WE}=52.88

(c) a_{WE}=42.88　(d) a_{WE}=32.88

图 5.52　TX 分布状态随 a_{WE} 的变化

粉色代表 SDBS 的头基，蓝色代表其尾基；红色代表 TX 的头基，绿色代表其尾基

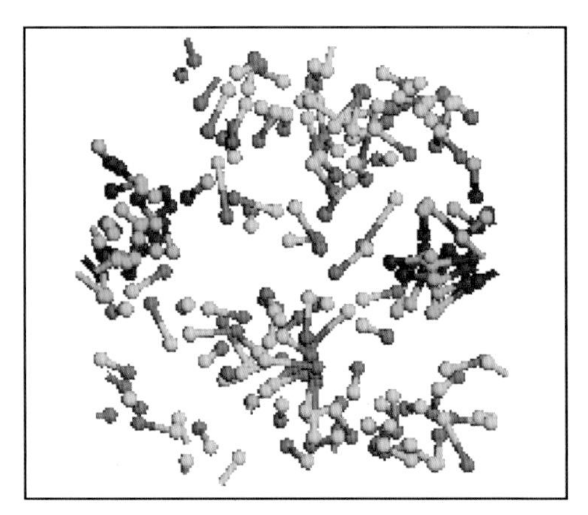

图 5.53　界面上 SDBS 与 TX 的共吸附形态

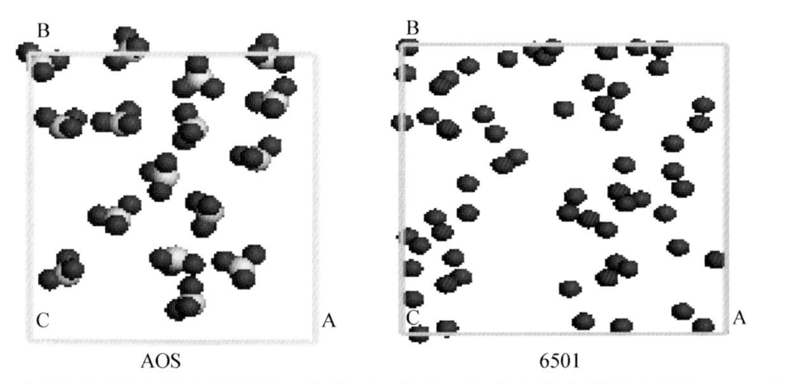

图 5.54　表面活性剂头基在界面层中的排列（黄色、红色和蓝色原子分别为 S、O 和 N）

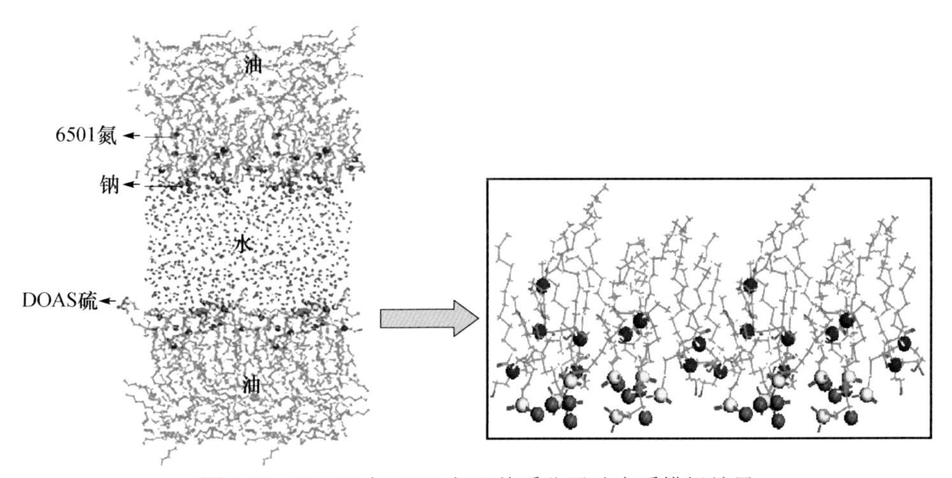

图 5.58　DAOS 与 6501 复配体系分子动力系模拟结果

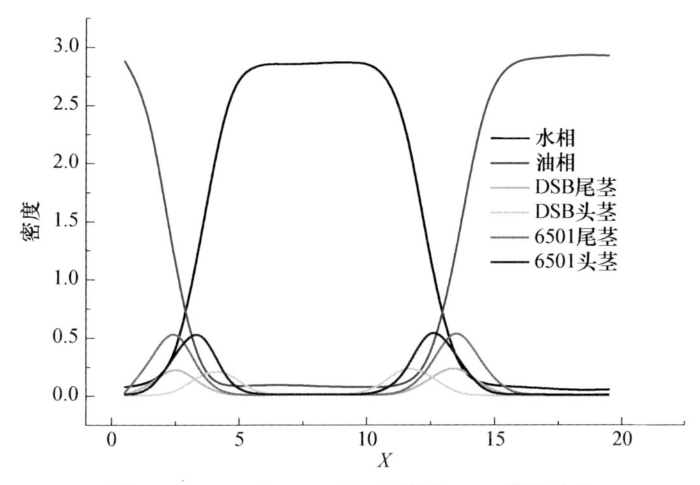

图 5.60　DSB 和 6501 油/水界面 DPD 模拟结果

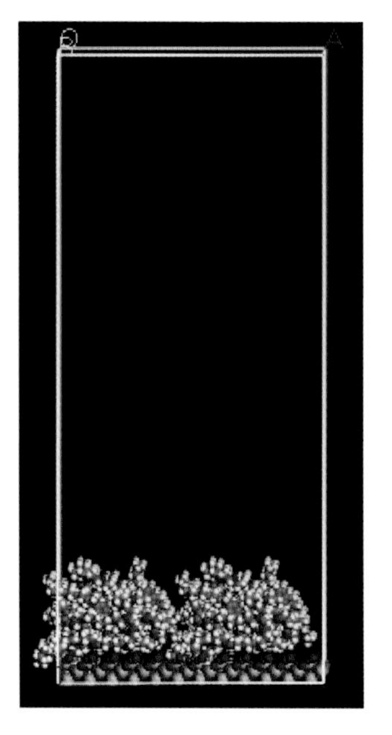

图 6.32　18 个表面活性剂在石英表面的吸附

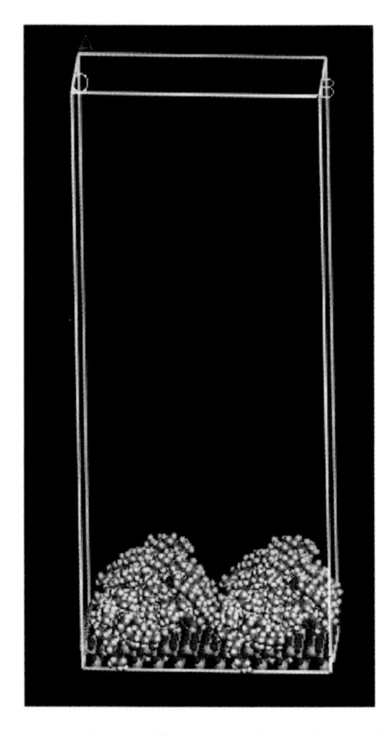

图 6.33　24 个表面活性剂在石英表面的吸附

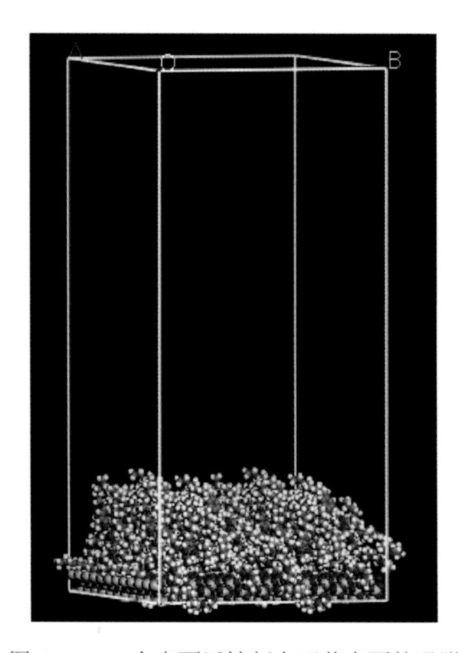

图 6.34　32 个表面活性剂在石英表面的吸附

图 6.36　TX-100 在石英表面的吸附

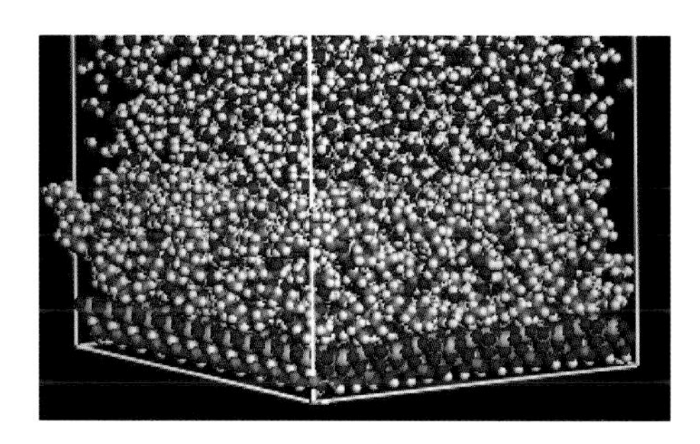

图 6.37　TX-100 在高岭石表面的吸附

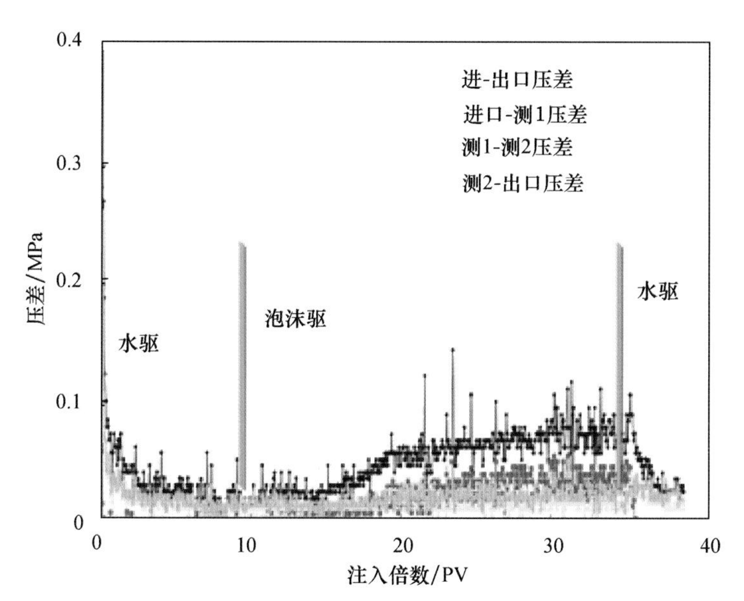

图 8.10　低张力泡沫体系封堵压差变化曲线

试验条件，温度 80℃，压力 6MPa，矿化物 17 800mg/L

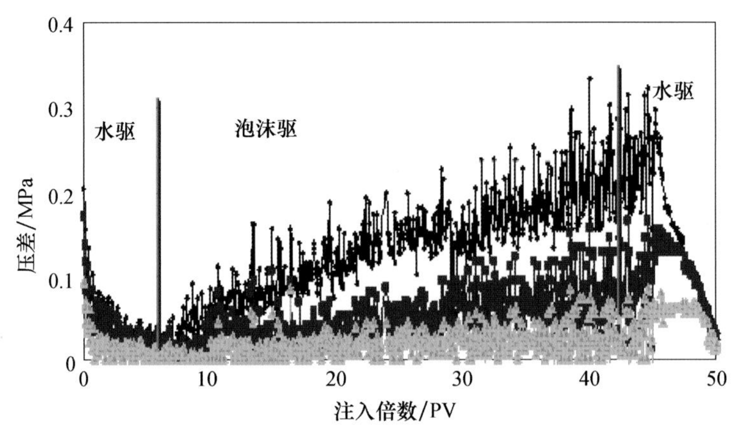

图 8.13　低张力泡沫体系 DLF-1 封堵压差变化曲线

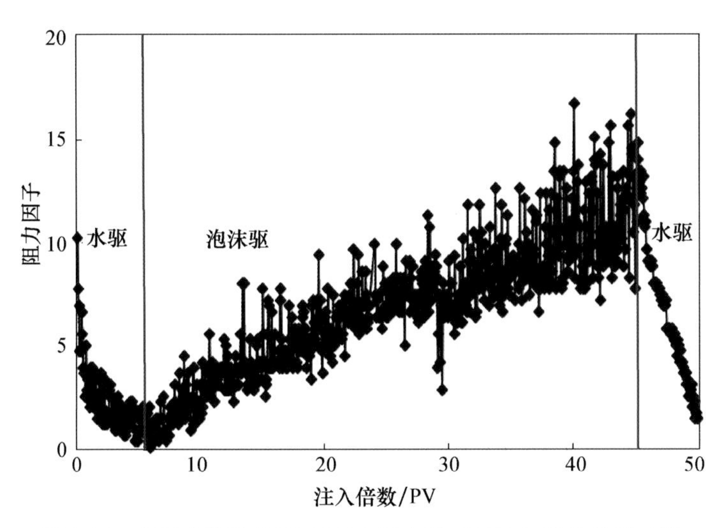

图 8.14　低张力泡沫体系 DLF-1 阻力因子与注入倍数关系曲线